普通高等教育电子信息类专业“十四五”系列教材

光传输设备与运用

主　编　车雅良　潘　青
副主编　杨　剑　李　卫
编　者　丁德强　冉金志　刘故箐　饶睿坚
　　　　王　涛　贺转玲　周少华　万春燕

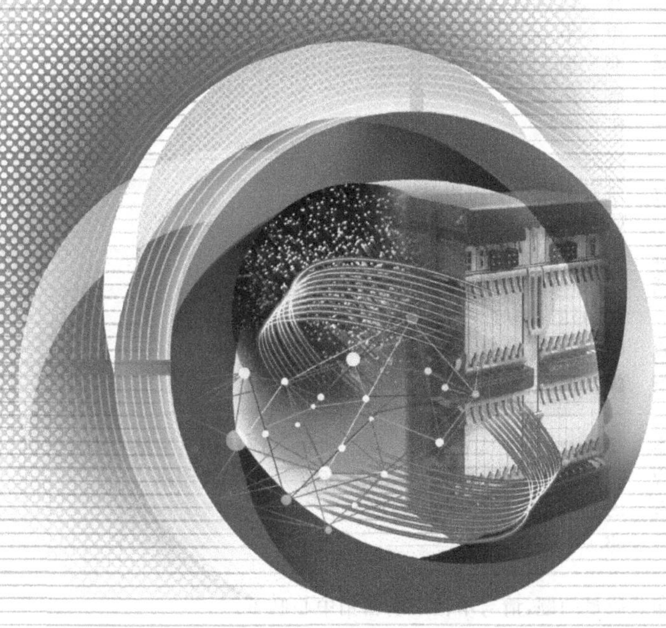

西安交通大学出版社
XI'AN JIAOTONG UNIVERSITY PRESS

图书在版编目(CIP)数据

光传输设备与运用/车雅良，潘青主编；杨剑，李卫副主编；丁德强等编.—西安：西安交通大学出版社，2022.9(2023.7重印)

ISBN 978-7-5693-2788-5

Ⅰ.①光… Ⅱ.①车… ②潘… ③杨… ④李… ⑤丁… Ⅲ.①光传输设备-高等学校-教材 Ⅳ.①TN818

中国版本图书馆CIP数据核字(2022)第177158号

书　　名　光传输设备与运用
GUANGCHUANSHU SHEBEI YU YUNYONG
主　　编　车雅良　潘　青
副 主 编　杨　剑　李　卫
策划编辑　田　华
责任编辑　邓　瑞
责任校对　魏　萍
装帧设计　伍　胜

出版发行　西安交通大学出版社
（西安市兴庆南路1号　邮政编码710048）
网　　址　http://www.xjtupress.com
电　　话　(029)82668357　82667874(市场营销中心)
(029)82668315(总编办)
传　　真　(029)82668280
印　　刷　西安日报社印务中心

开　　本　787 mm×1092 mm　1/16　**印张**　17.875　**字数**　444千字
版次印次　2022年9月第1版　2023年7月第2次印刷
书　　号　ISBN 978-7-5693-2788-5
定　　价　48.00元

如发现印装质量问题，请与本社市场营销中心联系。
订购热线：(029)82665248　(029)82667874
投稿热线：(029)82668818　QQ：457634950
读者信箱：457634950@qq.com

前　言

随着各种新兴业务不断涌现，光网络凭借其大容量、低损耗、抗干扰等优势已经成为当今信息社会的核心基础。目前，我国多层多域智能化光网络正逐步建成，如何规划、建设、维护光网络对光纤通信领域的工程技术人员在理论基础和实践技能等方面提出了更高的要求。

为此，教材从结构、内容、形式三个维度进行了精心的编排。结构上，教材围绕主流光传输设备设计了三个模块：模块一是SDH设备与运用；模块二是OTN设备与运用，分别介绍两种设备的技术基础、工作原理、网络保护等理论知识，以及网管配置、仪表测试等实践知识；模块三是光传输设备组网规划与系统设计，重点介绍组网规划与传输系统设计的流程和方法，这种“设备＋组网”的整体架构与“理论＋实践”的微观结构可以帮助学习者了解设备的工作机理和操作组网。内容上，教材一方面重点介绍专业基本知识，保证内容覆盖面，另一方面设计挑战性问题，适当提升知识难度。表现形式上，教材除了提供纸质文字之外，还在“云”端上传了电子文档和视频资源，学习者只需扫描二维码就可以方便地获取更多的知识，新形态的专业教材突破了时间和空间的限制，将课堂教学延伸到了课外，这种随时随地的访问方式将有助于提高学习效率。

一本教材的完成涉及多方面的信息和知识，需要参考国际标准、国内标准、行业规范和设备技术资料。教材在编写的过程中，得到了邓大鹏教授的悉心指导，为教材建设指明了方向，在此表示衷心的感谢。教材从酝酿到成稿凝结了编写组所有同事的心血，希望能为学习者从入门到熟练运用光传输设备提供帮助。

本教材既可在相关专业课教学中使用，也可供从事光纤通信系统管理和维护的有关人员参考。由于编者水平有限，书中难免会有不当之处，恳请读者提出宝贵意见，帮助我们不断改进。

编　者

2022年3月

缩略语一览表

ADM Add and Drop Multiplexer
分插复用设备

AFR Absolute Frequency Reference
绝对频率参考

AIS Alarm Indication Signal
告警指示信号

ANSI American National Standards Institute
美国国家标准学会

APS Automatic Protection Switching
自动保护倒换

ASON Automatic Switch Optical Network
自动交换光网络

ATM Asynchronous Transfer Mode
异步传输模式

AU Administration Unit
管理单元

AUG Administration Unit Group
管理单元组

AU-PTR Administration Unit Pointer
管理单元指针

AWG Arrayed Waveguide Grating
阵列光波导

BA Booster Amplifier
功率放大器

BBE Background Block Error
背景误块

BBER Background Block Error Ratio
背景误块比

BDI Backward Defect Indication
反向缺陷指示

BEI Backward Error Indication
反向差错指示

BER Bit Error Rate
误码率

BIAE Backward Incoming Alignment Error
反向输入定位错误

BIP-8 Bit Interleaved Parity 8 Code Using Evenparity
比特间插奇偶校验 8 位码

BITS Building Integrated Timing(Supply) System
大楼综合定时(供给)系统

BPS Board Protection Switching
板间保护倒换

CAR Committed Access Rate
承诺的接入速率

CC Continuity Check
连通性检测

CCITT International Telegraph and Telephone Consultative Committee
国际电报电话咨询委员会

C Container
容器

CDMA Code Division Multiple Access
码分多址接入

CRC Cyclic Redundancy Check
循环冗余校验

CRX Connection Receiver
接收机连接器

CSF Cut-off Shifted Fiber
截止波长位移光纤

CTX Connection Transmitter
发送机连接器

CWDM Coarse Wave Division Multiplexing
粗波分复用

DAPI Destination Access Point Identifier
目标接入点标识符

DCC Data Communication Channels
数据通信通道

DCE Data Circuit - terminal Equipment
数据电路端接设备

DCP Dual Channel Optical Path Protection
双路光通道保护

DDF Digital Distribution Frame
数字配线架

DDN Digital Data Network
数字数据网

DNI Dual Node Interconnection
双节点互连

DSF Dispersion Shifted Fiber
色散位移光纤

DWDM Dense Wavelength Division Multiplexing
密集波分复用

DXC Digital Cross Connection
数字交叉连接设备

ECC Embedded Control Channel
嵌入式控制通道

EDFA Erbium Doped Fiber Amplifier
掺铒光纤放大器

EFS Error Free Second
无误码秒

EMI ElectroMagnetic Interference
电磁干扰

EPLAN Ethernet Private Local Area Network
以太网专用局域网

EPL Ethernet Private Line
以太网专线

ES Errored Second
误块秒

ES Errored Second
误码秒

ESR Errored Second Ratio
误块秒比

ESR Errored Second Ratio
误码秒比

ETR External Transfer Rate
外部数据传输速率

ETSI European Telecommunications Standards Institute
欧洲电信标准协会

EVPLAN Ethernet Virtual Private Local Area Network
以太网虚拟专用局域网

EVPL Ethernet Virtual Private Line
以太网虚拟专线

EXC Excessive errors
误码越限

EXT Extinction ratio
消光比

FAL Frame Alignment Loss
帧定位丢失

FAS Frame Alignment Signal
帧定位信号

FDDI Fiber Distributed Data Interface
光纤分布式数据接口

FEBE Far End Block Error
远端误块

FEC Forward Error Correction
前向纠错

FE Fast Ethernet
快速以太网

FERF Far End Receive Failure
远端接收失效

FICON Fibre Connect
光纤连接

FIFO First In First Out
先进先出

FOADM Fixed Optical Add/Drop Multiplexer
静态光分插复用设备

FPGA Field Programmable Gate Array
现场可编程门阵列

FS - P Forced Switch - Protection
强制倒换到保护

FS - W Forced Switch - Work
强制倒换到工作

FS Forced Switch
强制倒换

FWM Four - Wave Mixing
四波混频

GCC General Communication Channel
通用通信通道

GE Gigabit Ethernet
千兆以太网

GFP - F Frame - mapped Generic Framing Procedure
帧映射

GFP Generic Framing Procedure
通用成帧规程

GSM Global System for Mobile Communications
全球移动通信系统

HOA Higher Order Assembler
高阶组装器

HOI Higher Order Interface
高阶接口

HPA Higher order Path Adaptation
高阶通道适配

HPC Higher order Path Connection
高阶通道连接

HPP Higher order Path Protection
高阶通道保护

HPT Higher order Path Termination
高阶通道终端

IAE Incoming Alignment Error
输入定位错误

ID IDentity
身份标识号码

IEEE Institute of Electrical and Electronics Engineers
美国电气和电子工程师协会

IGMP Internet Group Management Protocol
因特网组管理协议

ILP Integer Linear Programming
整数线性规划

IP Internet Protocol
网际互连协议

ITU - T International Telecommunication Union - Telecommunication standardization sector
国际电信联盟电信标准分局

JOH Justification OverHead
调整开销

LA Line Amplifier
线路放大器

LAN Local Area Network
局域网

LB Loop Back
环回

LCAS Link Capacity Adjustment Scheme
链路容量调整机制

LCK Locked signal function
锁定信号功能

LED Light Emitting Diode
发光二极管

LOF Loss Of Frame
帧丢失

LOI Lower Order Interface
低阶接口

LOM Loss Of Multi - frame
复帧丢失

LOP Loss Of Pointer
指针丢失

LOS Loss Of Signal
信号丢失

LOT Loss Of Timing
时钟丢失

LPA Lower order Path Adaptation

低阶通道适配

LPC Lower order Path Connection
低阶通道连接

LP Lower order Path
低阶通道

LPP Lower order Path Protection
低阶通道保护

LPT Link Pass Through
链路状态透传

LPT Lower order Path Termination
低阶通道终端

LSP Label Switched Path
标记交换路径

MADM Multiple - ADM
多光口分插复用器

MCA Channel Spectrum Analyzer board
通道光谱分析板

MCF Message Communication Function
消息通信功能

MFAS Multi - Frame Alignment Signal
复帧定位信号

MLM Multi - Longitudinal Mode
多纵模

MPI Main Path Interface
主光通道接口

MPLS Multi - Protocol Label Switching
多协议标记交换

MS - AIS Multiplex Section - Alarm Indication Signal
复用段告警指示信号

MS - P Manual Switch - Protection
手动倒换到保护

MS - RDI Multiplex Section - Remote Defect Indication
复用段远端缺陷指示

MS - REI Multiplex Section - Remote Error Indication
复用段远端差错指示

MS - W Manual Switch - Work
手动倒换到工作

MSA Multiplex Section Adaptation
复用段适配

MS Multiplex Section
复用段

MSOH Multiplex Section OverHead
复用段开销

MSP Multiplex Section Protection
复用段保护

MST Multiplex Section Termination
复用段终端

MSTP Multi - Service Transmission Platform
多业务传送平台

NMS Network Management System
网络管理系统

NR No Request
无请求

NSAP Network Service Access Point
网络服务接入点

NZDSF No - Zero Dispersion Shifted Fiber
非零色散位移光纤

OADM Optical Add - Drop Multiplexer
光分插复用器

OAM Operation Administration and Maintenance
操作管理和维护

OA Optical Amplifier
光放大单元

OCh Optical Channel
光通道

OCI Open Connection Indication
开放连接指示

ODF Optical Distribution Frame
光纤配线架

ODTUG Optical channel Data Tributary Unit Group
光通道数据支路单元组

ODTU Optical channel Data Tributary Unit
光通道数据支路单元

ODU Optical channel Data Unit
光通道数据单元

ODU Optical Demultiplexing Unit
光分波单元

OHA OverHead Access
开销接入接口

OLA Optical Line Amplifier
光线路放大器

OLP Optical Line Protection
光线路保护

OMCA Optical Multi - Channel Assistant - Analysis board
多通道辅助分析板

OMS Optical Multiplex Section
光复用段

OMU Optical Multiplexer Unit
光合波单元

OOF Out Of Frame
帧失步

OPM channel Optical Power Monitor board
光功率检测单板

OPU Optical channel Payload Unit
光通道净荷单元

OSC Optical Supervisory Channel
光监控信道

OSI Open System Interconnection
开放系统互联

OSNR Optical Signal Noise Ratio
光信噪比

OTM Optical Termination Multiplexer
光终端复用器

OTN Optical Transport Network
光传送网

OTS Optical Transmission Section
光传输段

OTU Optical channel Transport Unit
光通道传送单元

OTU Optical Transform Unit
光转发单元

OTU Optical Transponder Unit
波长转换器

OW Order Wire board
开销处理板

OWSP Optical Wavelength Shared Protection
光波长共享保护

PA Pre - Amplifier
前置放大器

PDH Plesiochronous Digital Hierarchy
准同步数字系列

PHY Physical
物理层

PING Packet Internet Grope
因特网包探索器

PIU Power access board
电源接入板

PJE Pointer Justification Event
指针调整事件

PLC Planar Lightwave Circuit
平面光波电路

PMD Polarization Mode Dispersion
偏振模色散

PM Path Monitoring
通道监测

POH Path OverHead
通道开销

POS Packet Over SONET/SDH
基于 SONET/SDH 的分组交换

PPI PDH Physical Interface
PDH 物理接口

PP Path Protection
通道保护

PPS Port Protection Switching
端口保护倒换

PRBS Pseudo Random Binary Sequence

伪随机二进制序列

PRI Priority
优先级

PSI Payload Structure Identifier
净荷结构标识

PSL Path Signal Label
通道信号标记

PSTN Public Switch Telephone Network
公用电话交换网

PTI Path Tracking Identifier
通道踪迹识别

PTN Packet Transport Network
分组传送网

PT Payload Type
净荷类型

QoS Quality of Service
服务质量

RDI Remote Defect Indication
远端缺陷指示

RDU ROADM Demux Unit
ROADM 分波单元

REG Regenerator
再生器

REI Remote Error Indication
远端差错指示

RES Reserved
保留

RFI Remote Failure Indication
远端故障指示

RMS Root Mean Square
均方根

ROADM Reconfiguration Optical Add/Drop Multiplexer
动态光分插复用设备

ROADM Reconfiguration Optical Add/Drop Multiplexing
可重构光分插复用

RPR Resilient Packet Ring
弹性分组环

RSOH Regenerator Section OverHead
再生段开销

RSTP Rapid Spanning Tree Protocol
快速生成树协议

RST Regenerator Section Termination
再生段终端

RTG Regenerator Timing Generator
再生器定时发生器

RWA Routing and Wavelength Assignment
路由和波长分配

RX Receiver
接收机

SAN Storage Area Network
存储区网络

SAPI Service Access Point Identifier
业务接入点标识符

SCC System Control and Communication Board
系统控制与通信板

SCS Synchronous Optical Channel Separator Board
同步光通道分离板

SDH Synchronous Digital Hierarchy
同步数字体系

SDN Software Defined Network
软件定义网络

SD Signal Degrade
信号劣化

SEMF Synchronous Equipment Management Function
同步设备管理功能

SESR Severely Errored Second Ratio
严重误块秒比

SESR Severely Errored Second Ratio
严重误码秒比

SES Severely Errored Second
严重误块秒

SES Severely Errored Second
严重误码秒

SETPI Synchronous Equipment Timing Physical Interface
同步设备物理接口

SETS Synchronous Equipment Timing Source
同步设备定时源

SF Single Failure
信号失效

SLA Service Level Agreement
服务等级协定

SLM Signal Label Mismatch
信号标记失配

SLM Single Longitudinal Mode
单纵模

SMF Single Mode Fiber
单模光纤

SM Section Monitoring
段监测

SMSR Side - Mode Suppression Ratio
边模抑制比

SNCMP SubNetwork Connection Multi - Protection
子网连接多路保护

SNCP SubNetwork Connection Protection
子网连接保护

SNC SubNetwork Connection
子网连接

SNCTP SubNetwork Connection Tunnel Protection
子网连接隧道保护

SOH Section OverHead
段开销

SONET Synchronous Optical Network
同步光网络

SPI SDH Physical Interface
SDH 物理接口

SPRING Shared Protection RING
共享保护环

SRLG Shared Risk Link Group
共享风险链路组

SSM Synchronization Status Message
同步状态信息

STAT Status
状态

STM Synchronous Transfer Module
同步传送模块

T - ALOS 2M Interface Loss Of Analog Signal
E1 接口模拟信号丢失

TCM Tandem Connection Monitoring
串联连接监测

TD Transmitter Degrade
发射机劣化

TF Transmitter Failure
发射机失效

TIM Trace Identifier Mismatch
追踪识别符失配

TMN Telecommunications Management Network
电信管理网

TM Terminal Multiplexer
终端复用设备

TPS Tributary Protection Switching
支路保护倒换

TTF Transport Terminal Function
传送终端功能

TTI Trail Trace Identifier
路径追踪标识

TUG Tributary Unit Group
支路单元组

TU Tributary Unit
支路单元

TX Transmitter
发送机

UAS UnAvailable Second
不可用秒

UNEQ Unequipped
未装载

UPM Uninterruptible Power Modules

不间断电源模块

VB　Virtual Bridge
虚拟网桥

VC　Virtual Container
虚容器

VLAN　Virtual Local Area Network
虚拟局域网

VOA　Variable Optical Attenuator
可变光衰减器

VoIP　Voice over Internet Protocol
基于 IP 的语音传输

VPN　Virtual Private Network
虚拟专用网

WAN　Wide Area Network
广域网

WB　Wavelength Blocker
波长阻断器

WDM　Wavelength Division Multiplexing
波分复用

WSS　Wavelength Selective Switch
波长选择开关

WTR　Wait Time to Restore
等待恢复

目　录

模块一　SDH 设备与运用 …… 1

专题 1　SDH 设备原理与操作 …… 1

1.1　SDH 基础 …… 1

1.1.1　SDH 速率等级 …… 1

1.1.2　SDH 帧结构 …… 2

1.1.3　SDH 映射复用 …… 2

1.1.4　SDH 开销 …… 9

1.2　SDH 设备原理 …… 16

1.2.1　SDH 设备功能参考模型 …… 16

1.2.2　SDH 设备类型 …… 28

1.3　SDH 设备告警分析 …… 37

1.3.1　告警的基本概念 …… 37

1.3.2　SDH 维护信号之间的关系 …… 38

1.3.3　常见告警分析 …… 41

1.4　SDH 设备数据配置与测试 …… 50

1.4.1　设备数据配置 …… 50

1.4.2　网络性能测试 …… 54

挑战性问题　SDH 系统开局 …… 65

专题 2　SDH/ASON 网络自愈 …… 67

2.1　网络结构 …… 67

2.2　SDH 网络保护 …… 68

2.2.1　线形网络保护 …… 68

2.2.2　环形网络保护 …… 69

2.2.3　子网连接保护 …… 74

2.3　ASON 网络恢复 …… 77

2.3.1　ASON 保护与恢复机制 …… 77

2.3.2　ASON 智能业务 …… 78

2.4　SDH 网络保护与业务配置 …… 80

2.4.1　保护配置 …… 80

2.4.2　业务配置 …… 81

挑战性问题　网络生存性策略 …… 82

模块二　OTN 设备与运用 …… 84

专题 3　OTN 设备原理与操作 …… 84
3.1　OTN 技术基础 …… 84
3.1.1　OTN 分层结构 …… 85
3.1.2　OTN 电域功能 …… 86
3.1.3　OTN 光域功能 …… 102
3.2　OTN 设备功能模型 …… 114
3.2.1　OTN 终端复用设备 …… 114
3.2.2　OTN 电交叉设备 …… 116
3.2.3　OTN 光交叉设备 …… 116
3.2.4　OTN 光电混合交叉设备 …… 117
3.2.5　OTN 设备完整功能模型 …… 117
3.3　OTN 设备告警分析 …… 119
3.3.1　OTN 设备常见告警 …… 119
3.3.2　处理 SDH 业务的告警信号流 …… 122
3.3.3　处理 OTN 业务的告警信号流 …… 123
3.3.4　告警抑制关系 …… 124
3.4　OTN 设备数据配置与调测 …… 127
3.4.1　OTN 设备数据配置 …… 127
3.4.2　OTN 调测 …… 136
挑战性问题　OTN 系统开局 …… 140
专题 4　OTN 网络保护与配置 …… 143
4.1　OTN 网络保护 …… 143
4.1.1　OTN 光层保护 …… 143
4.1.2　OTN 电层保护 …… 150
4.2　OTN 网络保护与业务配置 …… 154
4.2.1　光线路 1+1 保护配置 …… 155
4.2.2　光复用段保护配置 …… 156
4.2.3　光波长 1+1 保护配置 …… 157
4.2.4　光波长共享保护配置 …… 157
4.2.5　ODU*k* SNCP 与业务配置 …… 159
4.2.6　ODU*k* 环网保护与业务配置 …… 160
挑战性问题　OTN 网络生存性策略 …… 161

模块三　光传输设备组网规划与系统设计 ······ 163

专题5　光传输设备组网规划 ······ 163

5.1　概述 ······ 163

5.1.1　光传输设备组网规划原则 ······ 163

5.1.2　光传输设备组网规划流程 ······ 164

5.1.3　光传输设备组网规划方法 ······ 168

5.2　网络规划 ······ 170

5.2.1　网络结构设计 ······ 170

5.2.2　规模容量设计 ······ 174

5.2.3　网络安全与保护设计 ······ 178

5.3　传输资源规划 ······ 180

5.3.1　路由规划 ······ 180

5.3.2　交叉方式选择 ······ 182

5.3.3　通道安排 ······ 184

专题6　光传输系统设计 ······ 186

6.1　中继段设计 ······ 186

6.1.1　SDH中继段设计 ······ 186

6.1.2　OTN中继段设计 ······ 187

6.2　光纤选择与工作波长选用 ······ 188

6.2.1　光纤的选择 ······ 188

6.2.2　工作波长选用 ······ 189

挑战性问题　复杂场景下光传输设备组网与系统设计 ······ 190

附　　录 ······ 193

附录一　华为OptiX OSN 3500设备 ······ 193

附录二　华为OptiX OSN 8800设备 ······ 215

附录三　测试仪表 ······ 248

附录四　SDH系统电接口 ······ 266

参考文献 ······ 269

模块一　SDH设备与运用

同步数字体系(Synchronous Digital Hierarchy,SDH)技术是一种基于时分复用的同步数字传输技术,具有强大的网络管理能力、灵活的分插复用能力、前向兼容和后向兼容性等优点。随着SDH技术的发展和成熟,SDH网络在通信网中得到了广泛应用,它以其强大的保护恢复能力在城域网络中占据了绝对的主导地位。本模块主要介绍SDH网络中的设备原理及运用。

专题1　SDH设备原理与操作

本专题从SDH基础知识入手,重点介绍SDH速率等级、映射复用过程、开销功能、设备参考模型及告警分析,并在此基础上介绍利用网络管理软件和相关仪表完成SDH设备数据配置与测试的方法。

1.1　SDH基础

1985年美国国家标准协会(American National Standards Institute,ANSI)为使设备在光口互连起草了光同步标准,并命名为同步光网络(Synchronous Optical Network,SONET)。1986年国际电报电话咨询委员会(International Telegraph and Telephone Consultative Committee,CCITT)以SONET为基础制定了SDH标准,使同步网不仅适用于光纤传输,也适合于微波等其他传输形式。SDH实际上是网络节点接口的一个统一规范,这个规范中首先统一的是接口速率和帧结构安排。

1.1.1　SDH速率等级

SDH按一定的规律组成块状帧结构,称之为同步传送模块(Synchronous Transfer Module,STM),它以与网络同步的速率串行传输。详细的速率等级如表1-1所示。

表1-1　SDH速率等级

等级	速率/(kb·s^{-1})
STM-1	155520
STM-4	622080
STM-16	2488320
STM-64	9953280
STM-256	39813120

同步数字体系中最重要、最基本的同步传送模块信号是 STM－1，速率为 155.520 Mb/s，更高等级的模块 STM－N 是 N 个基本模块信号 STM－1 按同步复用，经字节间插后形成的，其速率是 STM－1 的 N 倍，N 取整数 1、4、16、64、256。

1.1.2 SDH 帧结构

STM－N 的帧为块状结构，在系统中传输时，按自左至右、自上至下的规律逐字节进行传输，SDH 帧结构如图 1－1 所示，由 9 行×270×N 列（字节）组成，每字节 8 bit，一帧的周期为 125 μs，帧频为 8 kHz（每秒 8000 帧），帧中每个字节的速率为 8000×8＝64 kb/s。STM－1（N＝1）是 SDH 最基本的结构，每帧周期为 125 μs，共 19440 bit（9×270×8），传输速率为 19440×8000＝155520 kb/s。由于 STM－N 是由 N 个 STM－1 经字节间插同步复接而成的，故其速率为 STM－1 的 N 倍。

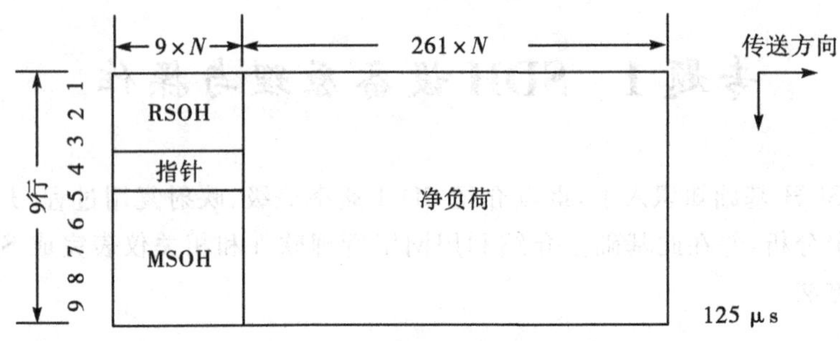

图 1－1 SDH 帧结构（STM－N）

SDH 帧由净负荷（Payload）、管理单元指针（Administration Unit Pointer，AU－PTR）和段开销（Section OverHead，SOH）三部分组成。

SOH 区域用于存放帧定位、运行、维护和管理方面的字节，以保证主信息净负荷被正确灵活地传送。SOH 进一步可分为再生段开销（Regenerator Section OverHead，RSOH）和复用段开销（Multiplexer Section OverHead，MSOH），RSOH 位于 STM－N 帧中的 1～3 行和（1～9）×N 列限定的区域，用于帧定位、再生段的监控和维护管理。RSOH 在再生段始端产生并加入帧中，在再生段末端终结，即从帧中取出进行处理。所以在 SDH 网中的每个网元处，RSOH 都要终结。MSOH 位于 STM－N 帧中 5～9 行和（1～9）×N 列限定的区域，用于复用段的监控、维护和管理，在复用段的始端产生，在复用段的末端终结，故 MSOH 在中继器上是透明传输的，即在除中继器以外的其他网元处终结。

管理单元指针存放在帧的第 4 行的（1～9）×N 列，用来指示信息净负荷的第一个字节在帧内的准确位置，以便正确地区分出所需信息。

信息净负荷区存放各种电信业务信息和少量用于通道性能监控的通道开销字节，它位于 STM－N 帧结构中除 SOH 和管理单元指针区域以外的所有区域。

1.1.3 SDH 映射复用

将准同步数字体系（Plesiochronous Digital Hierarchy，PDH）信号和各种新业务装入 SDH 信号空间，并构成 SDH 帧的过程称为映射和复用过程。

映射是指一种变换、适配。在 SDH 中，映射是指将 PDH 信号比特经过一定的对应关系放置到 SDH 容器中的确切位置的过程。映射分为同步映射和异步映射两大类，异步映射采用码速调整进行速率适配，SDH 中采用正/零/负码速调整和正码速调整两种方式。同步映射不需要速率适配，同步分为比特同步和字节同步，SDH 中通常采用字节同步。

复用是指几路信号逐字节间插或逐比特间插合为一路信号的过程，SDH 中通常采用逐字节复用。

国际电信联盟电信标准分局（International Telecommunication Union - Telecommunication Standardization Sector，ITU - T）对 SDH 的映射复用结构或复用路线也作出严格的规定，如图 1 - 2 所示。其中图 1 - 2(a)表示的是国际上所有体系的 PDH 信号映射复用成 SDH 信号的结构，而图 1 - 2(b)表示的是我国所应用的欧洲 PDH 信号映射复用成 SDH 信号的结构。图中 PDH 各速率等级（2 Mb/s、34 Mb/s、140 Mb/s）按复用路线均可以映射至 SDH 的传送模块（STM - N）中。图 1 - 2 中各个环节的信号结构定义如下。

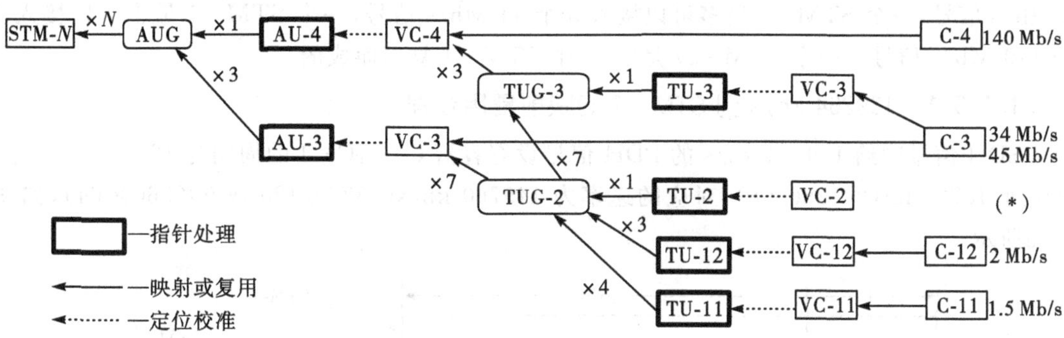

(a) ITU-T G.707建议的SDH映射复用结构

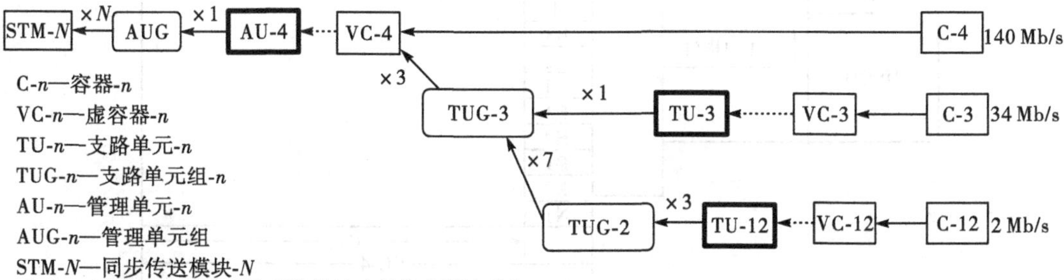

(*) —不提供此种速率的支路接口（仅作虚拟连接）

(b) 我国规定的SDH映射复用结构

图 1 - 2　SDH 的映射复用结构

容器（Container，C）：一种用于装载各种速率业务信号的信息结构，容器的种类有 C - 12、C - 3、C - 4 等。

虚容器（Virtual Container，VC）：用于支持 SDH 通道层连接的信息结构，容器加上通道开销就构成了虚容器，可以用一个简单的式子表示：VC＝C＋POH。

VC 是 SDH 中可以用来传输、交换、处理的最小信息单元，而传送 VC 的实体称为通道。通道开销（Path OverHead，POH），是用于通道监控、维护和管理所必需的附加字节。

支路单元(Tributary Unit,TU):一种提供低阶通道层和高阶通道层之间适配功能的信息结构,虚容器加上相应的指针则构成支路单元或管理单元,即:TU(或 AU)=VC+PTR。存在两种支路单元:TU-12 和 TU-3。

支路单元组(Tributary Unit Group,TUG):由一个或多个在高阶 VC 净负荷中占据固定的、确定位置的支路单元组成,存在 TUG-2 和 TUG-3 两种支路单元组。

管理单元(Administration Unit,AU):提供高阶通道层和复用段层之间适配功能的信息结构,由 VC-4+AU-PTR 构成。

管理单元组(Administration Unit Group,AUG):由一个或多个在 STM-*N* 净负荷中占据固定的、确定位置的管理单元组成。

同步传送模块(STM-*N*)是由管理单元组逐字节间插复用再加上 STM-*N* 的 SOH(RSOH 和 MSOH)构成的。

通过图 1-2 中各速率信号的映射复用结构,可以看出一个 STM-1 最多可以接入 63 个 2 Mb/s 信号,一个 STM-1 最多可以接入 3 个 34 Mb/s 信号,一个 STM-1 最多可以接入 1 个 140 Mb/s 信号。一个 STM-*N* 是由 *N* 个 STM-1 复用而成的。

1.1.3.1 139264 kb/s 到 STM-1 的映射复用过程

SDH 信号中给 139264 kb/s 的 PDH 信号设有容器 C-4,C-4 的周期为 125 μs,共 9 行、260 列、18720 bit(9×260×8),对应的速率为 149760 kb/s(18720/125 或 9×260×64),如图 1-3所示。

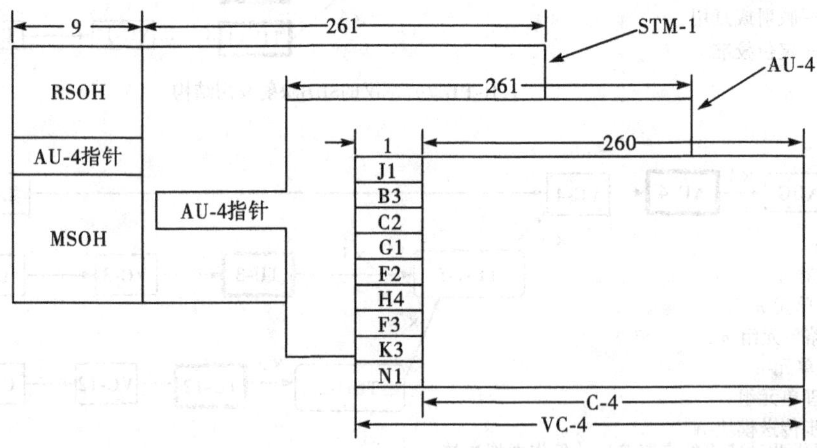

图 1-3 C-4、VC-4 和 AU-4 结构

139264 kb/s 信号以正码速调整方式装入 C-4。从 PDH 的 139264 kb/s 码流中取 125 μs,约 17408 bit(如以标称速率取为 139264×125=17408 bit,但 PDH 中允许有$\pm 15\times 10^{-6}$容差,因此在 125 μs 内比特数在 17408 bit 左右有 0.261 bit 范围的波动),17408 bit 分为 9 份,分别放于 9 行中,每份有 1934.22 bit,以每一行都相同的结构放置在 C-4 的 9 行中,C-4 每行 2080 bit(260×8)的结构如图 1-4 所示。

其中每行包含 1934 个信息比特(I),130 个固定填充比特(R),10 个开销比特(O),5 个调整控制比特(C)和 1 个调整机会比特(S)。不需要每一帧均采用正码速调整。当需要码速调

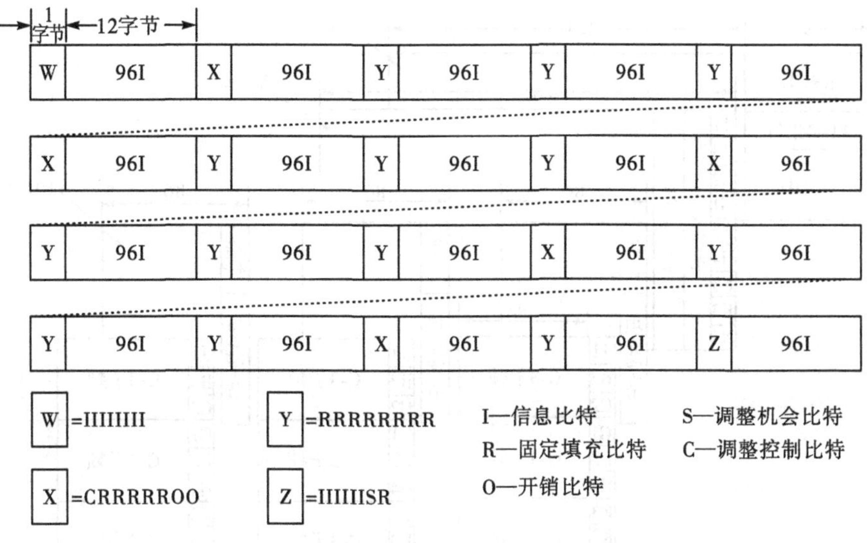

图 1-4 C-4 一行的结构

整时,发送端将 CCCCC 置为“11111”以指示 S 为调整比特,接收端忽略其值;当不需要码速调整时,发送端将 CCCCC 置为“00000”以指示 S 为信息比特,接收端应读出其值。

C-4 加上 9 个开销字节(J1、B3、C2、G1、F2、H4、F3、K3、N1)便构成了虚容器 VC-4,对应速率为 150336 kb/s(261×9×8×8 kb/s)。

VC-4 加上 AU-4 指针构成 AU-4 装入 AUG,再加上 SOH 便构成 STM-1 信号结构。

1.1.3.2 34368 kb/s 到 STM-1 的映射复用过程

SDH 信号中给 34368 kb/s 信号设有容器 C-3,C-3 结构如图 1-5 所示。从图 1-5 可以看出 C-3 由 9 行、84 列净负荷组成,每帧周期为 125 μs、帧频为 8 kHz、帧长为 6048 bit(84×9×8),对应速率为 48384 kb/s。C-3 每三行组成 1 个子帧,共分为 3 个相同的子帧。每个子帧有 2016 比特,其中包含 1431 个信息比特(I)、573 个固定填充比特(R)、2 组调整控制比特(C1,C2)、2 个调整机会比特(S1 为负调整机会比特,S2 为正调整机会比特)。每组调整控制比特各 5 个比特,“C1 C1 C1 C1 C1=00000”指示 S1 为信息比特,“C1 C1 C1 C1 C1=11111”指示 S1 为调整比特,C2 与 C1 功能相同。

34368 kb/s 信号经过正/零/负码速调整装入 C-3。使用零码速调整(即不用调整),具体地说是在负码速调整机会比特(S1)位置不传送信息,在正码速调整机会比特(S2)位置传送信息比特(这样每个 C-3 子帧刚好能传送 1431+1 bit 信息)。因此,发送端置“C1 C1 C1 C1 C1=11111”“C2 C2 C2 C2 C2=00000”,用以告之接收端 S2 为信息比特(应读出)、S1 为非信息比特。即当支路速率等于标称速率 34368 kb/s 时,125 μs 内共取 4296 bit,平均分到 3 个 C-3 子帧中,每个 C-3 子帧刚好为 1432 bit(4296÷3)。

当支路信号速率高于标称速率时,即在规定时间内(125 μs)支路送入的比特数较标称速率时多,必须使用负码速调整,此时除了 S2 必须传送信息比特外,S1 也要传送信息比特,这样信息比特才不会丢失。因此,发送端置“C2 C2 C2 C2 C2=00000”“C1 C1 C1 C1 C1=00000”,用以告之接收端 S2 和 S1 传送过来的均为信息比特,应读出其值。

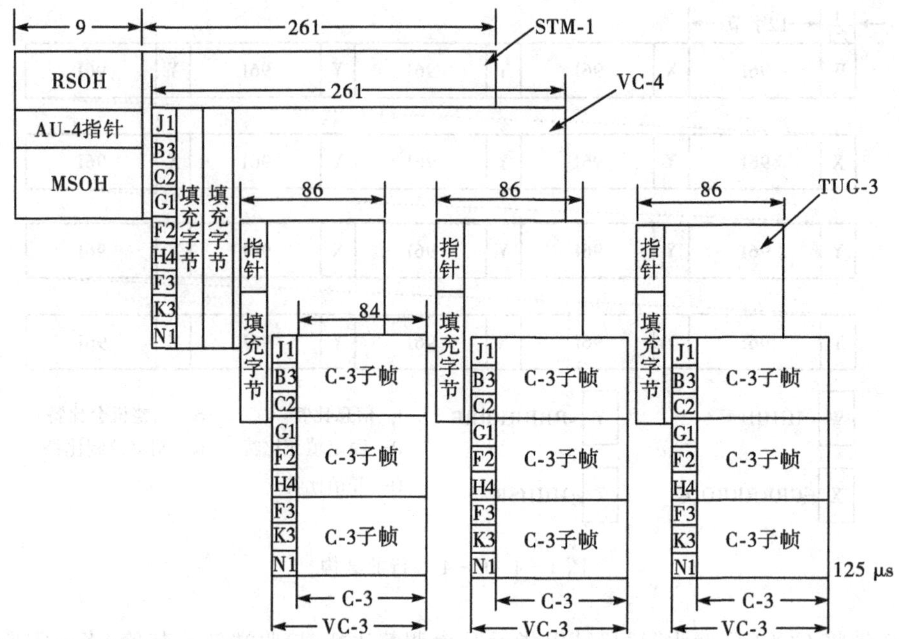

图 1-5　C-3、VC-3、TUG-3 和 VC-4 结构

当支路信息速率低于标称速率时，125 μs 内支路送入的信息比特数较标称速率时少，应使用正码速调整。正码速调整时，S1 的位置肯定不传送信息比特，同时正码速调整机会比特(S2)位置上也不传送信息比特。因此，发送端置“C2 C2 C2 C2 C2＝11111”“C1 C1 C1 C1 C1＝11111”，以向接收端示明 S1 和 S2 传送的均为非信息比特，接收端应忽略其值。

C-3 形成以后，在 C-3 的前面加 1 列开销字节(J1、B3、C2、G1、F2、H4、F3、K3、N1)，便构成了虚容器 VC-3，其结构为 9 行、85 列，对应的速率为 48960 kb/s(85×9×8×8)。

从图 1-5 还可以看到，VC-3 加上 3 个指针字节(H1、H2 和 H3)，便构成了支路单元 TU-3，TU-3 加上 6 个固定填充字节，直接置入支路单元组 TUG-3，对应的速率为 49536 kb/s(86×9×8×8)。3 个 TUG-3(从不同的支路映射复用而来)复用，再加上 2 列固定填充字节和 1 列(9 字节)VC-4 的 POH，便构成了 9 行、261 列的虚容器 VC-4。最后，加上管理单元 AU-4 指针装入 AUG，再加上 SOH 构成 STM-1 信号。

1.1.3.3　2048 kb/s 到 STM-1 的映射复用过程

2048 kb/s 信号的映射和复用是最重要的，同时也是最复杂的，在 STM-1 信号中设有专门运载 2048 kb/s 信号的容器 C-12，如图 1-6 所示。

从图 1-6 可以看出，C-12 帧是由 4 个基帧组成的复帧，每个基帧的周期为 125 μs。C-12帧周期为 500 μs(4×125)，处于 4 个连续的 STM-1 帧中，帧频是 STM-1 的 1/4，为 2 kHz，帧长为 1088 bit(4×34×8)，相应的速率为 2176 kb/s(1088×2)。2048 kb/s 的信号以正/零/负码速调整方式装入 C-12。C-12 帧左边有 4 个字节(每行的第一个字节)，其中一个为固定填充字节，其余三个字节中的 C1 和 C2 比特用于调整控制共 6 bit，S1 为负码速调整比特，正常情况下不传送信息，只在支路速率高于标称值 2048 kb/s 时，才用来传送信息；C-12 中间的 1024 bit(4×32×8)为信息比特，其中有一个 S2 比特；S2 比特正常情况下传送信息比

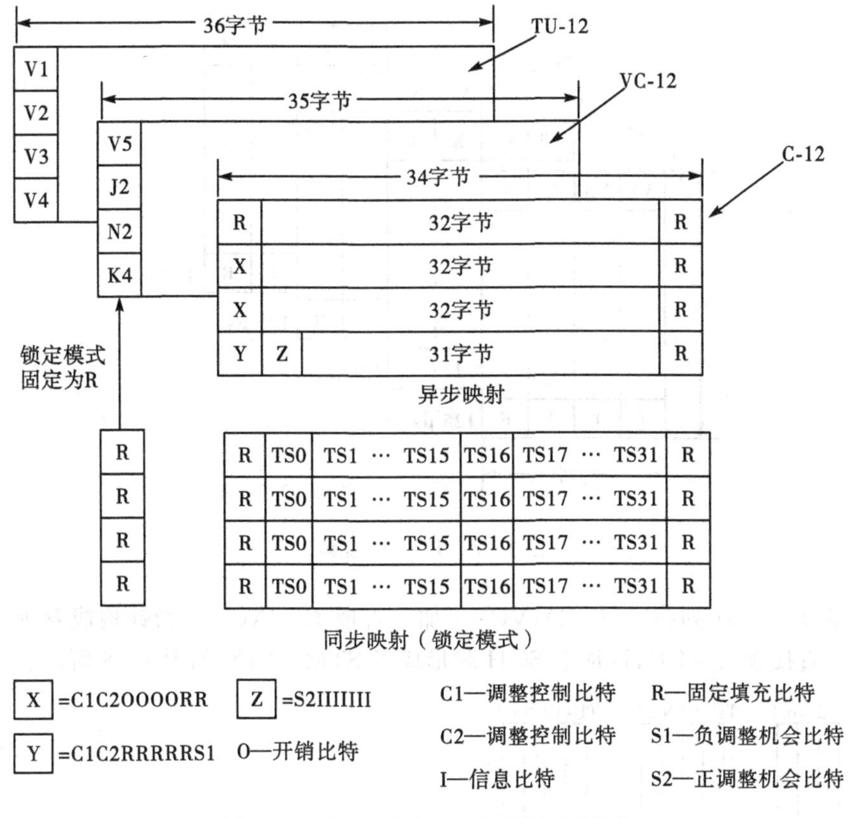

图 1－6　C－12、VC－12 和 TU－12 结构

特，但在支路速率低于标称值时，不传送信息比特（临时填充），称为正调整机会比特。C－12 帧右边有 4 个字节全部为固定填充字节。

C－12 加上 4 个开销字节（V5、J2、N2、K4）便构成了虚容器 VC－12，对应的速率为 2240 kb/s（4×35×8×2）。

VC－12 加上 4 个指针字节（V1、V2、V3 和 V4）构成支路单元 TU－12，对应速率为 2304 kb/s（4×36×8×2）。

2048 kb/s 的映射除了上述的异步映射以外，还有字节同步映射，同步映射与异步映射的不同之处就是左边的 4 个字节全部为固定填充字节“R”，没有 C1、C2 和 S1 比特，同时 S2 比特也固定为传送信息。

从图 1－6 可以看出，TU－12 是由 4 行组成的复帧结构，每行 36 个字节，占 125 μs，需用一个 STM－1 帧传送，因此一个 TU－12 需放置于 4 个连续的 STM－1 帧中传送。为了使后面的复接过程看起来更直观、更便于理解，此处将 4 个 TU－12 每行（125 μs）均按传送的顺序写成一个 9 行、4 列的块状结构，如图 1－7 所示。

按照 SDH 的映射复用结构，由 3 个支路传送来的 TU－12 逐字节间插复用成一个支路单元组 TUG－2（9 行、12 列）；7 个 TUG－2 通过逐字节间插复用，再加上 1 列固定填充字节、3 个空指针指示字节（NPI）和 6 个固定填充字节构成支路单元组 TUG－3（9 行、86 列）；3 个 TUG－3 逐字节间插复用，加上 2 列固定塞入字节和 9 个字节的 VC－4 POH 就构成了虚容

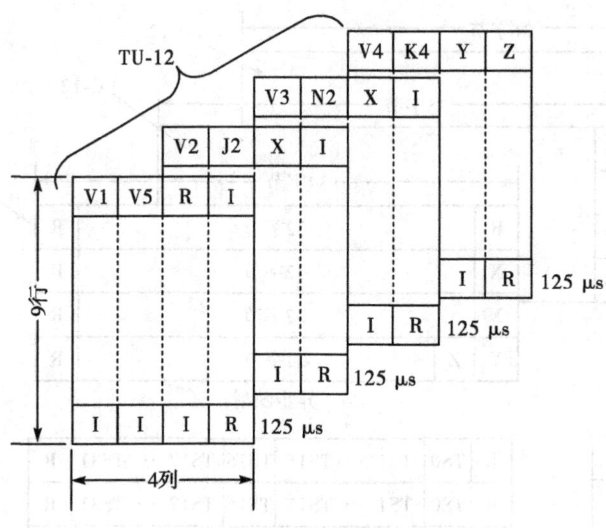

图 1－7　TU－12 复帧

器 VC－4，共 9 行、261 列(3×86＋3)；VC－4 加上管理单元 AU－4 指针构成管理单元 AU－4，将 AU－4 直接置入 AUG，再加上 SOH 就形成了 STM－1 帧，如图 1－8 所示。

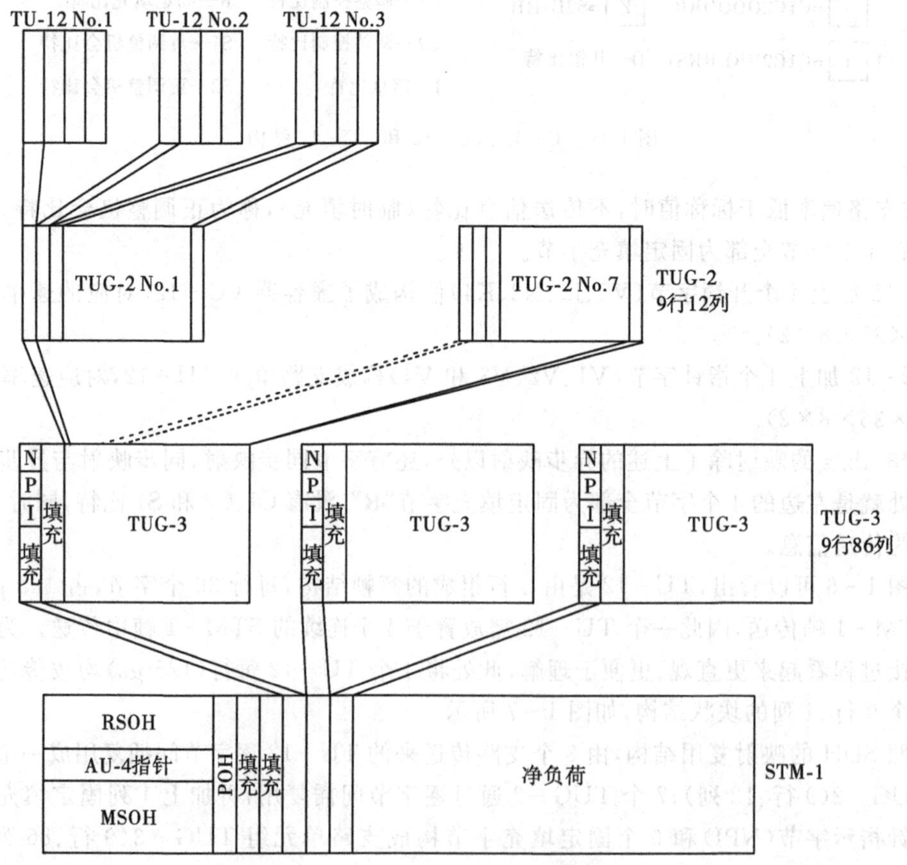

图 1－8　2048 kb/s 到 STM－1 的映射复用

1.1.3.4　*N* 个 AUG 到 STM－*N* 的复用成帧过程

在 2048 kb/s、34368 kb/s 和 139264 kb/s 信号映射和复用为 STM－1 时，已涉及一个 VC－4 经 AU－4 装入 AUG 的过程，VC－4 装入 AU－4 时，VC－4 在 AU－4 帧内的相位是不确定的，VC－4 第一个字节的位置用 AU－4 的指针来指示，AU－4 装入 AUG 的方式是直接放入，只作指针校准，二者之间的相位固定不存在浮动，1 个 AUG 加上 SOH 就构成了 STM－1。

N 个 AUG 中的每一个与 STM－*N* 帧都有确定的相位关系，即每一个 AUG 在 STM－*N* 帧中的相位都是固定的，因此，*N* 个 AUG 只需采用逐字节间插复用方式将 *N* 个 AUG 信号复用，先构成 STM－*N* 信号的净负荷，然后，加上 SOH 最终构成 STM－*N* 帧，如图 1－9 所示。

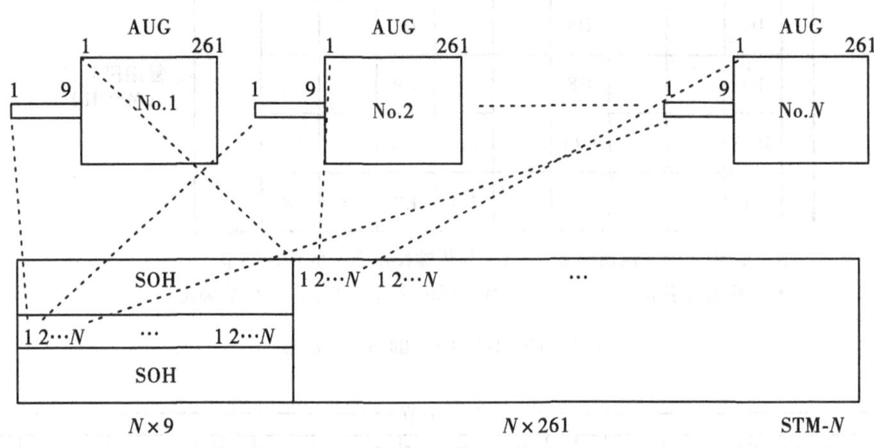

图 1－9　*N* 个 AUG 复用成 STM－*N* 帧

1.1.4　SDH 开销

在 SDH 帧结构中，开销占据着非常重要的位置，每个开销字节都有其特殊的含义。对一个合格的光纤技术人员，掌握好这些字节的含义非常必要，对以后的进一步学习起着至关重要的作用，也是以后实际工作中判断故障、解决故障的基础。

SDH 开销总体来说可以分为段开销（SOH）和通道开销（POH）两大类，SOH 可以细分为再生段开销（RSOH）和复用段开销（MSOH），分别用于再生段、复用段的监控和维护管理。POH 又可以进一步地细分为高阶通道开销和低阶通道开销，用于 VC 通道的维护和管理。

STM－1 的段开销安排如图 1－10 所示。经 *N* 个 STM－1 逐字节间插复用而成的 STM－*N* 的段开销与 STM－1 的段开销字节安排有所不同，只有第一个 STM－1 的段开销完全保留，其余 *N*－1 个 STM－1 的段开销仅保留帧定位字节 3 个 A1 字节、3 个 A2 字节和 3 个 B2 字节，其他的字节全部省略，如图 1－11 所示为 STM－4 的 SOH 安排。由此可见，在 STM－*N* 的段开销中有 3*N* 个 A1 字节、3*N* 个 A2 字节和 3*N* 个 B2 字节，各字节的对应位置基本保持不变，只有 M1 字节的位置发生了变化，它位于第九行的 3*N*＋2 列的位置上。

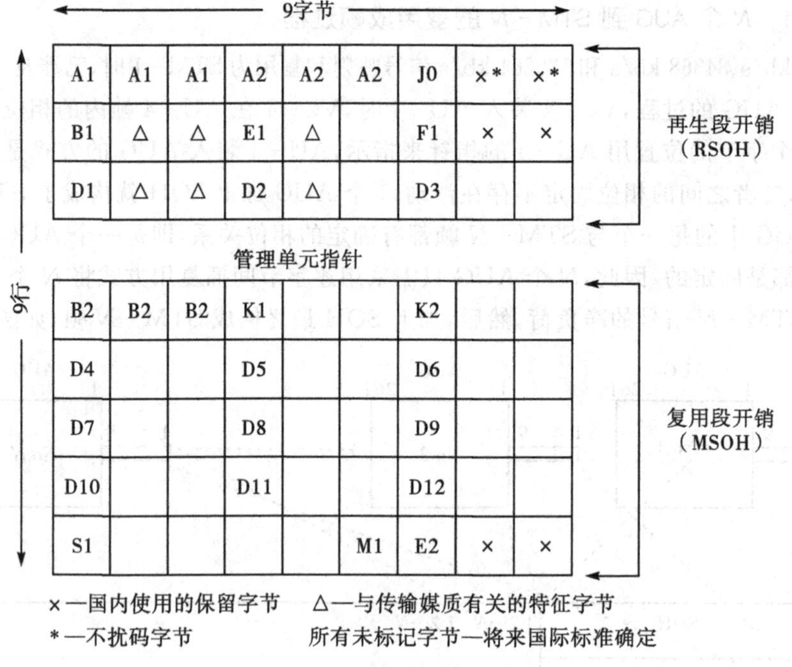

图 1-10 STM-1 的 SOH 安排

9×4字节

A1	A1	A1	A1	A1	A1	A1	A1	A1	A1	A1	A1	A2	A2	A2	A2	A2	A2	A2	A2	A2	A2	A2	A2	J0	Z*0	Z*0	Z*0	×*	×*	×*	×*	×*	×*	×*	×*
B1				△	△	△	△	△	△	△	△	E1				△	△	△	△					F1	×	×	×	×	×	×	×	×	×	×	×
D1				△	△	△	△	△	△	△	△	D2				△	△	△	△					D3											
管理单元指针																																			
B2	B2	B2	B2	B2	B2	B2	B2	B2	B2	B2	B2	K1												K2											
D4												D5												D6											
D7												D8												D9											
D10												D11												D12											
S1														M1										E2	×	×	×	×	×	×	×	×	×	×	×

9行

×—国内使用的保留字节

△—与传输媒质有关的特征字节

*—不扰码字节

所有未标记字节—将来国际标准确定

图 1-11 STM-4 的 SOH 安排

1.1.4.1 再生段开销(RSOH)

1. 帧定位字节 A1、A2

A1、A2 字节用来标识 STM-N 帧的起始位置。即在比特流中只要找到 $3N$ 个 A1 字节和 $3N$ 个 A2 字节的特殊比特组合就找到了这一帧的开头,加上随后的$(270\times N\times 9-6N)\times 8$ bit 为一帧。其中 A1 为 11110110(F6),A2 为 00101000(28)。

2. 再生段踪迹字节 J0

J0 字节为重复发送一个代表某接入点的标志,从而使再生段的接收端能够确认是否与预定的发送端处于持续的连接状态。用连续 16 帧内的 J0 字节组成 16 字节的帧来传送接入点识别符，其第一个字节是该帧的起始标志，它包含对上一帧进行 CRC－7 计算的结果。例如华为公司 Optix OSN 3500 设备 J0 字节缺省的值是 HuaWei ⊔ SBS，除帧起始标志字节外，还需在字符串末尾添加 5 个空格字符“⊔”补足 16 个字节的总长。除了 16 字节模式外，J0 字节还有 64 字节模式。

3. STM－1 识别符 C1

在 ITU－T 旧建议中 J0 的位置上安排的是 C1 字节，用来表示 STM－1 在高阶 STM－*N* 中的位置。采用 C1 字节的旧设备与采用 J0 字节的新设备互通时，新设备置 J0 为“00000001”表示“再生段踪迹未规定”。

4. 再生段误码监视字节 B1

B1 字节用作再生段误码在线监测，它是采用偶校验的比特间插奇偶校验 8 位码（Bit Interleaved Parity 8 Code Using Evenparity，BIP－8）方法获取的。BIP－8 是将被监测部分的 8 bit看作一组排列，作为一个整体。然后计算每一列比特“1”的奇偶数，如果为奇数则 BIP－8 中相应比特置“1”，如果为偶数则 BIP－8 中相应比特置“0”。即参加检测的所有字节加上 BIP－8 的比特后，使每列的比特“1”码数为偶数。例如有一串较短的序列“11010100，01110011，10101010，10111010”其 BIP－8 的计算结果为“10110111”。

再生段误码个数的计算，是通过发送端的 B1 字节和接收端重新计算得到的 B1 字节比较所得出的。具体方法是在发送端 STM－*N* 帧中对前一 STM－*N* 帧扰码后的所有比特进行 BIP－8 运算，将得到的结果置于当前帧扰码前的 B1 位置。接收端将前一帧解扰码前计算得到的BIP－8 值，与当前帧解扰码后的 B1 字节作比较，如果任一比特不一致，则说明本 BIP－8 负责监测的“块”在传输过程中有差错，如图 1－12 所示。从而实现再生段的在线误码监测。由此可以看出，再生段误码是以 8 bit 为一组，比较结果中 1～8 bit 差错均视为一个误块，即一帧为一块进行监测的，它只能监测出本再生段的误码性能，而无法监测出上游再生段的误码性能。

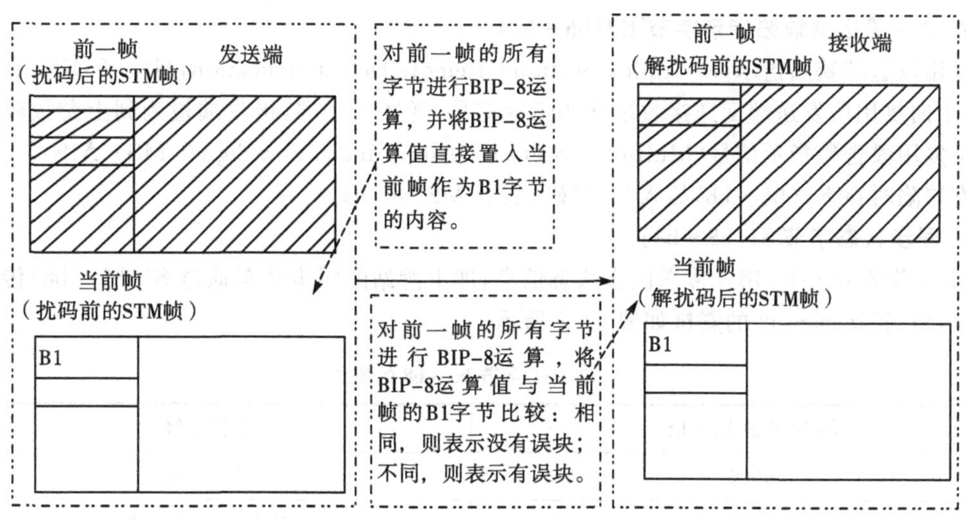

图 1－12　B1 字节的误块检测过程

5. 再生段公务通信字节 E1

E1 字节用于再生段公务联络，提供一个 64 kb/s 通路，它在中继器上也可以接入或分出。

6. 使用者通路字节 F1

F1 字节为网络运营者提供一个 64 kb/s 通路，为特殊维护目的提供临时的数据/话音通道。

7. 再生段数据通信通道字节 D1、D2、D3

再生段数据通信通道(Data Communication Channels，DCC)字节 D1、D2、D3 用于传送再生段的运行、管理和维护信息，可提供速率为 192 kb/s(3×64)的通道。

1.1.4.2　复用段开销(MSOH)

1. 复用段误码监测字节 B2

B2 字节用于复用段的误码在线监测，3 个 B2 字节共 24 bit，作比特间插奇偶校验，以前为 BIP－24 校验，后改进为 24×BIP－1，其计算方法与 BIP－8 相似，只不过此处是以一个比特为一组的，即在比较结果中，任意一个比特的差错都计算为一个误块，一帧被视为 24 块。

2. 数据通信通道字节 D4～D12

D4～D12 字节构成管理网复用段之间运行、管理和维护信息的传送通道，可提供速率为 576 kb/s(9×64)的通道。

3. 复用段公务通信字节 E2

E2 字节用于复用段公务联络，只能在含有复用段终端(Multiplex Section Termination，MST)功能块的设备上接入或分出，可提供速率为 64 kb/s 的通路。

4. 自动保护倒换通路字节 K1、K2(b1～b5)

K1 和 K2(b1～b5)用于传送复用段自动保护倒换(Automatic Protection Switching，APS)协议。两字节的比特分配和面向比特的协议在 ITU－T 建议 G.783 的附件 A 中给出。K1(b1～b4)指示倒换请求的原因，K1(b5～b8)指示提出倒换请求的工作系统序号，K2(b1～b5)指示复用段接收端备用系统倒换开关桥接到的工作系统序号及路径选择方式。

5. 复用段远端缺陷指示字节 K2(b6～b8)

复用段远端缺陷指示(Multiplex Section－Remote Defect Indication，MS－RDI)K2(b6～b8)用于向复用段发送端回送接收端状态指示信号，通知发送端，接收端检测到上游故障或者收到了复用段告警指示信号(Multiplex Section－Alarm Indication Signal，MS－AIS)。

有缺陷时在 K2(b6～b8)插入“110”码，表示 MS－RDI。

6. 同步状态字节 S1(b5～b8)

S1 字节的 b5～b8 用作传送同步状态信息，即上游站的同步状态通过 S1(b5～b8)传送到下游站，S1 字节 b5～b8 的安排如表 1－2 所示。

表 1－2　S1 字节 b5～b8 的安排

S1 字节的 b5～b8	时钟等级
0000	质量未知
0010	G.811 基准时钟
0100	G.812 转接局从时钟
1000	G.812 本地局从时钟
1011	同步设备定时源(SETS)

续表

S1 字节的 b5～b8	时钟等级
1111	不可用于时钟同步

注：其余组态预留。

7. 复用段远端差错指示字节 M1

复用段远端差错指示(Multiplex Section - Remote Error Indication，MS - REI)字节 M1 用于将复用段接收端检测到的差错数回传给发送端。接收端(远端)的差错信息由接收端计算出的 24×BIP - 1 与接收到的 B2 比较得到，有多少差错比特就表示有多少差错块，然后将差错数用二进制表示放置于 M1 的位置。由于 M1 仅 1 个字节，因此计数范围是[0,255]。

对于 STM - 1 和 STM - 4 速率等级，M1 字节计数时的第一比特忽略，STM - 1 最多 24 个差错(3 个 B2 字节监测)，M1 值如表 1 - 3 所示；STM - 4 最多 4×24 个差错(12 个 B2 字节监测)，M1 值如表 1 - 4 所示；STM - 16 最多 16×24 个差错(48 个 B2 字节监测)，最大差错数已超过 255，而 M1 值最大计数值为 255，因此 STM - 16 的 M1 值如表 1 - 5 所示。

表 1 - 3　STM - 1 的 M1 代码

M1 代码比特 2 3 4 5 6 7 8	代码含义
0 0 0 0 0 0 0	0 个差错
0 0 0 0 0 0 1	1 个差错
0 0 0 0 0 1 0	2 个差错
⋮	⋮
0 0 1 1 0 0 0	24 个差错
0 0 1 1 0 0 1	0 个差错
⋮	⋮
1 1 1 1 1 1 1	0 个差错

注：M1 字节第一比特忽略。

表 1 - 4　STM - 4 的 M1 代码

M1 代码比特 2 3 4 5 6 7 8	代码含义
0 0 0 0 0 0 0	0 个差错
0 0 0 0 0 0 1	1 个差错
0 0 0 0 0 1 0	2 个差错
⋮	⋮
1 1 0 0 0 0 0	96 个差错
1 1 0 0 0 0 1	0 个差错
⋮	⋮
1 1 1 1 1 1 1	0 个差错

注：M1 字节第一比特忽略。

表 1-5 STM-16 的 M1 代码

M1 代码比特 1 2 3 4 5 6 7 8	代码含义
0 0 0 0 0 0 0 0	0 个差错
0 0 0 0 0 0 0 1	1 个差错
0 0 0 0 0 0 1 0	2 个差错
⋮	⋮
1 1 1 1 1 1 1 0	254 个差错
1 1 1 1 1 1 1 1	255 个差错

1.1.4.3 高阶通道开销

高阶虚容器 VC-4 和 VC-3 的 POH 相同，均为 9 个字节，即字节 J1、B3、C2、G1、F2、H4、F3、K3 和 N1，称之为高阶通道开销。

1. 高阶通道踪迹字节 J1

J1 字节的作用与 SOH 中 J0 字节功能相似，用于重复发送高阶虚容器（VC-4、VC-3）通道接入点识别符，接收端利用 J1 字节来确认自己与预定的发送端是否处于持续的连接状态。

2. 高阶通道误码监测字节 B3

B3 字节对 VC-3 或 VC-4 进行误码监测，监测方法与 B1 字节相似，采用 BIP-8。

3. 高阶通道信号标记字节 C2

C2 字节用来标示高阶通道（VC-3 或 VC-4）的信号组成，其代码的含义如表 1-6 所示。

表 1-6 C2 字节的代码含义

高位 1 2 3 4	低位 5 6 7 8	十六进制	含义
0 0 0 0	0 0 0 0	00	未装载或监控未装载信号
0 0 0 0	0 0 0 1	01	已装载，非特殊净荷
0 0 0 0	0 0 1 0	02	TUG 结构
0 0 0 0	0 0 1 1	03	TU 锁定方式
0 0 0 0	0 1 0 0	04	异步映射 34 Mb/s 进入 C-3
0 0 0 1	0 0 1 0	12	异步映射 140 Mb/s 信号进入 C-4
0 0 0 1	0 0 1 1	13	ATM 映射
0 0 0 1	0 1 0 0	14	局域网的分布排队双总线映射
0 0 0 1	0 1 0 1	15	光纤分布式数据接口（FDDI）映射
1 1 1 1	1 1 1 0	FE	O.181 测试信号规定的映射
1 1 1 1	1 1 1 1	FF	VC-AIS（仅用于串联连接）

4. 通道状态字节 G1

G1 字节用于将通道(VC-3 或 VC-4)终端接收器接收到的通道状态和性能回送至通道的始端,其字节安排如图 1-13 所示。图中 REI 表示远端差错指示,RDI 表示远端缺陷指示。

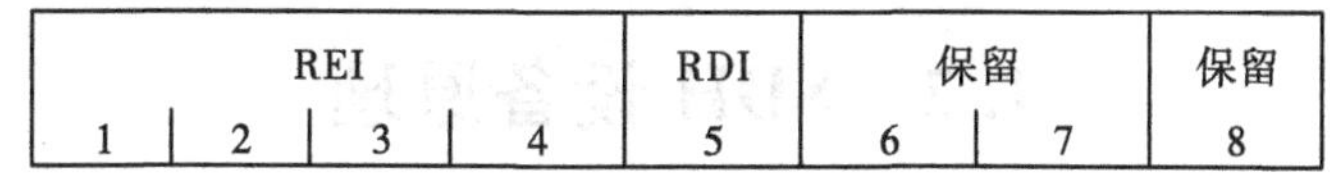

REI				RDI	保留		保留
1	2	3	4	5	6	7	8

图 1-13 G1 字节安排

5. 高阶通道使用者字节 F2、F3

F2、F3 字节为使用者提供通道单元之间的通信通路,它们与净荷有关。

6. 位置指示字节 H4

H4 字节为净荷提供一般位置指示,也可作特殊净荷的位置指示,例如作 VC-12 复帧位置指示。

7. 自动保护倒换通路字节 K3

K3 字节的 b1～b4 用于传送高阶通道的 APS 协议,K3(b5～b8)留用,目前没有定义它的值。

8. 网络运营者字节 N1

N1 字节用来提供串联连接监测(Tandem Connection Monitoring,TCM)功能。

1.1.4.4 低阶通道开销

低阶虚容器 VC-12 的 POH 为 V5、J2、N2 和 K4 四个字节,称之为低阶通道开销。

1. V5 字节

V5 字节是 VC-12 复帧的第一个字节,用于误码检测、信号标记和 VC-12 通道的状态指示等功能。V5 字节各比特的安排如图 1-14 所示,图中 RFI 表示远端故障指示(当失效持续期超过传输系统保护机理设定的最大时间时称为故障)。

BIP-2		REI	RFI	信号标记			RDI
1	2	3	4	5	6	7	8

图 1-14 V5 字节安排

2. 低阶通道踪迹字节 J2

J2 字节用于在低阶通道(VC-12)接入点重复发送低阶通道接入点识别符,接收端利用 J2 来确认自己与预定的发送端是否处于持续的连接状态。其 16 字节帧结构格式与 J0 字节的 16 字节帧结构格式相同。

3. 网络运营者字节 N2

N2 字节提供 TCM 功能。ITU-T G.707 建议的附录 E 规定了 N2 字节的结构和 TCM 协议。

4. 自动保护倒换通道字节 K4(b1～b4)

K4 字节的 b1～b4 为低阶通道传送 APS 协议。

5. 保留字节 K4(b5～b7)、K4(b8)

K4 字节的 b5～b7 可保留(此时设置为“000”或“111”)或作它用,K4 字节的 b8 目前无确定的值。

1.2 SDH 设备原理

1.2.1 SDH 设备功能参考模型

扎实的 SDH 基础知识为维护和维修 SDH 设备提供了帮助,但要想更好地维护 SDH 设备,就必须要掌握 SDH 设备的特征和基本功能。市场上的 SDH 设备品牌多、型号多,整体上都具有如下特征:

①SDH 提供高度的功能集成,具体物理设备中可以包含不同的功能。例如复接功能与线路终端功能就可以合成在同一设备中[终端复用设备(Terminal Multiplexer,TM)]。

②SDH 设备在功能实现时具有很大的灵活性,能把各种功能组合在同一设备中,通过软件进行设置。例如一个设备通过网管软件就可以设置为 TM 或分插复用设备(Add and Drop Multiplexer,ADM),而无需改变任何硬件配置。

③实现设备功能的方法多种多样,不同厂家对同一功能的实现方法可能各不相同,有的用硬件实现,有的用软件实现,因此设备上不一定能找到每一个独立功能对应的物理电路。

鉴于现在 SDH 设备传输业务种类较多,面对不同的需求,各厂家不断推出新的产品,为了不针对某厂家的具体产品,在研究 SDH 网元设备传输 PDH 信号的规范时,通常采用功能参考模型的方法,将设备分解为一系列基本功能模块,然后对每一基本功能模块的内部过程和输入、输出参考点原始信息流进行严格描述,而对整个设备功能只进行一般化描述。通过组合一系列基本功能块,可以构成实用化的具有一定网络性能的设备。

1.2.1.1 SDH 设备功能描述

图 1-15 以 2 Mb/s 信号复接成 STM-1 帧为例,画出设备在完成这一过程时,按逻辑功能划分的功能框图。从图中可以清楚地看到信号的复接流程和各功能块的具体内容以及相互关系。

由图 1-15 可以看出,在信号的映射复用过程中,存在如下功能块类型:

①接口功能,用字母 I 表示,设备与外界的连接接口,包括 SDH 物理接口和 PDH 物理接口;

②终端功能,用字母 T 表示,用来处理各种开销,包括再生段终端、复用段终端、高阶通道终端和低阶通道终端;

③适配功能,用字母 A 表示,实现向各分层信号适配,包括低阶通道适配、高阶通道适配和复用段适配;

④交叉连接功能,用字母 C 表示,针对虚容器 VC 信号进行交叉连接,包括高阶通道交叉连接和低阶通道交叉连接;

⑤保护功能,用字母 P 表示,系统可以进行通道和段层的保护,包括高阶通道保护、低阶通道保护和复用段保护。

按照这个思路可以进一步地扩展到一般化逻辑功能框图,如图 1-16 所示。图中的每一

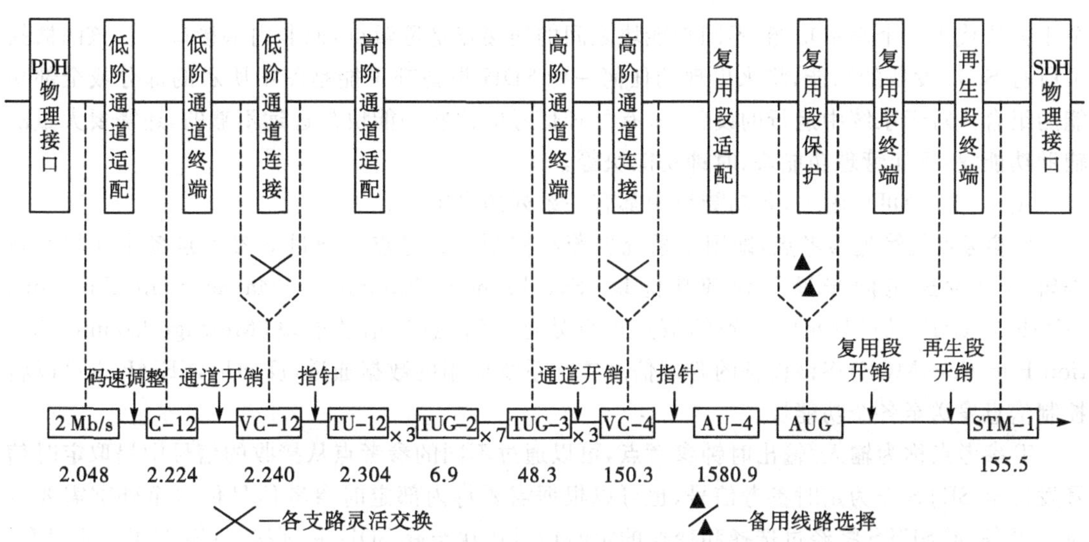

SDH在155 Mb/s信号上传输63个准同步2 Mb/s信号的传输功能和复用

图1-15　2/155过程中逻辑功能划分的功能框图

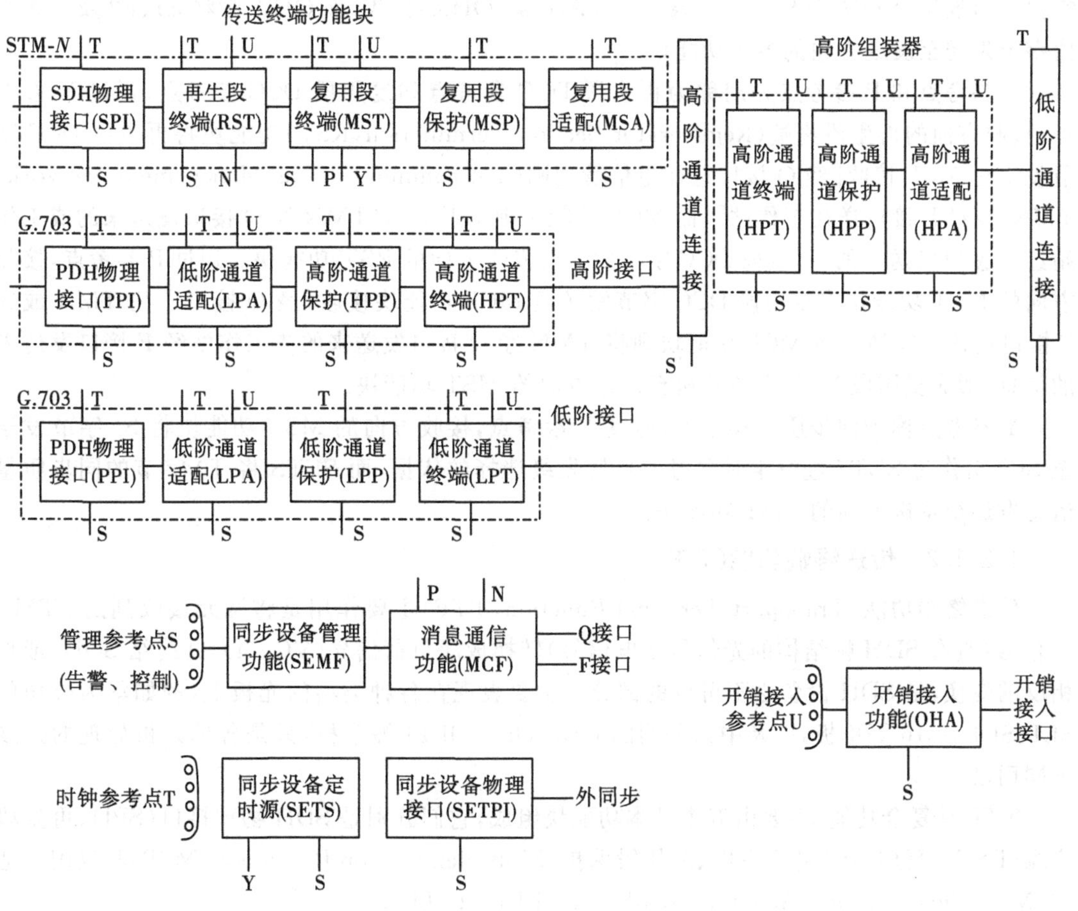

传送终端功能块

STM-N　T　T　U　T　U　T　T

SDH物理接口(SPI)　再生段终端(RST)　复用段终端(MST)　复用段保护(MSP)　复用段适配(MSA)

S　S　N　S　P　Y　S　S

高阶通道连接

高阶组装器

T　U　T　U　T　U

高阶通道终端(HPT)　高阶通道保护(HPP)　高阶通道适配(HPA)

S　S　S

T　低阶通道连接　S

G.703　T　T　U　T　T　U

PDH物理接口(PPI)　低阶通道适配(LPA)　高阶通道保护(HPP)　高阶通道终端(HPT)　高阶接口

S　S　S　S　S

G.703　T　T　U　T　T　U

PDH物理接口(PPI)　低阶通道适配(LPA)　低阶通道保护(LPP)　低阶通道终端(LPT)　低阶接口

S　S　S　S

管理参考点S (告警、控制)　同步设备管理功能(SEMF)　P　N　消息通信功能(MCF)　Q接口　F接口

开销接入参考点U　开销接入功能(OHA)　开销接入接口　S

时钟参考点T　同步设备定时源(SETS)　同步设备物理接口(SETPI)　外同步

Y　S　S

图1-16　一般化逻辑功能框图

个小方块代表一个基本功能,不同功能块之间的连接点是逻辑点,而非内部接口点。该图概括了所有 SDH 设备的功能,将来出现的任何一种 SDH 设备都可能是图中所示的部分或全部功能的组合。对于系统中运行的设备,只有处理信号的这些功能块是远远不够的,还需要大量的辅助功能块,例如管理功能块、时钟功能块等。

图 1-16 中可以看到,各功能块中都有一系列的参考点。

S 参考点是管理参考点,即用于系统告警和控制的参考点。通过 S 参考点各个功能块将告警信息发送至同步设备管理功能块(Synchronous Equipment Management Function, SEMF),SEMF 功能块将收集到的信息进行处理,经消息通信功能块(Message Communication Function,MCF)将该设备的管理信息置于系统应用的数据通道,反向地,SEMF 也可以将控制信息发送至各个功能块。

T 参考点称为输入/输出时钟参考点,可以通过不同的参考点从接收的信号中提取定时信号发送至 SETS 作为定时参考信号,也可以根据需要将内部定时参考信号传送至外部需要定时的设备,或 SETS 将经过选择和变换的定时信号传送至除 SDH 物理接口(SDH Physical Interface,SPI)以外的所有功能块。

U 参考点称为开销接入参考点,通过 U 参考点,各个接收方向的功能块将 E1、E2 及一些空白字节发送至开销接入接口(OverHead Access,OHA)接收,而 OHA 则将 E1、E2 及一些空白字节发送至发送方向的各个功能块。

N 参考点和 P 参考点分别称为再生段 DCC 参考点和复用段 DCC 参考点,通过 N 参考点,接收方向的再生段终端(Regenerator Section Termination,RST)功能块将再生段 DCC 字节发送至 MCF 接收[经 Q 接口送往电信管理网(Telecommunications Management Network, TMN)或经 F 接口送往工作站],而 MCF 功能块则将形成的(TMN 经 Q 接口发送来的或工作站经 F 接口发送来的)再生段 DCC 字节发送至发送方向的 RST 功能块。通过 P 参考点,接收方向的 MST 功能块将复用段 DCC 字节发送至 MCF 功能块接收(经 Q 接口送往 TMN 或经 F 接口送往工作站),而 MCF 功能块则将 TMN 经 Q 接口发送来的或工作站经 F 接口发送来的信息,形成复用段 DCC 字节发送至发送方向的 MST 功能块。

Y 参考点称为同步质量参考点,通过 Y 参考点,接收方向的 MST 功能块将 S1 字节发送至 SETS,作为 SETS 进行定时参考信号优先级选择的依据,而 SETS 将 T0 字节的同步质量信息发送至发送方向的 MST 功能块。

1.2.1.2 传送终端功能(TTF)

传送终端功能(Transport Terminal Function,TTF)主要作用是将网元接收到的 STM-*N* 信号(具有 SDH 帧结构的光信号或电信号)转换成净负荷信号(VC-4),并终结 SOH,或作相反的变换,是 SDH 设备必不可少的部分。主要表现在各种类型的光板上,例如华为公司的 SL1、SL4、SL16 等单板,以及中兴公司的 OL1、OL4、OL16 等单板,只是各单元板处理的速度不同而已。

TTF 是复合功能,主要由五个基本功能块组成,它们分别是 SDH 物理接口(SPI)、再生段终端(RST)、复用段终端(MST)、复用段保护(Multiplex Section Protection,MSP)和复用段适配(Multiplexer Section Adaptation,MSA),如图 1-17 所示。

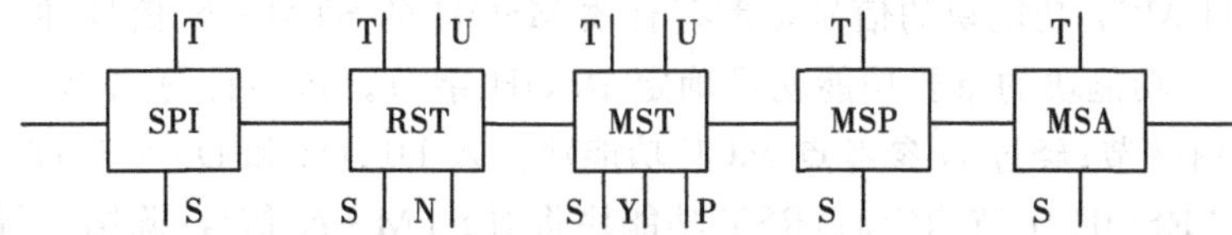

图 1－17　TTF 功能块的组成

1. SDH 物理接口(SPI)

SPI 功能块主要实现 STM－*N* 线路接口信号和内部 STM－*N* 逻辑电平信号之间的相互转换，如图 1－18 所示。

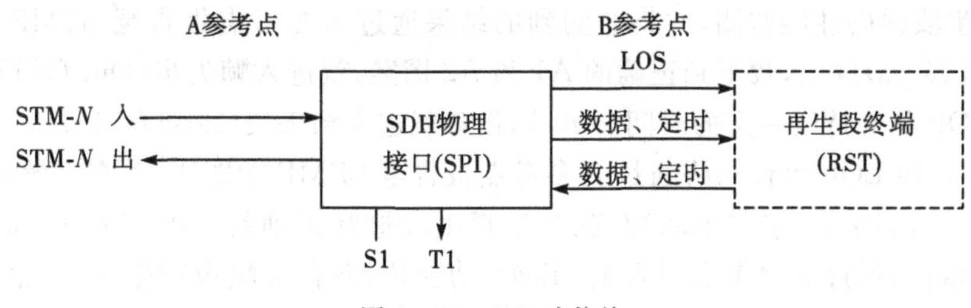

图 1－18　SPI 功能块

接收侧，SPI 功能块主要完成将线路发送来的 STM－*N* 信号(光)在本功能块中转换成内部逻辑电平信号(电)，并恢复出时钟，一起发送至 RST 功能块，同时恢复出来的时钟经参考点 T1 发送至 SETS 功能块。

如果 SPI 功能块接收不到线路送来的 STM－*N* 信号，SPI 功能块会产生接收信号丢失(Loss Of Signal，LOS)告警指示，经 S1 参考点发送给 SEMF 功能块，同时也发送给 RST 功能块一个告警电平，如果 SPI 功能块恢复不出时钟，则会产生时钟丢失(Loss Of Timing，LOT)告警指示，经 S1 参考点发送至 SEMF 功能块。

发送侧，从 RST 功能块发送来的带定时信号的 STM－*N* 逻辑电平信号在此处转换为线路信号(光信号或电信号)，同时，在激光器失效(Transmitter Failure，TF)或寿命告警(Transmitter Degraded，TD)时，产生相应的告警信号，经 S 参考点发送至 SEMF 功能块。

体现 SPI 功能块性能的主要因素是两大光电器件的性能：光电检测器和光源。

2. 再生段终端功能(RST)

RST 功能块的主要作用是产生和终结 RSOH，如图 1－19 所示。

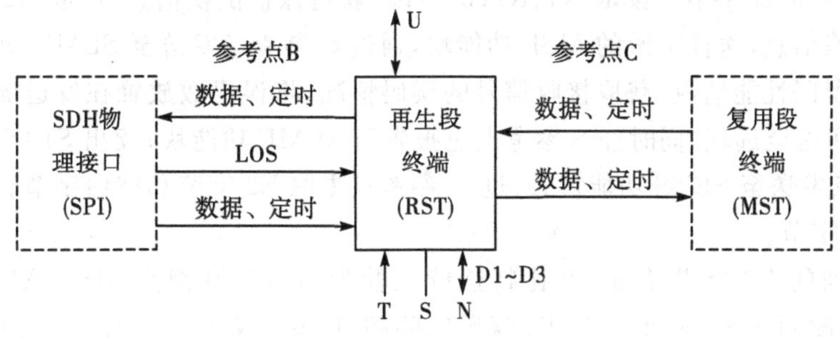

图 1－19　RST 功能块

发送侧，来自MST功能块的信号是带有有效MSOH的STM－N信号，但RSOH字节是未定的，此时RST功能块的重要功能就是确定RSOH字节。包括计算出B1字节；由参考点U插入E1及空白字节；经过N参考点MCF功能块插入D1、D2和D3字节；产生帧定位字节A1和A2等。在RSOH字节确定后，RST功能块将对STM－N信号（除第一行的前$9\times N$个字节外）进行扰码，再将完整的STM－N逻辑电平信号发送至SPI功能块。如果MST功能块发送来的是全"1"数据，则RST功能块往SPI功能块方向发出MS－AIS。

接收侧，SPI功能块输出的逻辑电平和定时信号正常时，RST功能块通过搜索A1和A2字节进行帧定位，提取J0字节，进行再生段踪迹判断，然后对除RSOH第一行外所有字节进行解扰码，提取E1、F1、D1～D3以及其他未使用的字节发送至系统内部开销数据接口，进行B1字节的再生段误码性能监测，并将监测到的结果通过S参考点报告至SEMF功能块。如果连续五帧（625 μs）以上，找不到正确的A1和A2图案，就进入帧失步（Out Of Frame，OOF）状态；如果OOF状态持续一定的时间（3 ms），设备就进入帧丢失（Loss Of Frame，LOF）状态，此时，OOF事件和LOF事件均将通过S参考点报告至SEMF功能块，并在2帧内产生全"1"信号发送至下游；如果J0字节不匹配，就产生再生段追踪识别符失配（Trace Identifier Mismatch，TIM）事件，通过S参考点报告至SEMF功能块，并在2帧内产生全"1"信号发送至下游；如果SPI功能块送来的信号就是LOS，RST功能块就产生全"1"信号代替正常信号。

3. 复用段终端功能（MST）

MST功能块主要是产生MSOH并构成完整的复用段信号，以及终结（读出并解释）MSOH，如图1－20所示。

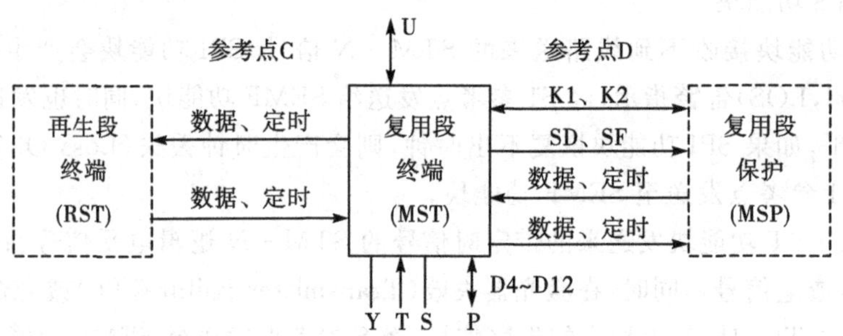

图1－20 MST功能

接收侧，从RST功能块发送来已经恢复了RSOH字节的STM－N信号，在MST功能块中进一步恢复MSOH字节。读取K1、K2（b1～b5）获得保护倒换信息，读取K2（b6～b8）获得复用段远端缺陷信息，送往下游的MSP功能块，通过S参考点发送至SEMF功能块；进行B2字节的复用段误码性能监测，获取接收信号的误码情况，将误码数放置在发送侧（D→C方向）的M1字节中回送至远端，同时经S参考点也报告至SEMF功能块；读出S1字节获得同步信息，经Y参考点发送至SETS功能块；通过U参考点提取E2字节和空白字节；通过P参考点提取D4～D12字节。

如果接收到的K2字节第6～8比特连续三帧为"111"，则判为MS－AIS，连续三帧为"110"时认为检测到MS－RDI；如果B2误码缺陷超过10^{-3}或10^{-6}（此门限也可以重新设置）门限，则分别报误码超限缺陷和信号劣化（Signal Degrade，SD）发送至MSP功能块，并经S参考点发送至 SEMF 功能块。当检测到 MS-AIS 或超限的误码缺陷时，2 帧内向下游发送全“1”信号和信号失效（Single Failure，SF）指示，并将发送侧（D→C 方向）的 K2 字节的第 6～8 比特置“110”，回送至远端，告之远端，本端接收到的复用段信号失效，直至 MS-AIS 和 SF 结束。

发送侧，从 MSP 功能块发送来的信号 MSOH 字节和 RSOH 字节未确定，MST 的部分功能就是确定 MSOH 字节，并放置在相应的位置上，形成完整的复用段信号发送至 RST 功能块。在 MST 功能块中，对上一帧除 RSOH 以外的所有比特进行 BIP-1×24 的计算，计算的结果置入 B2 字节；从 MSP 功能块发送来的自动保护倒换信息置入 K1 字节和 K2 字节的第 1～5 比特位置；E2 和一些未用字节经 U 参考点加入开销字节；经过 P 参考点和 MCF 功能块插入 D4～D12 字节。

通常信号的扰码和解扰码功能在 RST 功能块实现。

4. 复用段保护(MSP)

MSP 功能块用于复用段内 STM-*N* 信号的失效保护。当 MST 功能块向 MSP 功能块发送出 SF 或 SD 告警信号，或者经过 S 参考点接收到 SEMF 功能块的倒换命令时，MSP 功能块将被保护的 MSA 功能块切换到保护通路的 MST 功能块上，如图 1-21 所示。并且本端复用设备和远端复用设备的 MSP 功能块通过 K1、K2 规定的协议进行联络，协调倒换动作。从故障条件到自动倒换协议启动的倒换时间在 50 ms 以内，完成自动保护倒换后，经 S 参考点将保护倒换事件报告至 SEMF 功能块。

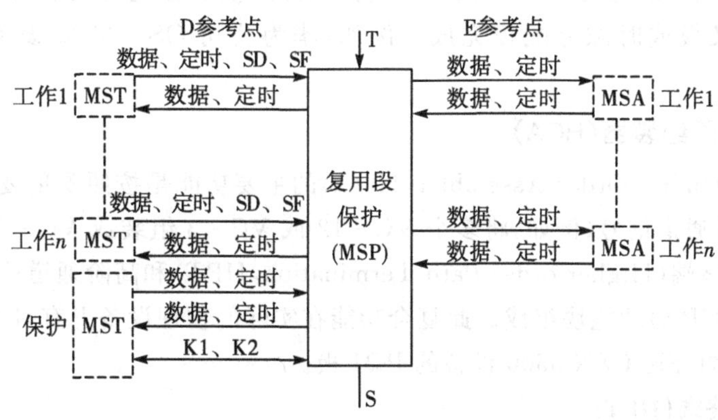

图 1-21 MSP 功能

5. 复用段适配(MSA)

MSA 功能块的主要功能是处理 AU-4 指针，并组合或分解整个 STM-*N* 帧，如图 1-22 所示。

来自 MSP 功能块的信号为带定时的 STM-*N* 信号的净负荷，在 MSA 功能块中首先去掉 STM-*N* 的字节间插，分成一个个 AU-4，然后进行 AU-4 指针处理，得到 VC-3/VC-4 及帧偏移发送至高阶通道连接（Higher order Path Connection，HPC）。

从 HPC 发送来的 VC-3/VC-4 数据及帧偏移，先送入指针处理部分，根据帧偏移大小产生指针值，然后映射进入 AU，组合为 AUG，*N* 个 AUG 经字节间插形成 STM-*N* 净负荷，发送至 MSP 功能块。

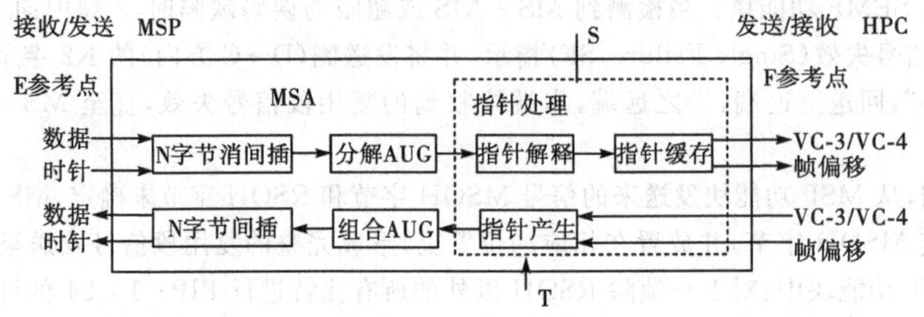

图 1-22 MSA 功能

如果 E→F 方向的信号指针丢失(Loss Of Pointer,LOP)或分解出来的 AU 告警(如 AU-AIS),则 MSA 功能块向下游(HPC)在 2 帧内发送全"1"信号;如果 F→E 方向发送的信号为全"1",则同样向下游(MSP 功能块方向)发送全"1"信号(AU-AIS);缺陷消失,全"1"信号在 2 帧内消失;这些缺陷(LOP,AU-AIS)和指针调整事件(Pointer Justification Event,PJE)均经 S 参考点报告至 SEMF 功能块。

1.2.1.3 高阶通道连接(HPC)

HPC 的核心是一个连接矩阵,它将若干个输入的 VC-4 连接至若干个输出的 VC-4,输入和输出具有相同的信号格式,只是逻辑秩序有所不同而已。连接过程不影响信号的信息特征。通过 HPC 功能可以完成 VC-4 的交叉连接、调度,使业务配置灵活、方便。物理设备上此功能一般由交叉板或时隙分配板完成。例如,华为公司 OSN 3500 设备[①]的 GXCSA 单元板。

1.2.1.4 高阶组装器(HOA)

高阶组装器(Higher Order Assembler,HOA)的主要功能是按照映射复用路线将低阶通道信号复用成高阶通道信号(例如,将多个 VC-12 或 VC-3 组装成 VC-4),或作相反的处理,是由高阶通道终端(Higher order Path Termination,HPT)和高阶通道适配(Higher order Path Adaptation,HPA)功能块组成。此复合功能在实际的物理设备上有时 HPA 放在低速支路接口盘上,如华为公司 OSN 3500 设备的 PQ1 板。

1. 高阶通道终端(HPT)

HPT 是高阶通道开销的源和宿,即 HPT 功能块产生高阶通道开销,放置在相应的位置上构成完整的 VC-4 信号,以及读出和解释高阶通道开销,恢复 VC-4 的净负荷,如图 1-23 所示。

从 HPC 功能块发送来的信号是由 TU-12 或 TU-3 复用而成的 VC-4 和帧偏离,经 HPT 功能块后分离出 VC-4 送至 HPA 功能块。从 HPC 功能块发送来的信号在 HPT 功能块读出高阶通道开销并解释。读出 J1、C2 字节,检测高阶通道追踪识别符、通道信号标记是否与本接收端匹配,如果通道追踪识别符失配或通道信号标记失配(Signal Label Mismatch,SLM),说明经 G 参考点发送来的信号非本接收端的,此时经 S 参考点报告至 SEMF 功能块,并在 2 帧时间内向 HPA 方向发送全"1"信号;读出的 G1 字节有远端的通道状态信息(远端误

---

①华为 OptiX OSN 3500 智能光传输系统产品文档(产品版本:V100R010C03),2015。

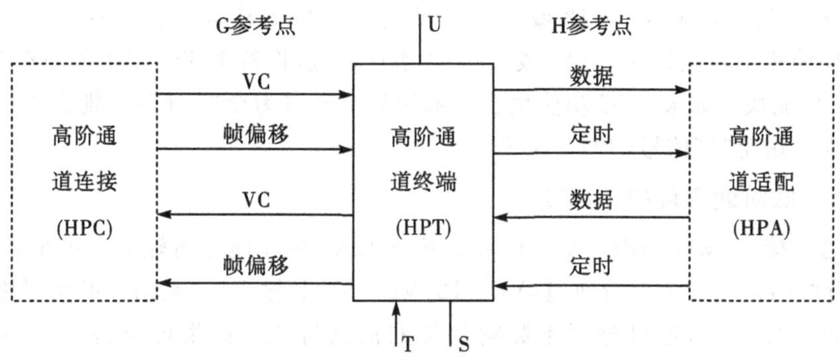

图 1-23 HPT 功能

码指示、远端缺陷指示)，经 S 参考点发送至 SEMF 功能块；校验 B3 字节，并把发生的错误经 S 参考点报告至 SEMF 功能块。

从 HPA 功能块发送来的信号有 VC 的结构，但 POH 没有确定，到 HPT 功能块后，将规定的高阶通道接入点识别符放置在 J1 字节的位置上；根据通道信号的具体情况将代码放置在 C2 字节的位置上；将计算的 BIP-8 结果放置在 B3 字节上；将 HPC 功能块方向发送来的信号 B3 核验得到的差错数放置在 G1 字节的 b1～b4 上；如果 HPC 功能块方向发送来的信号检出 TIM 或 SLM，则将 G1 字节的 b5 置“1”(RDI 指示)，否则 b5 置“0”。确定这些 POH 后，构成完整的 VC-4 发送至 HPC 功能块。

2. 高阶通道适配(HPA)

HPA 功能块的主要功能是通过 TU 指针处理，分解整个 VC-4，或作相反的处理，详细功能如图 1-24 所示。

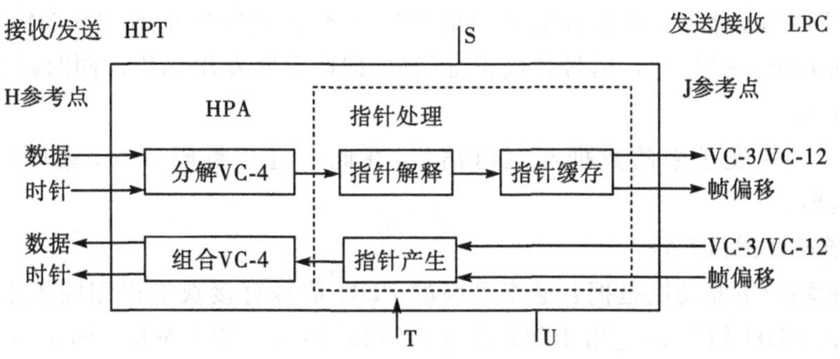

图 1-24 HPA 功能

由 HPT 功能块发送来的 C-4 数据(其实数据结构还是 VC-4 形式，故有时也称 VC-4 数据)和定时信号，经分解和 TU-12 或 TU-3 指针处理，恢复出 VC-12 或 VC-3 和偏移量发送至 LPC 功能块。如果 LOP(无法取得正确指针值)或 TU 通道告警任意一种被检测出来，则在 2 帧内以全“1”信号代替正常信号，缺陷消失后，将在 2 帧内去掉全“1”信号。这些事件均经 S 参考点报告至 SEMF 功能块。对于 TU-12 还有复帧结构，如果连续接收不到复帧位置指示字节 H4，则报告复帧丢失(Loss Of Multi-frame，LOM)经 S 参考点发送至 SEMF 功能块。

从 LPC 功能块发送来 VC - 12 或 VC - 3 及它们的帧偏移量,到达 HPA 功能块后,指针产生部分将帧偏移量转化为 TU - 12 或 TU - 3 指针,然后将若干 TU 复用成完整 VC - 4 信号发送至 HPT 功能块。如果 LPC 功能块发送来的某个通道为全"1"信号,则在 H 参考点相应的支路单元也发送全"1"信号(TU - AIS)。

1.2.1.5 低阶通道连接(LPC)

低阶通道连接(Lower order Path Connection,LPC)的功能是将输入口的低阶通道(VC - 12/VC - 3)分配给输出口的低阶通道(VC - 12/VC - 3),其输入口、输出口的信号格式相似,不同的只是逻辑次序不同,连接过程不影响信号的消息特征。在物理设备上,此功能一般与 HPC 功能块一起由交叉板实现。例如,华为公司 OSN 3500 设备的 GXCSA 单板。

1.2.1.6 高阶接口(HOI)

高阶接口(Higher Order Interface,HOI)的主要功能是将 140 Mb/s 信号映射到 C - 4 中,并加上高阶通道开销构成完整的 VC - 4 信号,或者作相反的处理,即从 VC - 4 中恢复出 140 Mb/s PDH 信号,并解读高阶通道开销。高阶接口功能是一项复合功能,主要包括 PDH 物理接口(PDH Physical Interface,PPI)、低阶通道适配(Lower order Path Adaptation, LPA)、高阶通道保护(Higher order Path Protection,HPP)和高阶通道终端(HPT)等功能块。在物理设备中,这项复合功能一般由 140 Mb/s 支路接口板完成,如华为公司 OSN 3500 设备的 SPQ4 板。

1. PDH 物理接口(PPI)

SDH 设备中 PPI 功能块与 PDH 设备中的接口电路一样,主要完成将 G.703 标准的 PDH 信号转换成内部的普通的二进制信号或作相反的处理。

从 PDH 支路来的信号,在 PPI 功能块中提取时钟,并再生出规则信号,经解码(CMI 解码)后发送至 LPA 功能块。提取到的时钟信号经参考点 T 发送至 SETS 功能块。如果 PPI 功能块检测到 LOS,则以全"1"信号替代正常信号(即此支路发出 AIS),同时经 S 参考点报告至 SEMF 功能块。

从 LPA 功能块发送来的数据和定时信号,在此处进行编码(CMI 编码),形成标准的 G.703 信号送出。

2. 低阶通道适配(LPA)

LPA 功能块的主要功能是把各速率等级的 PDH 信号直接映射进相应大小的容器中,或通过去映射,由 SDH 信号恢复出 PDH 信号。例如,将 139.264 Mb/s 的 PDH 信号映射到 C - 4中,或经过去映射从 C - 4 中恢复出 139.264 Mb/s 信号。如果是异步映射还包括比特速率调整,LPA 功能块的信息流如图 1 - 25 所示。

从 PPI 功能块发送来的 PDH 信号映射进相应规格的容器,即 140 Mb/s PDH 信号映射进 C - 4(POH 此时还未确定,到 HPT 功能块才确定下来)。在字节同步映射时,如果帧定位丢失(Frame Alignment Loss,FAL)还会产生告警,并经 S 参考点报告至 SEMF 功能块。

从 HPT 功能块发送来的 C - 4 信号,在 LPA 功能块中去映射,恢复出 PDH 140 Mb/s 信号。如果 HPT 功能块经 L 参考点发送来的是全"1"信号(AIS),则 LPA 功能块按规定产生 AIS 并发送至 PPI 功能块。

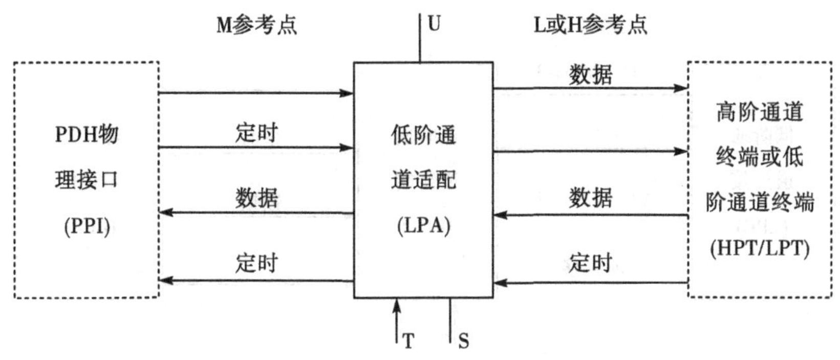

图1-25　LPA功能

3. 高阶通道终端(HPT)

HPT功能块和HOA内的HPT功能块完全一样，不同的是这里的HPT功能块的C-4是由140 Mb/s的PDH信号直接映射而成，而HOA中的HPT功能块的C-4是由TU-12或TU-3复接而成。

1.2.1.7　低阶接口(LOI)

低阶接口(Lower Order Interface，LOI)的主要功能是将2 Mb/s或34 Mb/s PDH信号映射到C-12或C-3中，并加入POH，构成完整的VC-12或VC-3；或作相反的处理。LOI是由低阶通道终端(Lower order Path Termination，LPT)、低阶通道保护(Lower order Path Protection，LPP)、低阶通道适配(LPA)和PDH物理接口(PPI)组成的复合功能块。在实际物理设备中此复合功能一般由低阶支路接口板实现，如华为公司的PQ1、PL3等单板，中兴公司的EPE1单板。值得注意的是2M电口板和34M电口板的功能块组成是相同的，但内部电路是不同的，因为信号的映射复用路径是不同的。

1. PDH物理接口(PPI)

此处PPI功能块的主要功能与高阶接口的PPI功能块一样，只是编译码时，此处的码型为HDB3码。

2. 低阶通道适配(LPA)

此处的LPA功能与HOI中的LPA功能完全一样，只是处理的信号速率不同而已，此处是把2 Mb/s或34 Mb/s的PDH信号映射进C-12或C-3中，或作相反的处理。

3. 低阶通道终端(LPT)

LPT功能块是低阶通道开销(VC-12或VC-3的开销)的源和宿。即对从LPA功能块流向LPC功能块的信号在LPT功能块产生低阶通道开销，加入C-12或C-3中，构成完整的低阶虚容器(VC-12或VC-3)信号；对从LPC功能块流向LPA功能块的信号，在LPT功能块读出和解释低阶通道开销，恢复VC-12或VC-3的净负荷C-12或C-3，其信息流如图1-26所示。至于对POH的处理与HPT功能块相似。

由上述信号处理时的功能块在设备单板上的表现可以看出，设备在处理信号过程中需要的单板有光口板、交叉连接板和电口板。

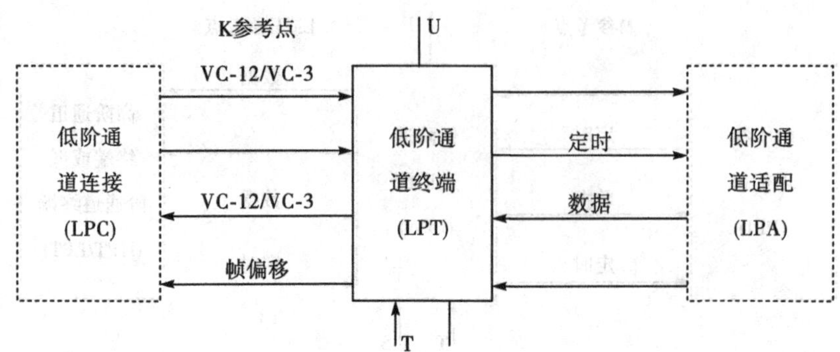

图 1-26　LPT 功能

1.2.1.8　辅助功能块

SDH 设备要实用化，除了主信道的功能块以外，还必须含有定时、开销和管理等辅助功能块。

1. 同步设备管理功能(SEMF)

SEMF 功能块的主要任务是把通过 S 参考点收集到的各功能块的性能数据和具体实现的硬件告警，经过滤后(减少所收到的数据，否则将会使网络管理系统过载)转化为可以在 DCC 或 Q 接口上传输的目标信息，同时它也将与其他管理功能有关的面向目标的消息进行转换，以便经 S 参考点传送，从而实现对网络的管理。

在监测到各功能块异常或故障时，除了向 SEMF 功能块报告外，还要向上游和下游的功能块发送出维护信号，图 1-27 演示出上游和下游的概念。对于 A→B 的信号，A 站为 B 站的上游，B 站则为 A 站的下游；范围再缩小一点，如接收时 B 站对于 RST 功能块来说，MST 功能块为其下游，而 SPI 功能块为其上游。例如，假如 B 站的 RST 功能块在一定时间内检测不到帧定位字节 A1 和 A2，则会报 LOF，并向 MST 发送全“1”信号(MS-AIS)，这就是向下游发送的维护信号；再例如对 A→B 方向的信号，到达 B 站的 MST 功能块后，MST 功能块要校验 B2 字节，从而得到误码缺陷数，此时 MST 功能块要把这个误码缺陷数放到从 B 站向 A 站传送的信号帧中的 M1 字节中，再送回到 A 站的 MST 功能块，这就是向上游发送的维护信号(有时也称远端维护信号)。

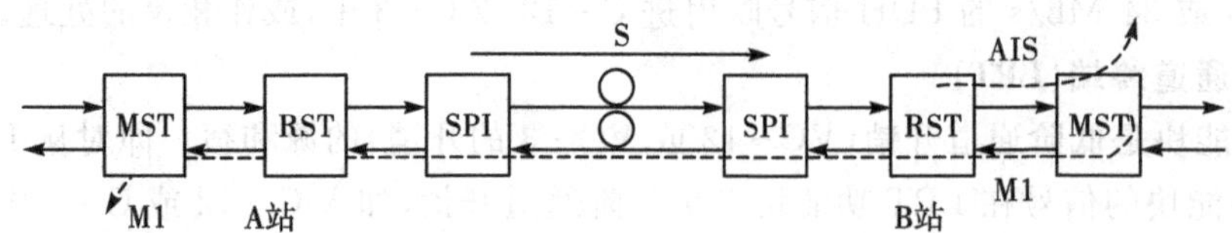

图 1-27　上游、下游示意图

2. 消息通信功能(MCF)

MCF 功能块的主要任务是完成各种消息的通信功能。它与 SEMF 功能块交换各种信息，MCF 功能块导出的 DCC 字节经由 N 参考点置于 RSOH 中的 D1～D3 字节位置，并作为单个 192 kb/s 面向消息的通路提供 RST 功能块之间维护管理消息的通信功能。MCF 功能块还经过 P 参考点导出复用段 DCC 字节放置于 D4～D12 字节位置，实现与 MST 功能块之间的维护管理消息的通信功能。同时，MCF 功能块还提供和网络管理系统连接的 Q 接口和 F 接口，接收 Q 接口和 F 接口发送来的消息(地址不是本地局站的消息，按本局选路程序或经 Q 接口转到一条或几条出局 DCC 上)。在物理设备中 SEMF 功能块和 MCF 功能块一般由系统控制和通信板实现，如华为公司的 SCC 板，中兴公司的 NCP 板。

3. 同步设备定时源(SETS)

SETS 功能块主要是为 SDH 设备提供各类定时基准信号，以便设备正常运行，其功能框图如图 1-28 所示。

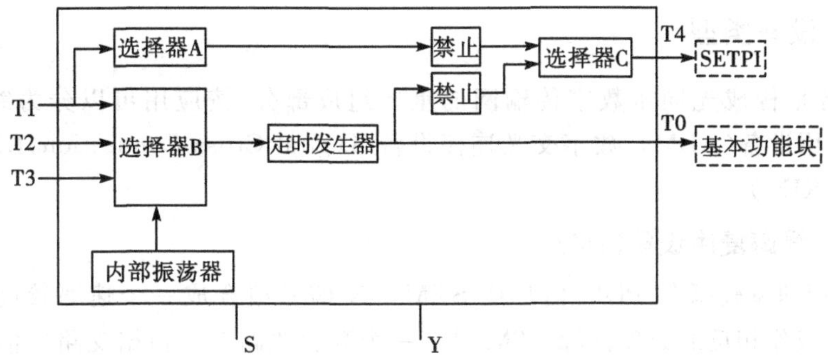

图 1-28　SETS 功能块框图

从图中可以看到，SETS 功能块从外时钟源 T1、T2、T3 和内部振荡器中选择一路基准信号发送至定时发生器，然后由此基准信号产生 SDH 设备所需的各种基准时序信号，经 T0 参考点发送至除 SPI 功能块和 PPI 功能块之外的其余各基本功能块。

另一路(选择 T0 或 T1)经 T4 参考点输出，供其他网络单元同步使用。三种外时钟源分别为：从 STM-N 线路信号流中提取的时钟 T1(从 SPI 功能块得到)；从 G.703 支路信号提取的时钟 T2(从 PPI 功能块得到)；外同步时钟源，如从大楼综合定时(供给)系统(Building Integrated Timing (Supply) System，BITS)经同步设备定时物理接口(Synchronous Equipment Timing Physical Interface，SETPI)发送来的 2048 kb/s 时钟信号 T3。内部定时发生器用作同步设备在自由运行状态下的时钟源。

4. 同步设备定时物理接口(SETPI)

SETPI 功能块的主要功能是为外部同步信号与同步设备定时源之间提供接口，如图 1-29所示。

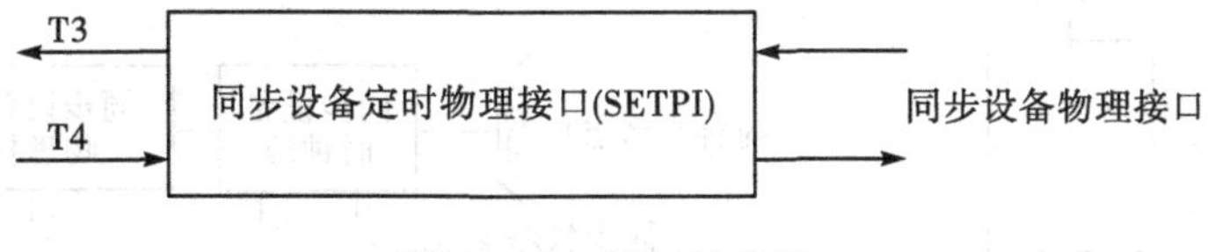

图 1-29　SETPI 功能

信号流从 SETS 功能块到同步端接口，SETPI 功能块主要是对信号流进行适于在相应传输介质传送的编码，使其与传输的物理介质适配。

信号流从同步端接口到 SETS 功能块，SETPI 功能块从接收到的同步信号中提取定时时钟信号，并将其译码，然后将基准定时信息传送给 SETS 功能块。

在物理设备上，SETS和SETPI两功能一般由定时板或定时控制板完成。例如华为公司的GXCSA单板、中兴公司的CS单板就是完成此功能。

5. 开销接入接口(OHA)

OHA功能块通过U参考点统一管理各相应功能单元的开销(SOH及POH)字节，其中包括公务联络字节E1和E2、使用者通路字节、网络运营者字节及备用或未被使用的开销。在物理设备上，此功能一般对应一块开销处理板，有的设备称公务板。如中兴公司的开销处理板(OW)。

1.2.2 SDH设备类型

SDH设备是构成光同步数字传输网的重要组成部分，按应用可以分为终端复用设备(TM)、分插复用设备(ADM)、数字交叉连接设备(Digital Cross Connection，DXC)和再生器(Regenerator，REG)。

1.2.2.1 终端复用设备(TM)

TM用于把速率较低的PDH信号或STM－N信号组合成一个速率较高的STM－M($M\geqslant N$)信号，或作相反的处理，因此TM只有一个高速线路口。根据支路口信号速率情况，TM分为低阶终端复用设备(Ⅰ类)和高阶终端复用设备(Ⅱ类)两大类，每一类又有两种型号(1型和2型)。

1. Ⅰ.1型复用设备

这种复用设备提供将PDH支路信号映射、复接到STM－N信号的功能，例如：把63个2048 kb/s的信号复接成一个STM－1信号。Ⅰ.1型复用设备的逻辑功能如图1－30所示。

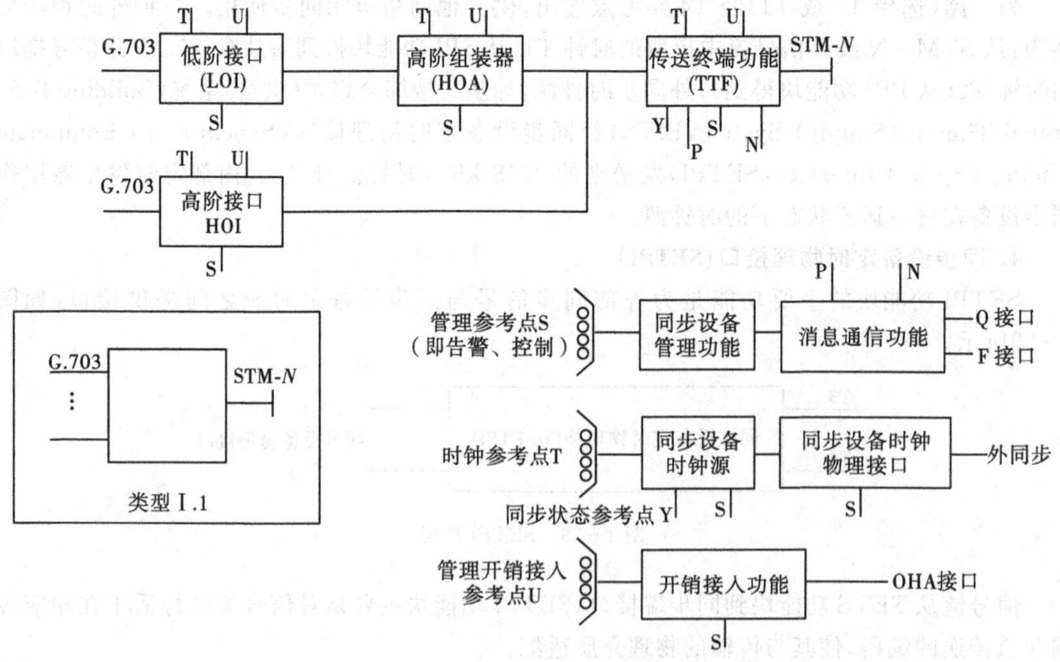

图1－30 Ⅰ.1型复用设备

将 2 Mb/s 和 34 Mb/s 的 PDH 信号发送至 LOI 复合功能块，在 LOI 复合功能块中，经 G.703 接口，由 LPA 功能块把净荷映射到相应的容器中，然后在 LPT 功能块中插入 VC POH，发送至 HOA 复合功能块；在 HOA 复合功能块的 HPA 功能块中给 VC 加上 TU 指针形成低阶 TU 信号，并按规定的映射复用路径将多个低阶 TU 信号复接，最后在 HPT 功能块中插入 VC－4 POH 形成 VC－4 信号发送至 TTF 复合功能块。将 140 Mb/s 的 PDH 信号发送至 HOI 复合功能块中，在 HOI 复合功能块中，经由 G.703 接口，由 LPA 功能块把净荷映射到 C－4 容器中，再经 HPT 功能块插入 VC－4POH 形成 VC－4 信号，送至 TTF 复合功能块。

在 TTF 复合功能块中，VC－4 信号在 MSA 功能块中处理 AU－4 指针，并对 AUG 进行字节复接，构成完整的 STM－*N* 帧；MSP 功能是发生故障时把信号分支到其他用于保护的线路系统中去；MST 功能是产生并插入 MSOH；RST 的功能是产生并插入 RSOH，然后对除段开销第一行以外的 STM－*N* 信号进行扰码；SPI 功能将内部 STM－*N* 逻辑电平信号转换成 STM－*N* 线路接口信号。

接收部分作相反的处理。

从逻辑功能图上可以看出，这种型号的设备没有通道连接功能，因而每个支路信号在高速信号中的位置是固定的，不能通过网管进行交叉连接，故此类型设备也称为固定的终端复用设备。

2. Ⅰ.2 型复用设备

Ⅰ.2 型复用设备的逻辑功能图如图 1－31 所示。

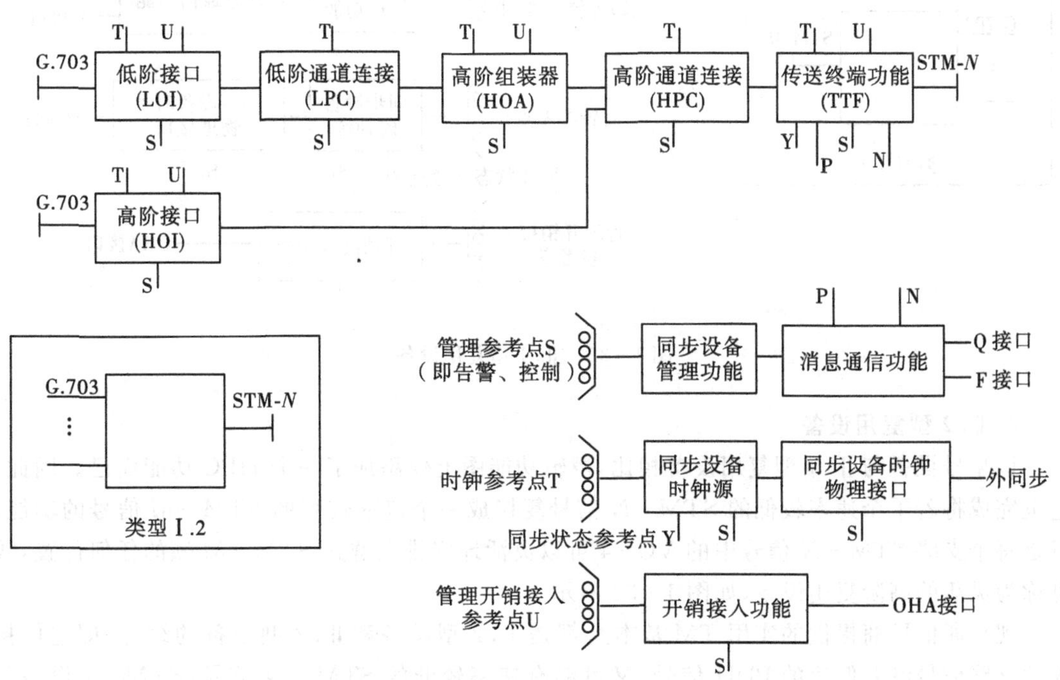

图 1－31 Ⅰ.2 型复用设备

从图 1－31 中可以看到，它与图 1－30 的区别仅在于Ⅰ.2 型复用设备中添加了 LPC 和 HPC 两个功能块，其他与Ⅰ.1 型复用设备完全一样。因此，Ⅰ.2 型复用设备也提供把 PDH 支路信号（2 Mb/s、34 Mb/s 或 140 Mb/s）映射复用到 STM－*N* 信号的功能，并且 PDH 支路输入信号可以灵活地被安排在 STM－*N* 帧中的任何位置，故可称为灵活的终端复用设备。

3. Ⅱ.1 型复用设备

该型复用设备具有把速率较低的若干 STM－*N* 信号组合成一个速率较高的 STM－*M*（*M*≥*N*）信号的能力。例如：将 4 个 STM－1 信号复接成一个 STM－4 信号。在该型设备中，每个支路 STM－*N* 信号中的 VC－4 在群路 STM－*M* 帧中的位置是固定的，故可称为固定的高阶复用设备，如图 1－32 所示。

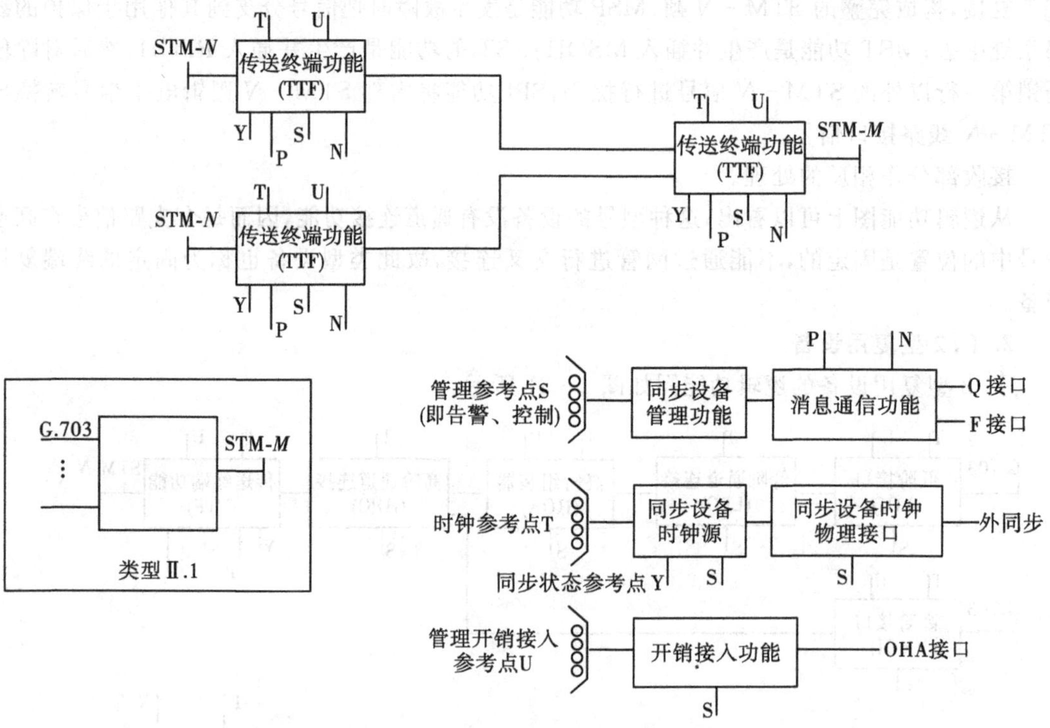

图 1－32　Ⅱ.1 型复用设备

4. Ⅱ.2 型复用设备

该型号设备与Ⅱ.1 型复用设备相比，逻辑功能图上仅添加了一个 HPC 功能而已。因此，它也完成将若干个速率较低的 STM－*N* 信号复接成一个速率较高的 STM－*M* 信号的功能，只是每个支路 STM－*N* 信号中的 VC－4 可以灵活地安排在群路 STM－*M* 帧的任何位置，故可称为灵活的高阶复用设备，如图 1－33 所示。

现在通信厂商提供的实用 TM 基本上都是Ⅰ.2 型设备和Ⅱ.2 型设备的综合，即它们接入的支路信号既有低速的 PDH 信号，又可能有速率较低的 STM－*N* 信号（STM－1 设备除外），且各等级的虚容量（VC－12、VC－3、VC－4）在帧中的位置是灵活的，可以用网管软件进行配置。

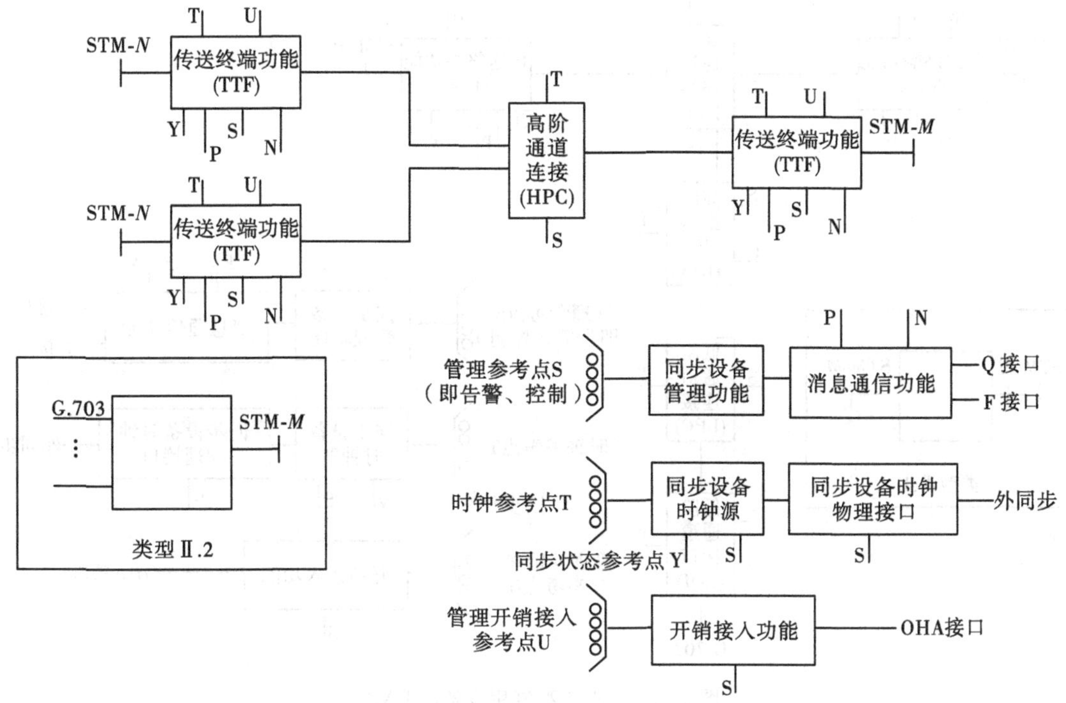

图 1－33　Ⅱ.2 型高阶复用设备

1.2.2.2　分插复用设备(ADM)

ADM 是在无需分接或终结整个 STM－*M* 信号的条件下，能分出和插入 STM－*M* 信号中的任何支路信号的设备，因此这种设备有东、西两个高速线路口。分插复用设备也分两种类型(Ⅲ.1 和Ⅲ.2)。

1. Ⅲ.1 型复用设备

该型号复用设备只提供分出和插入 PDH 信号的能力，分出和插入信号的接口符合 G.703 建议，设备功能框图如图 1－34 所示。

2. Ⅲ.2 型复用设备

该型号复用设备只提供分出和插入 STM－*N* 信号的能力，分出和插入信号的接口符合 G.707 建议，设备的功能框图如图 1－35 所示。

1.2.2.3　数字交叉连接设备(DXC)

DXC 出现时是作为自动数字配线架，用于取代效率低、可靠性差的人工数字配线架(Digital Distribution Frame，DDF)，现在其功能已经不限于此。它是一种具有一个或多个 PDH 或 SDH 信号端口，并至少可以对任何端口之间接口速率信号(和/或其子速率信号)进行可控连接和再连接的设备。更通俗一点地讲，交叉连接设备可以看成是一种无信令处理的通道交换机，交换的速率可以等于或低于端口速率，交换动作不是在信令控制下自动进行，而是在网管的控制下进行。通道一经连接，就一直畅通，不管是否使用，直到通过网管解除，如图 1－36 所示。

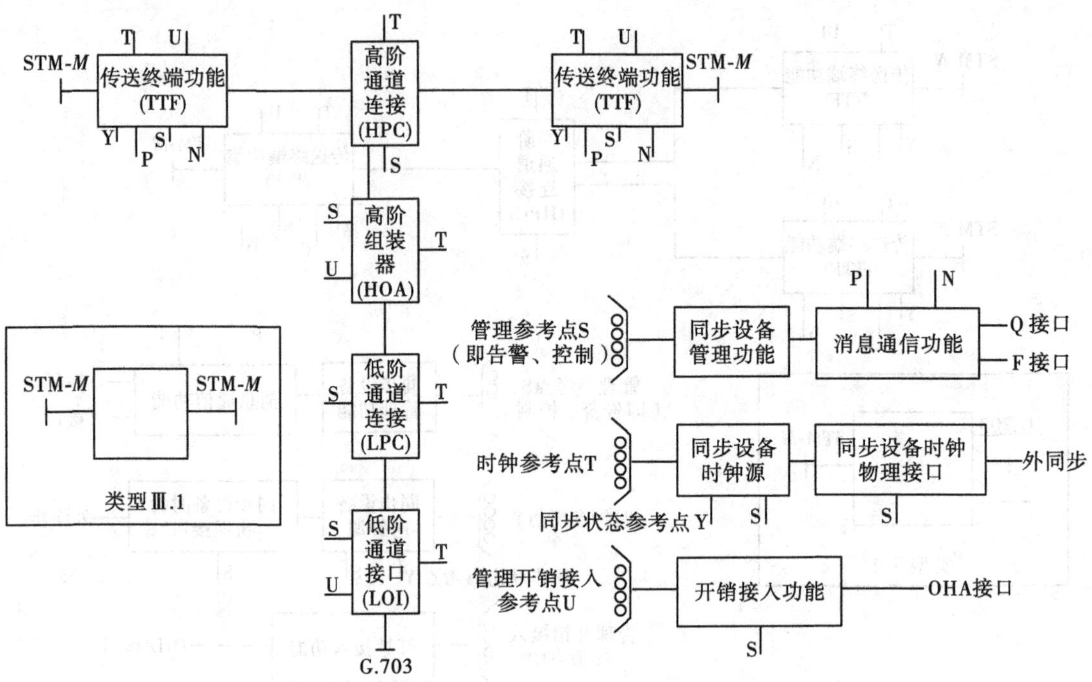

图 1－34　Ⅲ.1 型复用设备(ADM)

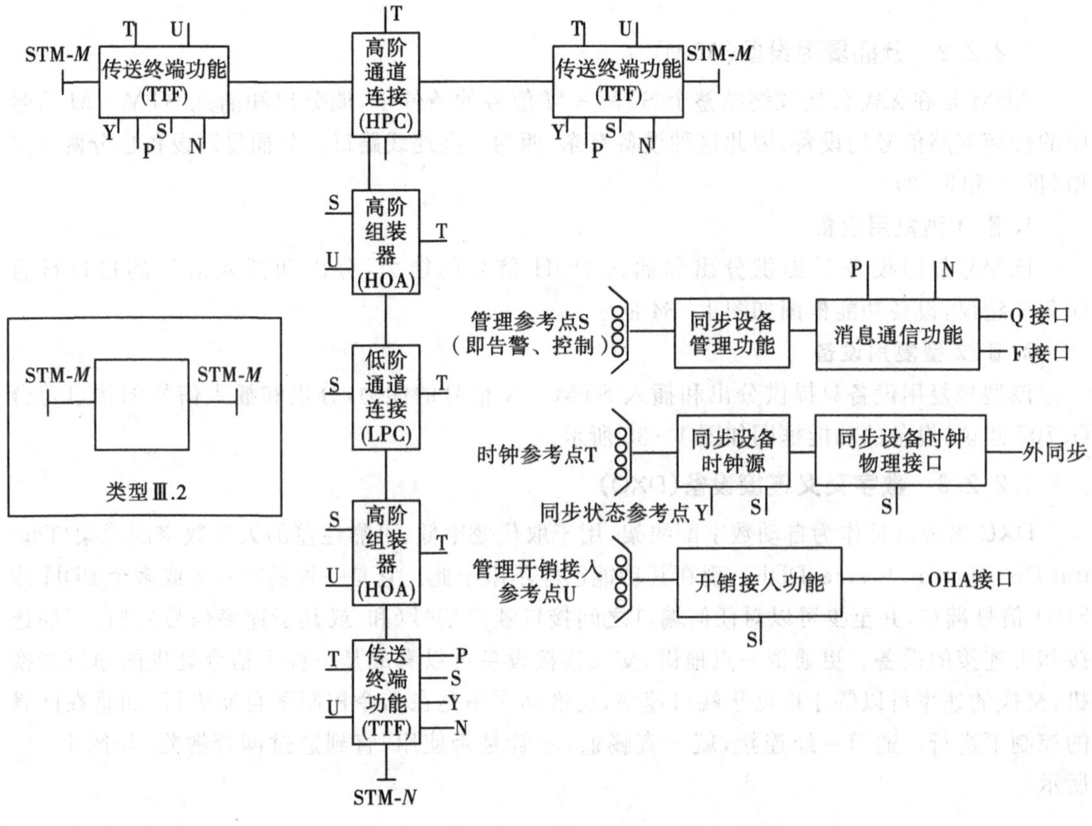

图 1－35　Ⅲ.2 型复用设备(ADM)

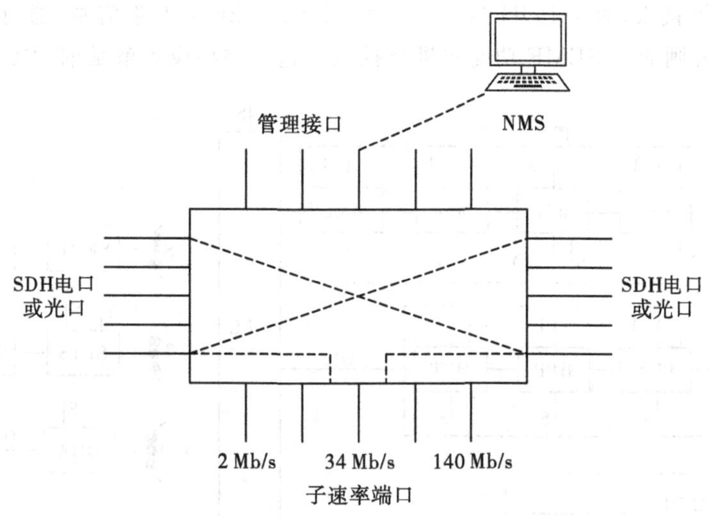

图 1－36　数字交叉连接设备(DXC)

根据端口速率和交叉连接速率的不同，DXC 可以有不同的配置类型，通常用 DXC X/Y 来表示。DXC X/Y 中的 X 表示接入端口数据流的最高等级，Y 表示参与交叉连接的最低级别。X、Y 可以取 0、1、2、3、4，其中 0 表示 64 kb/s 电路速率，1、2、3、4 表示 PDH 体制的 1～4 次群速率，4 还表示 SDH 的 STM－1 速率等级。例如：DXC 4/1 表示接入端口的最高速率为 140 Mb/s 或 155 Mb/s，而交叉连接的最低速率为 2 Mb/s。

我国目前采用的该设备主要为 DXC 4/4、DXC 4/1、DXC 1/0，如图 1－37 所示。其中 DXC 1/0 称为电路 DXC，主要为现有的 PDH 网提供快速、经济和可靠的 64 kb/s 电路数字交叉连接功能；DXC 4/1 是功能最为齐全的多用途系统，主要用于局间中继网，也可以作长途网、局间中继网和本地网之间的网关，以及 PDH 与 SDH 之间的网关；DXC 4/4 是宽带数字交叉连接设备，对逻辑能力要求较低，接口速率与交叉连接速率相同，采用空分交换方式，交叉连接速度快，主要用于长途网的保护/恢复和自动监控。

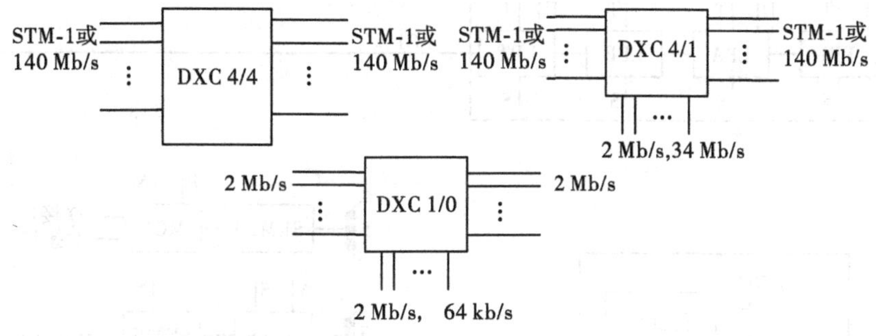

图 1－37　我国采用的几种 DXC

1. 数字交叉连接设备类型 Ⅰ

DXC 类型 Ⅰ 的逻辑功能框图如图 1－38 所示。从图中可以看到，这种类型的设备只包含 HPC 功能块，因而仅仅提供 VC－4 的交叉连接功能。STM－N 接口信号通过 TTF 功能块实现外部高阶虚容器接入，对于 PDH G.703 信号(139264 kb/s 支路信号)通过 HOI 功能块接入，HPC 连接矩阵则通过 SEMF 功能块进行控制。这一类型设备就是前面提到的 DXC 4/4。

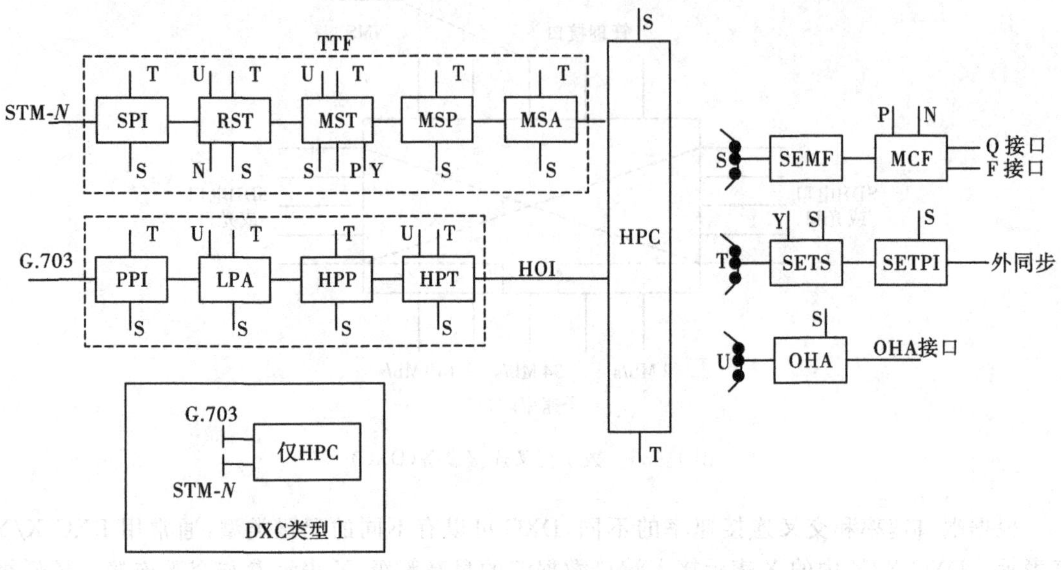

图 1-38　DXC 类型 I

2. 数字交叉连接设备类型 II

DXC 类型 II 的逻辑功能框图如图 1-39 所示。可以看到，这种类型的设备只包含 LPC 功能块，因而仅仅提供低阶 VC(LOVC)的交叉连接功能。STM - N 接口信号通过 TTF 和

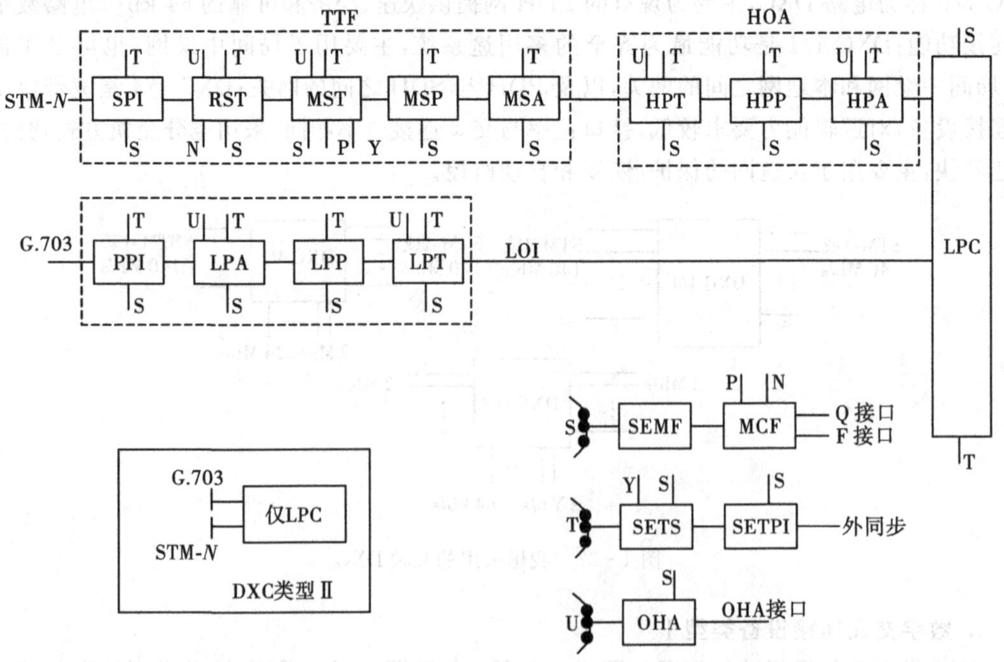

图 1-39　DXC 类型 II

HOA 功能块分接成低阶 VC(LOVC)接入 LPC 功能块,完成连接和再连接;对于 PDH G.703 信号通过 LOI 功能块接入 LPC 功能块。LPC 功能块的连接和再连接由网管系统通过 SEMF 功能块进行控制。

3. 数字交叉连接设备类型Ⅲ

DXC 类型Ⅲ设备的逻辑功能框图如图 1-40 所示。

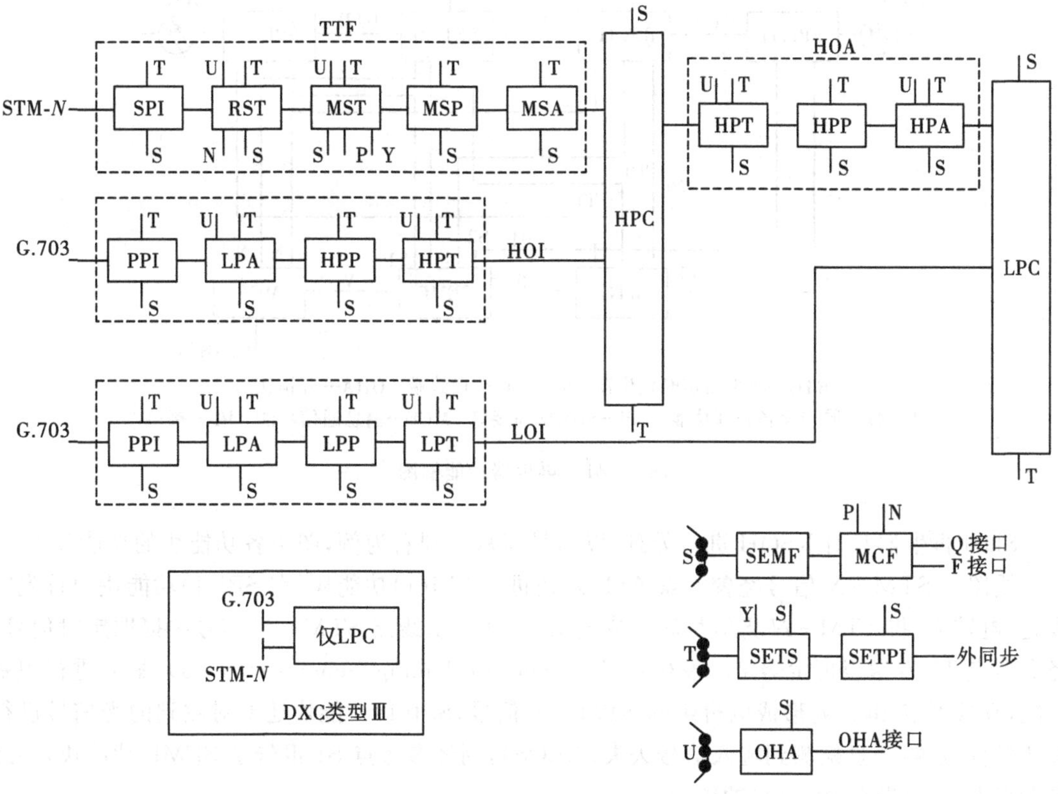

图 1-40　DXC 类型Ⅲ

这类设备中既包含 HPC 功能块,也包含 LPC 功能块,因而可以提供所有级别虚容器(VC-12、VC-3、VC-4)的交叉连接功能,功能齐全。STM-N 接口信号通过 TTF 功能块实现外部高阶虚容器(VC-4)接入 HPC 功能块;140 Mb/s PDH 支路信号通过 HOI 功能块映射为 VC-4 接入 HPC 功能块;2 Mb/s 和 34 Mb/s PDH 信号通过 LOI 功能块映射成低阶虚容器(VC-12 和 VC-3)接入 LPC 功能块。HPC 功能块和 LPC 功能块之间有 HOA 功能块,用于将 TUG 结构的高阶虚容器(VC-4)中的低阶虚容器(VC-3 或 VC-12)取出或装入。HPC 功能块和 LPC 功能块的交叉连接矩阵由网管系统通过 SEMF 功能块进行控制。这种类型的 DXC 设备就是前面提到的 DXC 4/1。

1.2.2.4　再生器(REG)

光在光纤中传输时存在着损耗和色散,所以数字信号经过光纤长距离传输后,幅度会减小,形状会畸变。要想进一步延长传输距离,光纤通信系统必须采用 REG,使其对接收到的经长途传输后衰减了或有畸变的 STM-N 信号,进行均衡放大、识别、再生成规则的信号后发送出去。SDH 再生器的逻辑功能框图如图 1-41 所示。

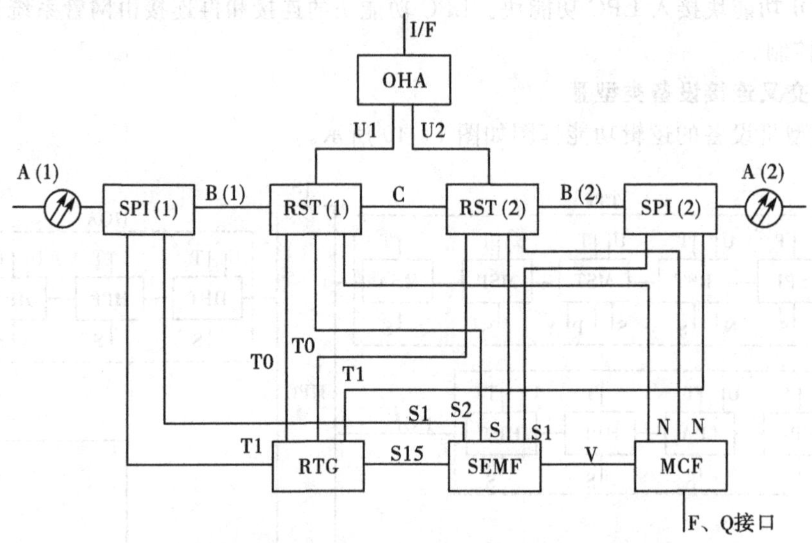

图 1-41　再生器功能框图

SDH 再生器只对 RSOH 进行处理，以信号流从左到右为例，图中各功能块的功能如下。

线路上 STM-*N* 信号经参考点 A(1)发送进入 SPI(1)功能块，在 SPI(1)功能块中首先完成光/电转换，将 STM-*N* 光信号转换成电信号，然后从线路 STM-*N* 信号中提取定时信号，经参考点 T1 发送至再生器定时发生器(Regenerator Timing Generator，RTG)，最后进行识别判决，在参考点 B(1)处形成电再生的 STM-*N* 信号；SPI(1)功能块还要对收到的光信号进行失效条件检测，一旦检测到输入信号丢失(ALOS)，则经参考点 S1 报告至 SEMF 功能块，并经参考点 B(1)报告至 RST(1)功能块。

正常时，参考点 B(1)发送来的是再生后的 STM-*N* 数据和相关定时信号，在 RST(1)功能块中先进行帧定位，然后对 STM-*N* 信号进行解扰码，提取 RSOH，最后将 RSOH 字节空着的 STM-*N* 帧信号发送至参考点 C；如果 B(1)发送来的是输入信号丢失，则在 RST(1)功能块中以 AIS 替代正常信号。取下来的开销有的(如 E1)经参考点 U1 发送至 OHA 功能块，有的(如 D1、D2、D3)经 N 参考点发送至 MCF 功能块，B1 校验的结果经参考点 S2 发送至 SEMF 功能块。

参考点 C 的信号是带定时的 STM-*N* 帧信号，但 RSOH 字节空着。RST(2)的功能是在进来的数据中插入 RSOH 字节，并对除 RSOH 第一行以外的所有字节进行扰码处理，在参考点 B(2)形成完全规格化的 STM-*N* 信号给 SPI(2)功能块。RSOH 字节是 RST(2)功能块产生的，它们可能通过参考点 U2 来自 OHA 功能块，或者通过参考点 N 来自 MCF 功能块，也可能是由 RST(2)功能块转接来的。

在正常运行条件下，A1、A2 和 C1 字节可以是本地产生的，也可以是转接来的。转接帧定位字节可以减少再生段帧失步检出时，造成的延时和恢复失效带来的延时。B1 字节在每个再生段都重新计算，因而故障分段定位能力不受影响。E1 和 F1 字节可以来自 OHA 功能块(本再生器使用时），也可以是转接的。D1～D3 字节来自 MCF 功能块。

当 RST(1)功能块处于失效状态时，A1、A2 和 C1 字节由本地产生，E1 和 F1 字节来自 OHA 功能块。D1～D3 字节取自 MCF 功能块；当 RST(1)功能块处于帧失步状态，但尚未构成失效条件（即信号丢失或帧丢失）时，所有 RSOH 字节可以被转接。

SPI(2)功能块的功能是将参考点 B(2)发送来的 STM－N 逻辑电平信号转换为 A(2)参考点的光线路信号。有关发送机状态参数（如 LD 寿命、LD 劣化）则经参考点 S1 发送至 SEMF 功能块。

1.3　SDH 设备告警分析

1.3.1　告警的基本概念

告警是运维人员了解网元、网络运行情况以及进行故障定位的主要信息来源，为了保证网络的正常运行，运维人员应定期对告警进行监控和处理。本节在华为 iManager U2000 网管的基础上主要介绍告警的基本概念，如告警级别、告警状态、告警分类等，有助于进行故障管理。

1.3.1.1　告警级别

告警级别用于标识一条告警的严重程度和重要性、紧迫性，告警级别按严重程度递减的顺序可以将告警分为四个级别：紧急告警、重要告警、次要告警、提示告警。根据不同的告警级别可以采取对应的处理策略。不同级别的告警及其处理方式如表 1－7 所示。

表 1－7　告警级别及处理办法

告警级别	定义	处理办法
紧急	已经影响业务，需要立即采取纠正措施的告警	需紧急处理，否则系统有瘫痪危险
重要	已经影响业务，如果不及时处理会产生较为严重后果的告警	需要及时处理，否则会影响重要功能实现
次要	目前对业务没有影响，但需要采取纠正措施，以防止更为严重的故障发生，这种情况下的告警为次要告警	发送此类告警的目的是提醒维护人员及时查找告警原因，消除故障隐患
提示	检测到潜在的或即将发生的影响业务的故障，但是目前对业务还没有影响，这种情况下的告警为提示告警	维护人员可根据告警了解网络和设备的运行状态，视具体情况进行处理

在 U2000 网管的主拓扑、网元面板、通道视图、路径视图上，使用不同颜色的指示灯代表不同级别的告警，通常情况下用红色表示紧急告警、橙色表示重要告警、黄色表示次要告警、蓝色表示提示告警，运维人员也可以自己定义不同级别告警的颜色。

1.3.1.2　告警状态

告警状态包括告警的确认和清除状态，针对不同状态的告警可以采取相应的处理措施。根据告警是否被确认以及清除，告警可分为四个状态：未确认未清除、已确认未清除、未确认已清除、已确认已清除。告警状态之间的转换关系如图 1-42 所示。

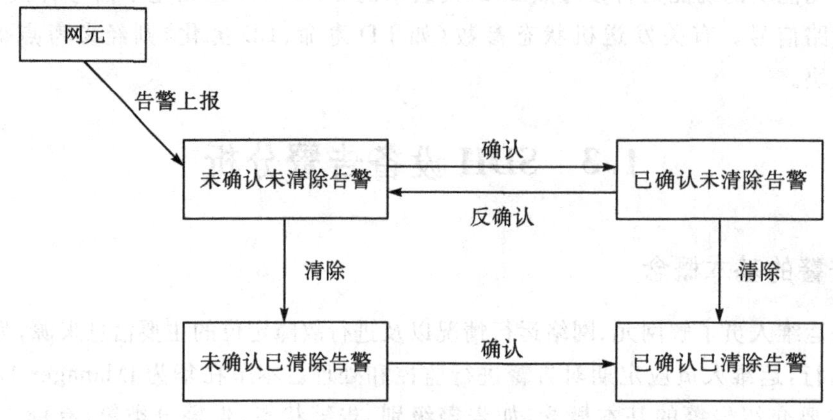

图 1-42　告警状态之间的转换关系

处于已确认已清除状态的告警经过设定时间后成为历史告警，其他告警被称为当前告警。网元当前告警和历史告警都被保存在主控板上的告警库中，网管告警则是被保存在网管计算机的数据库中。

1.3.1.3　告警分类

按照网管的标准和功能，可以将告警分为以下 6 类。

通信告警：有关网元通信、ECC 通信、光信号通信等的告警。例如：网元通信中断、光信号丢失等。

处理出错：有关软件处理和异常情况的告警。例如：网元总线冲突、备用通道检查失效等。

设备告警：有关网元硬件的告警。例如：激光器故障、光口环回等。

服务质量：有关业务状态和网络服务质量的告警。例如：复用段性能越限、B2 误码过量等。

环境告警：有关电源系统、机房环境（温度、湿度、门禁等）的告警。例如：电源模块温度过高等。

安全告警：有关网管、网元安全性的告警。例如：网元用户未登录等。

1.3.2　SDH 维护信号之间的关系

上节对设备的主要功能块作了全面的介绍，各公司的实际设备看上去虽各不相同，但万变不离其宗，其基本组成是一样的。对于设备维护人员来说，应着重弄清楚各功能块可能出现的异常和故障，设备中这些异常和故障都经 S 参考点报告给 SEMF，此处将其归纳到表 1-8 中，这些功能块在前面已经提及。

表 1－8 经 S 参考点向 SEMF 报告的状态信息流

单元功能块	信号流向	异常或故障
SPI	A→B B→A	LOS TF,TD
MST	C→D	MS_AIS,EX_BER(B2),SD,B2 中误码计数,MS_FERF
MSA	E→F	AU_LOP,AU_AIS,AU_PJE
HPT	G→H	AU_AIS＊,HO_PTI 失配,HO_PSL 失配,TU_LOM,HO_FERF,HO_FEBE,B3 中误码计数
LPT	K→L	AU_AIS＊,LO_PTI 失配,LO_PSL 失配,LO_FERF,LO_FEBE,B3/V5 中误码计数
PPI	M→支路 支路→M	AIS＊ 支路 LOS
RST	B→C	LOF,OOF,B1 中误码计数
HPA	H→J	TU_LOP,TU_AIS,TU_PJE
LPA	L→M M→L	AU_AIS＊ TU_AIS＊ FAL
SEPI	同步接口→T3	LOS,LOF,AIS,EX_BER

注：＊ 代表信息由其他参考点转来，不直接经由该功能块的 S 参考点向 SEMF 报告。

符号意义：LOS—信号丢失　LOF—帧丢失　OOF—帧失步
LOP—指针丢失　LOM—复帧丢失　PJE—指针调整事件
PTI—通道踪迹识别　SD—信号劣化　PSL—通道信号标签
SF—信号失效　TF—激光器失效　TD—激光器劣化

为了理顺这些告警维护信号的内在关系，图 1－43 列出了一个比较详细的 SDH 设备各功能块的告警流程图，通过图可以看出 SDH 设备各功能块产生的告警维护信号之间的相互关系，其中的告警维护信号总是遵循以下规律：

①高阶告警会引起低阶告警。在网络中一些根源告警往往会衍生出一些低级别的告警，干扰运维人员对告警进行定位和处理。通过告警相关性分析，可以有效屏蔽衍生告警，减少告警数量，帮助运维人员快速定位故障。例如：断纤时，光板的 SPI 功能块监测到 R_LOS 告警（根源告警），将会导致再生段的 RST 功能块衍生出 R_LOF、R_OOF、B1_SD、B1_EXC 等告警（衍生告警）。

②两种通用告警，即 AIS 告警（全“1”告警）和 RDI 告警。AIS 告警向下一级电路发送出全“1”信号，告知该信号不可用，常见的 AIS 告警有 MS_AIS、AU_AIS、TU_AIS 等；RDI 告警指示对端站点检测到 R_LOS、AIS、TIM 等告警后传送给本站的对告信号，常见的告警有 MS_RDI、HP_RDI、LP_RDI 等。

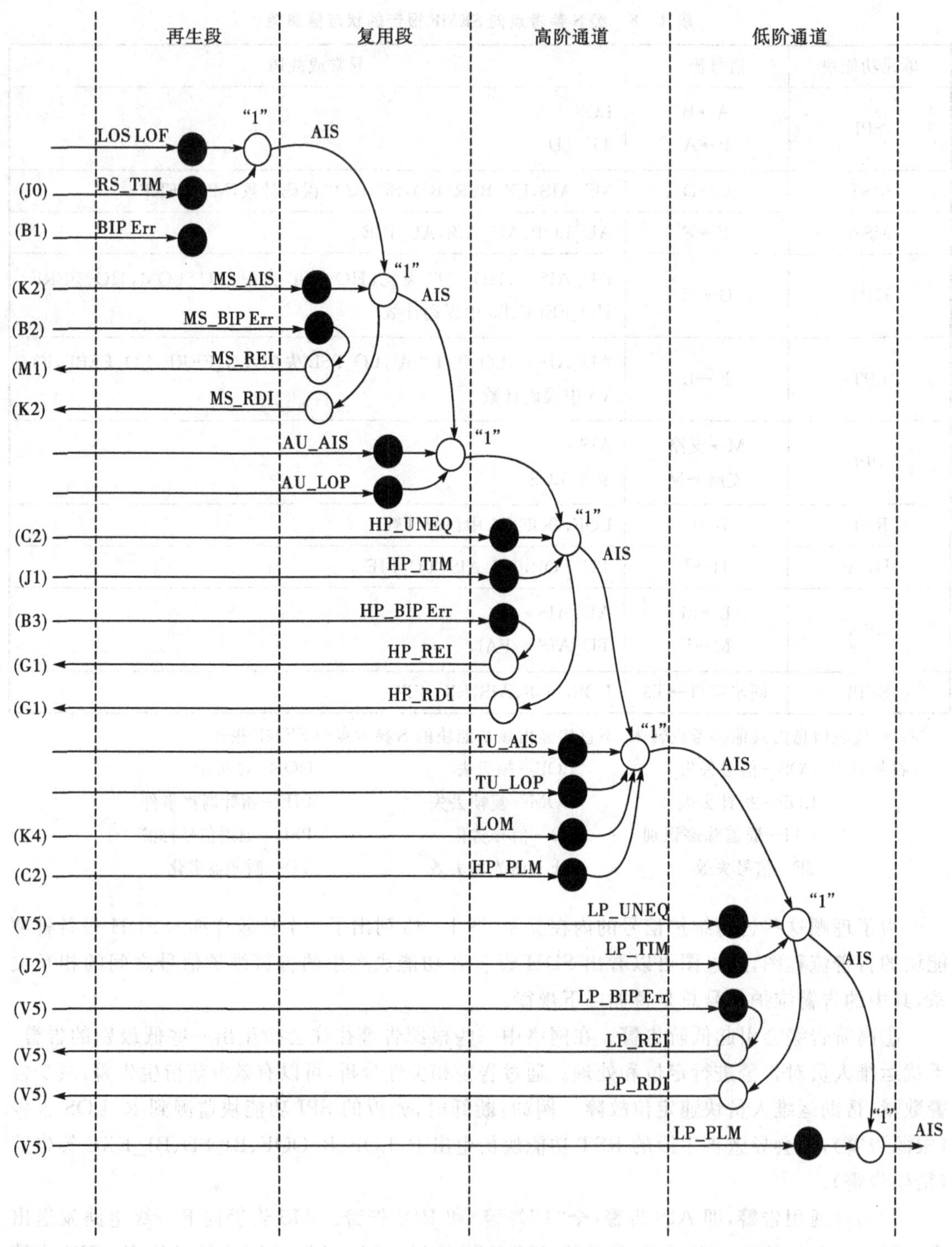

图 1－43 SDH 维护信号的相互作用

1.3.3 常见告警分析

SDH的帧结构中安排了丰富的开销字节，包括再生段开销（RSOH）、复用段开销（MSOH）、高阶通道开销（HPOH）和低阶通道开销（LPOH），正是借助于这些开销字节传递的告警、性能事件，使得SDH系统具有很强的在线告警和误码监测能力，通过对这些告警信息的产生方式和检测方式进行了解，可以做到对故障的快速定位。

为了便于对主要告警进行分析，下面分高阶（SDH接口↔交叉板）和低阶（交叉板↔PDH接口）两个部分对SDH业务信号流中告警的产生及分析进行说明。在说明时根据流向将信号流分为下行信号流和上行信号流，下行信号流是指信号流向为SDH接口→交叉板→PDH接口这条路由，而上行信号流则是指信号流向PDH接口→交叉板→SDH接口这条路由。

1.3.3.1 高阶部分信号流中告警的产生和分析

高阶部分的信号流如图1-44所示，采取分模块的方式对信号流和各开销字节的处理过程进行分析。

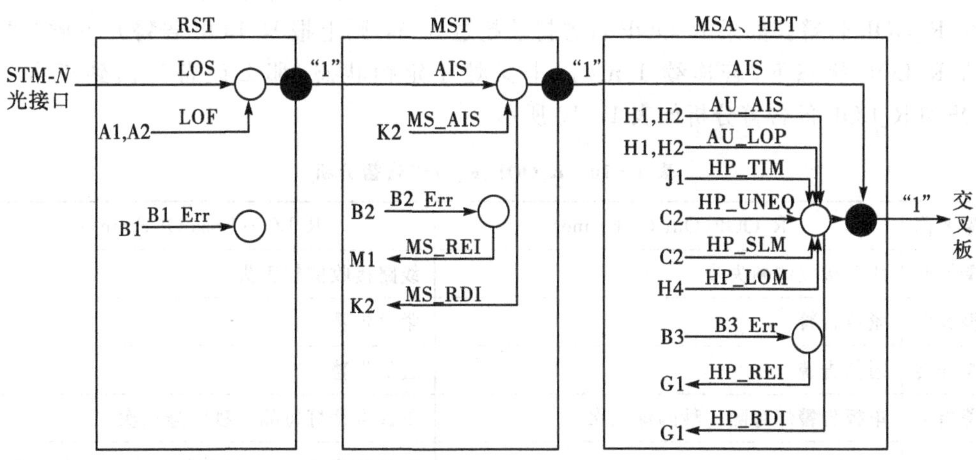

图1-44 高阶部分告警信号产生流程

1. 下行信号流告警与分析

(1)RST模块

从光路上来的STM-N光信号进入线路板，首先经过光电转换，被恢复成电信号送往RST模块。在这一过程中，光电转换模块会对该信号进行检测，如果发现输入信号无光、光功率过低或光功率过高以及输入信号码型不匹配时会上报R_LOS告警，其告警分析如表1-9所示。

表1-9 R_LOS告警分析

告警名称	R_LOS(Loss Of Signal)
告警解释	线路接收侧信号丢失
告警级别	紧急告警
告警分类	通信告警
告警指示	单板告警灯每隔一秒闪烁三次

续表

告警名称	R_LOS(Loss Of Signal)
告警原因	①光接口板：本端光口未使用；对端激光器关闭，造成无光信号输入。 ②电接口板：两端的信号模式不一致。 ③通用原因：断纤或线路性能劣化；本端接收单板故障，线路接收失效；对端发送单板故障（包括交叉时钟板故障），线路发送失效
对系统的影响	该告警产生后，线路接收侧业务中断。 ①系统自动向下游下插 AIS 信号。 ②系统自动向上游站点回告 MS_RDI，上游站点会产生 MS_RDI 告警

RST 模块接收到从光电转换模块发来的 STM－*N* 信号后，根据该信号中的 A1、A2 字节完成对帧定位信号的捕捉，同时从中提取线路参考同步定时源，发送至时钟板进行时钟锁定。

正常情况下，A1 值恒为 F6H，A2 值恒为 28H，但如果连续 5 帧检测到错误的 A1、A2 值，将产生 R_OOF 告警。如果 R_OOF 告警持续超过 3 ms，则上报 R_LOF 告警并下插全“1”信号。在 R_LOF 状态下，若连续 1 ms 以上又处于定帧状态，那么设备又回到正常状态。R_OOF和 R_LOF 的告警分析如表 1－10 所示。

表 1－10　R_OOF、R_LOF 告警分析

告警名称	R_OOF(Out Of Frame)	R_LOF(Loss Of Frame)
告警解释	线路接收侧帧失步	线路接收侧帧丢失
告警级别	紧急告警	紧急告警
告警分类	通信告警	通信告警
告警指示	单板告警灯每隔一秒闪烁三次	单板告警灯每隔一秒闪烁三次
告警原因	传输光缆故障，以及光纤连接器松动或不清洁；本端接收单板故障；对端发送单板故障（包括交叉时钟板故障）	两个速率不一致的单板对接；传输光缆故障，以及光纤连接器松动或不清洁；本端接收单板故障，信号帧结构丢失；对端发送单板故障（包括交叉时钟板故障），信号帧结构丢失
对系统的影响	业务中断，系统自动向下游下插 AIS 信号；系统自动向上游站点回告 MS_RDI，上游站点会产生 MS_RDI 告警	业务中断，系统自动向下游下插 AIS 信号；系统自动向上游站点回告 MS_RDI，上游站点会产生 MS_RDI 告警

RST 模块提取 STM－*N* 信号中的其他再生段开销字节进行处理，其中最重要的就是 B1 字节。如果从 STM－*N* 信号中恢复出的 B1 字节和接收到的前一个 STM－*N* 帧中的 BIP－8 计算结果不一致，则上报 B1 误码：

①如果 B1 误码超过门限 10^{-6}（默认值），就会产生 B1_SD 告警；

②如果 B1 误码超过门限 10^{-3}（默认值），就产生 B1_EXC 告警。

B1_SD 和 B1_EXC 的告警分析如表 1－11 所示。

表 1－11　B1_SD、B1_EXC 告警分析

告警名称	B1_SD(Signal Degraded)	B1_EXC(Excessive errors)
告警解释	B1 信号劣化	B1 误码越限
告警级别	次要告警	次要告警
告警分类	服务质量	服务质量
告警指示	单板告警灯每隔一秒闪烁一次	单板告警灯每隔一秒闪烁一次
告警原因	误码门限设置值不合适；外部环境异常；线路性能劣化；接地不良；本端接收单板故障；对端发送单板故障；时钟配置错误或者时钟交叉单元性能劣化	误码门限设置值不合适；外部环境异常；线路性能劣化；接地不良；本端接收单板故障；对端发送单板故障；时钟配置错误或者时钟交叉单元性能劣化
对系统的影响	传送业务的质量产生劣化	传送业务的质量严重劣化；系统默认向交叉方向下插 AIS 信号

(2)MST 模块

这部分主要处理与告警、性能事件相关的复用段开销字节，包括：自动保护倒换通路字节(K1、K2)、复用段误码监测字节(B2)、复用段远端差错指示(M1)。

K2(b6～b8)字节用于复用段远端失效指示，如果检测到 K2 字节中 b6～b8 比特为“111”，则上报 MS_AIS 告警并下插全“1”信号；如果检测到 K2 字节中 b6～b8 比特为“110”，则上报 MS_RDI 告警。MS_AIS 和 MS_RDI 的告警分析如表 1－12 所示。

表 1－12　MS_AIS、MS_RDI 告警分析

告警名称	MS_AIS(Alarm Indicaion Signal)	MS_RDI(Remote Defect Indication)
告警解释	复用段告警指示信号	复用段远端缺陷指示
告警级别	重要告警	次要告警
告警分类	通信告警	通信告警
告警指示	单板告警灯每隔一秒闪烁两次	单板告警灯每隔一秒闪烁一次
告警原因	上游站点下插至下游站点的 AIS 告警；本站接收单板故障；上游站点主备交叉时钟板均不在位；上游站点发送单板故障(包括交叉时钟板故障)	对端站接收到 R_LOS、MS_AIS 等告警；本端发送单板故障；对端接收单板故障
对系统的影响	业务中断，系统自动向对端站回告 RDI 信号，对端站产生 MS_RDI 告警	该告警对本站没有影响，只是表明对端站接收业务有中断

如果从 STM－N 信号中恢复出的 B2 字节和前一个 STM－N 帧(除再生段开销外的所有比特)的 BIP－24 计算结果不一致，则上报 B2 误码：

①如果 B2 误码超过门限 10^{-6}(默认值)，则会产生 B2_SD 告警；

②如果 B2 误码超过门限 10^{-3}(默认值)，就会产生 B2_EXC 告警。

B2_SD 和 B2_EXC 的告警分析如表 1-13 所示。

表 1-13 B2_SD、B2_EXC 告警分析

告警名称	B2_SD(Signal Degraded)	B2_EXC(Excessive errors)
告警解释	B2 信号劣化	B2 误码越限
告警级别	次要告警	重要告警
告警分类	服务质量	服务质量
告警指示	单板告警灯每隔一秒闪烁一次	单板告警灯每隔一秒闪烁两次
告警原因	误码门限设置值不合适;外部环境异常;线路性能劣化;接地不良;本端接收单板故障;对端发送单板故障;时钟配置错误或者时钟交叉单元性能劣化	误码门限设置值不合适;外部环境异常;线路性能劣化;接地不良;本端接收单板故障;对端发送单板故障;时钟配置错误或者时钟交叉单元性能劣化
对系统的影响	传送业务的质量产生劣化;系统通过 M1 字节向对端回告 MS_REI,对端站上报 MS_REI 告警	传送业务的质量严重劣化;系统通过 M1 字节向对端回告 MS_REI,对端站上报 MS_REI 告警

(3)MSA、HPT 模块

这部分主要处理的是高阶指针调整和高阶通道开销,与指针调整有关的字节是 H1、H2、H3,而与告警、误码相关的字节包括:高阶通道踪迹字节(J1)、高阶通道信号标记字节(C2)、高阶通道误码监测字节(B3)、通道状态字节(G1)、位置指示字节(H4)。

MSA 模块根据每一路 AU-4 的 H1、H2 字节进行指针解释和指针调整,完成频率和相位校准,以及容纳网络中的相位抖动和漂移的功能,同时定位每一路 VC-4 并发送至相应高阶通道开销处理器。如果检测到 AU 指针 H1 和 H2 字节全为“1”,则上报 AU_AIS 告警,并下插全“1”信号。如果 H1 和 H2 字节代表的指针值非法(不在正常范围 0～782 内),并连续 8 帧收到非法指针,则上报 AU_LOP 告警,并下插全“1”信号。AU_AIS 和 AU_LOP 的告警分析如表 1-14 所示。

表 1-14 AU_AIS、AU_LOP 告警分析

告警名称	AU_AIS(Alarm Indicaion Signal)	AU_LOP(Loss Of Pointer)
告警解释	管理单元告警指示信号	管理单元指针丢失
告警级别	重要告警	重要告警
告警分类	通信告警	通信告警
告警指示	单板告警灯每隔一秒闪烁两次	单板告警灯每隔一秒闪烁两次
告警原因	本网元下插至下一级电路的 AIS 告警;上游网元下插至下游网元的 AIS 告警;业务交叉配置错误;上游网元发送单板故障(包括交叉时钟板故障);本网元接收单板故障	本端接收误码过大;对端发送业务的级联等级与本端应收业务的级联等级不一致;本端单板故障(包括交叉时钟板故障);对端单板故障(包括交叉时钟板故障)

续表

告警名称	AU_AIS(Alarm Indicaion Signal)	AU_LOP(Loss Of Pointer)
对系统的影响	该告警产生时,在没有网络保护的情况下,VC通道级别业务中断;产生告警后,会引起下游站点产生AU_AIS告警	该告警产生时,在没有网络保护的情况下,VC通道级别业务中断;系统会通过G1字节自动向对端回告HP_RDI信号,对端站会上报HP_RDI告警

HPT模块对接收的N路VC-4中的高阶通道开销字节进行如下处理:

①如果检测到J1字节和预定值不同,则上报HP_TIM告警,并下插全"1"信号;

②如果检测到C2字节为"00",则上报HP_UNEQ告警,并下插全"1"信号。如果检测到C2字节和预定值不同,则上报HP_SLM告警,并下插全"1"信号。

HP_TIM、HP_UNEQ和HP_SLM的告警分析如表1-15所示。

表1-15 HP_TIM、HP_UNEQ、HP_SLM告警分析

告警名称	HP_TIM (Trace Identifier Mismatch)	HP_UNEQ (Unequipped)	HP_SLM (Signal Label Mismatch)
告警解释	高阶通道追踪识别符失配	高阶通道未装载	高阶通道信号标记失配
告警级别	次要告警	次要告警	次要告警
告警分类	通信告警	通信告警	通信告警
告警指示	单板告警灯每隔一秒闪烁一次	单板告警灯每隔一秒闪烁一次	单板告警灯每隔一秒闪烁一次
告警原因	业务穿通网元均设置开销穿通,本网元应收J1字节配置错误;业务穿通网元均设置开销穿通,终结站点应发J1字节配置错误或业务交叉配置错误;业务穿通网元均设置开销终结,业务穿通网元应发J1字节配置错误	上游沿途网元未配置业务;终结站点应发C2字节为"0x00",业务穿通网元均设置开销穿通;终结站点应发C2字节不为"0x00",业务穿通网元设置开销终结,且将应发C2字节配置为"0x00"	业务穿通网元均设置开销穿通,本网元业务类型配置错误或应收C2字节配置错误;业务穿通网元均设置开销穿通,终结站点业务类型配置错误或应发C2字节配置错误或业务交叉配置错误;业务穿通网元均设置开销终结,业务穿通网元应发C2字节配置错误
对系统的影响	如果设置了该告警产生时转插AU_AIS告警,则会导致该通道业务中断,同时向对端站回告HP_RDI	导致该通道业务中断,同时向对端站回告HP_RDI	如果设置了该告警产生时转插AU_AIS告警,则会导致该通道业务中断,同时向对端站回告HP_RDI

如果从高阶通道开销中恢复出的B3字节的计算结果和前一帧VC-4信号的BIP-8计算结果不一致,则上报B3误码。B3_SD和B3_EXC的告警分析如表1-16所示。

表 1-16 B3_SD、B3_EXC 告警分析

告警名称	B3_SD(Signal Degraded)	B3_EXC(Excessive errors)
告警解释	B3 信号劣化	B3 误码越限
告警级别	次要告警	重要告警
告警分类	服务质量	服务质量
告警指示	单板告警灯每隔一秒闪烁一次	单板告警灯每隔一秒闪烁两次
告警原因	误码门限设置值不合适；外部环境异常；线路性能劣化；接地不良；本端接收单板故障；对端发送单板故障；时钟配置错误或者时钟交叉单元性能劣化	误码门限设置值不合适；外部环境异常；线路性能劣化；接地不良；本端接收单板故障；对端发送单板故障；时钟配置错误或者时钟交叉单元性能劣化
对系统的影响	通道级别业务有误码；产生告警后系统通过 G1 字节自动向对端回告 HP_REI，对端站会上报 HP_REI 告警	通道级别业务有误码；产生告警后系统通过 G1 字节自动向对端回告 HP_REI，对端站会上报 HP_REI 告警

如果检测到 G1 字节中 b5 比特为 1，则上报 HP_RDI 告警，HP_RDI 告警分析如表 1-17 所示。

表 1-17 HP_RDI 告警分析

告警名称	HP_RDI(Remote Defect Indication)
告警解释	高阶通道远端缺陷指示
告警级别	次要告警
告警分类	通信告警
告警指示	单板告警灯每隔一秒闪烁一次
告警原因	业务接收侧(对端)终结高阶通道开销，存在段级告警或高阶告警；业务接收侧(对端)配置低阶业务，存在 HP_SLM、HP_TIM、HP_LOM 告警；业务接收侧(对端)终结高阶通道开销，存在导致下插 AIS 信号的告警
对系统的影响	本告警是一个伴随告警，对本站没有影响。当远端通道级业务中断，向本站回告 HP_RDI 告警

2. 上行信号流告警与分析

在高阶部分下行信号流中主要完成开销字节的提取和终结，相对应地在上行信号流中则主要完成开销字节初始值的生成和向对端站回传告警信号。从交叉板传送的 N 路 STM-1 净负荷信号首先送往高阶通道开销处理器，产生 N 路高阶通道开销字节，再同 N 路净负荷一起送往指针处理器。如果在下行信号流中检测到 AU_AIS、AU_LOP 等告警，则将 G1 字节中 b5 设置为“1”，并回送至发送端，发送端上报 HP_RDI 告警。如果在下行信号中检测到 B3 误码，根据检测的误码值，将 G1 字节 b1～b4 比特设置为检测出的误块数(1～8)，同时向发送端回传相应通道的 HP_REI 告警。

指针处理器产生 N 路 AU－4 指针，将 VC－4 适配为 AU－4，其中 AU－4 指针由 H1、H2 字节表示，然后由复用处理器将 N 个 AU－4 复接成 STM－N 信号送往复用段开销处理器。

复用段开销处理器对接收到的 STM－N 信号设置复用段开销字节，包括 K1、K2、D4～D12、S1、M1、E2 和 B2 字节。如果在下行信号流中检测到有 R_LOS、R_LOF 或 MS_AIS 告警，则设置 K2 字节中 b6～b8 比特为“110”，并通过该字节向发送端回传 MS_RDI 告警。如果在下行信号流中检测到有 B2 误码，则利用 M1 字节向远端回传 MS_REI 告警。

再生段开销处理器完成再生段开销字节的设置，包括 A1、A2、J0、E1、F1、D1～D3 和 B1 字节，将完整的 STM－N 电信号送往帧同步器及扰码器。

帧同步器和扰码器将 STM－N 电信号进行扰码，然后由电光转换模块将 STM－N 电信号转换为 STM－N 光信号送出光接口。

1.3.3.2 低阶部分信号流中告警的产生和分析

低阶部分的信号流如图 1－45 所示，采取分模块的方式对低阶信号流和各开销字节的处理过程进行分析。

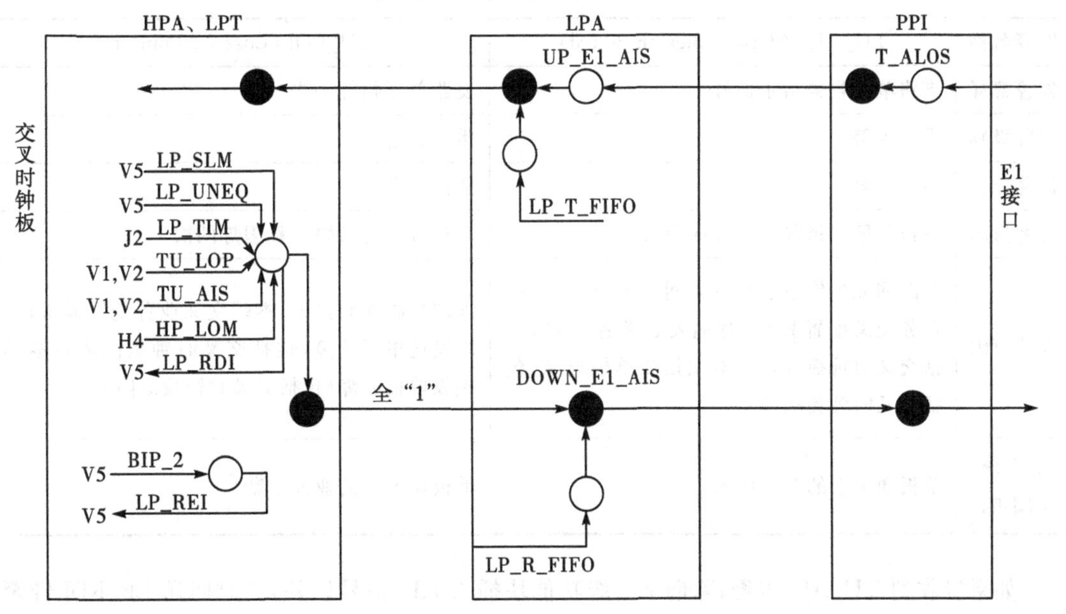

图 1－45 低阶部分告警信号产生流程

1. 下行信号流告警与分析

将从交叉板来的 VC－4 信号发送至 HPA 功能块，HPA 功能块把 VC－4 解映射成 VC－12，每一个 VC－12 的指针都被解码，以便在 VC－4 和 VC－12 之间提供以字节为单位的帧偏移信息。当 TU－12 组装处的节点时钟与本地基准时钟不同时，需要指针不断调整。在下行信号流中会检测到 TU 指针正调整和负调整。

在下行方向，如果检测到 H4 复帧字节序列出错，则上报 HP_LOM 告警，其告警分析如表 1－18 所示。

表 1－18　HP_LOM 告警分析

告警名称	HP_LOM(Loss Of Multiframe)
告警解释	高阶通道复帧丢失
告警级别	重要告警
告警分类	通信告警
告警指示	单板告警灯每隔一秒闪烁两次
告警原因	源宿端业务级别配置不一致；单板(包括交叉时钟板)故障导致 H4 字节丢失或不正确
对系统的影响	通道级业务中断

如果检测到低阶指针字节 V1、V2 值为全“1”，则上报 TU_AIS 告警，如果检测到 V1、V2 值为不合法，则上报 TU_LOP 告警，发生这两个告警都会向下一功能块插入全“1”信号。TU_AIS 和 TU_LOP 的告警分析如表 1－19 所示。

表 1－19　TU_AIS、TU_LOP 告警分析

告警名称	TU_AIS(Alarm Indicaion Signal)	TU_LOP(Loss Of Pointer)
告警解释	支路单元告警指示信号	支路单元指针丢失
告警级别	重要告警	重要告警
告警分类	通信告警	通信告警
告警指示	单板告警灯每隔一秒闪烁两次	单板告警灯每隔一秒闪烁两次
告警原因	上游网元告警下插至下游网元的 AIS 信号；业务交叉配置异常；对端发送单板故障(包括交叉时钟板故障)；本端接收单板故障(包括交叉时钟板故障)	本端接收误码过大；本端交叉业务配置异常；对端发送单板故障(包括交叉时钟板故障)；本端接收单板故障(包括交叉时钟板故障)
对系统的影响	单板通道上的业务中断	单板通道上的业务中断

如果接收到 TU_AIS 告警，除向下一级功能块插入 AIS 信号以外，同时回送 LP_RDI 告警，即将 V5 字节的 b8 比特置为“1”。在下行信号流中检测 V5 字节的 b5～b7 比特，作为信号标记上报，如果为“000”，则表示 LP_UNEQ。LP_RDI 和 LP_UNEQ 的告警分析如表 1－20 所示。

表 1－20　LP_RDI、LP_UNEQ 告警分析

告警名称	LP_RDI(Remote Defect Indication)	LP_UNEQ(Unequipped)
告警解释	低阶远端失效指示	低阶通道未装载
告警级别	次要告警	次要告警
告警分类	通信告警	通信告警

续表

告警名称	LP_RDI(Remote Defect Indication)	LP_UNEQ(Unequipped)
告警指示	单板告警灯每隔一秒闪烁一次	单板告警灯每隔一秒闪烁一次
告警原因	开销模式设置错误;业务接收侧(对端)接收到TU_AIS、TU_LOP等告警信号;业务接收侧(对端)检测到了LP_TIM、LP_SLM等告警,并将告警下插AIS回传RDI的开关使能	PDH侧未正确接入业务;应发V5、C2字节配置为“0x00”
对系统的影响	该告警对本站业务没有影响,只是表明对端接收失效	产生该告警表明支路板从交叉侧接收对端发送的低阶通道净荷中未装载业务,业务会中断

经过处理后的C-12数据被发送至LPA功能块,用户数据流和相关时钟参考信号一起从容器中恢复出来,并被送至PPI功能块作为数据和定时参考,形成传输2048 kb/s信号。

2. 上行信号流告警与分析

E1电信号进入PPI功能块后,经过时钟提取和数据再生,送往映射和解映射处理器,同时进行抖动抑制。

PDH接口模块检测并终结T_ALOS告警,其告警分析如表1-21所示。

表1-21 T_ALOS告警分析

告警名称	T_ALOS(2M Interface Loss Of Analog Signal)
告警解释	E1接口模拟信号丢失
告警级别	重要告警
告警分类	通信告警
告警指示	单板告警灯每隔一秒闪烁两次
告警原因	E1或T1业务未接入;DDF架侧E1或T1接口输出端口脱落或松动;电缆故障;接口板故障;单板故障
对系统的影响	PDH业务中断

LPA功能块完成数据适配功能,如果检测到T_ALOS告警,则上报UP_E1_AIS告警,但通过设置告警相关性规则可使T_ALOS抑制UP_E1_AIS。如果上行数据速率偏差过大,会造成低阶通道发送侧先进先出(First In First Out,FIFO)溢出,上报LP_T_FIFO告警。

LPT功能块的功能为在C-12中插入POH,合成VC-12。LPT功能块将“信号标记”插入V5字节的b5~b7比特,对前一复帧数据计算BIP-2,并将结果置于本帧V5字节的b1、b2比特。如果在下行信号处理流程中检测到下行数据有“通道终端误码”,则V5字节的b3比特将在下一帧被置为“1”,产生回送告警LP_REI。

HPA功能块将VC-12适配为TU-12再映射到高阶的VC-4,送往交叉板。VC-12与VC-4之间以字节为单位的帧偏移由一个TU-12指针指示。每帧决定一个V(V1、V2、V3、V4其中一个)字节,每4帧组成一个复帧,用来确定V字节值的H4字节也在此功能块产生。

1.4 SDH设备数据配置与测试

SDH设备数据配置与测试是指利用网管系统完成SDH设备的基本数据配置和利用仪表完成网络性能测试的过程，其中设备数据配置包括网络部署和业务配置，网络性能测试包括误码性能测试和光接口测试，具体流程如图1-46所示。

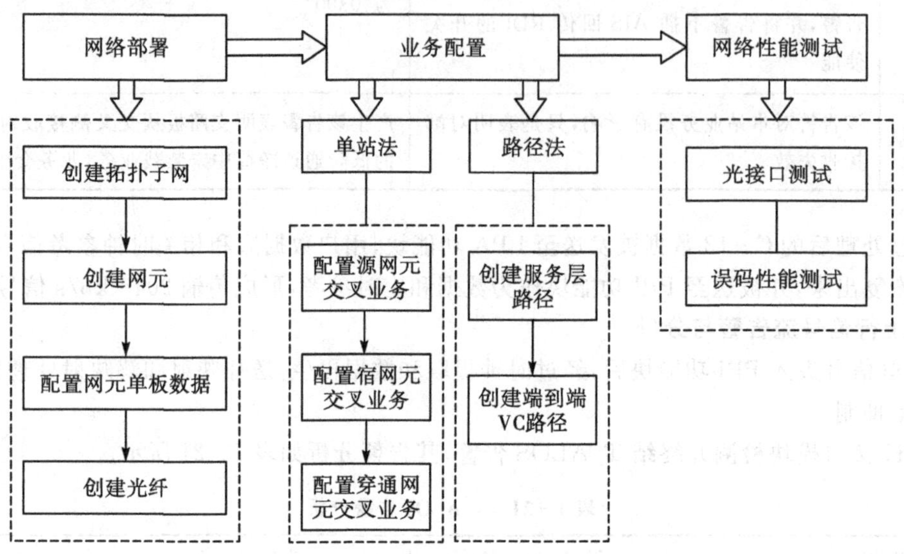

图1-46　SDH设备数据配置与测试流程

1.4.1　设备数据配置

1.4.1.1　网络部署

在完成机柜、单板的安装及线缆连接的前提下，收集网元类型、网元数量、网络拓扑等信息，利用网管系统完成网络部署。

1. 创建子网

在进行网络部署时，应先设计好子网的划分方式，方便运维人员进行日常的维护操作。为了方便管理，可以按照某种划分方法(如按地域划分)将一个比较大的网络结构划分为几个相对较小的网络结构，以便网络管理。在拓扑中这种相对较小的网络结构称为子网，创建子网只是为了简化界面，不对网元运行产生任何影响。

2. 创建网元

网管系统在管理实际设备时必须先在网管上创建相应的网元，创建网元的方法有两种：创建单个网元和批量创建网元。当同时需要创建大量网元时，如开局的情况下，建议选择批量创建网元；当只需创建零星网元时，建议选择创建单个网元。

网管要实现对通信设备的管理，必须通过网络和网元相连进行信息通信。这种通过网络和网管通信的网元就是网关网元，其协议类型为网际互联协议(Internet Protocol，IP)或开放系统互联(Open System Interconnection，OSI)通信协议。而必须通过网关网元才能和网管进行通信的其他网元就是非网关网元，非网关网元通过 ECC 通道或扩展 ECC 与网关网元建立通信。

当网管与网关网元通信正常时，网管能够通过网关网元的 IP 地址、所在 IP 网段或网元的网络服务接入点(Network Service Access Point，NSAP)地址，搜索出所有与该网关网元通信的网元并进行批量创建。

创建单个网元时必须先创建网关网元，创建时需要设置网元的 ID、扩展 ID、名称、网关类型、网元用户及密码等属性。成功创建后，系统自动将网元 IP 地址、网元 ID 等信息保存到网管数据库中。

3. 配置网元数据

网元创建成功后还处于未配置状态，必须先配置网元数据，网管才能管理操作该网元。配置网元数据有三种方式：手工配置网元数据、复制网元数据和上载网元数据。

手工配置网元数据需要在网元面板上添加单板，可以添加网元上实际在位的物理单板，也可以添加实际设备上不存在的逻辑单板。物理单板是当前子架上所插入的实际在位单板，而逻辑单板是指在网管上创建、在主控板上保存，但在实际网元上可能并不存在的单板。创建逻辑单板后就可以进行业务配置了，此时如果物理单板也在位，业务就可以配通。

复制网元数据可以将网元类型、主机版本相同的网元数据复制到新创建的网元上，这个过程只改变网管侧的数据，不会改变设备侧的数据。不推荐在不同设备类型之间进行数据复制。

上载网元数据是配置网元数据最常用的方式，可以直接将网元当前的配置数据，如网元侧配置、告警和性能数据上载到网管上。

4. 创建光纤

要进行业务配置，必须先创建光纤。创建光纤的方式有两种：手工创建光纤和自动创建光纤。手工创建光纤方式适用于逐条创建少量光纤的场合，而在系统开局时可以使用纤缆搜索功能，通过检测指定光接口上连接的光纤，实现光纤的自动创建。对于新创建的网络，在网管上完成网元的单板配置后，应通过搜索所有光接口来创建全网的光纤，以便监控各光纤的实际工作状态。注意：在进行纤缆搜索时可能会导致业务中断。

操作步骤

操作演示

SDH 网络部署(点对点)

操作步骤

操作演示

SDH 网络部署(环带链)

1.4.1.2 业务配置

SDH 设备支持多业务接入，不同的业务需求所对应 SDH 的接入单板类型不一样，业务配置也有区别。比如 2 Mb/s 业务接入对应的单板是 PQ1，配置 PDH 业务；以太网专线业务就需要 EFS4 等单板，配置以太网业务。

1. 基本概念

配置业务时，需要了解一些基本概念有助于理解和正确配置相应的业务。

(1)单向业务和双向业务

单向业务是指接收和发送业务时需要分别经过不同路由的业务。如在 A 网元与 B 网元之间创建单向业务，那么业务的方向只能是从 A 网元(业务源端)到 B 网元(业务宿端)或者从 B 网元(业务源端)到 A 网元(业务宿端)。

双向业务是指接收和发送业务时经过相同路由的业务。如在 A 网元和 B 网元之间创建了双向业务，那么业务既可以从 A 网元传到 B 网元，也可以从 B 网元传到 A 网元。

(2)PDH 业务、以太网业务和智能业务

PDH 业务包括 E1/T1 业务、E3/T3 业务和 E4 业务。目前现网中大量使用的是 E1 业务。PDH 业务在进行业务配置时只需要创建 PDH 支路板到线路单元的交叉连接即可。

以太网业务包括以太网专线(Ethernet Private Line，EPL)业务、以太网虚拟专线(Ethernet Virtual Private Line，EVPL)业务、以太网专用局域网(Ethernet Private Local Area Network，EPLAN)业务和以太网虚拟专用局域网(Ethernet Virtual Private Local Area Network，EVPLAN)业务。使用以太网单板进行业务配置时，需要了解单板的外部端口、内部端口、逻辑端口、网桥等基本概念，从而理解配置业务的过程和业务经单板处理时的信号流向。

自动交换光网络(Automatic Switch Optical Network，ASON)网络可以根据客户需求提供不同服务等级的业务，如华为将业务分为钻石级、金级、银级、铜级和铁级业务。智能业务经过的路径被称为智能路径，也叫标记交换路径(Label Switched Path，LSP)。

2. 业务配置方法

业务配置有两种方式：单站法和路径法。下面以 PDH 业务为例来介绍业务配置方法。

单站法业务配置需要逐个网元地指定业务使用的时隙与路由，为了实现业务在业务处理板和线路板之间的上下，配置时需要创建处理板到线路板的 SDH 交叉连接。单站法业务配置流程如表 1-22 所示。

表 1-22 单站法业务配置流程

操作步骤	说明
①网络部署	创建网元，配置单板，创建光纤
②配置源网元	创建源网元 SDH 交叉业务
③配置宿网元	创建宿网元 SDH 交叉业务
④配置穿通网元	创建穿通网元 SDH 交叉业务
⑤路径搜索	SDH 路径搜索，源宿节点间形成 SDH 路径，检查配置的正确性

操作步骤

操作演示

SDH 无保护线网业务配置(单站法)

操作步骤

操作演示

SDH 无保护环带链业务配置(单站法)

路径法指的是采用端到端的配置方式来创建 SDH 业务,在业务配置的过程中只需指定业务的源、宿,即可完成路由的计算与各网元上的业务创建。路径法业务配置流程如表 1－23 所示。

表 1－23 路径法业务配置流程

操作步骤	说明
①网络部署	创建网元,配置单板,创建光纤
②创建服务层路径	创建 VC－4 服务层路径(＊若配置 155 Mb/s 业务或 140 Mb/s 业务,此步骤省略)
③创建 VC 路径	选择业务级别和源宿节点,配置端到端的 SDH 业务
④路径管理	浏览路径,检查业务配置的正确性

操作步骤

操作演示

SDH 无保护线网业务配置(路径法)

操作步骤

操作演示

SDH 无保护环带链业务配置(路径法)

1.4.2 网络性能测试

传输系统的性能对整个通信网的通信质量起着至关重要的作用，SDH 网络性能测试包括误码、抖动等传输性能测试及光接口测试。

1.4.2.1 误码性能测试

误码就是指经接收、判决、再生后，数字码流中的某些比特发生了差错，使传输信息的质量产生了损伤。误码是影响传输系统质量的重要因素，轻则使系统稳定性下降，重则导致传输信号中断。理想的光纤传输系统是十分稳定的，但在实际运行中常受突发脉冲干扰而产生误码。

传统上常用平均误码率(Bit Error Rate，BER)来衡量系统的误码性能。BER 即在某一规定的观测时间内(如 24 h)发生差错的比特数和传输比特总数之比，如 1×10^{-10}。平均误码率是一个长期效应，它只给出一个平均累积结果，实际上误码的出现往往呈突发性质，且具有极大的随机性。因此，除了平均误码率之外还应该有一些短期度量误码的参数，即误码秒与严重误码秒等。

ITU-T 规定误码性能的建议有两个：一是 G.821 建议，它适用于低于基群比特率并构成 ISDN 之一部分的国际数字连接；二是 G.826 建议，它适用于基群及更高速率国际固定比特率数字通道。这两个建议的目的是提出一个适当的误码性能指标，以满足现有和将来的大多数业务的需要。

G.821 建议是以误码事件为基础的规范，而 G.826 建议是以误块事件为基础的。所谓“块”是指多个连续比特的集合，即一组比特，每个比特属于且仅属于唯一的一个块。不同速率的数字通道“块”的大小是不一样的。

1. G.821 建议

(1)性能事件

①误码秒(Errored Second，ES)。如果在 1 秒时间周期内有 1 个或多个误码，这 1 秒就是 ES。

②严重误码秒(Severely Errored Second，SES)。如果在 1 秒时间周期内的误码率 BER≥10^{-3}，那么这 1 秒就是 SES(SES 也是 ES)。

(2)测试时间分类

①不可用时间。如果在 10 个连续秒的时间里，每一秒都是 SES，那么此时的数字连接便处于不可用状态，这 10 秒就都属于不可用时间。

②可用时间。如果在 10 个连续秒的时间内，每一秒都不是 SES，那么此时的数字连接就处于可用状态，这 10 秒就都属于可用时间。

如果用 t_{total} 表示总的测试时间，t_{avail} 表示可用时间，$t_{unavail}$ 表示不可用时间，则 $t_{total}=t_{avail}+t_{unavail}$ 成立。式中 t_{avail} 包括 ES 和 EFS，$t_{unavail}$ 即 UAS，EFS(Error Free Second)表示无误码秒，UAS(Unavailable Second)表示不可用秒。

$$t_{total}\begin{cases} t_{avail}\begin{cases}\text{ES 含 SES}\\ \text{EFS}\end{cases} \\ t_{unavail}\end{cases}$$

注意，此处关于可用时间和不可用时间的分类方法不仅适用于 G.821 建议，同时也适用于 G.826 建议。

(3)性能参数

①误码秒比(Errored Second Ratio,ESR)。在一个固定测试时间间隔上的可用时间内,ES 与可用时间(秒)之比称为 ESR。

②严重误码秒比(Severely Errored Second Ratio,SESR)。在一个固定测试时间间隔上的可用时间内,SES 与可用时间(秒)之比称为 SESR。

2. G. 826 建议

(1)性能事件

①误块(Errored Block,EB)。如果在 1 块中有 1 个或多个差错比特,那么这整个块就是 1 个 EB。

②误块秒(Errored Second,ES)。如果在 1 秒中有 1 个或多个误块,那么这 1 秒就是 ES。

③严重误块秒(Severely Errored Second,SES)。如果在 1 秒中误块的比例大于或等于 30%或者至少有一个缺陷,则这 1 秒就是 SES。

④背景误块(Background Block Error,BBE)。测量时间内所有的块扣除不可用时间内所有的块以及 SES 期间出现的误块后所剩下的误块为 BBE。即 BBE 是指在可用时间内出现的所有误块扣除 SES 期间出现的误块后所剩下的误块。

(2)性能参数

①误块秒比(Errored Second Ratio,ESR)。在一个固定测试时间间隔上的可用时间内,ES 与总的可用时间秒之比称为 ESR。

②严重误块秒比(Severely Errored Second Ratio,SESR)。在一个固定测试时间间隔上的可用时间内,SES 与总的可用时间秒之比称为 SESR。

③背景误块比(Background Block Error Ratio,BBER)。在一个确定的测试期间,在可用时间内的 BBE 与总块数扣除 SES 中的所有块后剩余块数之比为 BBER。

3. 测试系统搭建

常用的误码性能测试方法可分为停业务测试和在线测试两种,停业务测试也称离线测试。在维护工作中,对于级别较低的通道较多地采用离线测试,而对于高速率通道或线路系统,由于停业务测试必须中断业务,则较多采用在线测试,如图 1 - 48 所示。

在进行误码测试之前,首先需要搭建测试系统。测试系统应根据测试目的和测试要求进行确定,一般情况下,进行投入业务测试和恢复业务误码测试时,使用离线测试系统;进行运行业务测试时,使用在线测试系统。

图 1 - 47 所示为一个典型的传输系统。一般情况下,误码测试都在数字配线架(Digital Distribution Frame,DDF)或光纤配线架(Optical Distribution Frame,ODF)上进行。测试仪表的不同接入方法构成了不同的测试系统。

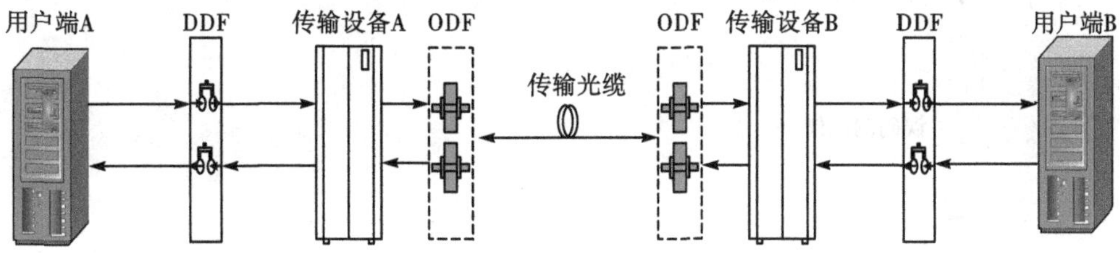

图 1 - 47　典型的传输系统

(1)离线测试系统

离线误码测试按测试时的接线方式可分为远端对测和远端环测两种。在进行离线测试时,需要中断正常的业务,由仪表产生测试信号发送至系统中传输。同样再由仪表接收测试信号进行比对,从而完成误码性能测试。

①远端对测。远端对测又称为单向测试,测试结果只能反映一个方向的误码性能。在测试过程中,需要两台测试仪表,两端密切配合共同完成测试,如图 1-48 所示。

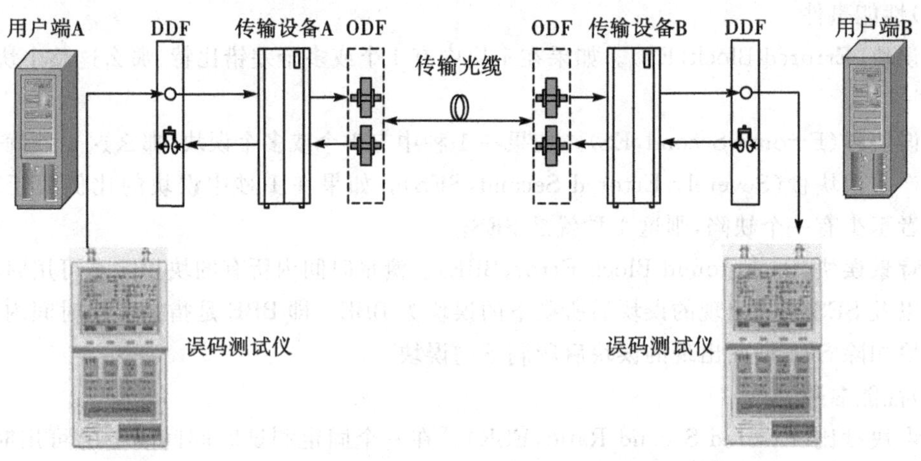

图 1-48　电接口远端对测离线测试系统

图 1-48 为电接口远端对测离线测试系统,图中一台测试仪表作为测试信号产生器产生测试信号,该测试信号一般为伪随机二进制序列(Pseudo Random Binary Sequence,PRBS)信号,经过被测系统由另一台测试仪表接收,双方按 ITU-T 建议约定好测试信号的格式,就可以检测出被测系统的误码性能。

远端对测需要进行两次测量才能得出被测系统双向误码性能。

②远端环测。远端环测是一种双向测试,测试中只需一台测试仪表,对端需要对相应的通道支路口进行环回。远端环测离线测试系统如图 1-49、图 1-50 所示。

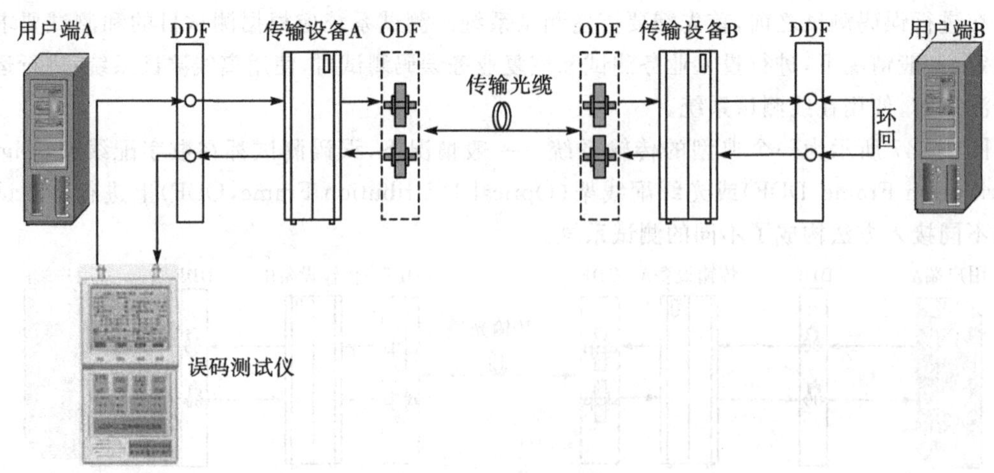

图 1-49　电接口远端环测离线测试系统

图 1-49 为电接口远端环测离线测试系统，图 1-50 为光接口远端环测离线测试系统。图中一台测试仪表同时作为测试信号产生器和误码检测器，自发自收，这种方式易于实现，在实际的维护过程中，通常采用这种方式。在图 1-50 中，进行光口环回时一定要加 10 dB 左右的衰减器，避免过强的光功率损伤光接收模块。

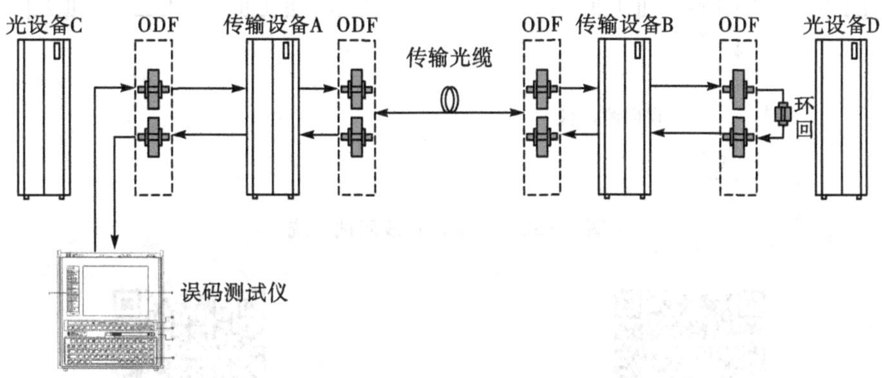

图 1-50 光接口远端环测离线测试系统

(2)在线测试系统

系统误码在线监测是在不中断业务的条件下，无需用仪表发送测试信号，利用监视与业务信号帧结构中特殊设计的差错检测编码有关的开销字节来评估误码性能参数。在线监测除了使用仪表进行误码性能监测外，还可以利用网管进行监测。

在线测试不需要中断正常的业务，即可对仪表接收系统中传输的信号进行误码性能分析，测试系统如图 1-51、图 1-52 所示，其中图 1-51 为电接口在线测试系统，误码测试仪的接入不能影响被测系统中的业务，因此可以利用 DDF 架上的三通头来进行支路电接口的在线监测；图 1-52 为光接口在线测试系统，可以利用分光器进行，但由于分光器的接入也需要短暂地中断光纤，因此在没有预留测试点的情况下一般不进行光接口的在线监测。

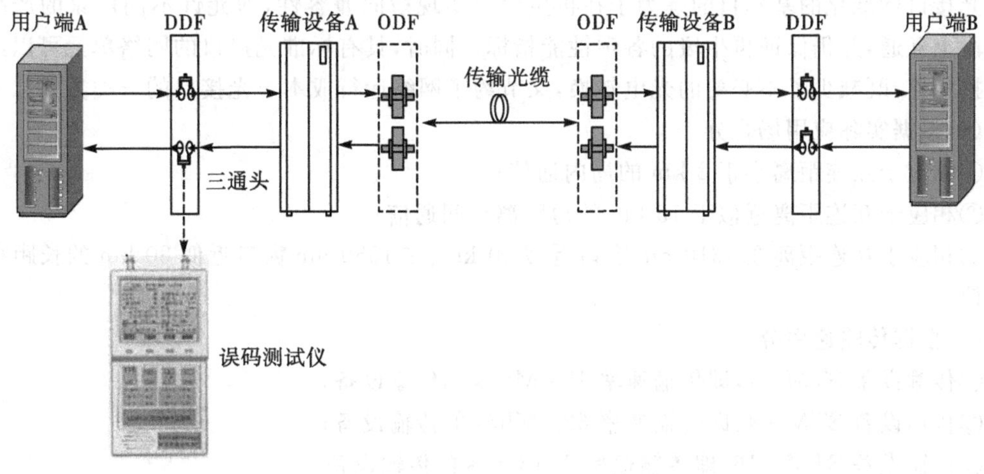

图 1-51 电接口在线测试系统

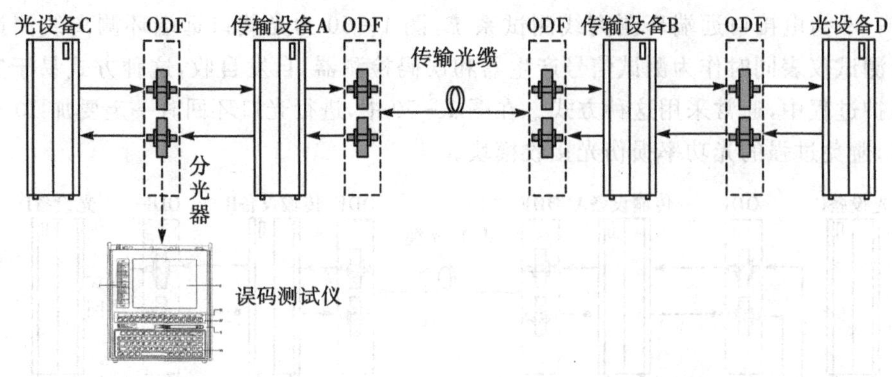

图 1-52　光接口在线测试系统

操作步骤

使用 DD942C 仪表进行 2M 误码测试

操作演示

使用 ANT-20 仪表进行误码测试

1.4.2.2　光接口测试

光接口指标测试是光纤通信系统最重要的测试项目之一。无论在设备出厂、工程竣工和验收时，还是在系统的日常值勤维护过程中，都需要对光接口进行测试。需要注意，对于以 SDH 为代表的大多数光纤通信设备类型，当系统正常工作时，都能通过网管系统在线查询发送和接收光功率，只有在离线的情况下才利用仪表进行测试。

1. SDH 光接口的分类

光接口标准化的基本目的是为了在再生段上实现横向兼容性，即允许不同厂家的产品在再生段上互通，并仍保证再生段的各项性能指标。同时，具有标准光接口的网络单元可以经光路直接相连，既减少了不必要的光电转换，又节约了网络运行成本。光接口的分类方式如下：

(1)根据实际应用场合分

①相应于互连距离小于 2 km 的局内通信；

②相应于互连距离近似于 15 km 的短距离局间通信；

③相应于互连距离在 1310 nm 窗口近似 40 km、在 1550 nm 窗口近似 80 km 的长距离局间通信。

(2)根据传输速率分

①传输设备 STM-1，即传输速率 155 Mb/s 的传输设备；

②传输设备 STM-4，即传输速率 622 Mb/s 的传输设备；

③传输设备 STM-16，即传输速率 2.5 Gb/s 的传输设备。

(3)根据光纤的类型和使用的工作波长分

①使用 G.652 光纤，使用工作波长为 1310 nm；

②使用 G.652 光纤，使用工作波长为 1550 nm；

③使用 G. 653 光纤，使用工作波长为 1550 nm。

(4)光接口类型

光接口的类型通常用代码表示：应用类型- STM 等级·尾标数。表 1-24 列出了各种应用类型的代码。

表 1-24 光接口的分类及相应的应用类型代码

应用类型		局内	局间				
			短距离		长距离		
标称波长/nm		1310	1310	1550	1310	1550	1550
光纤类型		G. 652	G. 652	G. 652	G. 652	G. 652	G. 653
距离/km		< 2	～ 15		～ 40	～ 80	
STM 等级	STM-1	I-1	S-1.1	S-1.2	L-1.1	L-1.2	L-1.3
	STM-4	I-4	S-4.1	S-4.2	L-4.1	L-4.2	L-4.3
	STM-16	I-16	S-16.1	S-16.2	L-16.1	L-16.2	L-16.3

注：表内距离用于分类而不适用于规范。

其中应用类型符号：I 表示互连距离小于 2 km 的局内通信，S 表示互连距离近似于 15 km 的短距离局间通信，L 表示互连距离在 1310 nm 窗口近似 40 km、在 1550 nm 窗口近似 80 km 的长距离局间通信。

STM 等级分别用 1、4、16 来表示设备的传输速率为 155 Mb/s、622 Mb/s 和 2.5 Gb/s。

尾标数表示为：空白或 1 表示标称波长为 1310 nm，所用光纤为 G. 652 光纤；2 表示标称工作波长为 1550 nm，所用光纤为 G. 652；3 表示标称波长为 1550 nm，所用光纤为 G. 653。

各种应用类型中，除局内通信只考虑使用符合 G. 652 建议的光纤，标称波长为 1310 nm 的光源，其他各种应用类型还可考虑使用符合 G. 652、G. 653 建议的光纤，标称波长为 1550 nm 的光源。

2. 光接口的位置

光接口的位置如图 1-53 所示。图中发送机 S 点是紧靠着光发送机(Transmitter，TX)活动连接器(Connection Transmitter，CTX)后光纤上的参考点，光接收机 R 点是紧靠着光接收机(Receiver，RX)活动连接器(Connection Receiver，CRX)前光纤上的参考点。若使用 ODF 架，ODF 架上附加的光连接器则作为光纤链路(即光通道)的一部分，并位于 S 点和 R 点之间。

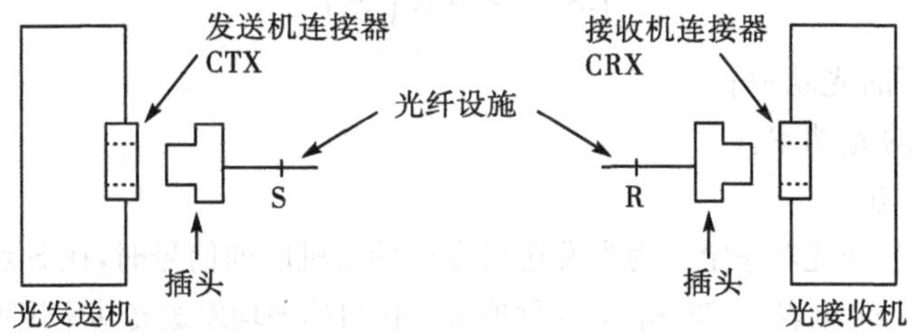

图 1-53 光接口的位置

3. 测试单位

电信测试常用的电信传输单位是分贝(dB)，分贝是一种对数单位，严格地说，只用于度量功率比，如果两个功率 P_1 和 P_2 是同一单位表示的，那么它们的比值是无量纲的量，并定义如式(1-1)：

$$D = 10\lg \frac{P_1}{P_2} \quad (\text{dB}) \tag{1-1}$$

式中,D——功率 P_1 和 P_2 的相对大小,dB。一般用 dB 作为光衰减的单位。

如果取 1 mW 为参考基准,即 P_2=1 mW,那么 D 称为 P_1 的绝对功率电平,在 dB 之后加 m。

$$D = 10\lg \frac{P_1}{1\ \text{mW}} \quad (\text{dBm}) \tag{1-2}$$

dBm 为光功率的对数功率值,可以压缩以瓦特为单位的光功率,方便读数。常用功率的换算值如下:

0 dBm=1.000 mW　−3 dBm=0.501 mW

−5 dBm=0.316 mW　−7 dBm=0.199 mW　−10 dBm=0.100 mW　(1-3)

4. 光发送机参数规范

(1)光源类型

光发送器件与衰减特性及光接口的应用类型有关,可选用发光二极管(Light Emitting Diode,LED)、多纵横(Multi-Longitudinal Mode,MLM)激光器和单纵模(Single Longitudinal Model,SLM)激光器。对于每一种应用类型,规范(表 1-27 至表 1-29)中列出了一种标称光源类型,但不一定是唯一的光源类型。例如 SLM 器件可以替代表 1-27 至表 1-29 中以 LED 和 MLM 作为标称光源的任何应用,MLM 器件可以替代 LED 作为标称光源的任何应用,而系统性能不会有任何降低。

(2)光谱特性

最大均方根(Root Mean Square,RMS)宽度(σ):对于 LED 和 MLM 激光器,用在标准条件下的最大均方根宽度(σ)来表征其光谱宽度。

最大 20 dB 谱宽度:RMS 激光器光谱宽度定义为最大峰值功率跌落 20 dB 的最大全宽。详细规范如表 1-27 至表 1-29 所示。

最小边模抑制比(Side-Mode Suppression Ratio,SMSR):对于 SLM 激光器,SMSR 定义为在最坏反射条件时,全调制条件下,主纵模的平均光功率与最显著的边模的光功率之比的最小值。SMSR 应大于 30 dB。

(3)消光比

消光比(Extinction ratio,EXT)定义为在最坏反射条件时,全调制条件下传号平均光功率与空号平均光功率比值的最小值。即:

$$\text{EXT} = 10\lg\left(\frac{A}{B}\right) \tag{1-4}$$

式中,A——逻辑"1"的光功率;

B——逻辑"0"的光功率。

(4)平均发送光功率

光发送机的平均发送光功率定义为当发送机发送伪随机序列信号时,在 S 点所测得的平均光功率。具体规范如表 1-27 至表 1-29 所示,几种典型光接口的平均发送光功率规范如表 1-25 所示。

表 1-25　典型光接口平均发送光功率规范

光接口类型	I-1	S-1.1	L-1.2	S-4.2	L-4.2	L-16.2	L-16.3
最大平均光功率/dBm	−8	−8	0	−8	+2	+3	+3
最小平均光功率/dBm	−15	−15	−5	−15	−3	−2	−2

5. 光接收机参数规范

(1)接收机反射系数

接收机反射系数定义为R点处的反射光功率与入射光功率之比。各应用类型允许的最大反射系数如表1-27至表1-29所示,对于认为反射不会影响接收机性能的应用类型,对该参数不作具体规范,表中以“NA”表示。

(2)光通道功率代价

光通道功率代价定义为由反射、码间干扰、模分配噪声及激光二极管“啁啾”声引起的接收机性能总的劣化。要求接收机允许的光通道代价不超过1 dB(对于L-16.2不超过2 dB)。表1-27至表1-29所规范的数值都是最坏值,即在系统设计寿命终了且处于最恶劣的条件下仍然能满足的数值。

(3)接收机老化余度

接收机在设计寿命期间的老化余度规定为3 dB,即在系统寿命开始且处于规定温度范围下的灵敏度与系统寿命终了且处于最坏条件下的灵敏度之差不小于3 dB。

(4)接收机灵敏度和过载光功率

接收机灵敏度定义为R点处为使BER达到1×10^{-10}所需要的平均接收光功率可允许的最小值。它考虑了由于所用的在标准运用条件下的光发送机具有最坏的消光比、脉冲上升和下降时间、S点的回波损耗以及连接器劣化和测量容差所引起的功率代价,而不包括与色散、抖动或光通道反射有关的功率代价。表1-27至表1-29列出了各应用类型最差接收机灵敏度的要求,这些规范中均包括老化的影响,即所示值为接收机寿命终止、最坏情况时应达到的值。接收机灵敏度富余度的典型值在2～4 dB的范围内。

接收机过载光功率定义为R点处为使BER达到1×10^{-10}所需要的平均接收光功率可接受的最大值。具体规范如表1-27至表1-29所示。

灵敏度和过载光功率是帮助判断接收机平均接收光功率是否正常的重要依据。表1-26给出几种典型光接口的接收机灵敏度和过载光功率规范。

表1-26 典型光接口接收机灵敏度和过载光功率规范

光接口类型	I-1	S-1.1	L-1.2	S-4.2	L-4.2	L-16.2	L-16.3
最差灵敏度/dBm	-23	-23	-34	-28	-28	-28	-27
最小过载点/dBm	-8	-8	-10	-8	-8	-9	-9

操作步骤

平均发送光功率测试

操作步骤

平均接收光功率测试

操作步骤

接收机灵敏度测试

表 1-27　STM-1 光接口参数规范

项目		单位	数值										
标称速率		kb/s	STM-1　155520										
应用分类代码			I-1		S-1.1	S-1.2		L-1.1		L-1.2	L-1.3		
工作波长范围		nm	1260～1360		1261～1360	1430～1576	1430～1580	1263～1360		1480～1580	1534～1566	1523～1577	1480～1580
发送机在S点特性	光源类型		MLM	LED	MLM	MLM	SLM	MLM	SLM	SLM	MLM	MLM	SLM
	最大均方根谱宽	nm	40	80	7.7	2.5	—	3	—	—	3	2.5	—
	最大 20 dB 谱宽	nm	—	—	—	—	1	—	1	1	—	—	1
	最小边模抑制比	dB	—	—	—	—	30	—	30	30	—	—	30
	最大平均光功率	dBm	−8	−8	−8	−8	−8	0	0	0	0	0	0
	最小平均光功率	dBm	−15	−15	−15	−15	−15	−5	−5	−5	−5	−5	−5
	最小消光比	dB	8.2	8.2	8.2	8.2	8.2	10	10	10	10	10	10
S-R点光通道特性	衰减范围	dB	0～7	0～7	0～12	0～12	0～12	10～28	10～28	10～28	10～28	10～28	10～28
	最大色散	ps/nm	18	25	96	296	NA	246	NA	NA	246	296	NA
	S点的最小回波损耗（含有任何活接头）	dB	NA	NA	NA	NA	NA	NA	NA	20	NA	NA	NA
	S-R点间最大反射系数	dB	NA	NA	NA	NA	NA	NA	NA	−25	NA	NA	NA
接收机在R点特性	最差灵敏度	dBm	−23	−23	−28	−28	−28	−34	−34	−34	−34	−34	−34
	最小过载点	dBm	−8	−8	−8	−8	−8	−10	−10	−10	−10	−10	−10
	最大光通道代价	dB	1	1	1	1	1	1	1	1	1	1	1
	R点的最大反射系数	dB	NA	NA	NA	NA	NA	NA	NA	−25	NA	NA	NA

注:NA 表示不作要求。

表 1－28　STM－4 光接口参数规范

项目		单位	数值										
标称速率		kb/s	STM－4 622080										
应用分类代码			I－4		S－4.1		S－4.2	L－4.1			L－4.1 (JE)	L－4.2	L－4.3
工作波长范围		nm	1261～1360		1293～1334	1274～1356	1430～1580	1300～1325	1296～1330	1280～1335	1302～1318	1480～1580	1480～1580
发送机在S点特性	光源类型		MLM	LED	MLM	MLM	SLM	MLM	MLM	SLM	MLM	SLM	SLM
	最大均方根谱宽	nm	14.5	35	4	2.5	—	2	1.7	—	<1.7	—	—
	最大 20 dB 谱宽	nm	—	—	—	—	1	—	—	1	—	<1 *	1
	最小边模抑制比	dB	—	—	—	—	30	—	—	30	—	30	30
	最大平均光功率	dBm	−8	−8	−8	−8	−8	2	2	2	2	2	2
	最小平均光功率	dBm	−15	−15	−15	−15	−15	−3	−3	−3	−1.5	−3	−3
	最小消光比	dB	8.2	8.2	8.2	8.2	8.2	10	10	10	10	10	10
S－R点光通道特性	衰减范围	dB	0～7	0～7	0～12	0～12	0～12	10～24	10～24	10～24	27	10～24	10～24
	最大色散	ps/nm	13	14	46	74	NA	92	109	NA	109	*	NA
	S点的最小回波损耗（含有任何活接头）	dB	NA	NA	NA	NA	24	20	20	20	24	24	20
	S－R点间最大反射系数	dB	NA	NA	NA	NA	−27	−25	−25	−25	−25	−27	−25
接收机在R点特性	最差灵敏度	dBm	−23	−23	−28	−28	−28	−28	−28	−28	−30	−28	−28
	最小过载点	dBm	−8	−8	−8	−8	−8	−8	−8	−8	−8	−8	−8
	最大光通道代价	dB	1	1	1	1	1	1	1	1	1	1	1
	R点的最大反射系数	dB	NA	NA	NA	−27	−27	−14	−14	−14	−14	−27	−14

注：1. * 表示待将来国际标准确定。

2. NA 表示不作要求。

表 1-29　STM-16 光接口参数规范

项目		单位	数值							
标称速率		kb/s	STM-16 2488320							
应用分类代码			I-16	S-16.1	S-16.2	L-16.1	L-16.1 (JE)	L-16.2	L-16.2 (JE)	L-16.3
工作波长范围		nm	1266～1360	1260～1360	1430～1580	1280～1335	1280～1335	1500～1588	1530～1560	1500～1580
发送机在S点特性	光源类型		MLM	SLM	SLM	SLM	SLM	SLM	SLM(MQW)	SLM
	最大均方根谱宽	nm	4	—	—	—	—	—	2.5	—
	最大 20 dB 谱宽	nm	—	1	<1 *	1	<1	<1 *	<0.6	<1 *
	最小边模抑制比	dB	—	30	30	30	30	30	30	30
	最大平均光功率	dBm	−3	0	0	+3	+3	+3	+5	+3
	最小平均光功率	dBm	−10	−5	−5	−2	−0.5	−2	+2	−2
	最小消光比	dB	8.2	8.2	8.2	8.2	8.2	8.2	8.2	8.2
S-R点光通道特性	衰减范围	dB	0～7	0～12	0～12	0～24	26.5	10～24	28	10～24
	最大色散	ps/nm	12	NA	*	NA	216	1200～1600	1600	*
	S 点的最小回波损耗（含有任何活接头）	dB	24	24	24	24	24	24	24	24
	S-R 点间最大反射系数	dB	−27	−27	−27	−27	−27	−27	−27	−27
接收机在R点特性	最差灵敏度	dBm	−18	−18	−18	−27	−28	−28	−28	−27
	最小过载点	dBm	−3	0	0	−9	−9	−9	−9	−9
	最大光通道代价	dB	1	1	1	1	1	2	2	1
	R 点的最大反射系数	dB	−27	−27	−27	−27	−27	−27	−27	−27

注：1. * 表示待将来国际标准确定。

2. NA 表示不作要求。

挑战性问题 SDH系统开局

1. 问题背景

某传输网络是由4端华为OSN 3500设备构成的环形网络,传输速率为2.5 Gb/s,工程组网示意图如图1-54所示,其中传输3站为网管站,通过传输3站可对其他网元进行配置、管理和维护。现已完成设备硬件安装和线缆布放,加电开通各站OSN 3500设备,4站均能正常进行通信,U2000网管也已经安装完毕,业务需求矩阵如表1-30所示,请按要求完成系统开局。

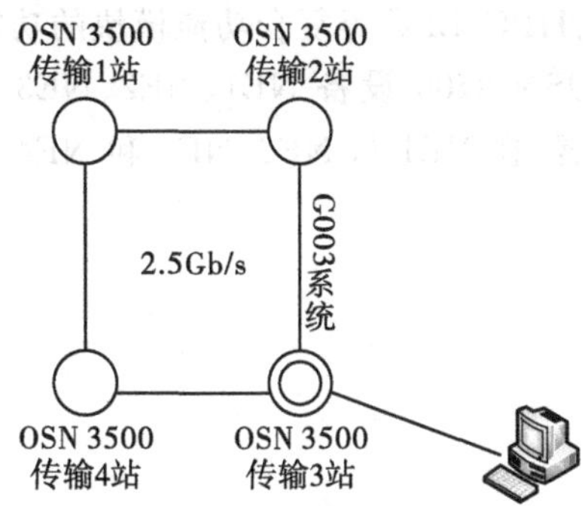

图1-54 工程组网示意图

表1-30 业务需求矩阵

	传输1站	传输2站	传输3站	传输4站
传输1站		20 * 2 Mb/s	1 * FE(100 Mb/s)	1 * 155 Mb/s
传输2站	20 * 2 Mb/s		30 * 2 Mb/s	1 * FE(100 Mb/s)
传输3站	1 * FE(100 Mb/s)	30 * 2 Mb/s		40 * 2 Mb/s
传输4站	1 * 155 Mb/s	1 * FE(100 Mb/s)	40 * 2 Mb/s	

2. 问题剖析

在通信网络中,设备所在的地点通常称为局点,局点中通信设备的开通就称为开局。开局通常需要工程服务人员和技术支持人员共同完成,从设备开箱点验、硬件安装、设备上电到配置调试、验收测试,最后到投入使用都属于开局的范畴。在开局过程中,难度最大、最复杂,对技术要求最高的环节是配置与调试,本次系统开局任务是基于设备已完成设备安装、线缆布放和加电后要完成的工作。

(1)网络规划

①请根据组网图为全网规划ID分配表、IP地址分配表、时钟跟踪图、公务电话配置图;

②请根据业务需求矩阵设计各网元单板配置信息、纤缆连接关系、时隙分配图。

(2)开局实施

开局实施部分需要完成设备数据配置和网络性能测试。根据网络规划信息完成网络部署，包括创建网元、创建纤缆连接、设置网元 ID/IP、配置业务等，最后对配置的业务进行性能测试和业务验证。

思 考 题

1. 简述 SDH 帧结构的组成部分及各部分的功能。

2. 根据 STM－1 的帧结构计算出其传送速率。

3. 画出 2 Mb/s 信号到 STM－1 信号的映射复用过程。

4. 简述再生段开销各字节的功能以及可能产生的维护信号。

5. 简述 TTF、HOA、HOI、HPC、LPC 等复合功能模块的功能。

6. 四端 10 Gb/s OptiX OSN 3500 设备 NE1、NE2、NE3 和 NE4 构成二纤环，请利用 T2000 网管软件完成的网络部署，在 NE1 与 NE2、NE3 和 NE4 之间分别配置一条 155 Mb/s 业务。

专题2 SDH/ASON网络自愈

随着光纤传输系统和高速数字交换技术的应用，越来越多的信息业务集中到了较少的节点和线路上，因此，如何提高网络的生存性，成为网络运营管理者迫切要考虑的重要问题。SDH/ASON网络大多采用自愈网。所谓自愈网就是出现意外故障时无需人为干预，在极短时间内能自动恢复业务的一种网络。网络自愈是通过网络保护和网络恢复来实现的，它具有控制简单、生存性强等特点。

2.1 网络结构

网络的物理拓扑是指网络节点与传输线路的几何排列，它反映了物理上的连接性。网络的效能、可靠性及经济性与网络的物理拓扑结构有关，因此在实际应用中应合理选择。

1. 线形

当通信系统中各节点串联连接，并且首尾两点开放，这种物理拓扑就称为线形拓扑，如图2-1(a)所示。业务信息是在一串串联的节点上传送的，任何节点都可以开始或终结信息。为了使两个非相邻节点之间完成连接，其间所有节点都应完成连接功能。它是SDH网络中比较简单经济的网络拓扑形式。多应用于市话局间中继网和本地网以及不重要的长途线路中。

线形网的两个端点为终端节点，通常采用TM设备。中间节点称为分/插节点，采用ADM设备。

2. 星形

星形网络中只有一个中心节点直接与其他各节点相连，而其他各节点间不能直接相连。在这种拓扑结构中各节点间的信息连接都要通过中心节点进行，中心节点为通过的信息统一选择路由并完成连接功能，如图2-1(b)所示。在SDH网中，中心节点采用DXC设备。这种网络具有灵活的带宽管理、节省投资和运营成本等优点，但是一旦中心节点失效，网络中各节点间的通信均中断。这种网络结构多应用于用户接入网。

3. 树形

将点到点拓扑网络的末端连接到几个特殊点时就形成了树形拓扑，如图2-1(c)所示。这种拓扑结构适用于广播式业务，不适于提供双向业务。

4. 环形

将涉及通信的各节点串联起来，且首尾相连，没有任何开放节点即构成环形网络拓扑。环形网上没有终端节点，每个节点均是分/插节点(采用ADM)，也可以采用DXC，如图2-1(d)所示。环形网络具有自愈能力，一般用于二级长途干线网和市话局间中继网及本地网。

5. 网孔形

网络中各节点直接互连时就构成了网孔形拓扑结构，如图2-1(e)所示。由于网孔形拓扑结构中每个节点至少有一条或更多的线路与其他节点连接，可靠性很高。一般用于业务量很大的一级长途干线。

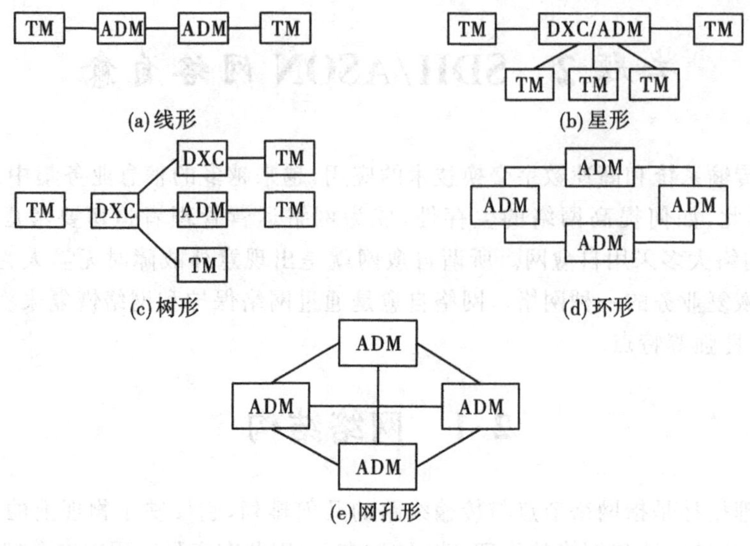

图 2-1　网络拓扑结构

2.2 SDH 网络保护

SDH 网络保护是利用传送节点间预先安排的容量，取代失效或者劣化的传送实体，用一定的备用容量保护一定的主用容量，备用资源无法在网络大范围内共享。由于这种方式能对各种故障中受影响的业务都提供默认的备用传输通道，所以在故障发生后能直接按预定方案操作，快速恢复受到影响的业务，是一种静态的保护方式。保护往往处于网元的控制之下，不需要外部网管系统的介入，保护倒换时间很短，一般在 50 ms 以内，但是备用资源无法在网络大范围内由大家共享。SDH 网络保护可以分为：线形网络保护、环形网络保护和子网连接保护。

2.2.1　线形网络保护

线形网络的复用段保护一般有两种方式：1+1 复用段保护和 1∶N 复用段保护。

2.2.1.1　1+1 复用段保护

1+1 复用段保护是指 STM-N 信号同时在工作复用段和保护复用段之中传输，如图 2-2 所示，也就是说 STM-N 信号永久地被桥接在工作段和保护段上，接收端选收工作通道业务。当工作通道出现故障时，接收端则选择保护通道接收业务。由于在发送端 STM-N 业务信号

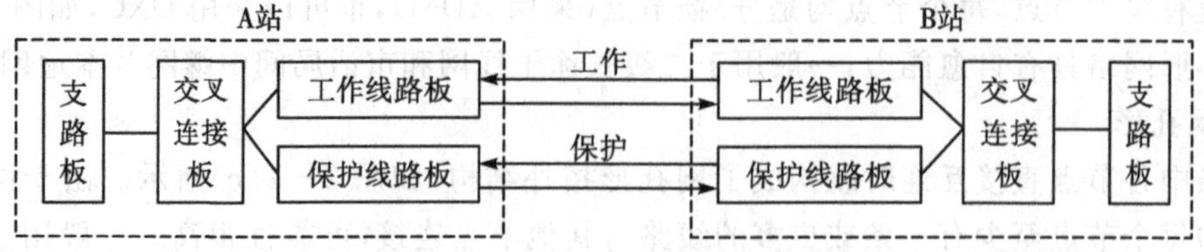

图 2-2　线形网络 1+1 复用段保护结构

是永久性桥接，所以1+1结构的保护通路不能传送额外业务。1+1复用段保护的业务容量恒定是STM－N。在这种保护结构中，可以采用单向恢复式、单向非恢复式、双向恢复式以及双向非恢复式四种倒换方式。

2.2.1.2　1：N复用段保护

1：N复用段保护是指N个工作复用段共用一个保护复用段(其中N=1～14)，如图2－3所示。N条STM－N通路的两端都桥接在保护段上，在接收端通过监视接收信号来决定是否用保护复用段上的信号来取代某个工作复用段的信号。在正常情况下，保护复用段可以传送额外业务，但当发生保护倒换时，保护复用段传送的额外业务将会丢失。N条工作复用段同时出现故障的概率很低，如果有超过一条工作复用段出现故障，就保护优先级最高的工作复用段。在无额外业务时，1：N复用段保护的业务容量为N×STM－N，有额外业务时为(N+1)×STM－N。在这种保护结构中，可采用双向恢复式或者双向非恢复式两种倒换方式。

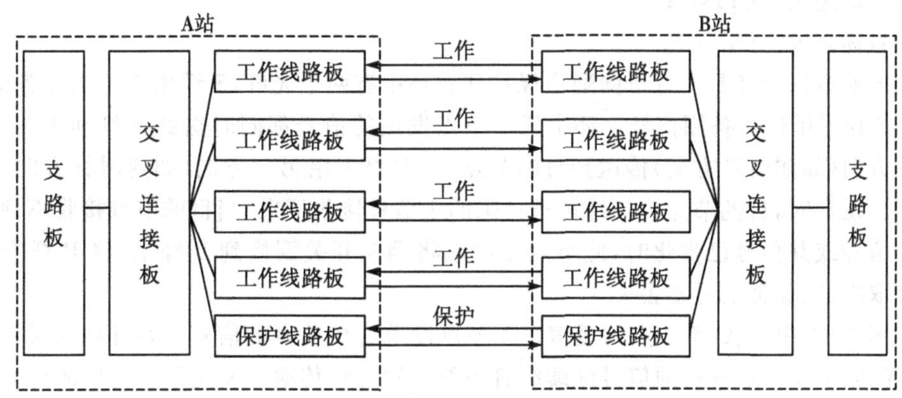

图2－3　线形网络1：N复用段保护结构

线形网络的复用段保护倒换的准则为，在出现下列情况之一时进行倒换：

①信号丢失(LOS)；

②帧丢失(LOF)；

③复用段告警指示信号(MS－AIS)；

④越过门限的误码缺陷；

⑤指针丢失(LOP)。

2.2.2　环形网络保护

SDH网络最大的优点是网络性和自愈性，它的线性应用并不能将这些特性充分发挥出来，因此在多数情况下SDH组成环形网络。环形网是SDH网络中最常用的自愈网之一，称为自愈环，业务具有很高的生存性。

2.2.2.1　通道保护环

通道保护环的业务保护是以通道为基础的，是否进行保护倒换要根据出、入环的个别通道信号质量的优劣来决定。通常利用接收端是否接收到简单的TU－AIS信号来决定该通道是否应进行倒换。例如在STM－16环上，若接收端接收到第4个VC－4的第48个TU－12有

TU-AIS,那么就仅将该通道切换到备用通道上去。

通道保护环一般采用1+1保护方式,即工作通道与保护通道在发送端永久性地桥接在一起,接收端则从中选取质量好的信号作为工作信号。因为在进行通道保护倒换时只需要在接收端把接收开关从工作通道倒换到保护通道上,所以不需要使用APS协议,其保护倒换时间一般小于30 ms。

通道保护环的保护倒换准则为,出现下列情况之一时应进行倒换:

①信号丢失(LOS);

②帧丢失(LOF);

③指针丢失(LOP);

④通道告警指示信号(Path-AIS);

⑤信号劣化(SD);

⑥通道踪迹失配(TIM);

⑦信号标识失配(SLM)。

常用的通道保护环是二纤单向通道保护环。环中有两个光纤,S纤用于传送业务信号(主用信号),P纤用于传送备用信号。环中任一节点发出的信号都同时送到S纤和P纤上,在S纤上沿一方向(如顺时针方向)传送到目的节点,在P纤上沿另一方向(如逆时针方向)传送到目的节点。正常时,目的节点将S纤传送过来的主信号接收下来,当目的节点接收不到S纤传送来的主信号或其信号已劣化时,此节点接收端将倒换开关倒换到P纤上,将P纤传送来的备用信号取出,以保证信号不丢失。

例如图2-4中A、C两节点的通信。A节点发送给C节点的信号沿S纤按顺时针方向传输,从C节点向A节点发送的信号继续沿着S纤按顺时针传输。发送侧发送出的信号同时也发送给保护光纤P,因此,P纤沿逆时针方向有一个A节点发向C节点的备用信号和一个C节点发向A节点的备用信号。如图2-4(a)所示,正常情况下C节点从S纤上分出A节点发送来的信号,A节点亦从S纤上分出C节点发送给A节点的信号。

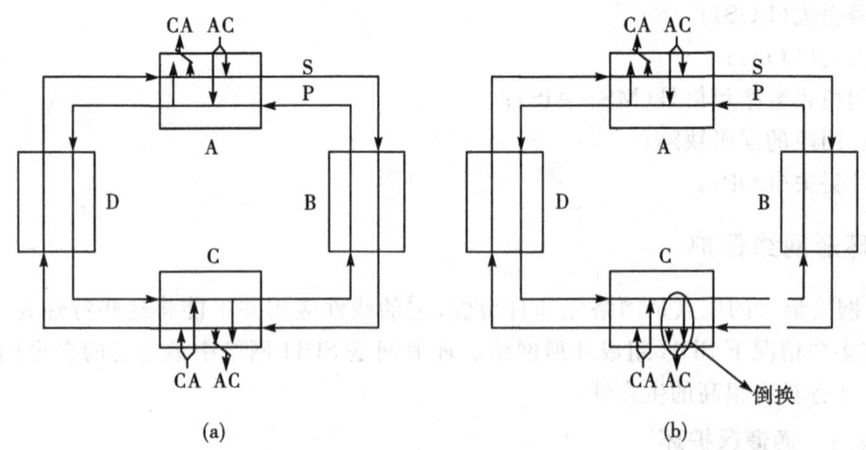

图2-4 二纤单向通道保护环

如图2-4(b)所示,当节点B、C之间的两条光纤同时中断时,在节点C处,由A节点沿S纤传送过来的信号丢失,故接收侧的倒换开关由S纤倒向P纤,接收A节点经P纤逆时针方向传送来的信号，而C节点发向A节点的信号仍经S纤按顺时针方向传送。因而，B、C节点之间的路段虽已失效，但信号仍然沿两个方向在A、C节点之间传送，信息也正常地流过其他节点。

2.2.2.2 复用段保护环

复用段保护环的业务保护是以复用段为基础的，是否进行保护倒换要根据节点间复用段信号质量的优劣来决定。当复用段出现问题时，环上整个STM-N或1/2 STM-N的业务信号都将切换到备用信道上。

复用段保护环分为复用段共享保护环和复用段专用保护环。这里需要解释一下共享和专用这两个概念。如果m个工作实体共用n个保护实体，这就是一种共享保护。如果给承载业务的容量提供专门保护，那么采用的就是专用保护机制，如1+1保护或者1∶1保护。

对于复用段共享保护环来说，每一个复用段上的带宽都要被均分为工作信道和保护信道。工作信道承载正常业务，而保护信道则留作保护之用。如：线路速率为STM-N的二纤环，N/2个AUG用作工作，N/2个AUG用作保护；STM-N的四纤环，N个AUG用作工作，N个AUG用作保护。在没有复用段失效或者节点失效的情况下，任意一个复用段都可以接入保护容量。当保护信道没有用于保护正常业务时常用于承载额外业务。一旦发生保护倒换，所有的额外业务会因移出保护信道而丢失。在这种环形网中，业务信号双向传送：如果沿着工作信道的一个方向接收信号，那么发送信号必然在同一个区段沿着反方向传输。收发信号对仅占用节点间的时隙。

复用段共享保护环需要使用APS协议，当环形网的路径长度小于1200 km时，ITU-T规定其保护倒换时间应小于50 ms。其保护倒换准则为，出现下列情况之一时进行倒换：

①业务信号失效；

②业务信号劣化；

③环路信号失效；

④环路信号劣化；

⑤区段信号失效；

⑥区段信号劣化。

上述倒换条件中，有关于区段的部分仅对四纤环有效。

1. 二纤单向复用段专用保护环

复用段专用保护环采用1∶1的保护机制。它由两个反方向的环组成，正常时只有一个方向的环传送正常业务；另一个方向的环留作保护，也可以传送额外业务。发生保护倒换时，额外业务将会丢失。它也需要使用APS协议，其保护倒换准则与保护倒换时间和共享环相同。

二纤单向复用段保护环为复用段专用保护环，如图2-5所示。环中每个节点在支路信号分插功能之前的每一高速线路上均有一个保护倒换开关。如图2-5(a)所示，正常情况下，信息仅在S纤上传送，例如，节点A发向节点C的信号是从A节点经S纤按顺时针方向传送到C节点的，而节点C发向节点A的信号是从C节点经S纤按顺时针方向传送到A节点的。各节点仅从来自S纤的高速信号中分插低速信号，保护纤P是空闲的，单向性在这里看得更加清楚。

如图2-5(b)所示，当B、C节点间的两个光纤都被切断时，B、C节点靠近故障侧的倒换开关利用APS协议执行环回功能，将高速信号倒换到P纤上。于是，在B节点由S纤传送来的信号经过保护倒换开关从 P 纤返回，沿逆时针方向穿过 A、D 两节点到达 C 节点，并经过 C 节点的倒换开关回到 S 纤上后分路出来，C 节点到 A 节点的信号传送路径不变。

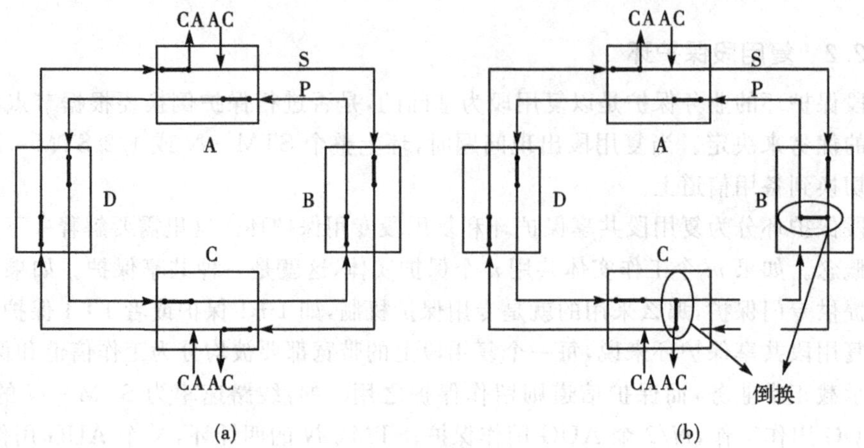

图 2-5　二纤单向复用段专用保护环

2. 四纤双向复用段共享保护环

四纤双向复用段共享保护环有两根业务光纤（一发一收）和两根保护光纤（一发一收）。其中业务光纤 S1 形成一顺时针业务信号环，业务光纤 S2 形成一逆时针业务信号环，而保护光纤 P1 和 P2 分别形成与 S1 和 S2 反方向的两个保护信号环，在每根光纤上都有一个倒换开关作保护倒换用，如图 2-6 所示。

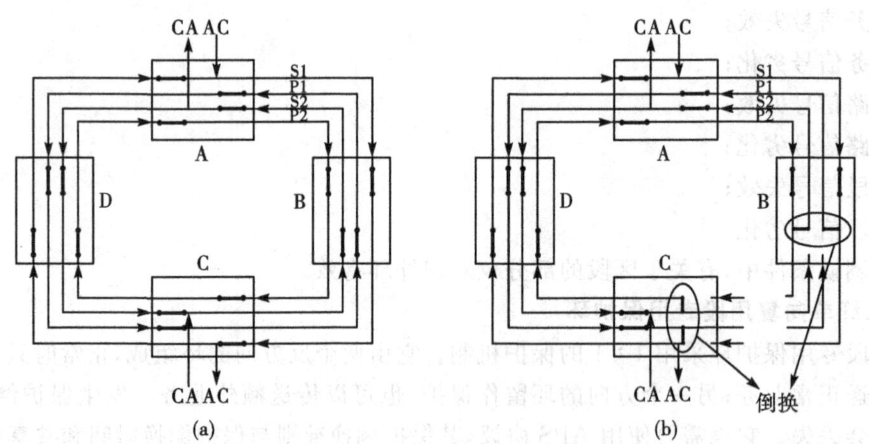

图 2-6　四纤双向复用段共享保护环

如图 2-6(a)所示，正常情况下，从 A 节点到 C 节点的信号顺时针沿 S1 纤传送到 C 节点，而 C 节点到 A 节点的信号，从 C 节点入环后逆时针沿 S2 纤传送回 A 节点，保护光纤 P1 和 P2 是空闲的。

如图 2-6(b)所示，当 B、C 节点间的光缆中断时，利用 APS 协议，B 节点和 C 节点中各有两个倒换开关执行环回功能，从而得以维持环的连续性。在 B 节点，光纤 S1 和 P1 沟通，光纤 S2 和 P2 沟通。C 节点也完成类似功能。其他节点确保光纤 P1 和 P2 上传送的业务信号在本节点完成正常的桥接功能。

3. 二纤双向复用段共享保护环

二纤双向复用段共享保护环如图 2－7 所示。在二纤双向环中，每个传输方向用一条光纤。正常时，对每一节点而言，发送信号经过一根光纤沿一个方向(如 S1)发送出去，接收的信号则经过另一根光纤(如 S2)沿另一个方向传送过来。但是每根光纤上只将一半的容量分配给业务通路，而将另一半容量分配给保护通路。如 S1 纤上一半容量传送业务信号，另一半容量留着保护 S2 纤上的业务信号，故此纤称为 S1/P2 纤；同样道理另一根纤称为 S2/P1 纤。

如图 2－7(a)所示，正常时，从节点 A 进环以节点 C 为目的地的业务信号沿 S1/P2 纤按顺时针方向传输，到达 C 节点后分路出来。从节点 C 进环以节点 A 为目的地的业务信号则沿着 S2/P1 纤按逆时针方向传输，到达 A 节点后分路出来，实现 A、C 节点间的双向通信。每根纤的保护时隙均空闲。

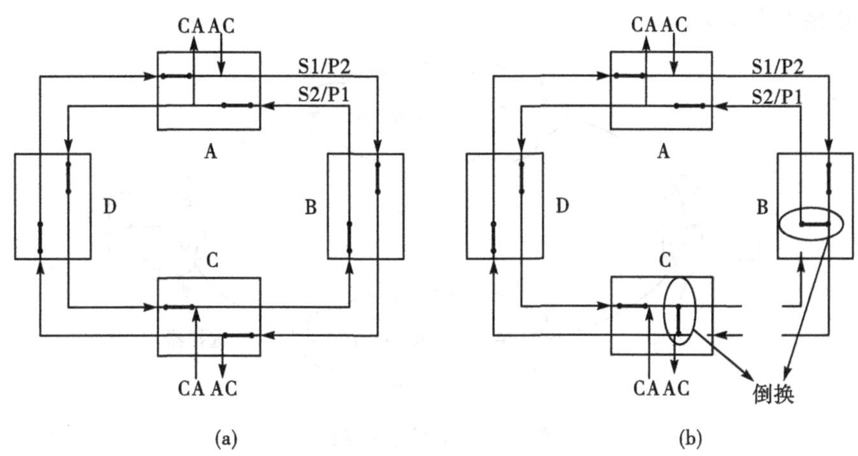

图 2－7　二纤双向复用段共享保护环

如图 2－7(b)所示，当 B、C 节点之间的两个纤断裂时，B、C 两节点靠近中断侧的倒换开关利用 APS 协议执行环回，将 S1/P2 纤和 S2/P1 纤桥接。A 节点发送给 C 节点的业务信号从 A 节点进环后，沿着 S1/P2 纤到达 B 节点后，B 节点利用时隙交换技术，将 S1/P2 纤上的业务信号时隙转移到 S2/P1 纤上预留的保护时隙，再经 S2/P1 纤沿逆时针方向传送到 C 节点，最后经桥接开关后分路出来。在 C 节点将从本节点进环沿 S2/P1 纤发送出的业务信号时隙转移到 S1/P2 纤的保护时隙，并沿 S1/P2 纤传送到 A 节点。

2.2.2.3　四种自愈环的比较

①二纤单向通道保护环：倒换速度快；业务量小。

②二纤单向复用段专用保护环：与二纤单向通道保护环相差不大，但倒换速度慢，因此优势不明显，在组网时应用不多。

③四纤双向复用段共享保护环：倒换速度慢；涉及单板多，容易出现故障；业务量大，信道利用率高。

④二纤双向复用段共享保护环：控制逻辑最复杂；业务量为四纤环的 1/2。

2.2.3 子网连接保护

在学习子网连接保护之前，我们先要了解什么是子网。实际上，网络中的一条链、一个环，甚至更复杂的网络都可以是一个子网。子网连接保护是指对某一子网连接预先安排专用的保护路由，当工作子网连接失效或者性能劣于某一必要水平时，工作子网连接将由保护子网连接取代。

子网连接保护在网络中的配置保护连接方面具有很大的灵活性，特别适用于不断变化、对未来传输需求不能预测的、根据需要就可以灵活增加连接的网络，故而它能够应用于干线网、中继网、接入网等网络，以及树形、环形、网孔形的各种网络拓扑。子网连接保护通常在高阶通道或者低阶通道层完成，一般采用1+1方式，如图2-8所示，即每一个工作连接都有一个相应备用连接，保护可任意置于VC-12、VC-3、VC-4各通道。运营者也能决定哪些连接需要保护，哪些连接不需要保护。

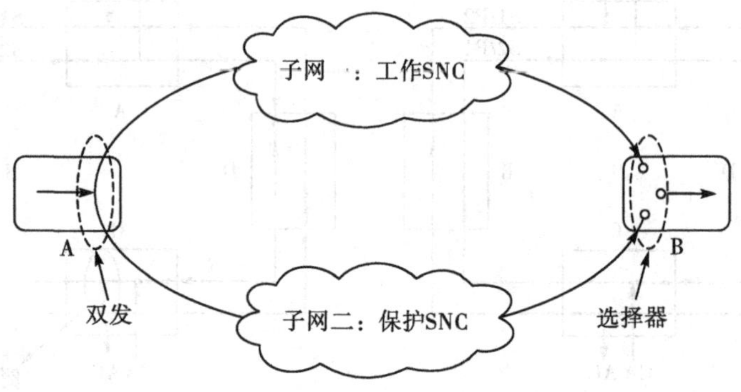

图2-8 子网连接保护

在1+1保护中，子网连接发送端的业务经过工作和保护路径两个分离的路径传送，在子网连接的接收端，保护倒换对业务检测后进行选择，因此“双发选收”是其特点，和通道保护环相似。检测点处的工作源、保护源以及业务宿就构成了一个子网连接保护（SubNetwork Connection Protection，SNCP）业务对，它是实现保护的基本单元。在一个SNCP业务对中，宿节点状态不监测，而两个源节点就是保护组的两个监测点。

2.2.3.1 倒换启动标准

倒换启动标准中包括外部启动命令、自动启动命令和状态，如表2-1所示。

表2-1 倒换启动标准

<table>
<tr><th colspan="2">请求</th><th>优先级顺序</th></tr>
<tr><td rowspan="3">外部启动命令</td><td>清除（Clear）</td><td>最高</td></tr>
<tr><td>锁定保护（LP）</td><td rowspan="4">↑</td></tr>
<tr><td>强制倒换（FS）</td></tr>
<tr><td rowspan="2">自动启动命令</td><td>信号失效（SF）</td></tr>
<tr><td>信号劣化（SD）</td></tr>
</table>

续表

请求		优先级顺序
外部启动命令	手动倒换(MS)	↓
状态	等待恢复(WTR)	
	无请求(NR)	最低

注:1. 此标准针对1+1结构。

2. 保护信道上的SF不应该优先于强制倒换到保护。由于单向保护倒换正在被执行并且保护信道不支持APS协议,所以保护信道的SF不影响执行强制倒换到保护。

3. 工作信道编号不必作为倒换命令的一部分,因为1+1系统只有一个工作信道和一个保护信道。

1. 外部启动命令

清除(Clear):此命令用来清除其地址指定节点的所有外部启动命令和等待恢复状态。

锁定保护(LP):通过发送一个锁定保护请求来阻止选择器倒换到保护VC子网连接。

强制倒换到保护(FS-P):选择器将正常业务从工作VC子网连接倒换到保护VC子网连接(除非存在一个相同或更高级别的倒换请求)。

强制倒换到工作(FS-W):选择器将正常业务从保护VC子网连接倒换到工作VC子网连接(除非存在一个相同或更高级别的倒换请求)。

手动倒换到保护(MS-P):选择器将正常业务从工作VC子网连接倒换到保护VC子网连接(除非存在一个相同或更高级别的倒换请求)。

手动倒换到工作(MS-W):选择器将正常业务从保护VC子网连接倒换到工作VC子网连接(除非存在一个相同或更高级别的倒换请求)。

2. 自动启动命令

信号失效(SF)触发条件:LOS、LOF、MS_AIS、AU_AIS、AU_LOP、TU_AIS、TU_LOP。

信号劣化(SD)触发条件:B2_SD、B2_OVER、B3_SD、B3_EXC(B3_OVER)、HP_UNEQ、HP_TIM、HP_SLM。

3. 状态

等待恢复(WTR):当工作信道在SD或SF状况之后满足恢复门限要求时发送此命令。在整个WTR期间,应保持此状态,除非被更高优先级的桥接请求所挤占。

无请求(NR):系统未收到任何倒换请求。

2.2.3.2 保护原理

图2-9(a)描述了一个业务在节点A和B之间传送的SNCP。1+1结构中,正常业务固定桥接到工作和保护信道。在节点A插入的业务从两个方向、经不同的子网连接(一个工作子网连接和一个保护子网连接)到达节点B。正常工作时,节点B选择接收来自工作子网连接的业务。当工作子网连接出现如图2-9(b)所示的单向故障时,尾端倒换选择保护子网连接。

在返回工作模式中,当工作子网连接已经从故障中恢复时,在保护子网连接上的正常业务信号将被倒换回工作子网连接。为了防止由间歇的故障引起选择器频繁倒换,失效的子网连接必须已经无故障,满足这个标准(并且没有出现其他外部启动命令)后,应保持一段固定的时

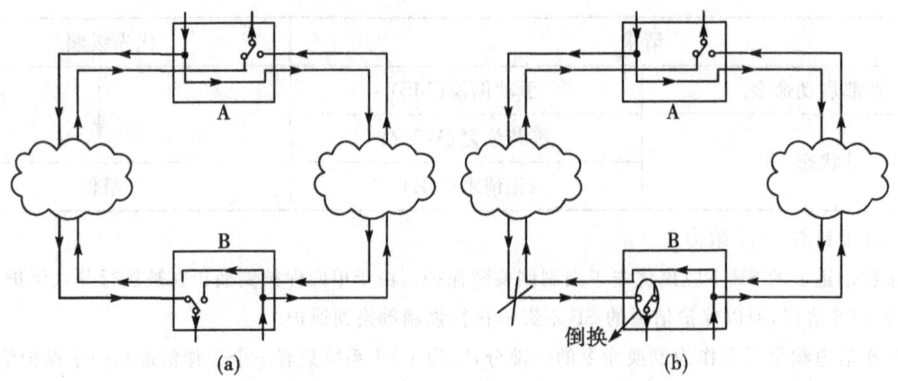

图 2-9 单向保护倒换的 SNCP

间才可以再次用于承载正常业务信号，这段时间（即等待恢复时间）定为 5～12 min。这段时间内，不会发生倒换，然后进入无请求状态，正常业务信号从保护信道倒换到工作信道。如果工作在非返回模式下，当失效的子网连接不再处于 SD 或 SF 状态，并且没有出现其他外部启动命令，则进入无请求状态。这种情况下，则不进行倒换。

2.2.3.3 与其他保护方式的比较

1. SNCP 与 MSP 的比较

SNCP 与 MSP 的比较如表 2-2 所示。在整个保护倒换的过程中，系统业务的受损时间主要包括倒换时间和拖延时间。倒换时间是指系统启动保护倒换动作到保护倒换完成的时间。保护倒换的完成时间不包括启动保护倒换所必要的检测时间以及拖延时间。拖延时间是指从宣告 SD 或者 SF 到启动保护倒换实施方法之间的时间。在倒换发生之前整个拖延时间期限内应对缺陷条件（SD、SF）进行连续的监视。拖延时间能按 100 ms 量级的步进值在 0～10 s 内可设置。对于单一组网或进行 SNCP 业务测试时，拖延时间设置为 0。

表 2-2 SNCP 与 MSP 的比较

SNCP	MSP
针对子网间业务的保护，不仅适用于端到端通道保护，还可以保护通道的一部分	线路（或复用段）失效后，对经过该段线路业务进行保护，因此也叫线路保护
能保护部分通道	基于复用段级别的通道
专用保护机制	共享或专用保护机制
可用于各种网络拓扑，环上节点数没有限制	仅用于环形拓扑和线形拓扑，环上节点数要求不大于 16，线性复用段节点数要求不大于 14
发送端永久桥接，接收端倒换	桥接与倒换在动作时才发生，首端/尾端常常既是桥接节点又是倒换节点
单端倒换	环倒换

续表

SNCP	MSP
通过 SNCP 可以构造 DNI 的保护结构	仅通过 MSP 无法构造 DNI 的保护结构
不需要 APS 协议,可靠性高	需要全环运行 APS 协议,可靠性较差
保护倒换时间与业务量和网络结构有关	倒换时间在 50 ms 之内,且与业务数量无关
一般监测通道开销	监测复用段开销

2. SNCP 与 PP 的比较

①保护出发点不一样:SNCP 主要保护环间业务。

②设备内部保护倒换点不一样:SNCP 保护是在交叉板上完成选择接收判断动作,因此 SNCP 可以对线路上的业务进行保护;而通道保护(Path Protection,PP)是在支路板上完成选择接收判断动作,因此只能保护下到本地的 PDH 支路上的业务。

③更大的灵活性:环带链、环相切、双节点互连(Dual Node Interconnection,DNI)等。

④更大的覆盖面:SNCP 是 PP 的扩展。

⑤保护业务类型丰富:SNCP 可以保护 VC-12、VC-3、VC-4、VC-4-XC 业务。

2.3　ASON 网络恢复

ASON 网络恢复是利用节点间的任何可用容量,包括空闲容量和临时利用开设额外业务的容量来恢复业务。当发生链路或节点失效时,网络可以用重新选择路由的算法,广泛调用网络中的任何可用容量来恢复业务,所以恢复策略可以大大节省网络资源,保证网络的生存率。这种为受影响的业务寻找新路由的过程,是一种动态的过程,必须经网管干预。使用恢复方式时,网络必须预先保留一部分空闲资源,供业务重路由时使用。由于重路由时需要重新计算业务路由,因此业务恢复时间较长,通常为秒级。

无线网格网络即"Mesh 网络",Mesh 组网是 ASON 网络的主要组网方式之一,这种组网方式具有灵活、易扩展的特点;和传统组网方式相比,Mesh 组网不需要预留 50%的带宽,在带宽需求日益增长的情况下,节约了宝贵的带宽资源;而且在这种组网方式下,一般存在 2 条或 2 条以上的保护路径,提高了网络节点的安全性,最大程度地利用整网资源。

2.3.1　ASON 保护与恢复机制

对多种保护恢复机制的支持是 ASON 的重要特性,也是目前 ASON 技术研究的一个重点。在网孔形拓扑结构下,保护和恢复机制能够提供给用户更加可靠的业务传输,特别是在光网络中进行信息传输尤为重要。

ASON 网络的保护与 SDH 的保护相似,可以采用传统的保护方式,如 MSP 和 SNCP,出现故障时,保护倒换由传送平面完成,不涉及控制平面。

ASON 网络的恢复功能是独有的,它采用重路由机制,是利用共享冗余容量建立新连接来代替发生故障的连接,通常会涉及动态的资源查找和路由计算,正是由于能够对共享冗余容量进行动态使用,才使得恢复机制的资源利用率较保护机制要高。

这里需要重点介绍一下恢复机制中的重路由方式。重路由是一种业务恢复方式。当标记交换路径(LSP)中断时,首节点计算出一条业务恢复的最佳路径,然后通过信令建立起一条新的LSP,由新的LSP来传送业务。在建立了新的LSP后,删除原LSP。当同首节点的多条LSP同时进行重路由时,优先级高的LSP优先发起重路由,重路由成功的机会比低优先级的LSP要大。重路由可以实现自动快速的业务恢复,采用网络恢复技术后,为实现恢复所需的网络空闲容量可以从APS保护或自愈环的100%下降到30%~60%,极大地提高了带宽利用率。通常网络节点越多,迂回路由就越多,所需空闲资源就越少。

2.3.2 ASON智能业务

ASON网络可以根据客户需求的不同层次,提供不同服务等级的业务。

SLA(Service Level Agreement)即服务等级协定,它是从智能业务的“保护”“恢复”“无保护不恢复”和“可抢占”的角度将智能业务分成五种级别,以华为设备为例,其具体对应关系如表2-3所示。

表2-3 智能业务等级

智能业务	保护和恢复策略	实现方式	倒换和重路由时间
钻石级业务	保护与恢复	SNCP和重路由	倒换时间<50 ms 重路由时间<2 s
金级业务	保护与恢复	MSP和重路由	倒换时间<50 ms 重路由时间<2 s
银级业务	恢复	重路由	重路由时间<2 s
铜级业务	无保护不恢复	—	—
铁级业务	可抢占	MSP	—

1. 钻石级业务

钻石级业务的保护能力最强,在资源充足的前提下能提供永久的1+1保护,主要用于传送重要的话音和数据业务、重要客户专线等。

钻石级业务指源宿节点之间有两条LSP,并且具有1+1保护属性的智能业务,每条路径都具有重路由能力。

钻石级业务是SDH的SNCP技术与LSP的结合。它在源节点和宿节点之间同时建立起两条LSP,这两条LSP的路由尽量分离,一条称为主LSP,另一条称为备LSP。源节点和宿节点同时向主LSP和备LSP发送相同的业务,宿节点在主LSP正常的情况下,从主LSP接收业务;当主LSP失效后,从备LSP接收业务。

钻石级业务的重路由策略有以下三种:

①永久1+1钻石级业务:任意一条LSP失效即触发重路由。

②重路由1+1钻石级业务:两条LSP都失效才触发重路由。

③不重路由钻石级业务:不管LSP是否失效,都不触发重路由。

2. 金级业务

金级业务适用于传统语音业务和较重要的数据业务,同钻石级业务相比,金级业务的带宽利用率要高。

金级智能业务建立在复用段保护工作链路上，首先提供SDH的1∶1 MSP保护，同时具有重路由能力。创建金级业务时，优先使用TE链路工作资源；如果TE链路工作资源不足，可以用TE链路无保护资源创建金级业务。建议创建金级业务之前，确保网络中有足够的工作资源。

当金级业务经过的复用段环或者链第一次断纤时，启动复用段保护倒换实现业务保护；如果复用段倒换失效，或复用段倒换后再次中断时，再触发重路由进行业务恢复。

3. 银级业务

银级业务恢复时间为几百毫秒至数秒，适用于实时性要求不太高的数据业务等。

银级业务是具备最基础的重路由特性的ASON业务，也是ASON网络中使用数量最多、最常见的业务级别类型。如果银级业务的LSP失效，源节点将周期性地发起重路由，直至重路由成功。如果网络资源不足，仍然会造成业务中断。

银级业务支持四种重路由选路策略：

①尽量利用原有路径资源；

②尽量不利用原有路径资源；

③不考虑本因素；

④模拟区段恢复。

银级业务支持三种业务返回策略：

①“自动返回”：银级业务重路由后，如果原路径故障排除，则自动返回原路径；

②“定时返回”：银级业务重路由后，如果原路径故障排除，用户可通过网管设置业务在未来的某个时刻(10 min～30 d)返回原路径；

③“不可返回”：银级业务重路由后，如果原路径故障排除，可手动返回原路径。

4. 铜级业务

铜级业务就是无保护业务，如果业务中断，它不会发起重路由。铜级业务与传统静态业务的区别在于：传统静态业务是通过网管下发命令来建立；铜级业务是网管下发请求，信令自动建立，同时它还具有智能业务的一些特征。铜级业务应用很少，一般适用于配置临时业务，如节假日期间的突发业务。

5. 铁级业务

铁级业务应用极少，一般只用于配置临时业务，如在重大节假日期间，业务量猛增的情况下配置铁级业务，充分利用带宽资源。

铁级业务又叫可抢占业务，是额外业务，可以被抢占，无保护能力。铁级业务使用TE链路的保护资源或无保护资源来创建LSP，如果LSP失效，业务中断不会发起重路由。

当铁级业务使用TE链路保护资源时，如果发生复用段倒换，铁级业务将被抢占，业务中断。当复用段恢复后，铁级业务将随之恢复。铁级业务中断、被抢占和恢复的时候，都将上报网管。

当铁级业务使用TE链路无保护资源时，如果网络资源不足，铁级业务可能被重路由的银级业务或钻石级业务抢占，业务中断。

2.4 SDH网络保护与业务配置

SDH网络保护与业务配置是指在完成网络规划与部署之后，利用网管系统在创建各类保护子网的基础上所进行的业务配置过程，具体流程如图2-10所示。前期的网络规划与部署包括创建子网、网元、光纤，配置网元单板数据，规划网络保护与恢复方式等。

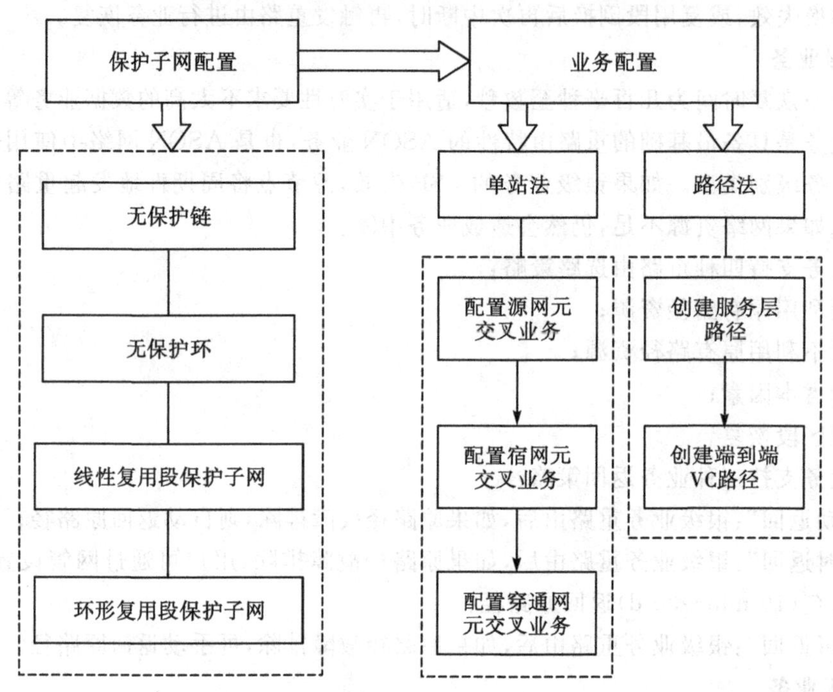

图2-10 SDH网络保护与业务配置流程

2.4.1 保护配置

2.4.1.1 基本概念

在进行保护配置时需要了解一些基本概念。

1. 恢复模式

恢复模式指发生故障的线路恢复正常后采用的处理策略。"非恢复式"是指发生故障的线路恢复正常后，业务不恢复到主用通道上。"恢复式"是指发生故障的线路恢复正常后，业务自动恢复到主用通道上。

2. 倒换模式

倒换模式指线路上出现故障时采用的倒换策略。"单端倒换"是指当接收端发生故障时，接收端发生倒换；当发送端发生故障时，发送端发生倒换，从而使业务得到保护。"双端倒换"是指无论是接收端还是发送端发生故障，接收端和发送端都发生倒换，从而使业务得到保护。

3. 资源共享

资源共享的实质是将相同的单板端口映射到多个保护子网中。当有多个保护子网占用同一单板的同一端口时,必须选择"资源共享",而对于不同的保护子网占用一个单板的不同端口的情况,是不需要选择"资源共享"的。

4. 按照VC-4划分

按照VC-4划分是指将不同的VC-4划归不同的保护子网,其作用是实现部分复用段保护。例如:一个STM-16的光纤,可以划分第1～4个VC-4属于一个STM-4的复用段共享保护,第5～8个VC-4属于无保护环。

2.4.1.2 配置保护子网

SDH网络可以提供设备级保护和网络级保护。设备级保护主要针对单板进行保护,包括TPS保护、单板1+1保护、端口保护等。网络级保护则包括线性复用段、环形复用段等多种网络级保护。下面就针对网络级保护的配置详细进行阐述。

1. 配置无保护链/环

当不需要对链/环上业务进行保护时,可以配置无保护链或无保护环,此时链/环上的所有时隙都可用来传送业务。

2. 创建线性复用段保护子网

复用段保护功能提供信号在两个复用段终结功能之间从一个工作段倒换到保护段的功能。在线形组网中,通过创建线性复用段保护,网元可实现在不同的传送光缆段对业务的保护。在创建线性复用段保护子网时不支持将MSP链型保护所属的光纤划分给其他保护子网。

3. 创建环形复用段保护子网

环形复用段保护主要适用于公用(正常情况下保护信道传送额外业务)的环形组网中,通过运行APS协议,可以实现复用段级别的保护。复用段保护环的节点数不能超过16个。

2.4.2 业务配置

基于保护子网的业务配置应先创建保护子网,再配置SDH业务,在进行业务配置时需要根据组网连接关系合理地规划好业务信号的流向和时隙分配。配置方法在1.4.1.2中已进行了说明,此处不再赘述。不同保护子网的业务配置过程可参看二维码示例。

操作步骤

操作演示

SDH复用段线性1+1保护子网业务配置(单站法)

操作步骤

操作演示

SDH二纤双向复用段保护环业务配置(路径法)

操作步骤　　　　操作演示

SDH 子网连接保护环业务配置(单站法)

操作步骤　　　　操作演示

ASON 银级智能业务配置

挑战性问题　网络生存性策略

1. 问题背景

随着网络技术的不断发展,越来越多的业务量集中到越来越少的路由器、交换机、传输终端等网络设备和传输链路上,这样每出现一次网络故障,就会影响很多用户的通信,所以网络生存性已成为当前网络设计、运行和维护中需要关注的重要内容,高效灵活的保护和恢复手段成为 SDH/ASON 网络必须具备的重要特征。

某实验训练网由华为域网络(线路速率为 2.5 Gb/s)和中兴域网络(线路速率为 2.5 Gb/s)共同组成,其中,华为域网络由 4 端 OSN 3500 设备构成 Mesh 网,中兴域网络由 4 端 S385 设备构成 Mesh 网,网络连接关系如图 2－11 所示,现要求在传输 2 站和南机房东站之间传输一路专线业务,请根据专题 2 所学内容为该条业务设计保护与恢复策略。

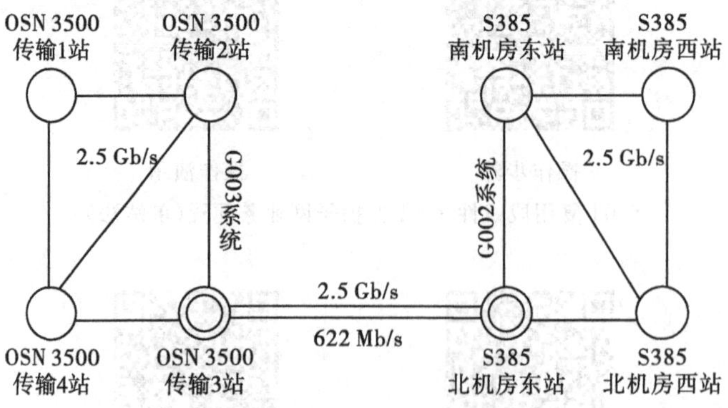

图 2－11　实验训练网网络连接

2. 问题剖析

①SDH/ASON网络可以提供多种保护与恢复方式，保护和恢复的主要区别在于适用的网络拓扑、业务的恢复速度以及网络容量等因素，请根据这几个因素综合考虑保护与恢复策略的选择。

②当网络发生断纤时只要有足够的预留资源，业务就可以得到恢复，网络的安全性要求越高，需要预留的空闲资源就会越多。请结合每条链路的预留资源讨论在保证1次断纤情况下的业务生存性。

③在进行网络设计时，明确业务生存性的要求很重要，抵抗多次断纤会消耗大量的网络资源，在通常情况下，网络中同时断纤的次数一般为1次或2次，请分别从保护和恢复两种方式来讨论在保证2次断纤情况下的业务生存性。

思　考　题

1. 保护与恢复有什么区别？
2. 简述ASON智能业务的区别。
3. 简述复用段保护环和通道保护环的倒换过程，并比较它们的区别。
4. 试分析比较四种环形网络保护方式的优缺点。
5. 已知某子网中网元NE1、NE2、NE3和NE4依次构成2.5 Gb/s速率的二纤双向复用段保护环，请利用T2000网管软件为该环配置保护，容量级别设置为STM-8。
6. 已知某子网中网元NE1、NE2、NE3和NE4依次构成2.5 Gb/s速率的环形网络，请在NE1、NE2之间配置一条155 Mb/s的SNCP业务。

模块二　OTN设备与运用

光传送网(Optical Transport Network,OTN)设备作为目前光缆网骨干核心层、城域核心层和城域汇聚层的主力传输设备,极大程度地满足了国家级干线、省级干线超大容量和超长距离传输的需求。本模块重点介绍OTN技术基础、设备功能模型、设备告警分析、设备数据配置与调测等基础知识,并设计OTN系统开局和网络生存性策略两个挑战性问题,纲要性地介绍了问题解决的方法,为学习者提出解决方案提供了思路。

专题3　OTN设备原理与操作

为实现多种客户信号封装和透明传输能力、大容量的传送和调度能力、运行维护管理能力及生存能力,ITU-T、设备制造商以及电信运营商等对OTN的网络架构、逻辑信号结构、物理层传输、设备功能与保护以及管理和测试等进行了长期的研究和讨论,才使得这项技术逐渐成熟并走向实用。本专题围绕OTN设备的工作原理和操作,重点介绍OTN电域和光域的信号处理技术、各种类型设备的功能模型、常见告警信号的分析、网管数据配置及调测,为OTN设备的维护管理奠定理论和实践基础。

3.1　OTN技术基础

在光纤通信传送网领域,SDH技术由于其标准化的信息结构等级、良好的兼容性、灵活的映射复用结构、完善的保护恢复机制和强大的网络管理能力在很长一段时间里都发挥了非常重要的作用,为各种业务网系提供了稳定、可靠的基础传送网,直到今天SDH技术仍然有很大范围的应用。但随着新业务的不断发展,用户对颗粒度和带宽的需求不断增大,原本针对语音等业务传输而设计的SDH网络已渐渐力不从心,例如SDH提供的刚性通道无法匹配包长变化、流量突发的数据业务,复杂的映射复用过程导致带宽利用率不高,VC-12/VC-4级别的交叉颗粒度较小不能完成大颗粒度的IP业务的灵活调度。

为了弥补SDH的缺陷,ITU-T于1998年正式提出OTN的概念,目标是提升光纤通信传送网的网络组织能力,为千兆以太网(Gigabit Ethernet,GE)、2.5 Gb/s、10 Gb/s、40 Gb/s甚至400 Gb/s的大颗粒度业务提供传送、交叉调度、复用、保护和监控等功能。为实现这一目标,OTN将信号的处理分成电域和光域两层。电域借鉴SDH/SONET技术体制中映射、复用、交叉连接、嵌入式开销、保护、前向纠错(Forward Error Correction,FEC)等思想,实现对SDH、异步传输模式(Asynchronous Transfer Mode,ATM)、以太网、IP等业务的适配、封装和电层交叉调度;光域借鉴传统的波分复用(Wavelength Division Multiplexing,WDM)技术并有所发展，通过波长交叉提高波长利用率和组网灵活性，将原来简单的点对点组网方式转向光层联网方式，同时引入 OTN 开销功能提高 OTN 的可管理性。可以说 OTN 同时具备了 SDH/SONET 灵活可靠和 WDM 容量大的优势，代表了下一代光纤通信传送网的发展方向。

为了帮助大家清晰地理解 OTN 对信号的处理过程，本节首先介绍 OTN 的分层结构，然后从电域和光域两个方面分别介绍其中的核心技术。

3.1.1　OTN 分层结构

根据传送网的通用原则，ITU－T G.872 建议将 OTN 分解为若干独立的层网络，为反映其内部结构，每一层网络又可分割成不同子网和子网间链路。如图 3－1 所示，OTN 光层结构从垂直方向自下向上依次分为光传输段(Optical Transmission Section，OTS)层网络、光复用段(Optical Multiplex Section，OMS)层网络和光通道(Optical Channel，OCh)层网络三层。OCh 层又可细分为光通道净荷单元(Optical channel Payload Unit，OPU)、光通道数据单元(Optical channel Data Unit，ODU)和光通道传送单元(Optical channel Transport Unit，OTU)。

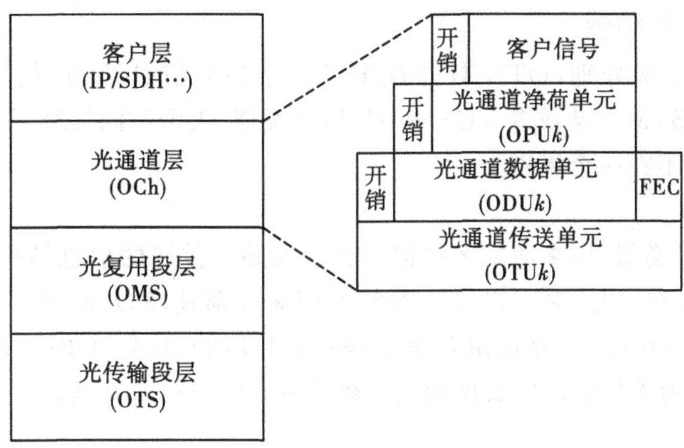

图 3－1　OTN 的分层结构

1. 光通道(OCh)层

该层通过位于接入点之间的光通道路径给客户层的数字信号提供传送功能，是支持上层业务透明适配的关键层，负责为不同类型的客户连接建立并维护端到端的光通道，并处理相关的光通道开销，如各类连接监视、通用通信通路、自动保护倒换等信息，其灵活的组网能力也是 OTN 最重要的一项功能。

2. 光复用段(OMS)层

该层保证相邻两个传输设备之间多波长复用光信号的完整传输，为多波长信号提供网络功能。它可以处理光复用段开销，保证多波长光复用段适配信息的完整性，实施对光复用段的监控，支持段层的维护和管理，解决复用段生存性问题等。

3. 光传输段(OTS)层

该层为光复用段信号在不同类型的光媒质(如 G.652、G.653、G.655 光纤等)上提供传输功能。由光复用段和光监控信道(Optical Supervisory Channel，OSC)构成，OSC 用来支持光传输段开销信息、光复用段开销信息，以及非随路的光通道层开销信息。整个光传送网架构在最底层的物理媒质基础上，即物理媒质层网络是光传输段层的服务者。

综上所述，光传送网的OCh层为各种数字客户信号提供接口，为透明地传送这些客户信号提供点到点的以光通道为基础的组网功能，包括客户信号的接入、交叉调度、映射复用及开销管理等，OMS层为经波分复用的多波长信号提供组网功能，OTS层经光接口与传输媒质相连接，提供在光介质上传输光信号的功能。光传送网的这些相邻层之间形成所谓的客户/服务者关系，每一层网络为相邻上一层网络提供传送服务，同时又使用相邻的下一层网络所提供的传送服务。

3.1.2 OTN电域功能

OTN的电域处理能力使得小颗粒的业务信号可以合并形成较高速率的业务信号，对于如GE、2.5 Gb/s等低速率的信号，OTN从体制上就具备了接入和处理能力。与SDH类似，要实现电层处理就要定义帧结构、速率等级和映射复用路径，要实现性能和故障监测就要安排开销字节。ITU-T G.709建议正是对OTN帧结构、速率、开销、映射复用等进行了规范，该标准是OTN最基础的标准之一，也是近年来更新内容和变化最为活跃的标准之一。

3.1.2.1 OTN帧结构

要实现信号的电层处理，OTN首先规定了一系列的信息结构，包括OPU*k*、ODU*k*和OTU*k*，这里的*k*与STM-*N*或者VC-*n*中的数字类似，表示不同等级，但需要强调的是这些单元与SDH的容量不在一个级别上。

1. OPU*k*帧结构

OPU*k*和容器C类似，用来适配客户信号在光通路上传送的信息结构。OPU*k*将客户信号和所需的开销结合在一起，对客户信号速率、OPU*k*净荷速率以及OPU*k*开销进行适配，以支持客户信号传送。OPU*k*的容量由*k*确定，*k*=0,1,2,2e,3,4。OPU*k*的帧结构如图3-2所示，是一个以字节为单位的固定长度的块状帧结构，共4行3810列。

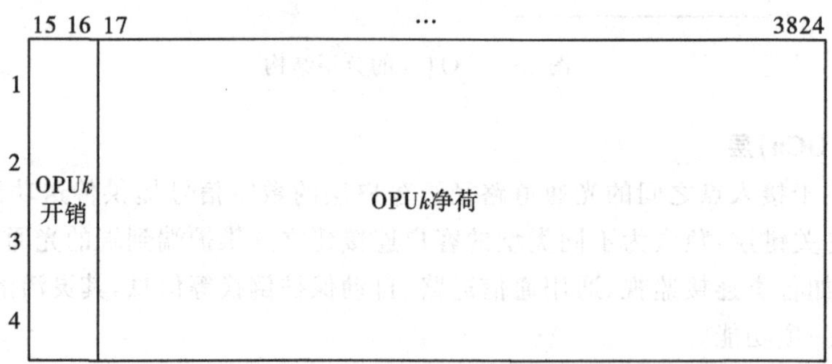

图3-2　OPU*k*的帧结构

OPU*k*帧由两部分组成，OPU*k*净荷和OPU*k*开销。OPU*k*净荷区位于第17至第3824列，主要用来装载客户信号，如SDH、ATM、通用成帧规程(Generic Framing Procedure,GFP)帧、以太网和其他信号。OPU*k*开销区位于第15、16列，主要用来支持客户信号速率适配，并对净荷类型进行描述，配合实现净荷信息在OTN帧中的传输。

2. ODU*k*帧结构

ODU*k*是以字节为单位、具有4行3824列的块状帧结构。ODU*k*帧由两部分组成，分别为 ODU*k* 开销和 OPU*k* 帧,如图 3-3 所示。第 2、3、4 行的前 14 列用来传送 ODU*k* 开销,第 15～3824 列用来承载 OPU*k*。从帧结构可以看出,ODU*k*＝OPU*k*＋ODU*k* 开销。与 OPU*k* 一样,ODU*k* 的容量由也是由 *k* 确定的,*k*＝0,1,2,2e,3,4。ODU*k* 是 OTN 电交叉的基本单元,相当于 SDH 中的虚容器 VC,但 OTN 的最小交叉颗粒度是 ODU0,也就是 1.25 Gb/s,是 SDH 高阶交叉颗粒度 VC-4 的 8 倍,是低阶颗粒度 VC-12 的 600 多倍。

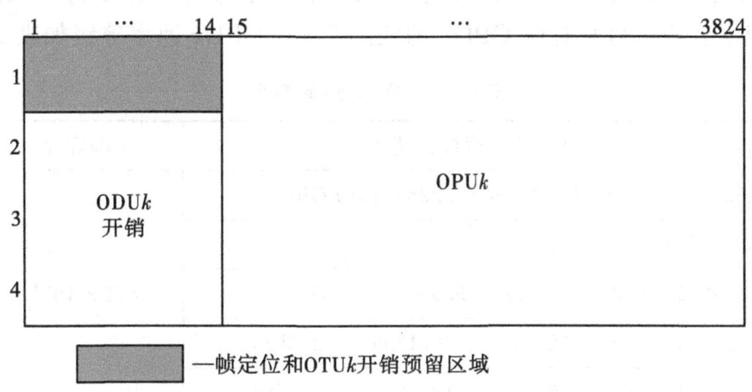

图 3-3 ODU*k* 的帧结构

3. OTU*k* 帧结构

OTU*k* 的作用是为 ODU*k* 在光通道上的传输提供条件。和 STM-*N* 一样,OTU*k* 转换成光信号就是 OTN 的一个波道。OTU*k* 的帧结构也是块状帧,如图 3-4 所示,为 4 行 4080 列结构,共 4×4080 个字节,主要由四部分组成:帧定位开销、OTU*k* 开销、ODU*k* 和 OTU*k* FEC 开销。第 1 行的第 1～7 列被用作帧定位开销,第 1 行的第 8～14 列为 OTU*k* 开销,第 1 行到第 4 行中的第 3825～4080 列为 OTU*k* FEC 开销,其余部分为 ODU*k*。OTU*k* 中 *k*＝1,2,3,4。

OTU*k* 帧结构的传输顺序是从左到右、从上到下,即先传第 1 行,再传第 2 行,依此类推;就每一行来说,先传该行第 1 个字节,再传第 2 个字节,依此类推;就每一字节来说,先传最高有效位(第 1 位),最后传最低有效位(第 8 位)。

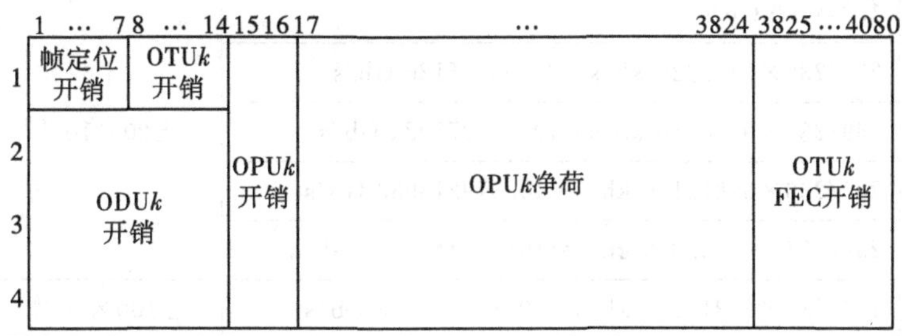

图 3-4 OTU*k* 的帧结构

需要注意,OTN 与 SDH 有一点最大的不同是,SDH 中 STM-*N* 帧结构中 *N* 不同对应的帧结构也不同,例如,STM-4 的列数是 STM-1 的 4 倍,帧频都是 8000 帧/秒。但是 OTU*k* 采用固定长度的帧结构,且不随客户信号速率的变化而变化,也不随 OTU1、OTU2、OTU3、OTU4 的等级而变化。当客户信号速率较高时,相对缩短帧周期,加快帧频率,而每帧承载的数据信号没有增加。

3.1.2.2 OTN 速率等级

1. OPU*k* 速率等级

虽然 OPU*k* 信息结构的大小固定，但由于不同 *k* 值下的 OPU*k* 传送帧周期不同，因此，不同等级 OPU*k* 的速率等级不同。OPU*k* 是直接装载客户信号的信息结构，了解其速率等级有助于建立不同速率客户信号与对应 OPU*k* 的匹配关系。OPU*k* 速率等级如表 3-1 所示。

表 3-1　OPU*k* 速率等级

类型	OPU 净荷标称速率	速率容差	帧周期
OPU0	238/239×1244160 kb/s=1.238954310 Gb/s	$\pm20\times10^{-6}$	98.354 μs
OPU1	2.488320000 Gb/s		48.971 μs
OPU2	238/237×9953280 kb/s=9.995276962 Gb/s		12.191 μs
OPU3	238/236×39813120 kb/s=40.150519322 Gb/s		3.035 μs
OPU4	238/227×99532800 kb/s=104.355975330 Gb/s		1.168 μs
OPU2e	238/237×10312500 kb/s=10.356012658 Gb/s	$\pm100\times10^{-6}$	11.767 μs

注：OPU2e 的出现是为适应 10GE LAN 的传送需求，由于 10GE LAN 的线路速率为 10.3125 Gb/s，OPU2 无法直接装载，但 OPU2e 是可以映射 10GE LAN 的 MAC 帧的，而且不会对 MAC 帧做任何更改，同时 FEC 不受影响，目前，多数厂家均支持这种映射方式。

2. ODU*k* 速率等级

高速率的交叉颗粒度有利于提高交叉效率，降低设备成本，同时提升网络的业务调度能力。如前所述，OTN 电层交叉连接技术是以 ODU*k* 为基本单元进行的，其速率等级如表 3-2 所示。

表 3-2　ODU*k* 速率等级

类型	ODU 标称速率	速率容差	帧周期
ODU0	1.244160 Gb/s	$\pm20\times10^{-6}$	98.354 μs
ODU1	239/238×2488320 kb/s=2.498775126 Gb/s		48.971 μs
ODU2	239/237×9953280 kb/s=10.037273924 Gb/s		12.191 μs
ODU3	239/236×39813120 kb/s=40.319218983 Gb/s		3.035 μs
ODU4	239/227×99532800 kb/s=104.794445815 Gb/s		1.168 μs
ODU2e	239/237×10312500 kb/s=10.399525316 Gb/s	$\pm100\times10^{-6}$	11.767 μs

3. OTU*k* 速率等级

按照 ITU-T G.709 建议，OTU*k*（*k*=1,2,3,4）可以提供 4 种速率等级，如表 3-3 所示。可以发现，OTU*k* 的帧长相同且不随速率等级的变化而变化，帧长均为 4×4080 个字节，但是帧周期却是速率越高时，周期越短、频率越快。

表 3-3 OTU*k* 速率等级

类型	OTU 标称速率	帧长	速率容差	帧周期
OTU1	255/238×2488320 kb/s=2.666057143 Gb/s	130560 bit	$\pm20\times10^{-6}$	48.971 μs
OTU2	255/237×9953280 kb/s=10.709225316 Gb/s			12.191 μs
OTU3	255/236×39813120 kb/s=43.018413559 Gb/s			3.035 μs
OTU4	255/227×99532800 kb/s=111.809973568 Gb/s			1.168 μs

注:表中未定义 OTU0 和 OTU2e。ODU0 能够在 ODU1、ODU2、ODU3 或 ODU4 上传送,ODU2e 能够在 ODU3 和 ODU4 上传送。

3.1.2.3 OTN 映射复用

图 3-5 描述了 OTN 对客户信号的两种处理方式,映射和复用。

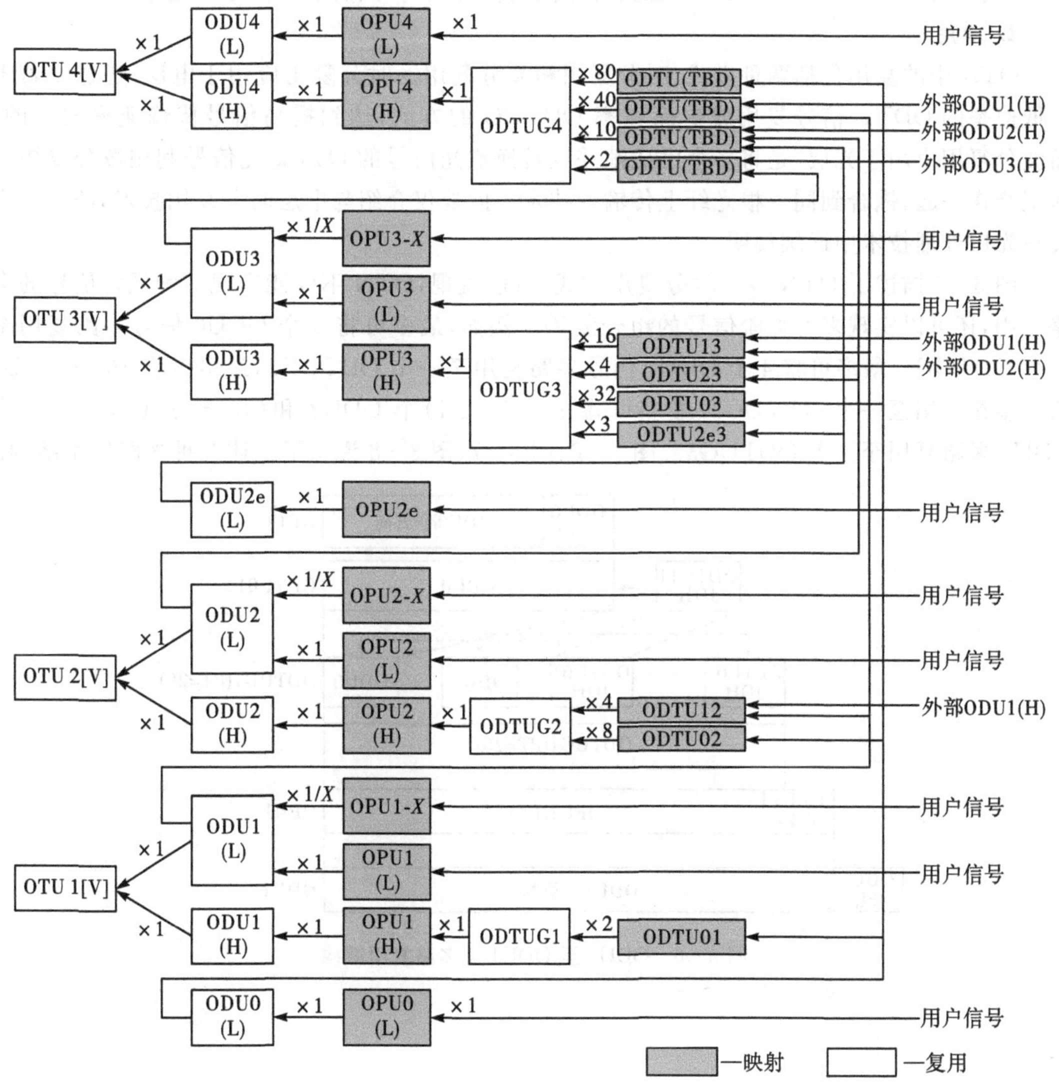

图 3-5 OTN 复用映射路径

1. 映射

与SDH类似,OTN映射是指各种客户信号或光通道数据支路单元组(Optical channel Data Tributary Unit Group,ODTUG)经过OPUk的适配装载到ODUk中,最后封装成OTUk的过程。首先,用户信号映射到低阶的OPU净荷区域,加入OPU开销后形成OPU,标识为图3-5中的OPU(L)。然后,OPU(L)信号映射到低阶的ODU,与ODU开销一起构成ODU,标识为图3-5中的ODU(L)。对ODU(L)有两种处理方式,一种是直接映射到OTU[V],加入帧定位开销、OTU开销和FEC开销后封装成OTUk信号,完成电层处理;另一种是通过使用码速调整开销(Justification OverHead,JOH)后,异步映射到光通道数据支路单元(Optical channel Data Tributary Unit,ODTU)信号,多个ODTU复用成ODTUG,最后按照高阶OPU(H)、ODU(H)、OTU[V]的映射顺序封装成更高等级的OTUk信号。

需要说明的是,OPU(L)和OPU(H)具有相同的信息结构,但承载不同速率等级的客户信号,同样的ODU(L)和ODU(H)也具有相同的信息结构,只是承载信号的速率不同。

2. 复用

OTN中的复用包括两种方式:时分复用和波分复用。时分复用应用于电层,通过将若干个低速率的ODTU信号复用成更高速率ODTUG的方式,达到提高信号传输速率的目的。而波分复用应用于光层,是将多个已成帧并且转换成光信号的OTUk光信号利用波分复用技术汇合在一起,耦合到同一根光纤上传输的技术。此处仅介绍与电层时分复用技术,波分复用会在光层处理技术中详细说明。

图3-5描述了OTN各种时分复用方式,可以发现,OTN不仅能实现一种低阶信号的多路复用,还可以实现多种低阶信号的组合复用。例如,最多可将2个ODU0信号多路复用至一个ODTUG1,最多可将4个ODU1信号多路复用至一个ODTUG2,最多可将16个ODU1信号多路复用至一个ODTUG3,最多可将$j(0\leqslant j\leqslant 4)$个ODU2和$(16-4j)(0\leqslant j\leqslant 4)$个ODU1多路复用至一个ODTUG3。图3-6、图3-7、图3-8说明了上述3种多路复用结构。

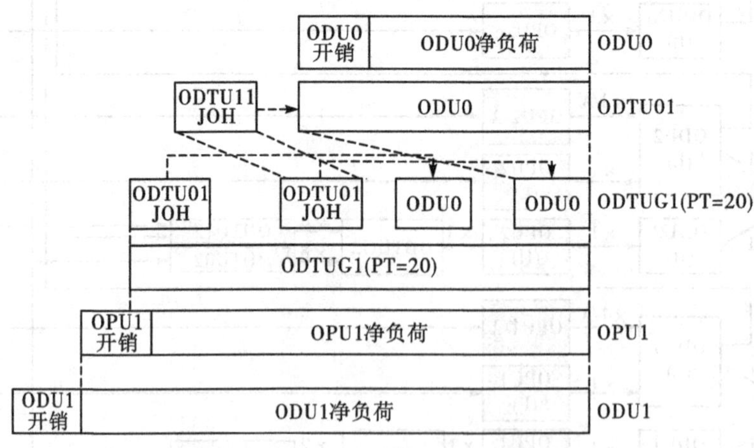

图3-6 ODU0至ODU1的多路复用结构

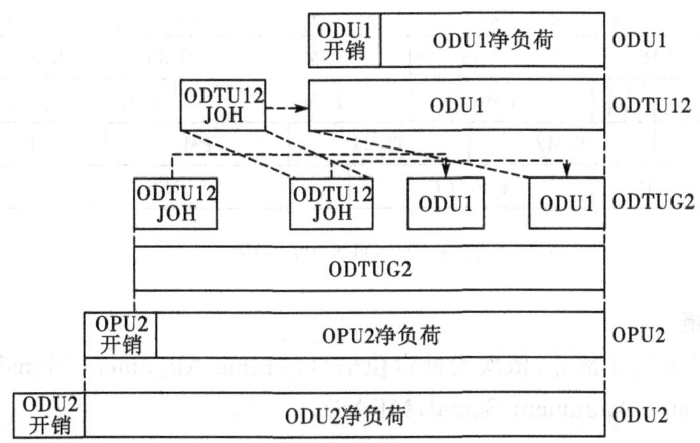

图 3－7　ODU1 至 ODU2 的多路复用结构

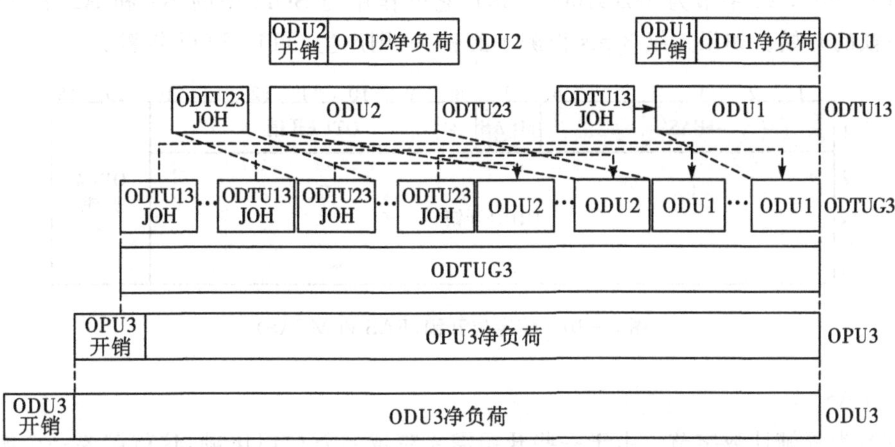

图 3－8　ODU1 和 ODU2 至 ODU3 的多路复用结构

3.1.2.4　OTN 电层开销

OTN 电层开销包括帧定位开销、OTU*k* 开销、ODU*k* 开销、OPU*k* 开销和 OTU*k* FEC 开销，具体如表 3－4 所示，各类开销在帧结构中的位置如图 3－9 所示。

表 3－4　OTN 电层开销

帧定位开销	FAS、MFAS
OTU*k* 开销	SM、GCC0 和 RES
ODU*k* 开销	RES、TCMACT、TCMi、FTFL、PM、EXP、GCC1/2、APS/PCC
OPU*k* 开销	PSI、JC、NJO、RES

	1	2	3	4	5	6	7	8	9	10	11	12	13	14	15	16
1	FAS						MFAS	SM			GCC0		RES		RES	JC
2	RES			TCM ACT	TCM6			TCM5			TCM4			FTFL	RES	JC
3	TCM3			TCM2			TCM1			PM			EXP		RES	JC
4	GCC1		GCC2		APS/PCC				RES						PSI	NJO

图 3-9　OTN 电层开销

1. 帧定位开销

帧定位开销可分为 2 部分,依次为帧定位信号(Frame Alignment Signal,FAS)和复帧定位信号(Multi - Frame Alignment Signal,MFAS)。

(1)FAS

FAS 共 6 个字节,如图 3-10 所示,包括 3 个 A1 字节和 3 个 A2 字节,其中 A1 字节为"11110110"(F6),A2 字节为"00101000"(28),它的作用与 SDH 中的 A1 和 A2 字节相同,用来标识一帧的开始。如果连续 3 ms 检测不到帧头,则产生 OTU_LOF 告警。

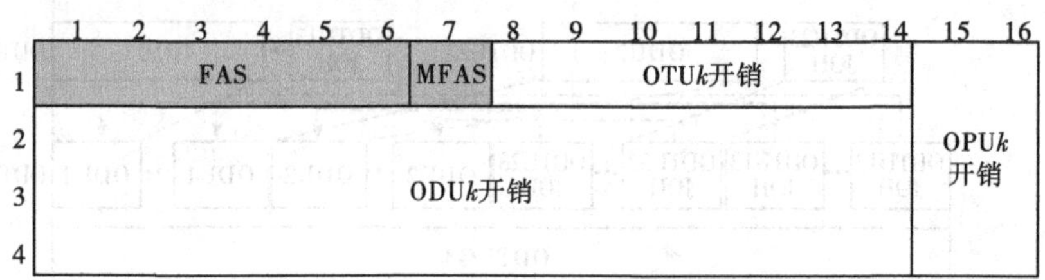

图 3-10　帧定位开销(FAS 和 MFAS)

(2)MFAS

MFAS 为复帧计数字节。由于一些开销需要跨越多个 OTUk 帧,这就需要一个帧计数字节来识别当前正在传输的是哪一帧,OTUk 使用 MFAS 字节作为帧计数字节用来识别连续发出的多个帧。多个连续的 OTUk 帧组成 OTUk 复帧,复帧最多可以包含 256 个子帧,每一帧比上一帧编号增加 1。如果检测不到 MFAS,则产生 OTU_LOM 告警。

2. OTU*k* 开销

OTUk 开销由 7 个字节组成,可分成 3 部分,依次是段监测(Section Monitoring,SM)字节、通用通信通道(General Communication Channel,GCC)0 字节和保留字节(Reserved,RES)。

(1)SM

SM 开销包括以下几个子项:路径追踪标识(Trail Trace Identifier,TTI)、比特间插奇偶校验 8 位码(BIP - 8)、反向缺陷指示(Backward Defect Indication,BDI)、反向差错指示/反向输入定位错误(Backward Error Indication/Backward Incoming Alignment Error,BEI/BIAE)、输入定位错误(Incoming Alignment Error,IAE)和保留(RES),具体位置如图 3-11 所示。

①SM - TTI。TTI 和 SDH 开销中 J0 字节的意义基本上一致,TTI 在 SM 中占用一个字节,此字节被定义为传送 64 个字节的标识信息,其中有 16 个字节的源接入点标识符和 16 个

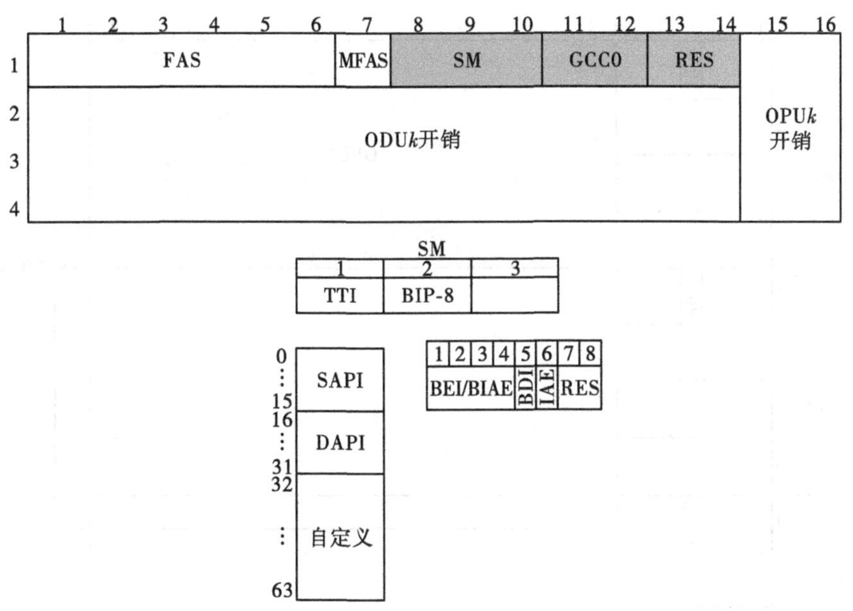

图 3-11 OTUk 中 SM 开销

字节的目的接入点标识符，其余 32 个字节自定义。由于一个 OTUk 帧中只有一个 TTI 字节，所以 TTI 信息需要将连续 64 帧中的 TTI 信息拼起来而形成。

②SM-BIP-8。BIP-8 和 SDH 中 B1 字节的定义基本一致。BIP-8 在 SM 中占用一个字节，是长度为 1 个字节的比特间插奇偶校验码。在 OTU 中，BIP-8 计算的比特包括第 i 帧 OTUk 内的 OPUk 部分（第 15～3824 列，包括所有的 4 行），计算结果置于第 $i+2$ 帧 OTUk 的 SM-BIP-8 字节内，如图 3-12 所示。

③SM-3 字节。SM 开销中第 3 个字节具有多项功能，各部分具体功能如下：

SM-BDI 开销只有一位，位置为字节（1，10）的第 5 位，用来向上游传送反向缺陷指示。此位为“1”时，表示下游节点返回接收缺陷信息；此位为“0”时，表示下游节点接收正常。此位的发送和接收过程如下：当当前节点接收部分检测到 OTUk 帧处于失效状态时，当前节点会在向上游节点发送 OTUk 帧时，将 SM-BDI 比特位置为“1”，用来给上游节点通知本节点在接收信息时检测到了缺陷。这个原理和 SDH 中反向发送 MS-RDI 告警的过程基本一致。

SM-IAE 占用字节（1，10）的第 6 位，当该比特位为“1”时表示有 IAE 错误，为“0”时表示没有 IAE 错误。这里首先解释一下输入定位错误的概念，当节点正常工作时，接收器总能找到帧头应该出现的位置，即期望位置，这时帧头每次都能出现在此期望的位置上。但如果节点出现了帧失步或者帧丢失告警，当节点从帧失步或者帧丢失状态回到正常状态时，若帧头所在的位置和原来期望的位置不一致，则认为出现了帧错位现象。换句话说，当节点出现 OTUk 帧失步或帧丢失现象并恢复到正常状态后，如果新的帧头位置和原来的帧头位置不一致，则认为帧出现了相位变化，此时就是 IAE 状态。当接收器检测到 IAE 状态后，应该将向下游发送的 SM-IAE 字段置“1”，下游节点接收到 IAE 为“1”时说明当前帧处于不稳定状态。

SM-BEI/BIAE 占据字节（1，10）的前 4 个比特。一般传递两类信息，一类是向上游站点传送当前站点接收到的 SM-BIP-8 误码个数，另一类是向上游站点传送输入定位错误信息。

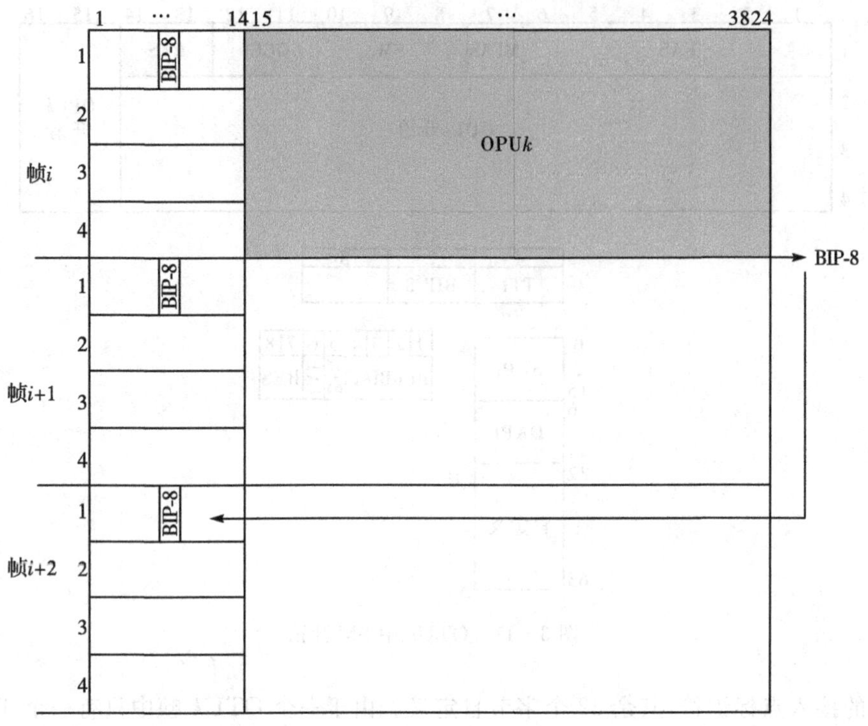

图 3-12　SM 开销中 BIP-8 的计算方法

此字段中各比特位的定义如表 3-5 所示，当前节点检测到 SM-IAE 错误时，将把向上游站点发送的 OTUk 帧中的此字段置为“1011”(0xb)，表示当前已经接收到 IAE 错误。当前站点没有检测到 IAE 时，则将接收到的 BIP-8 误码个数(0,1,2,3,…,8)置于向上游发送的 OTUk 帧 BEI 字段中。至于其他 6 种取值，表示 BIP-8 误码个数为 0 且当前处于 BIAE 无效状态。例如某节点线路侧接收端口检测到 SM-IAE 为“1”，该节点会将线路侧发送端口发出的 SM-BEI/BIAE 字段修改为“1011”(0xb)。若该节点线路侧接收端口检测到 SM-IAE 为“0”，则会将当前帧的 BIP-8 误码个数(0～8)放到线路侧发送端口发出的 SM-BEI/BIAE 字段中。

表 3-5　OTUk SM-BEI/BIAE 的定义

比特位 1 2 3 4	BIAE	BIP 误码个数
0 0 0 0	false	0
0 0 0 1	false	1
0 0 1 0	false	2
0 0 1 1	false	3
0 1 0 0	false	4
0 1 0 1	false	5
0 1 1 0	false	6

续表

比特位 1 2 3 4	BIAE	BIP 误码个数
0 1 1 1	false	7
1 0 0 0	false	8
1 0 0 1,1 0 1 0	false	0
1 0 1 1	true	0
1 1 0 0,1 1 0 1,1 1 1 0,1 1 1 1	false	0

SM－RES：此字段保留，目前规定这两位始终为“00”。

(2)GCC0

GCC0 的 2 个字节构成了 2 个 OTU*k* 终端之间进行通信的通道，可用来传输任何用户自定义信息，类似于 SDH 中的 E 字节功能，G. 709 建议中对 2 个字节的格式不作定义。

(3)RES

RES 即保留作国际标准化用途。

3. OTU*k* FEC

FEC 是一种误码纠错方式，它通过在发送端为净荷附加纠错信息、在接收端利用纠错信息来纠正净荷在传输时产生的误码，从而降低线路传输产生的误码率，提高传输网络的传送质量，提高接收端光信号的信噪比容限，延长中继段距离。FEC 采用的是 16 比特间插 RS(255，239)码，这是一种线性循环码，可纠正的突发误码为 8 字节，检测能力为 16 字节。OTU*k* FEC 的位置从每行的 3825 列开始到最后一列 4080 列，共 4 行，处理过程如图 3－13 所示。它将 OTU*k* 的每一行用比特间插的方法分割成 16 个 FEC 子行，每个 FEC 编、解码器处理一个子行，FEC 奇偶校验针对每个子行的 239 字节进行，16 个校验位置于其后。

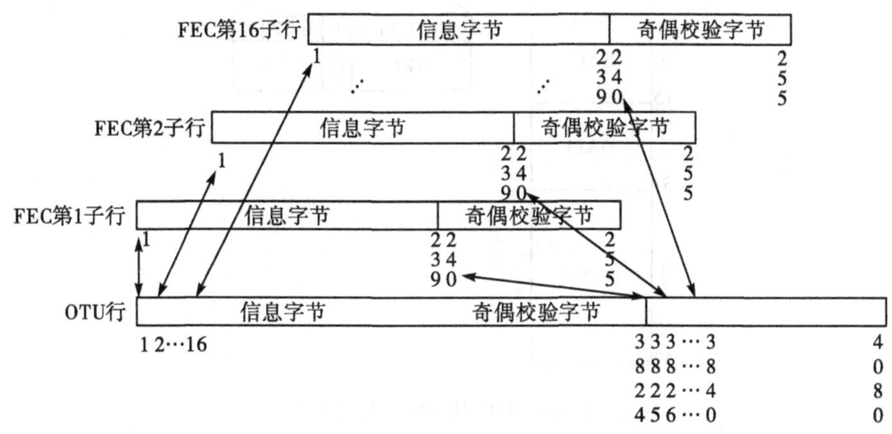

图 3－13 OTU*k* FEC 的子行结构

4. ODU*k* 开销

ODU*k* 的开销占用 OTU*k* 帧第 2、3、4 行的前 14 列，详细结构如图 3－14 所示。ODU*k* 开

销主要包括通道监测(Path Monitoring,PM)、TCM和其他开销。其中PM只有一组开销,而TCM有6组开销,分别为TCM1～6。PM和TCM代表ODUk帧中不同的监测点。

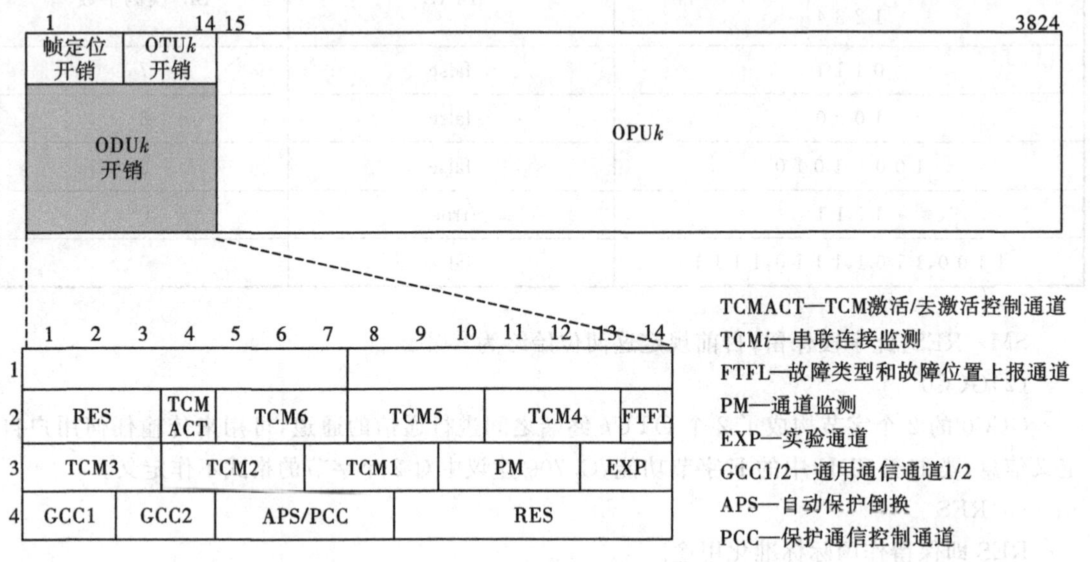

图3-14 ODUk的开销结构

(1)PM

ODUk-PM开销的位置位于第三行的第10～12字节,共3个字节。ODUk PM开销由五部分组成,依次是TTI、BIP-8、BDI、BEI和状态(Status,STAT),如图3-15所示。

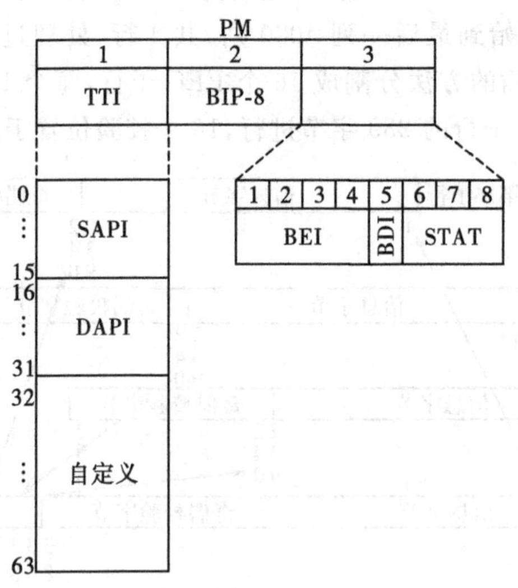

图3-15 ODUk PM开销的结构

PM-TTI,长度为1个字节,用于传送通道监测中的TTI信息,定义同SM-TTI完全一致。

PM-BIP-8,长度为1个字节,为BIP-8校验信息,结构和定义基本同SM-BIP-8,但用于通道监测中。每个ODUk的BIP-8计算第i帧ODUk的OPUk(第15列～3824列)所有比特，校验结果放到第 $i+2$ 帧 ODUk 的 PM-BIP8 开销位置上，如图 3-16 所示。

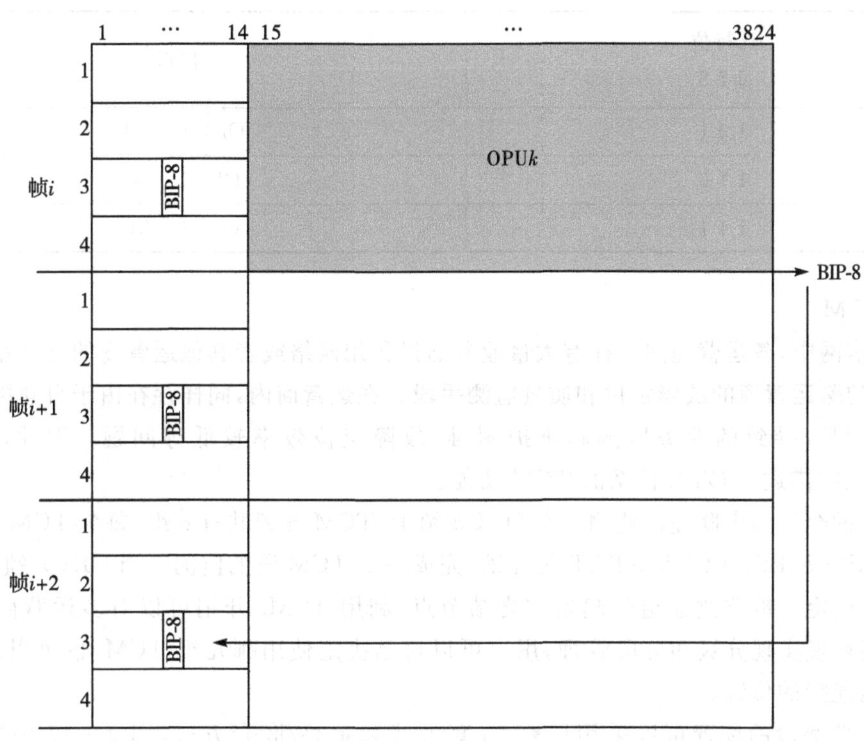

图 3-16 PM 开销中 BIP-8 的计算方法

PM-BDI，占用 1 个比特位，定义和 SM-BDI 基本一致，用来向上游反向发送通道检测时遇到的失效信息，"1"表示 ODUk 有反向缺陷指示，否则为"0"。

PM-BEI，占用 4 个比特位，定义和 SM-BDI 基本一致，用来向上游反向发送本节点的 PM-BIP-8 的误码个数，误码范围为 0～8，取值 9～15 认为此时误码为 0。注意 SM-BEI 字段包含了两种信息 BEI 和 BIAE，因此全称是 SM-BEI/BIAE。但是 PM-BEI 字节没有包含 BIAE 信息。

PM-STAT，占用 3 个比特位，用来指示当前的维护信号，如表 3-6 所示。所谓维护信号主要是指当业务不正常时，通过某些开销取特殊值或者发送特殊码型通知下游的接收设备本节点当前的状态。

表 3-6 ODUk PM-STAT 的定义

比特位 6 7 8	状态
0 0 0	预留
0 0 1	正常
0 1 0	预留
0 1 1	预留
1 0 0	预留

续表

比特位 6 7 8	状态
1 0 1	ODU*k* - LCK
1 1 0	ODU*k* - OCI
1 1 1	ODU*k* - AIS

(2)TCM

在电信网中,各运营商间往往有大量业务通过租用网络或者其他运营商的互联系统承载,缺乏有效的跨运营商的故障定位和质量监测手段。在运营商内,同样存在由于自建网络复杂、传输路由较长,导致的业务监测和维护困难、故障定位效率较低等问题。因此,ITU - T G.709 建议中描述了 OTN 体系的 TCM 功能。

TCM 的全称为串联连接监测。在 ODU*k* 帧中,TCM 开销共有 6 组,每个 TCM 中都包含了 TTI、BIP - 8、BEI、BDI 和 STAT 等开销,完成一个 TCM 段的监测。当 ODU*k* 帧经过多个节点时,可以定义被监测通道的起始和终结节点,利用 TCM*i* 开销可以对多运营商、多设备商、多子网环境实现分级和分段管理,用户可以自己决定使用哪几组 TCM,也可以决定各个 TCM 监测连接的位置。

TCM 监测段的设置可以采用层叠/嵌套方式和重叠/嵌套方式,图 3 - 17 中通过使用 TCM 完成了多层节点的监测(三角形代表 OTN 终端节点),TCM1 用于节点 A1 至 A2 之间通道的监测,TCM2 用于节点 B1 至 B2 和节点 B3 至 B4 之间通道的监测,TCM3 用于节点 C1 至 C2 之间通道的监测。其中,A1 - A2/B1 - B2/C1 - C2 和 A1 - A2/B3 - B4 都是嵌套关系,B1 - B2/B3 - B4 是层叠关系。

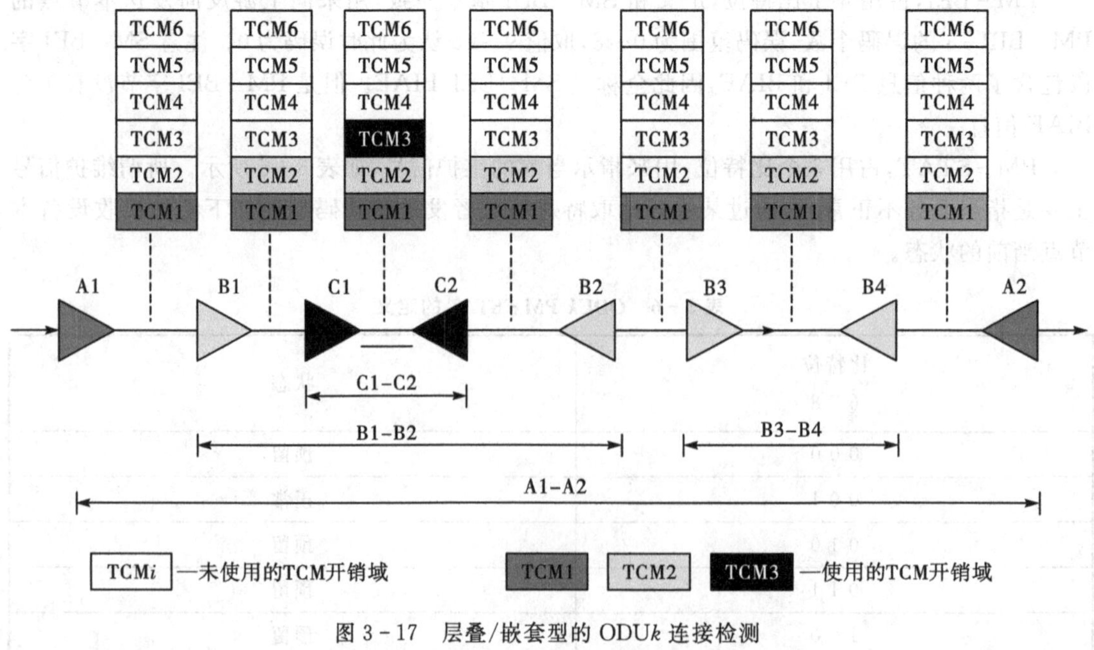

图 3 - 17　层叠/嵌套型的 ODU*k* 连接检测

每个 ODU*k* - TCM*i* 的结构完全一样，都是 3 个字节，依次为 TTI、BIP - 8、BEI/BIAE、BDI 和 STAT。ODU*k* - TCM*i* 的开销结构如图 3 - 18 所示。

TCM*i* - TTI，长度为 1 个字节，用于传送 TCM 段的 TTI 信息，定义和 SM - TTI 完全一致。

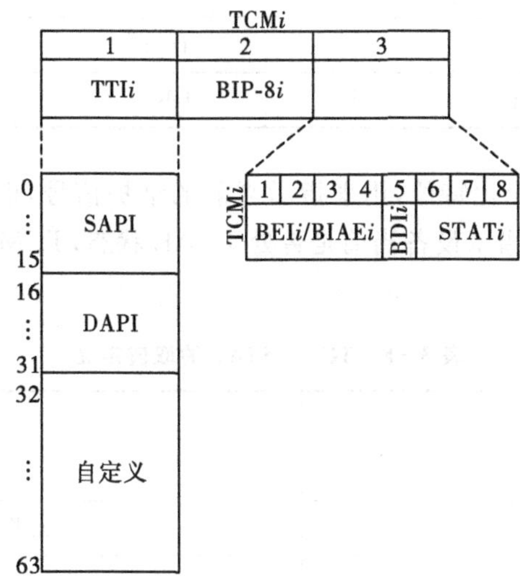

图 3 - 18　ODU*k* - TCM*i* 的开销结构

TCM - BIP - 8，长度为 1 个字节，结构和定义与 PM - BIP8 完全一样，但用于 TCM 监测。

TCM - BDI，定义和 PM - BDI 一致。

TCM - BEI/BIAE，占用 4 个比特位。定义和 SM - BEI/BIAE 基本一致，用来向上游反向发送本节点的 TCM - BIP - 8 的误码个数。同时仿照 SM - BEI/BIAE 的定义增加了 BIAE 的取值。当本节点检测到 IAE 时，将反向向上游发送 BIAE(0x1011)。此字段的取值定义如表 3 - 7 所示。

表 3 - 7　TCM - BEI/BIAE 取值定义

比特位 1 2 3 4	BIAE	BIP 差错
0 0 0 0	false	0
0 0 0 1	false	1
0 0 1 0	false	2
0 0 1 1	false	3
0 1 0 0	false	4
0 1 0 1	false	5
0 1 1 0	false	6
0 1 1 1	false	7
1 0 0 0	false	8

续表

比特位 1 2 3 4	BIAE	BIP 差错
1 0 0 1,1 0 1 0	false	0
1 0 1 1	true	0
1 1 0 0,1 1 0 1,1 1 1 0,1 1 1 1	false	0

TCM－STAT，占用 3 个比特位，用来指示当前的维护信号，但定义和 PM－STAT 不太一致，TCM－STAT 可用来指示设备当前是否处于 IAE 状态，TCM 连接是否有效等。具体定义如表 3－8 所示。

表 3－8　TCM－STAT 的取值定义

比特位 6 7 8	状态
0 0 0	无源串联连接
0 0 1	业务正常
0 1 0	IAE 状态
0 1 1	预留
1 0 0	预留
1 0 1	ODU*k*－LCK
1 1 0	ODU*k*－OCI
1 1 1	ODU*k*－AIS

如果当前节点没有使用 TCM 检测而仅使用了 PM 检测，则置 TCM－STAT 为“000”。如果当前节点处于 IAE 状态，则设置此字段为“010”；如果当前业务正常，则设置此字段为“001”。此外，此字段还可用来指示当前节点是否处于 ODU*k*－LCK、ODU*k*－OCI 或者 ODU*k*－AIS 状态。当前节点可以根据接收到的 TCM－STAT 内容作相应的处理。例如如果接收到“010”，则说明对端设备正在处于 IAE 状态中，此时应该停止 TCM－BIP－8 的处理，因为此时误码数可能是因为帧相位不稳造成错误。

(3)ODU*k* 的其他开销

TCMACT：TCM 激活/去激活控制通道，位于字节(2,4)，用来指示 TCM 处于活动/非活动状态，此字段的详细定义处于研究中。

EXP：实验开销，允许设备供应商或网络运营商在他们自己的子网络中支持需要使用的额外 ODU*k* 开销，EXP 的具体用途不受限于标准，也不在 G.709 范围内。

FTFL：前向/后向故障类型指示域。

GCC1/GCC2：通用通信通道，其作用和 OTU*k* 开销 GCC0 类似，用于支持接入 ODU*k* 帧结构的任何两个网元之间的通用通信。

APS/PCC：自动保护倒换/保护通信控制通道。

RES：预留字节。

5. SM/PM/TCM 开销的作用域

从上面的介绍可以看出，OTN 利用大量的开销实现了多种监测。而设计功能相似的 SM、PM 和 TCM 开销目的是为了完成不同区域的监测，实现复杂网络的管理。以图 3-19 为例说明各开销的作用域，SM 作为段监测字节实现对 OTU*k* 电信号之间传输信道的检测，PM 作为通道监测字节在实现 ODU*k* 级别通道端到端的检测，TCM 开销负责监测整个 ODU*k* 级别通道范围内的一部分，通过在发送口设置运行或透传，接收口可设置运行、监测或透传来决定该 TCM 的起点和终点。

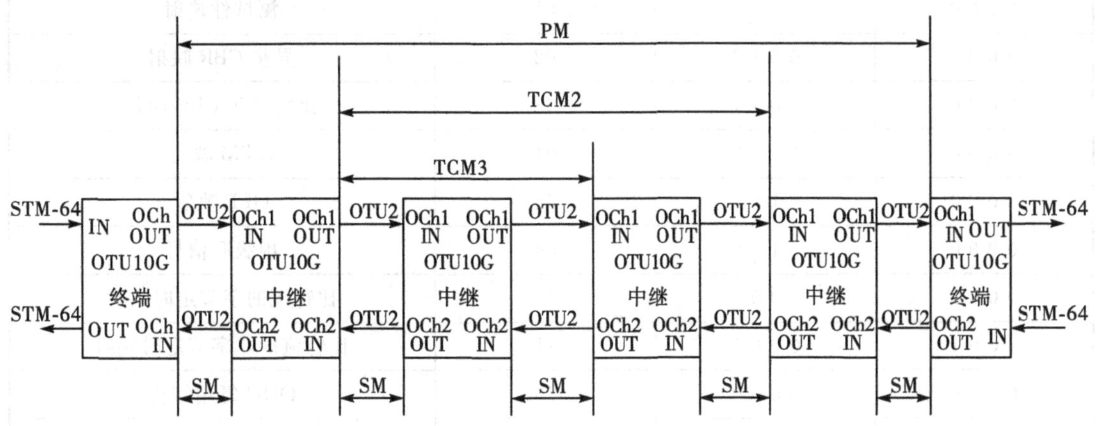

图 3-19　SM/PM/TCM 开销的作用域

6. OPU*k* 开销

OPU*k* 帧最前面的两列为 OPU*k* 开销（列 15 和列 16），共 8 个字节，由净荷结构标识（Payload Structure Identifier，PSI）及映射和级联特定开销组成，如图 3-20 所示。

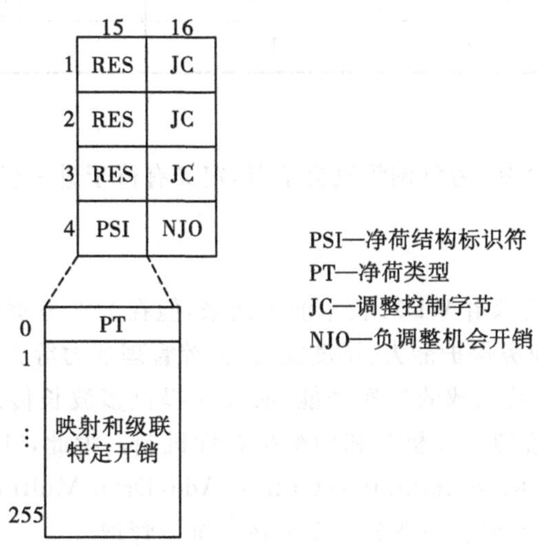

图 3-20　OPU*k* 的帧结构

(1)PSI

PSI 开销长度为 1 个字节,用于传送 256 字节的净荷结构标识符。其中,PSI[0]定义为净荷类型(Payload Type,PT),PT 的定义如表 3-9 所示。线路侧发送端口允许用户设置 PT 发送的期望值,线路侧接收端口允许设置 PT 接收的期望值,并将实际接收到的 PT 值和期望值作比较,不一致时上报 PT 失配告警。PSI[1]~PSI[255]用于级联和映射特定开销。

表 3-9 PT 的取值定义

高位 1 2 3 4	低位 5 6 7 8	16 进制	定义
0 0 0 0	0 0 0 1	01	测试性映射
0 0 0 0	0 0 1 0	02	异步 CBR 映射
0 0 0 0	0 0 1 1	03	比特异步 CBR 映射
0 0 0 0	0 1 0 0	04	ATM 映射
0 0 0 0	0 1 0 1	05	GFP 映射
0 0 0 0	0 1 1 0	06	虚级联信号
0 0 0 1	0 0 0 0	10	比特流的字节定时映射
0 0 0 1	0 0 0 1	11	比特流的非字节定时映射
0 0 1 0	0 0 0 0	20	ODU 复用结构
0 1 0 1	0 1 0 1	55	不可用
0 1 1 0	0 1 1 0	66	不可用
1 0 0 0	x x x x	80~8F	保留
1 1 1 1	1 1 0 1	FD	空测试信号映射
1 1 1 1	1 1 1 0	FE	PRBS 测试信号映射
1 1 1 1	1 1 1 1	FF	不可用

(2)其他字节

JC 为调整控制字节,NJO 为负调整机会字节,定义有待于进一步研究。

3.1.3 OTN 光域功能

OTN 在光域采用的技术由 WDM 技术演进而来,但在为业务提供丰富带宽资源的同时,WDM 技术在组网能力、业务保护能力、调度能力、监控管理能力等方面的瓶颈都决定了 OTN 无法照搬 WDM 技术实现其光域的传送功能,必须在提供多波长传送、复用和大量颗粒调度功能的基础上,具备网络管理监控机制和网络生存性机制。为此,OTN 在光域综合了 WDM 技术、可重构光分叉复用(Reconfiguration Optical Add/Drop Multiplexing,ROADM)技术和开销技术,以实现超大容量、波长级业务调度和运行维护管理。

3.1.3.1 WDM 技术

波分复用技术从 20 世纪 90 年代中期开始,受市场需要和技术发展的驱动,在国内外都呈现出了飞速发展的态势，主要原因还是由于过去光纤通信无论是PDH体制还是SDH体制，扩容升级都是采用电域时分复用方式，系统中的光电器件和光纤起到的只是光电信号间的变换和透明传输的作用，限制系统速率的最大因素是电子元器件的性能瓶颈。波分复用技术第一次把复用方式从电域转移到了光域，实现了光信号直接复用和放大，是目前研究最多、发展最快、应用最为广泛的光复用技术。

1. WDM原理

WDM技术是在一根光纤中同时传输多波长光信号的一项技术，基本原理是在发送端将不同波长的光信号组合（复用）起来，并耦合到光缆线路上的同一根光纤中进行传输，在接收端将组合波长的光信号分开（解复用），并作进一步的处理，恢复出原信号后送入不同的终端。

一般来说，WDM系统主要由五个部分组成：光发射机、光中继放大、光接收机、光监控信道和网络管理系统。如图3-21所示。

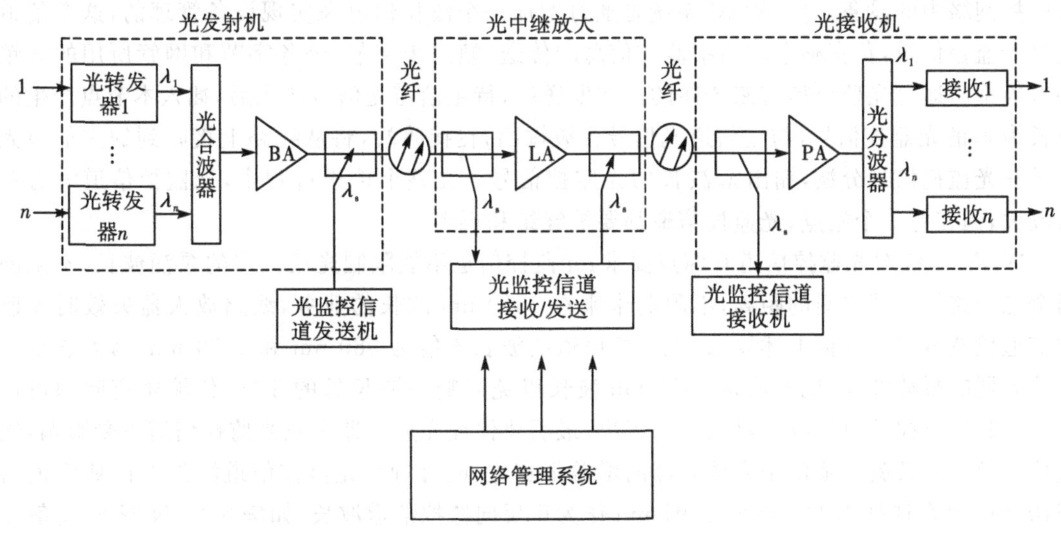

图3-21　WDM系统结构

（1）光发射机

在发送端首先将终端设备（如SDH端机）发送来的客户信号，利用光波长转换器（Optical Transponder Unit，OTU）把非特定波长的光信号转换成具有稳定的特定波长的光信号；利用合波器（或称为复用器）将多通路光信号合成一路；然后通过光功率放大器（Booster Amplifier，BA）放大以弥补合波器引起的功率损失，提高光信号的发送功率，最后将放大后的多路光信号送入光纤传输。目前使用的光放大器多数为掺铒光纤放大器（Erbium Doped Fiber Amplifier，EDFA），在实际应用中，可根据使用的位置和需求，将EDFA用作光功率放大器BA、光线路放大器（Line Amplifier，LA）和光前置放大器（Pre-Amplifier，PA）。

光波长转换器是WDM系统的核心，根据ITU-T的建议和标准，除了需要输出WDM系统要求的标准波长外，还需要根据WDM系统的不同应用来选择具有一定色度色散容限的发射机。此外，WDM系统中的放大器必须采用增益平坦技术，使光放大器对不同波长的光信号具有相同的放大增益，同时，还要考虑不同数量的光通道同时工作的情况，保证光通道的增益竞争不影响传输性能。

(2)光中继放大

经过长距离光纤传输后,需要利用LA对光信号进行中继放大,LA用以补充光纤损耗,延长中继长度。

(3)光接收机

在接收端,PA放大经传输而衰减的光信号后,利用分波器(或称为解复用器)从主信道中分出特定波长的光信号,最后经过接收端的OTU转换成相应的信号发送给客户。与BA、LA不同的是,PA主要用于提高信号的接收灵敏度。此外,接收OTU不但要满足一般接收机对光信号灵敏度、过载功率等参数的要求,还要能承受有一定光噪声的信号,要有足够的电带宽性能。

(4)光监控信道

在SDH系统中,网管可以通过SDH帧结构中的开销字节(D1~D12、E1、E2等)来管理和监控网络中的设备。但WDM系统是通过增加一个波长信道来实现设备管理的,这个信道就是光监控信道,负责整个网络中监控信息的传送,帧同步字节、公务字节和网管所用的开销字节等都是通过光监控信道来传递的。在发送端,待主信道光信号放大后,插入本节点产生的波长为λ_S的光监控信号,与主信道光信号合波输出;在接收端,将从线路上接收到的主信道光信号和光监控信号分波,输出λ_S波长的光监控信号。在整个传送过程中,光监控信道没有参与放大,但在每一个站点,光监控信道都要被终结和再生。

WDM系统对光监控信道有四点要求:光监控信道不能限制光放大器的泵浦波长,不限制两个光线路放大器之间的距离,不限制未来在1310 nm波长的业务,线路放大器失效时光监控信道仍然可用。根据上述要求,光监控信道的波长不能为980 nm和1480 nm,因为这是光纤放大器的泵浦波长,也不能是1310 nm波长以免影响该波长处的业务,传输距离问题可以通过提高光监控信道接收机灵敏度来解决,最后要保证光放大器失效光监控信道不受影响,光监控信道的波长就必须位于光放大器的增益带宽之外。因此,光监控信道波长λ_S的典型值为1510 nm,也有选择1511 nm和1491 nm作为正反向监控信道波长(如华为OSN 8800设备)。

(5)网络管理系统

网络管理系统通过光监控信道传送开销字节到其他节点或接收来自其他节点的开销字节,实现对WDM系统的管理,包括配置管理、故障管理、性能管理、安全管理等。同时,与上层管理系统(如TMN)相连。

2. WDM系统技术规范

(1)系统工作波长

石英光纤有两个低衰耗窗口即1310 nm波长区与1550 nm波长区,但由于目前常用的EDFA的工作范围为1530~1565 nm,因此大规模商用的光波分复用系统皆工作在1550 nm窗口。石英光纤在1550 nm波长区有三个波段可以使用,即S波段、C波段与L波段。S波段称为短波长波段,其波长范围为1460~1530 nm;C波段称为常规波段,其波长范围为1530~1565 nm;L波段称为长波长波段,其波长范围为1565~1625 nm,如图3-22所示。

(2)标称中心工作频率

要想复用众多的光波长,就必须对各光通路的工作波长进行规范。否则系统会发生混乱,合波器与分波器也难以正常工作。因此在有限的波长区内如何有效地进行通路分配,关系到是否能够提高带宽资源的利用率、减少通道彼此之间的非线性影响。与单波长系统不同的是,

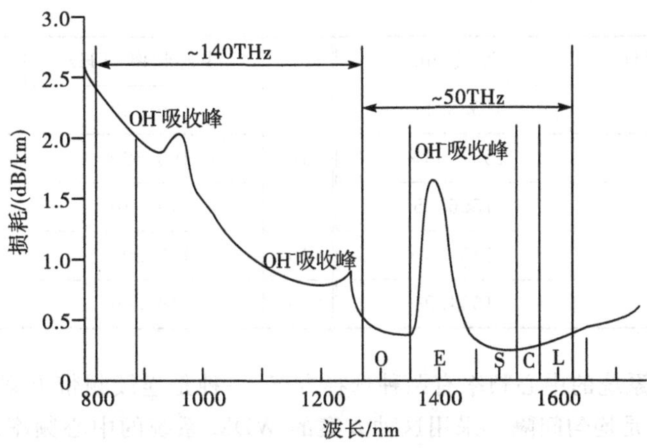

图 3-22 光纤损耗谱

WDM 系统通常用频率来表示其工作范围,这是因为用频率比用光波长更方便。所谓标称中心工作频率是指 WDM 系统中每个波长复用通路对应的中心工作波长(频率)。由于标称中心工作频率与绝对频率参考和通路间隔有很大的关系,所以下面先介绍这两个概念。

绝对频率参考(Absolute Frequency Reference,AFR)是指能够为光信号提供更高频率精度和更高频率稳定度的频率参考,是对 WDM 系统标称中心频率进行标准化的重要参考。ITU-T G.692 建议规定,WDM 系统的绝对频率参考为 193.1 THz,与之相对应的光波长为 1552.52 nm。AFR 的频率精度是指 AFR 信号相对于理想频率的长期频率偏移,包括温度、湿度和其他环境条件变化可能引起的频率变化,AFR 的稳定度待研究。

所谓通路间隔是指两个相邻光波长复用通路的标称中心工作频率之差。通路间隔可以是均匀的,也可以是非均匀的。非均匀通路间隔可以比较有效地抑制 G.653 光纤的四波混频(Four-Wave Mixing,FWM)效应,但目前大部分还是采用均匀通路间隔。一般来讲,通路间隔应是 100 GHz(约 0.8 nm)的整数倍,即为 100 GHz 或 200 GHz。但伴随技术的发展与对通信容量日益增长的需求,50 GHz 的通路间隔已经开始使用。目前,基于 C 波段的 16 波、32 波或 40 波 WDM 系统采用 100 GHz 通路间隔,而基于 C 波段的 80 波 WDM 系统则采用 50 GHz 通路间隔。

(3)通路分配表

确定了绝对频率参考和通路间隔,就可以对不同波长数量的 WDM 系统进行频率分配了。在 16 通路 WDM 系统中,16 个光复用通路的中心频率应满足表 3-10 的要求,8 通路 WDM 系统的中心波长应选表 3-10 中标有 * 的波长。

表 3-10 16 通路和 8 通路 WDM 系统中心频率

序号	中心频率/THz	波长/nm	序号	中心频率/THz	波长/nm
1	192.10 *	1560.61 *	9	192.90 *	1554.13 *
2	192.20	1559.79	10	193.00	1553.33
3	192.30 *	1558.98 *	11	193.10 *	1552.52 *

续表

序号	中心频率/THz	波长/nm	序号	中心频率/THz	波长/nm
4	192.40	1558.17	12	193.20	1551.72
5	192.50 *	1557.36 *	13	193.30 *	1550.92 *
6	192.60	1556.55	14	193.40	1550.12
7	192.70 *	1555.75 *	15	193.50 *	1549.32 *
8	192.80	1554.94	16	193.60	1548.51

32 通路 WDM 系统的中心频率有两种选择方案：一种是连续频带方案，32 个波长在同一个频带内，且采取的是均匀间隔。采用这种方案的 WDM 系统的中心频率应满足表 3-11 的要求。

表 3-11　32 通路 WDM 系统连续频带中心频率

序号	中心频率/THz	波长/nm	序号	中心频率/THz	波长/nm
1	192.10	1560.61	17	193.70	1547.72
2	192.20	1559.79	18	193.80	1546.92
3	192.30	1558.98	19	193.90	1546.12
4	192.40	1558.17	20	194.00	1545.32
5	192.50	1557.36	21	194.10	1544.53
6	192.60	1556.55	22	194.20	1543.73
7	192.70	1555.75	23	194.30	1542.94
8	192.80	1554.94	24	194.40	1542.14
9	192.90	1554.13	25	194.50	1541.35
10	193.00	1553.33	26	194.60	1540.56
11	193.10	1552.52	27	194.70	1539.77
12	193.20	1551.72	28	194.80	1538.98
13	193.30	1550.92	29	194.90	1538.19
14	193.40	1550.12	30	195.00	1537.40
15	193.50	1549.32	31	195.10	1536.61
16	193.60	1548.51	32	195.20	1535.82

另一种是分离频带方案，32 通路 WDM 系统分蓝带和红带两个频带，中间留有一定的保护频带，每个频带中安排 16 个波长。分离频带方案适于在单根光纤上分别用这两个频带的信号传送两个方向的光信号。采用这种方案的 WDM 系统的中心频率应满足表 3-12 的要求。

表3-12　32通路WDM系统分离频带中心频率

序号	频带	中心频率/THz	波长/nm	序号	频带	中心频率/THz	波长/nm
1	红带	192.10	1560.61	17	蓝带	194.50	1541.35
2		192.20	1559.79	18		194.60	1540.56
3		192.30	1558.98	19		194.70	1539.77
4		192.40	1558.17	20		194.80	1538.98
5		192.50	1557.36	21		194.90	1538.19
6		192.60	1556.55	22		195.00	1537.40
7		192.70	1555.75	23		195.10	1536.61
8		192.80	1554.94	24		195.20	1535.82
9		192.90	1554.13	25		195.30	1535.04
10		193.00	1553.33	26		195.40	1534.25
11		193.10	1552.52	27		195.50	1533.47
12		193.20	1551.72	28		195.60	1532.68
13		193.30	1550.92	29		195.70	1531.90
14		193.40	1550.12	30		195.80	1531.12
15		193.50	1549.32	31		195.90	1530.33
16		193.60	1548.51	32		196.00	1529.55

由于近年来EDFA技术的迅速发展，EDFA的增益平坦度有了很大的提高，因此80波WDM系统实现了连续波80通路、波长间隔50 GHz的波长选择。对于C波段80通路的WDM系统来说，应选用191.80～196.05 THz波长区域内间隔50 GHz的86个波长中连续80个波长，优先选用192.10～196.05 THz频段的80波，其中心频率应满足如表3-13要求。40通路WDM系统的40个光通路的中心波长应选表3-13中标有*的波长。

表3-13　80通路和40通路WDM系统中心频率

序号	中心频率/THz	波长/nm	序号	中心频率/THz	波长/nm
1	192.10*	1560.61	41	194.10*	1544.53
2	192.15	1560.20	42	194.15	1544.13
3	192.20*	1559.79	43	194.20*	1543.73
4	192.25	1559.39	44	194.25	1543.33
5	192.30*	1558.98	45	194.30*	1542.94
6	192.35	1558.58	46	194.35	1542.54
7	192.40*	1558.17	47	194.40*	1542.14
8	192.45	1557.77	48	194.45	1541.75

续表

序号	中心频率/THz	波长/nm	序号	中心频率/THz	波长/nm
9	192.50 *	1557.36	49	194.50 *	1541.35
10	192.55	1556.96	50	194.55	1540.95
11	192.60 *	1556.55	51	194.60 *	1540.56
12	192.65	1556.15	52	194.65	1540.16
13	192.70 *	1555.75	53	194.70 *	1539.77
14	192.75	1555.34	54	194.75	1539.37
15	192.80 *	1554.94	55	194.80 *	1538.98
16	192.85	1554.54	56	194.85	1538.58
17	192.90 *	1554.13	57	194.90 *	1538.19
18	192.95	1553.73	58	194.95	1537.79
19	193.00 *	1553.33	59	195.00 *	1537.4
20	193.05	1552.93	60	195.05	1537
21	193.10 *	1552.52	61	195.10 *	1536.61
22	193.15	1552.12	62	195.15	1536.22
23	193.20 *	1551.72	63	195.20 *	1535.82
24	193.25	1551.32	64	195.25	1535.43
25	193.30 *	1550.92	65	195.30 *	1535.04
26	193.35	1550.52	66	195.35	1534.64
27	193.40 *	1550.12	67	195.40 *	1534.25
28	193.45	1549.72	68	195.45	1533.86
29	193.50 *	1549.32	69	195.50 *	1533.47
30	193.55	1548.91	70	195.55	1533.07
31	193.60 *	1548.51	71	195.60 *	1532.68
32	193.65	1548.11	72	195.65	1532.29
33	193.70 *	1547.72	73	195.70 *	1531.9
34	193.75	1547.32	74	195.75	1531.51
35	193.80 *	1546.92	75	195.80 *	1531.12
36	193.85	1546.52	76	195.85	1530.72
37	193.90 *	1546.12	77	195.90 *	1530.33
38	193.95	1545.72	78	195.95	1529.94
39	194.00 *	1545.32	79	196.00 *	1529.55
40	194.05	1544.92	80	196.05	1529.16

(4)中心频率偏移

中心频率偏移定义为光通路的标称中心频率与实际中心频率之差。频率间隔为100 GHz的WDM系统,当单个波长速率为2.5 Gb/s以下时,最大中心频率偏移为±20 GHz(约为0.16 nm);速率为10 Gb/s时,最大中心频率偏移为±12.5 GHz(约为0.1 nm)。通道间隔为50 GHz的系统,最大中心频率偏移为±5 GHz(约为0.04 nm)。这些偏差值均为寿命终了值,即在系统设计寿命终了时,考虑到温度、湿度等各种因素仍能满足的数值。

3. WDM系统分类

WDM系统从不同的角度可以分为不同的类型。根据传输方向,可分为双纤单向WDM系统和单纤双向WDM系统;根据光接口类型,可以分为集成式WDM系统和开放式WDM系统;根据波长间隔,可以分为密集波分复用系统和粗波分复用系统。

(1)双纤单向WDM系统和单纤双向WDM系统

双纤单向WDM系统如图3-23所示,采用两根光纤,每根光纤中所有波长的信号都在同一个方向上传送。在发送端将载有各种信息的、具有不同波长的光信号$\lambda_1,\lambda_2,\cdots,\lambda_n$通过合波器组合在一起,在一根光纤上单向传输,由于各信号是通过不同波长携带的,所以彼此之间不会混淆。在接收端通过光分波器将不同光波长的信号分开,完成多路光信号的传输,反方向通过另一根光纤传输,原理相同。

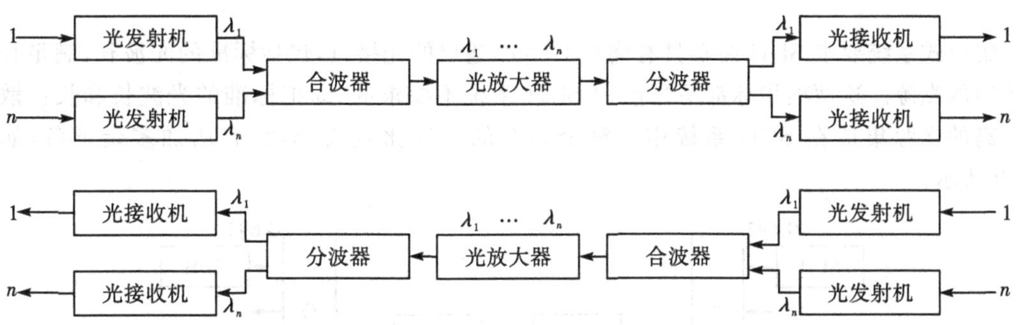

图3-23 双纤单向WDM系统

单纤双向WDM系统是指在一根光纤上同时传输两个不同方向的光信号,如图3-24所示,所用波长互相分开,以便实现双向全双工通信。显然,单纤双向WDM系统具有节省光纤和光放大器的优势。但这种WDM系统在设计和应用时必须要考虑到几个关键的系统因素,如为了抑制多通道干扰,必须注意到反射光的影响、双向通路之间的隔离、串话的类型和数值、

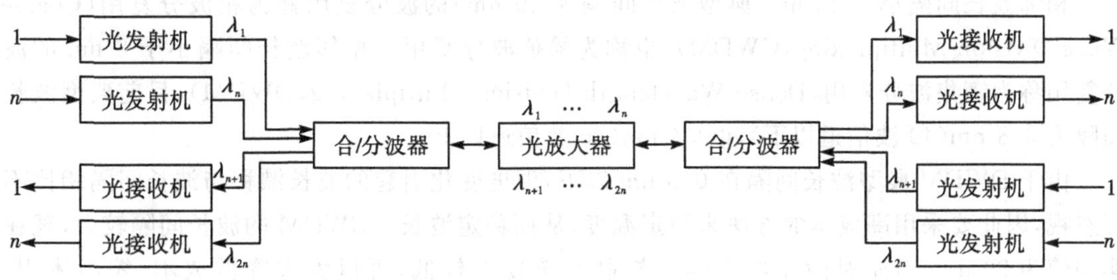

图3-24 单纤双向WDM系统

两个方向传输的功率电平值和相互间的依赖性、光业务信道传输和自动功率关断等问题，同时要使用双向光纤放大器系统，开发和应用相对来说要求更高。因此，与单纤双向 WDM 系统相比，实用的 WDM 系统大都采用双纤单向 WDM 系统。

(2)开放式 WDM 系统和集成式 WDM 系统

开放式系统是指在同一 WDM 系统中，可以接入不同厂家 SDH 系统，在光合波器前加入 OTU，将 SDH 非特定的波长转换为特定波长，OTU 输出端是满足 ITU－T G.692 建议的光接口，包括标准光波长、满足长距离传输的光源。具有 OTU 的 WDM 系统，对客户信号波长没有特殊要求，可以接入符合 ITU－T G.957 建议的 SDH 设备，兼容过去的 SDH 系统，实现不同厂家的 SDH 系统工作在同一个 WDM 系统内，如图 3－25 所示。

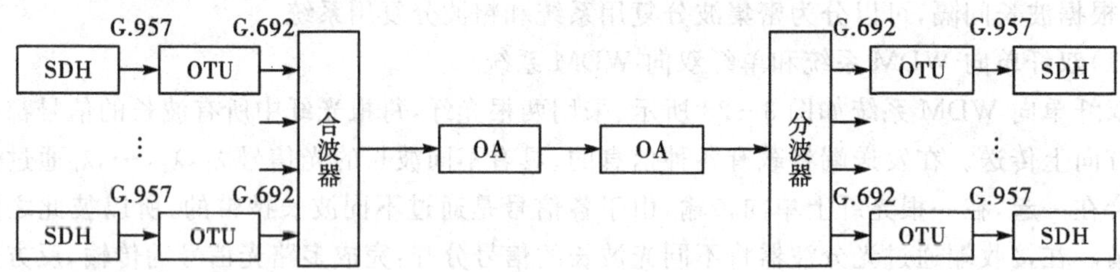

图 3－25　开放式 WDM 系统

集成式系统要求 SDH 终端具有满足 G.692 建议的光接口，包括标准的光波长、满足长距离传输的光源。这两项指标都是当前的 SDH 系统不要求的，即把标准的光波长和长色散受限距离的光源集成在 SDH 系统中。整个系统的构造比较简单，没有增加多余设备，如图 3－26所示。

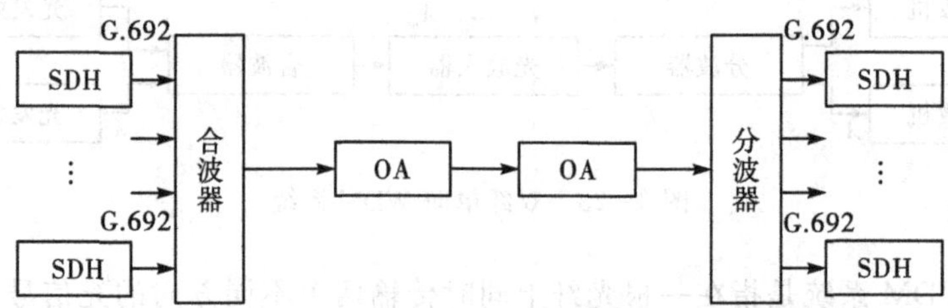

图 3－26　集成式 WDM 系统

(3)密集波分复用系统和粗波分复用系统

相邻波长间隔小于 50 nm(典型波长间隔为 20 nm)的波分复用称为粗波分复用(Coarse Wave Division Multiplexing，CWDM)，也称为稀疏波分复用。相邻波长间隔小于 8 nm 的波分复用称为密集波分复用(Dense Wavelength Division Multiplexing，DWDM)，目前典型波长间隔为 0.8 nm(40 波信道以下)和 0.4 nm(80 波信道以上)。

由于 DWDM 典型波长间隔在 0.8 nm 以下，温度变化引起的波长漂移与波长间隔相比不可忽视，因此要采用高成本的方法来稳定温度，从而稳定波长。CWDM 的波长间隔较大，现在典型值为 20 nm，因而对激光器和温度控制系统要求较低，可以大大降低成本、缩小体积，CWDM 设备成本大约是 DWDM 设备成本的 30%。目前，CWDM 的常用波长为：1470 nm、1490 nm、1510 nm、1530 nm、1550 nm、1590 nm 和 1610 nm。这个波长范围已经超过了目前最常使用的掺铒光纤放大器的放大范围，对于CWDM复用后的光信号不能直接用目前的光放大器进行放大，因此CWDM一般只用于不需要中继放大的有限区域，进行短距离应用，DWDM信号可以用光纤放大器直接进行放大，则用于广域网进行长途传输。本书如无特殊说明，均指DWDM。

3.1.3.2 ROADM技术

ROADM是采用可配置的光器件，实现OTN节点中任意波长、波长组的上下、阻断和直通的技术。这些波长级的处理全部在光层上进行，没有O/E/O转换，设备成本较低。ROADM的实现方式包括三种：波长阻断器(Wavelength Blocker，WB)、平面光波电路(Planar Lightwave Circuit，PLC)以及波长选择开关(Wavelength Selective Switch，WSS)。

1. WB

WB是一种能在空间上对任意波长进行灵活阻断的光学系统，主要作用是阻断下行波长通过实现波长选择，被认为是ROADM第一代技术。WB结构简单，模块化程度好，预留升级端口时可支持灵活扩展升级功能，上下波较少时成本低，支持广播功能，具备通道功率均衡能力，可用于50 GHz间隔。基于WB的ROADM技术如图3-27所示。

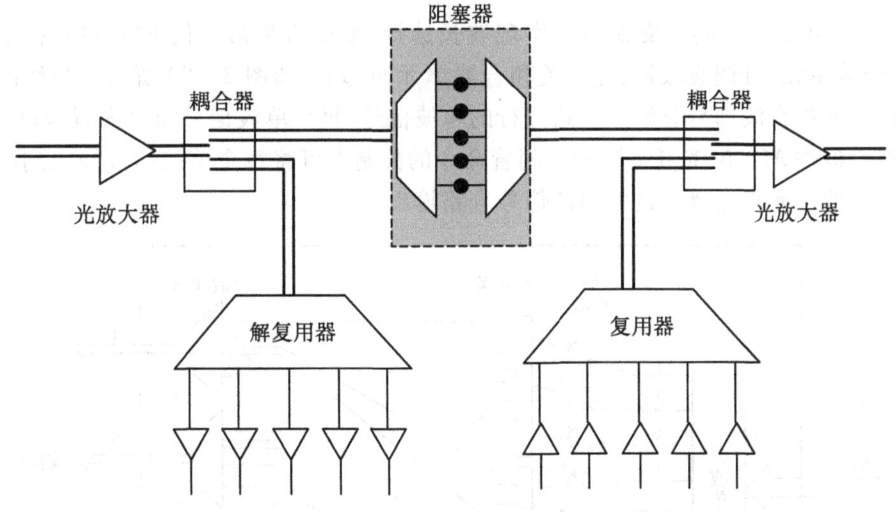

图3-27 基于WB的ROADM技术

2. PLC

PLC是第二代ROADM技术，主要通过集成的阵列波导光栅(Arrayed Waveguide Grating，AWG)实现波长复用和解复用，集成的光开关实现波长直通或阻断，并加入可变光衰减器(Variable Optical Attenuator，VOA)实现每通道的光功率均衡。PLC复用/解复用器技术成熟，节点内部插损较小，上下路波长较多时成本较低。但模块化结构差，初期配置成本高，大容量交叉矩阵可靠性有待提高，一般用于100 GHz间隔。基于PLC的ROADM技术如图3-28所示。

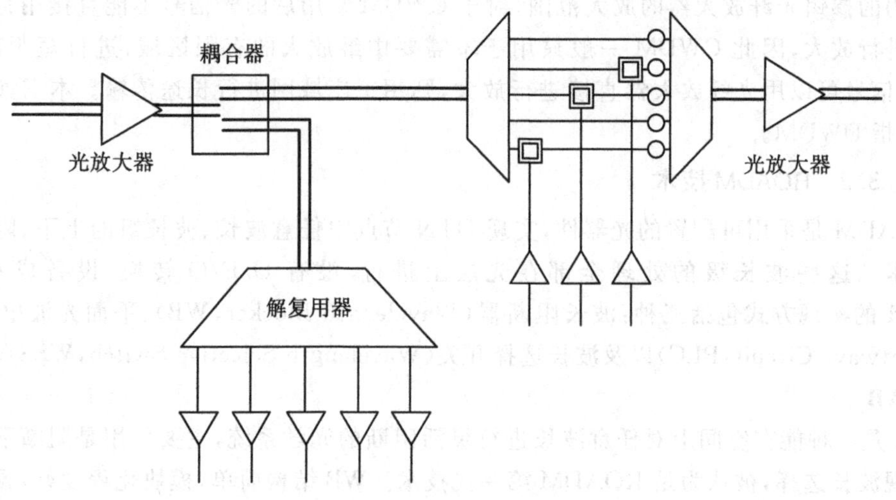

图 3-28　基于 PLC 的 ROADM 技术

3. WSS

WSS 是采用自由空间光交换技术实现波长选择，被认为是第三代 ROADM 技术。WSS 器件包括分波单元、可调衰减器、光开关和合波单元四部分，如图 3-29 所示。当线路信号输入后，分波单元将合波信号分解成多路并行的单波信号，每个单波信号通过内置 VOA 进行功率调整，核心器件 $M \times N$ 光开关阵列在网管命令的控制下可将每个单波信号导向到不同的光复用器中，合波单元将选择通过的单波信号合路输出。

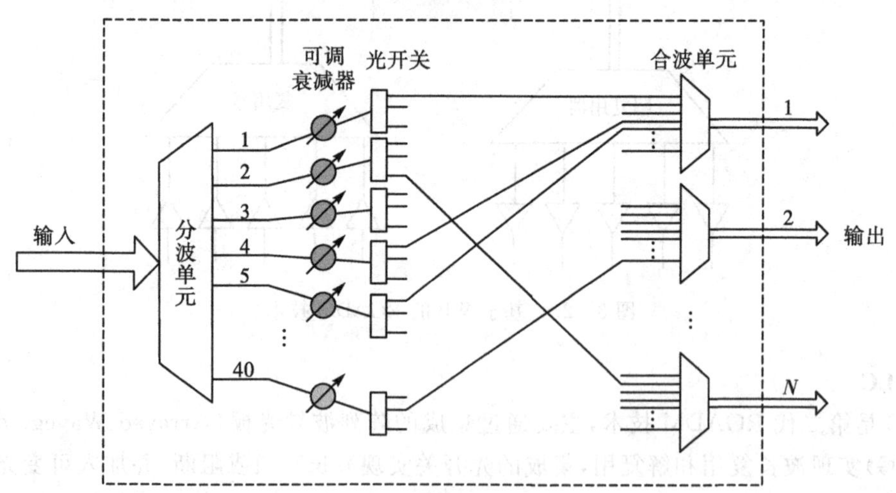

图 3-29　WSS 光器件结构

WSS 支持任意波长到任意端口的指配，配合可调谐 OTU，实现光网络波长自由上下，支持 4 维、6 维和 8 维等更高维度，也支持灵活增加网元节点或增加的新的光方向，并且可以通过 ASON 控制平面完成波长自动路由，实现多层次的保护方式。

3.1.3.3　OTN 光层开销

OTN 光层开销包括 OCh 开销、OMS 开销和 OTS 开销，具体如图 3-30 所示。

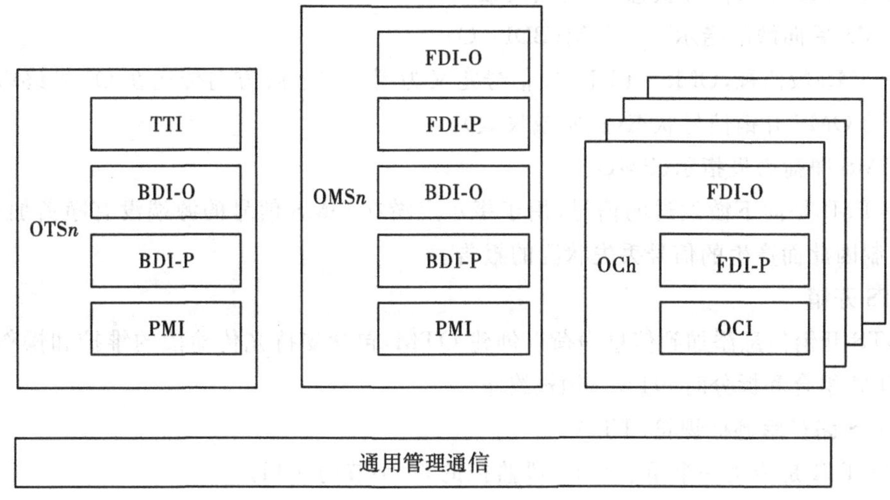

图 3-30　OTN 光层开销

1. OCh 开销

OCh 开销信息添加到 OTU*k* 以创建 OCh，包括支持故障管理的维护功能信息。当 OCh 信号组合和拆分时，OCh 开销被终结。

(1)OCh 前向缺陷指示——净荷(FDI-P)

用于 OCh 路径监视，OCh-FDI-P 信号定义为用于向下游方向传送的 OCh 净荷信号状态(正常或失效)。

(2)OCh 前向缺陷指示——开销(FDI-O)

用于 OCh 路径监视，OCh—FDI-O 信号定义为用于向下游方向传送的 OCh 开销信号状态(正常或失效)。

(3)OCh 开放连接指示(OCI)

OCh-OCI 为向下游发送的信号，用于指示上游在管理命令的作用下交叉矩阵连接已经开放。在 OCh 终结点处检测到的 OCh 信号丢失条件现在可与开放的交叉矩阵相关联。

2. OMS 开销

OMS 开销信息添加到 OCG 以创建 OMU，包含支持光复用段的维护和操作功能的信息。OMS 开销在 OMU 信号组合和拆分时终结。

(1)OMS 前向缺陷指示——净荷(FDI-P)

用于 OMS 段监视，OMS-FDI-P 信号定义为用于向下游方向传送的 OMS 净荷信号状态(正常或失效)。

(2)OMS 前向缺陷指示——开销(FDI-O)

用于 OMS 段监视，OMS-FDI-O 信号定义为用于向下游方向传送的 OMS 开销信号状态(正常或失效)。

(3)OMS 后向缺陷指示——净荷(BDI - P)

用于 OMS 段监视,OMS - BDI - P 信号定义为用于向上游方向传送在 OMS 终端宿功能上检测到的 OMS 净荷信号状态(正常或失效)。

(4)OMS 后向缺陷指示——开销(BDI - O)

用于 OMS 段监视,OMS - BDI - O 信号定义为用于向上游方向传送在 OMS 终端宿功能上检测到的 OMS 开销信号状态(正常或失效)。

(5)OMS 净荷丢失指示(PMI)

OMS PMI 是向下游发送的信号,用于指示上游在 OMS 信号的源端没有净荷加入,这样以便于抑制因此而产生的信号丢失状况的报告。

3. OTS 开销

把 OTS 开销信息添加到信息净荷以创建 OTM,包含支持光传输段的维护和操作功能的信息。OTM 组合和拆分时 OTS 开销被终结。

(1)OTS 路径踪迹标识符(TTI)

OTS - TTI 是传送一个用于 OTS 段监控的 64 字节的 TTI。

(2)OTS 后向缺陷指示——净荷(BDI - P)

对于 OTS 段监视而言,OTS - BDI - P 信号定义为用于向上游方向传送在 OTS 终端宿功能处检测到的 OTS 净荷信号失效状态。

(3)OTS 后向缺陷指示——开销(BDI - O)

对于 OTS 段监视而言,OTS - BDI - O 信号定义为用于向上游方向传送在 OTS 终端宿功能处检测到的 OTS 开销信号失效状态。

(4)OTS 净荷丢失指示(PMI)

OTS - PMI 是向下游发送的信号,用于指示上游在 OTS 信号的源端没有净荷加入,这样以便于抑制因此而产生的信号丢失状态的报告。

3.2 OTN 设备功能模型

ITU - T G. 798、G. 798. 1 和 G. 806 等建议规范了 OTN 设备的功能描述和设备类型,依据建议,OTN 设备可以分为 OTN 终端复用设备、OTN 电交叉连接设备、OTN 光交叉设备和 OTN 光电混合交叉设备四种类型。

3.2.1 OTN 终端复用设备

OTN 终端复用设备指支持电层(ODU*k*)和光层(OCh)复用的光传输设备,主要应用于终端站,可以实现业务的上下,所以对于需要集中上下大量业务的点到点、线形及环带链组网的端点,建议配置为此类型设备。光终端复用设备(Optical Termination Multiplexer,OTM)的功能模型如图 3 - 31 所示,主要包括业务接口适配处理功能、OTU*k* 线路接口处理功能以及光复用段和光传输段处理功能。

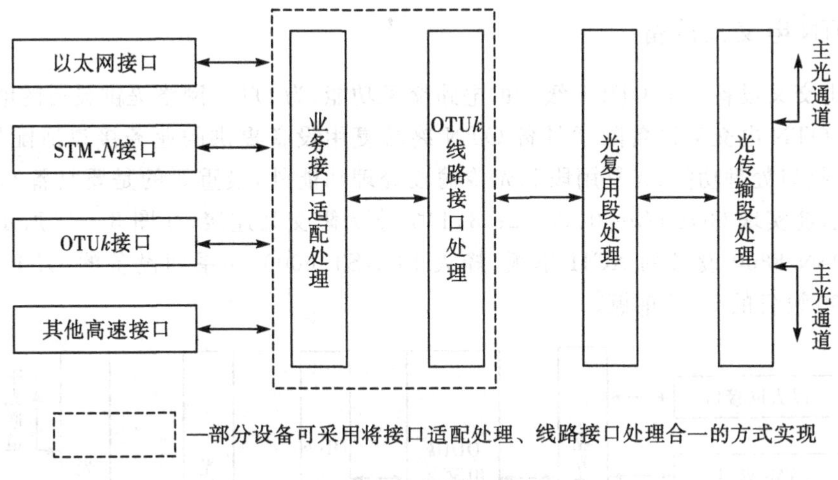

图 3-31 OTN终端复用设备功能模型

1. 业务接口适配处理功能

OTN作为下一代大容量的多业务承载网，应有效支撑目前以及未来主流应用的所有业务的传送。OTN设备的接口适配功能支持STM-16/64/256 SDH业务、OTU1/2/3 OTU业务、GE/10GE以太网业务以及1G/2G/4G/8G/10G FC等客户业务接入，经过映射复用处理后产生ODU*k*(*k*=0,1,2,2e,3,4)通道信号，也可选择支持STM-1/4、FE等低速客户业务的接入，经过映射复用处理后产生ODU*k*(*k*=0,1,2,2e)通道信号。通常业务接口适配功能由设备的支路单元来实现。例如华为OptiX OSN 8800设备[①]的TOM、TOA单板，烽火FONST 6000 U系列设备[②]的xTN1盘，中兴ZXMP M800设备[③]的SAU单板。

2. OTU*k*线路接口处理功能

OTN的线路接口处理功能包括ODU*k*时分复用、ODU*k*映射到OTU*k*等。例如华为OptiX OSN 8800设备的NQ2、ND2单板，烽火FONST 6000 U系列设备的xLN2，中兴ZXMP M800设备的SMU单板。

3. 光复用段和光传输段处理功能

光复用段(OMS)是在接入点之间通过光复用段路径提供光通道传送的层网络，系统中体现为光波长复用/解复用子系统，在OTN设备中通过传统的WDM设备中的波分复用器件提供光复用段路径的物理载体。例如华为OptiX OSN 8800设备的M40、D40单板，烽火FONST 6000 U系列设备的OMU、ODU系列盘，中兴ZXMP M800设备的OMU40、ODU40单板。

光传输段(OTS)是在接入点之间通过光传输段路径提供光复用段传送的层网络。在OTN设备中通过传统的WDM设备中的光放大器件提供光传输段路径的物理载体。例如华为OptiX OSN 8800设备的OAU1、OBU1单板，烽火FONST 6000 U系列设备的OA、PA盘，中兴ZXMP M800设备的EOBAS、EOPAS、EONAD单板。

①华为OptiX OSN 8800产品文档(产品版本:V100R002C02),2014。

②烽火FONST 6000U系列产品文档(A MN000001864),2014。

③中兴Unitrans ZXMP M800产品文档(V1.0),2005。

3.2.2 OTN电交叉设备

OTN电交叉设备完成ODUk级别的电路交叉功能，为OTN网络提供灵活的电路调度和保护能力。OTN电交叉设备除了具备OTN终端复用设备提供的业务接口适配处理功能、OTUk线路接口处理功能、光复用段和光传输段处理功能外，最重要的是要具备ODUk电交叉连接功能，能实现ODUk(k=0,1,2,2e,3,4)完全无阻交叉连接，如图3-32所示。例如华为OptiX OSN 8800设备的XCH单板，烽火FONST 6000 U系列设备的UXU2盘，中兴ZXMP M800设备的CSU单板。

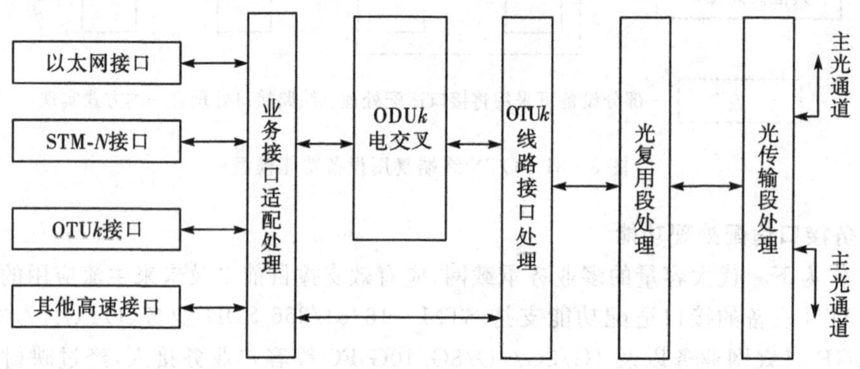

图3-32 OTN电交叉设备功能模型

3.2.3 OTN光交叉设备

OTN光交叉设备提供OCh光层调度能力，实现波长级别业务的调度和保护恢复，其功能模型如图3-33所示。与OTN电交叉设备类似，OTN光交叉设备除了具备OTN终端复用设备提供的业务接口适配处理功能、OTUk线路接口处理功能、光复用段和光传输段处理功能外，最重要的是要具备波长级OCh光交叉功能模块。

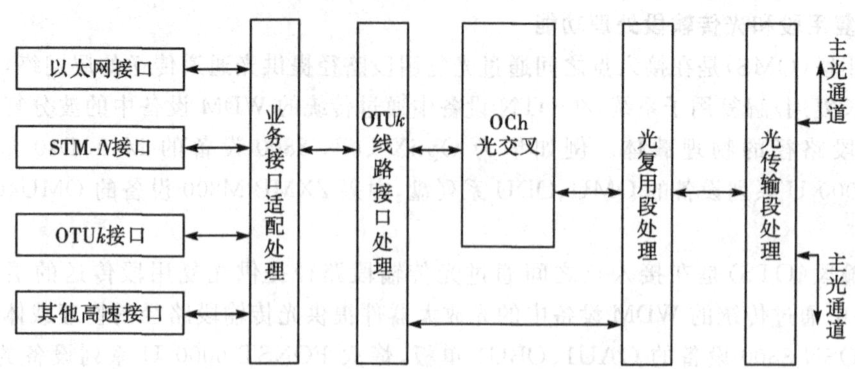

图3-33 OTN光交叉设备功能模型

要实现波长级光信号的交叉，一般可通过静态光分插复用设备(Fixed Optical Add/Drop Multiplexer,FOADM)和动态光分插复用设备(Reconfiguration Optical Add/Drop Multiplexer,ROADM)两种设备来实现。FOADM一般应用在线形及环形组网的中间站点，通过固定光分插复用器件实现固定 OCh 调度，实际中调度需手动跳纤，开通维护不太方便。而 ROADM 通过可重构的光分插复用器件实现动态 OCh 调度功能，因此对于有多维光调度需求、业务波长灵活、有动态分配需求的中间站点，建议采用 ROADM。各个厂家用来实现光分插复用的单板不同，例如华为 OptiX OSN 8800 设备采用 MR4、MR8V 等单板实现 FOADM 功能，采用 WSMD2、WSMD4 等单板实现 ROADM 功能，烽火 FONST 6000 U 系列设备的 WSS8M、WSS8D 盘实现 ROADM 功能，中兴 ZXMP M800 设备的 WSUA、WSUD 单板实现 ROADM 功能。

3.2.4　OTN 光电混合交叉设备

OTN 电交叉设备可以与 OCh 光交叉设备相结合，同时提供 ODU*k* 电层和 OCh 光层调度能力。波长级别的业务可以直接通过 OCh 交叉，其他需要调度的业务经过 ODU*k* 交叉，两者配合可以优势互补，又同时规避各自的劣势。这种大容量的调度设备就是 OTN 光电混合交叉设备。此类型的设备集合了业务接口适配处理功能、OTU*k* 线路接口处理功能、光复用段和光传输段处理功能、ODU*k* 电交叉功能和 OCh 光交叉功能，如图 3－34 所示。因此，OTN 光电混合交叉设备要提供 SDH、ATM、以太网、OTU*k* 等多种业务接口，具备 FOADM 或 ROADM 功能提供 OCh 调度能力；提供 ODU*k* 调度能力，支持一个或者多个 ODU*k*(*k*=0,1,2,2e,3,4) 级别电路调度。

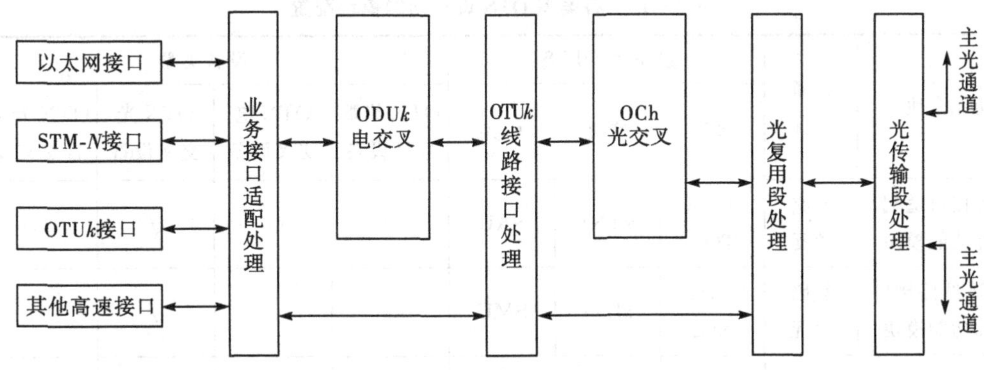

图 3－34　光电混合交叉设备功能模型

3.2.5　OTN 设备完整功能模型

OTN 设备完整功能模型如图 3－35 所示。电层有业务接口适配处理功能模块、OTU*k* 线路接口处理功能模块、ODU*k* 电交叉连接功能模块或者 ODU*k* 接口适配处理功能与 OTU*k* 线路接口处理功能合一的模块，光层有 OCh 光交叉连接功能模块、光复用段处理功能模块和光传输段处理功能模块。这种类型的设备可接入以太网、STM－*N*、OTU*k* 等多种业务信号，可实现客户信号到 OTU*k* 的适配，能完成一个或者多个 ODU*k*(*k*=0,1,2,2e,3,4) 级别的电路调度和 OCh 波长级别的光路调度，可实现 OCh 信号的复用与解复用并产生和终结相应的管理和维护信息，能通过物理接口实现光信号在不同类型传输媒质上传输的功能并处理相应的管理维护信息。各种类型 OTN 设备的功能模块配置如表 3－14 所示。

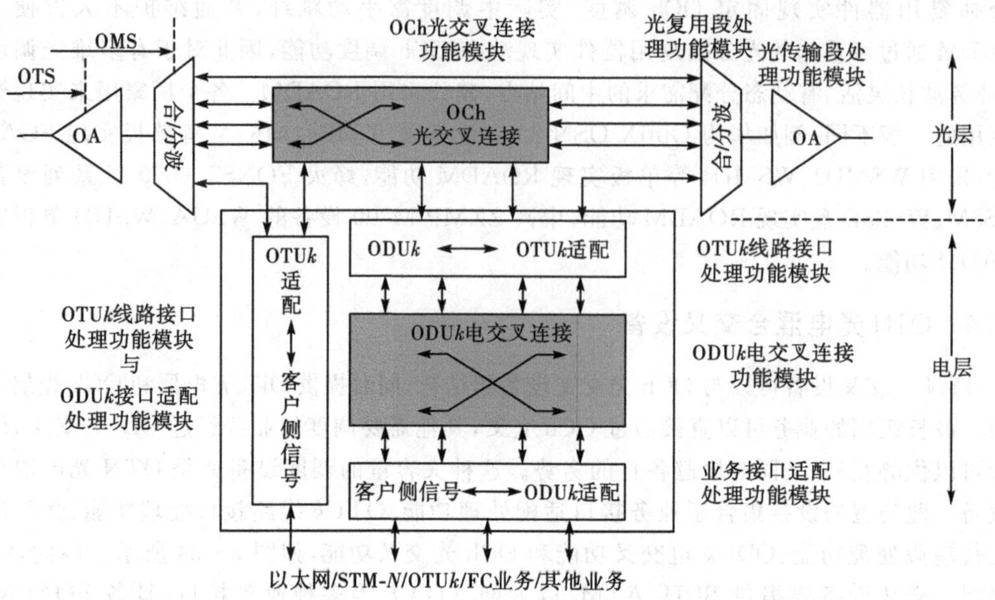

图 3-35 OTN 设备完整功能模型

表 3-14 各类型 OTN 设备功能模块配置

功能模块	设备单元	设备生产厂商			设备类型			
		华为	烽火	中兴	OTN 终端复用设备	OTN 电交叉设备	OTN 光交叉设备	OTN 光电混合交叉设备
业务接口适配处理功能模块	支路单元	TOM TOA	xTN1	SAU	√	√	√	√
OTUk 线路接口处理功能模块	线路单元	NQ2 ND2	xLN2	SMU	√	√	√	√
ODUk 电交叉连接功能模块	电交叉单元	XCH	UXU2	CSU		√		√
OCh 光交叉连接功能模块	光交叉单元	MR4 MR8V WSMD2 WSMD4	WSS8M WSS8D	WSUA WSUD			√	√
光复用段处理功能模块	合/分波单元	M40 D40	OMU ODU	OMU40 ODU40	√	√	√	√
光传输段处理功能模块	光放大单元	OAU1 OBU1	OA PA	EOBAS EOPAS EONAD	√	√	√	√

注:1. 表中仅列出实现各功能的部分单板,其他单板请查询厂家提供的设备硬件资料。

2. 表中未列出业务接口适配处理功能和 OTUk 线路接口处理功能合一的单板。

3.3　OTN设备告警分析

3.3.1　OTN设备常见告警

告警是系统指标达到一定门限后的告知和警示，因此对设备产生的每一个告警都必须及时进行处理，减少故障发生，提高网络质量。OTN设备常见告警如表3-15所示。

表3-15　OTN设备常见告警

名称	意义	产生原因	处理方法
LOS	适用于任何业务。 接收到的信号在一段时间内(根据业务速率从10 μs～1 ms不等)没有0、1跳变	输入口悬空； 光功率过低； 输入光为白光(光功率恒定不跳变)； 本地接收模块故障	检查光纤； 检查对面设备是否故障； 检查本地光模块
OTUk_AIS	OTU层AIS告警。 此信号为一种特殊的PN-11码序列，此时没有OTU帧头，也没有FEC信息，所以传输距离太远后可能无法正常接收	上游业务板在输入端口检测到业务失效	检查上游单板，跳过所有有OTUk_AIS告警的单板即可找到故障源
OTUk帧丢失	OTN帧丢失。 说明此时没有接收到任何信号	输入口悬空； 光功率过低； 输入光为白光(光功率恒定不跳变)； 本地接收模块故障	检查上游单板是否正常； 检查本地单板的输入端口； 检查光纤连接
OTUk_LOM	OTU层复帧告警。 复帧计数开销计数错误	信号有误码时可能造成此告警； 上游单板OTN成帧器故障(可能性很小)	按照误码来处理。复帧丢失可能导致TTI出错，或可能导致OPU中的业务出现错误
FEC纠错前误码越限告警	FEC纠错前误码数过多	信号误码严重	设法降低纠错前误码数。 调整入光功率； 检查线路光纤和光纤连接； 检查色散配置
FEC纠错后误码越限告警	FEC纠错后误码数过多。 此时实际业务会出现误码，一般同时有SM_BIP8和PM_BIP8	信号误码严重导致FEC纠错已超出纠错能力极限	按照线路有误码处理。 调整入光功率； 检查线路光纤和光纤连接； 检查色散配置

续表

名称	意义	产生原因	处理方法
OTUk_BIP8 误码越限	OTN 帧误码越限，也叫 SM_BIP8 误码越限。SM 段的开销就是 OTU 帧的开销	线路光纤劣化；光功率过低；色散补偿不合适	检查线路光纤；检查光功率；检查色散补偿
OTUk_SM_BDI	OTN 帧反向缺陷指示。当单板在线路接收口检测到 OTN 业务失效时，会在线路发送口插入此告警	本单板线路发送口故障；对面单板线路接收口检测到 OTN 业务失效	检查对面单板线路接收口；处理对面单板接收口故障
OTUk_SM_BEI	OTN 帧反向误码指示。当单板在线路接收口检测到 OTUk_BIP8 误码后，将误码数量在线路发送口发出	对面单板线路接收口检测到 OTUk_BIP8 误码	检查对面单板线路接收口；处理对面单板接收口的误码
OTUk_SM_IAE	OTN 帧帧对齐错误。OTN 帧头应该每隔固定的时间出现，如果检测到帧头没有在固定时间点出现，则在下游输出口插入此告警	检查对面单板的上游输入口的 OTN 业务。此告警一般仅在 OTN 帧丢失产生消失的瞬间才可能产生	检查对面单板上游输入口的 OTN 业务
OTUk_SM_BIAE	OTN 帧反向帧对齐错误。当线路接收口检测到 SM_IAE 告警时，在线路输出口插入 SM_BIAE 告警	检查对面单板是否有 SM_IAE 告警	检查对面单板是否有 SM_IAE 告警
OTUk_SM_TTI	OTUk 信号踪迹字失配告警。线路接收口收到的 TTI 信息和期望值不匹配。如果不需要 TTI 检测功能可以在网管信号踪迹配置中设置为不比较 SM_TTI 和 PM_TTI	TTI 期望值设置错误；接收到的信号中 TTI 信息和期望值不符	检查 TTI 期望值设置；检查实际接收到的 TTI
ODUk_AIS	ODU 层 AIS 告警。此信号有 OTU 帧头和 FEC 信息，但所有净荷和大部分开销都为 0xff，净荷中没有业务	上游业务板在输入端口检测到业务失效	检查上游单板，跳过所有有 ODUk_AIS 告警的单板即可找到故障源
ODUk_LCK	ODU 层 LCK 告警。信号格式基本同 ODUk_AIS。单板不会产生此信号，但检测到此信号后会上报告警	检测到此告警	一般只有仪表插入此告警时才会上报此告警，正常情况下不会上报此告警

续表

名称	意义	产生原因	处理方法
ODUk_OCI	ODU层OCI告警。 信号格式基本同ODUk_AIS。单板不会产生此信号，但检测到此信号后会上报告警	检测到此告警	一般只有仪表插入此告警时才会上报此告警，正常情况下不会上报此告警
ODUk_PM_BIP8误码越限	ODU帧误码越限。 误码检测原理同OTUk_BIP8。PM段的开销就是ODU帧的开销	线路光纤劣化； 光功率过低； 色散补偿不合适	检查线路光纤； 检查光功率； 检查色散补偿
ODUk_PM_BDI	ODU帧反向缺陷指示。 当单板在线路接收口检测到ODU层业务失效时，会在线路发送口插入此告警	本单板线路发送口故障；对面单板线路接收口检测到OTN业务失效	检查对面单板线路接收口，处理对面单板接收口故障
ODUk_PM_BEI	ODU帧反向误码指示。 当单板在线路接收口检测到ODUk_PM_BIP8误码后，将误码数量在线路发送口发出	对面单板线路接收口检测到ODUk_PM_BIP8误码	检查对面单板线路接收口，处理对面单板接收口的误码
ODUk_PM_IAE	ODU帧帧对齐错误。 ODU帧头应该每隔固定的时间出现，如果检测到帧头没有在固定时间点出现，则在下游输出口插入此告警	检查对面单板的上游输入口的OTN业务。 此告警一般仅在OTN帧丢失产生消失的瞬间才可能产生	检查对面单板上游输入口的OTN业务
ODUk_PM_TTI	即ODUk_PM段踪迹字失配告警。 线路接收口收到的TTI信息和期望值不匹配。如果不需要TTI检测功能可以在网管信号踪迹配置中设置为不比较SM_TTI和PM_TTI	TTI期望值设置错误； 接收到的信号中TTI信息和期望值不符	检查TTI期望值设置； 检查实际接收到的TTI
OPUk_PT失配告警	OPUk_PT失配告警。 线路接收口收到的PT信息和期望值不匹配。如果不需要PT检测功能可以在网管PT配置中设置为不比较PT	PT期望值设置错误； 接收到的信号中PT信息和期望值不符	检查PT期望值设置； 检查实际接收到的PT

3.3.2 处理 SDH 业务的告警信号流

3.3.2.1 客户侧告警处理

SDH 业务客户侧告警处理过程如图 3-36 所示。客户侧是指支路单元的客户侧，用于接入客户端设备，波分侧是指线路单元的波分侧，用来汇聚多路业务信号并转换波长，信号处理模块是指设备中完成业务映射复用、成帧、开销处理的模块；SF 是信号失效事件，SD 是信号劣化事件，SF 和 SD 事件都是触发保护倒换的条件。

当客户侧接入 R_LOS 信号时，该告警信号分别在本站波分侧和下游站波分侧被处理后，在下游站的客户侧产生 REM_SF 告警，最终在客户端设备中将检测到 R_LOF 告警。当客户侧信号为 R_LOF 和 R_LOC 告警时，处理信号流与 R_LOS 类似。其他告警进入系统是什么告警信号，在系统中各个检测点就上报什么告警。

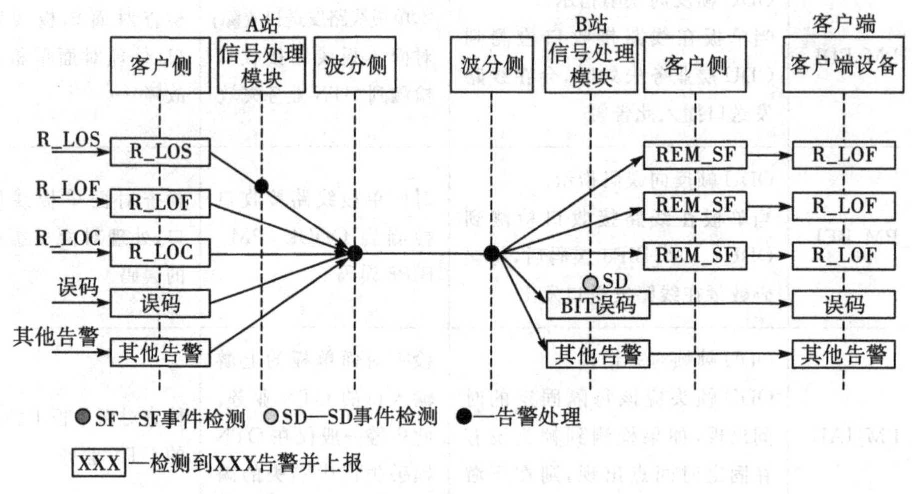

图 3-36 SDH 业务客户侧告警处理过程

3.3.2.2 波分侧告警处理

当设备波分侧接入 R_LOS / OTUk_LOF / OTUk_LOM / OTUk_AIS / ODUk_PM_AIS / ODUk_PM_OCI/ODUk_PM_LCK 告警信号时，这些告警会产生 SF 事件时，会触发通道业务倒换。设备一方面要向上游站波分侧回传 ODUk_PM_BDI 或 OTUk_BDI 告警，另一方面该告警继续向本站下游客户侧传送，在客户侧进行告警处理后，在客户端设备中可检测到 R_LOF 告警。

当设备波分侧接入误码类告警信号时，会产生 SD 事件，但是否触发业务通道倒换可以由用户进行设置，设备向上游站波分侧回传远端误码类性能事件，同时误码继续向本站下游客户侧传送，在客户端设备中可检测到误码告警。具体处理过程如图 3-37 所示。

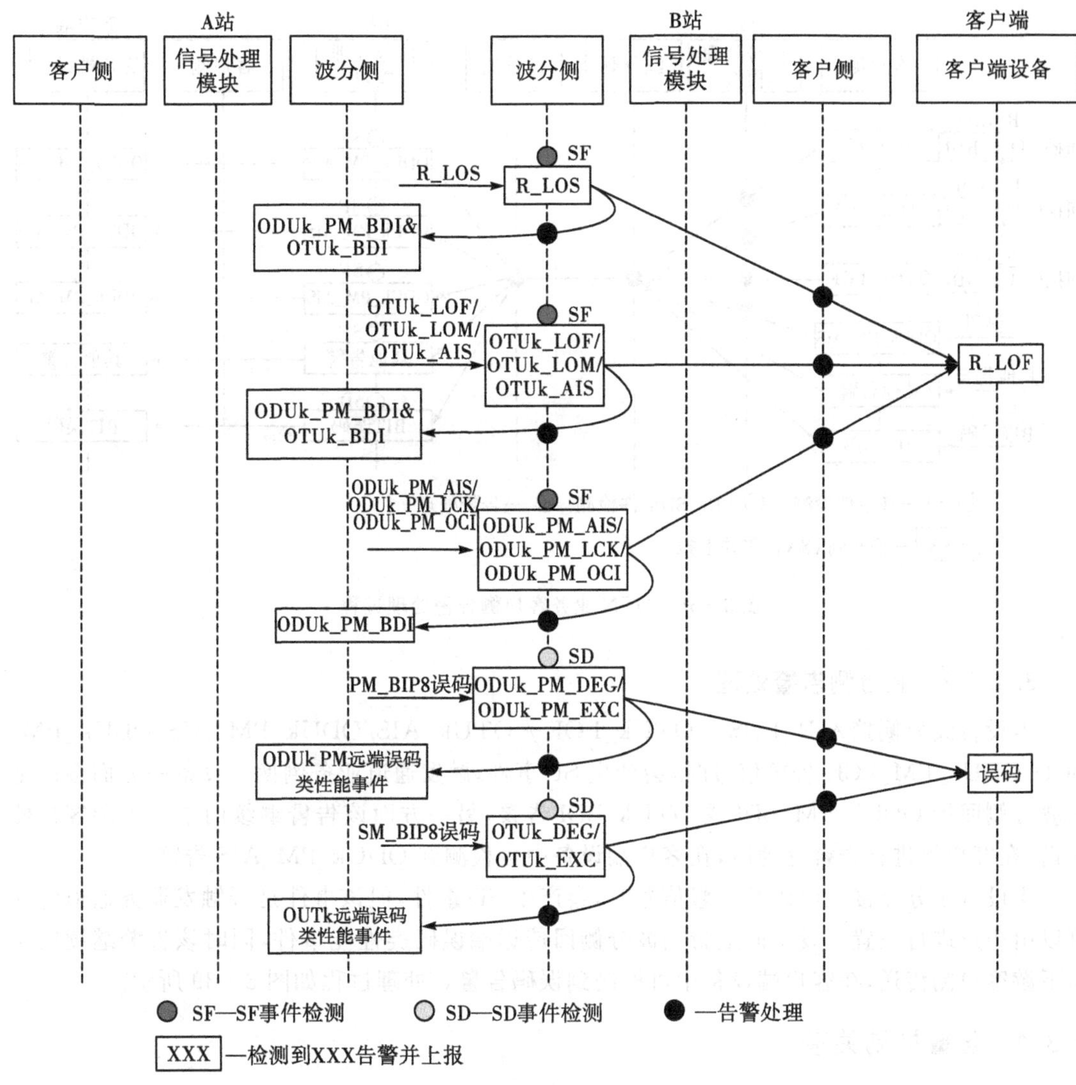

图 3－37 SDH 业务波分侧告警处理过程

3.3.3 处理 OTN 业务的告警信号流

3.3.3.1 客户侧告警处理

如图 3－38 所示，当客户侧接入 R_LOS/OTUk_LOF/OTUk_LOM 告警信号时，该告警信号在本站的信号处理模块、波分侧以及下游站波分侧处理后继续向下游传送，在下游站产生 ODUk_PM_AIS 告警，最终在客户端设备中将检测到 ODUk_PM_AIS 告警。同时对应通道产生 SF 事件，触发通道业务倒换。

当客户侧信号为非 R_LOS/OTUk_LOF/OTUk_LOM 时，进入系统是什么告警信号，在系统中各个检测点仍然上报什么告警。

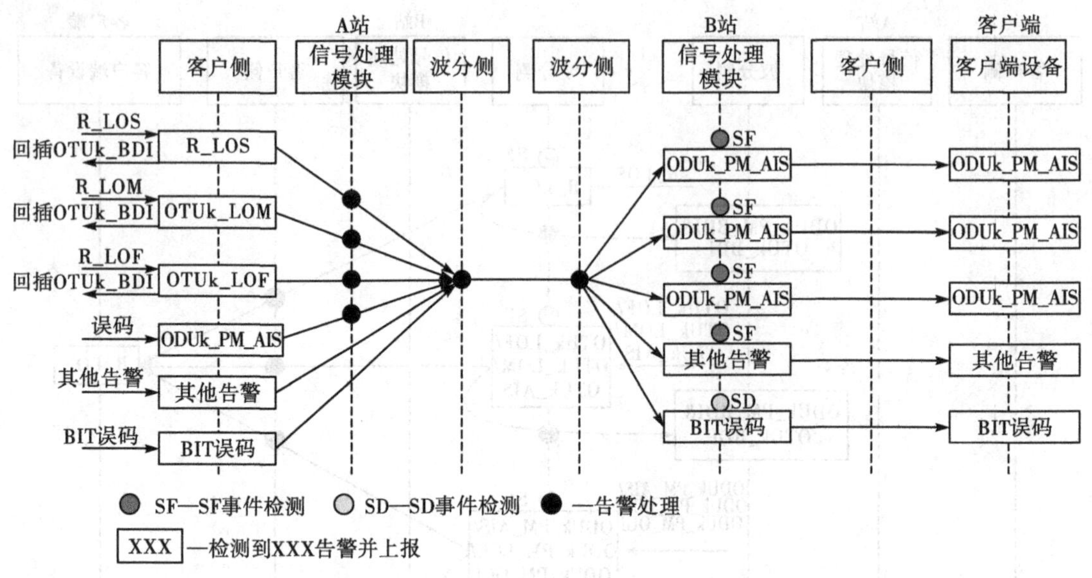

图 3－38　OTN 业务客户侧告警处理过程

3.3.3.2　波分侧告警处理

当设备波分侧接入 R_LOS / OTUk_LOF / OTUk_AIS/ODUk_PM_AIS/ODUk_PM_OCI/ ODUk_PM_LCK 告警信号时，会产生 SF 事件，触发通道业务倒换。设备一方面会向上站波分侧回传 ODUk_PM_BDI 或 OTUk_BDI 告警，另一方面该告警继续向本站下游客户侧传送，在客户侧进行告警处理后，在客户端设备中可检测到 ODUk_PM_AIS 告警。

当设备波分侧接入误码类告警信号时，会产生 SD 事件，但该事件是否触发业务通道倒换可以由用户进行设置。设备向上游站波分侧回传远端误码类性能事件，同时该告警继续向本站下游客户侧传送，在客户端设备中可检测到误码告警。处理过程如图 3－39 所示。

3.3.4　告警抑制关系

当设备出现故障时，可能同时产生多个告警，但是对于维护人员而言，某些告警的上报是无意义的，因此设备仅向网管系统上报原发告警，而屏蔽伴随告警。了解原发告警对伴随告警的抑制关系有助于维护人员分析告警产生原因，提高处理告警的效率。

告警之间的抑制原则如下。

①客户侧和波分侧的告警检测相对独立，两者之间不存在告警相互抑制关系。

②单板硬件类检测告警和业务告警之间不存在相互抑制关系。

③不能同时产生的告警不存在告警抑制关系。

④不同 TCM 层级之间的告警不存在告警抑制关系。

OTN 告警抑制关系如图 3－40 所示。一般来说，当多个告警同时存在时，高级告警会屏蔽低级告警，此时只有等级最高的告警上报。例如 LOS 和帧丢失告警同时存在时，单板只上报 LOS 告警。因为 LOS 状态下不可能接收到 SDH 帧，此时上报帧丢失没有意义。告警级别大致如下，LOS＞OTN(OTN 中 OTU＞ODU＞OPU)＞业务。当线路上传输的为 OTN 帧结构时，业务作为 OPU 帧的净荷存在，如果 OTN 帧丢失则业务肯定不存在，所以 OTN 告警高

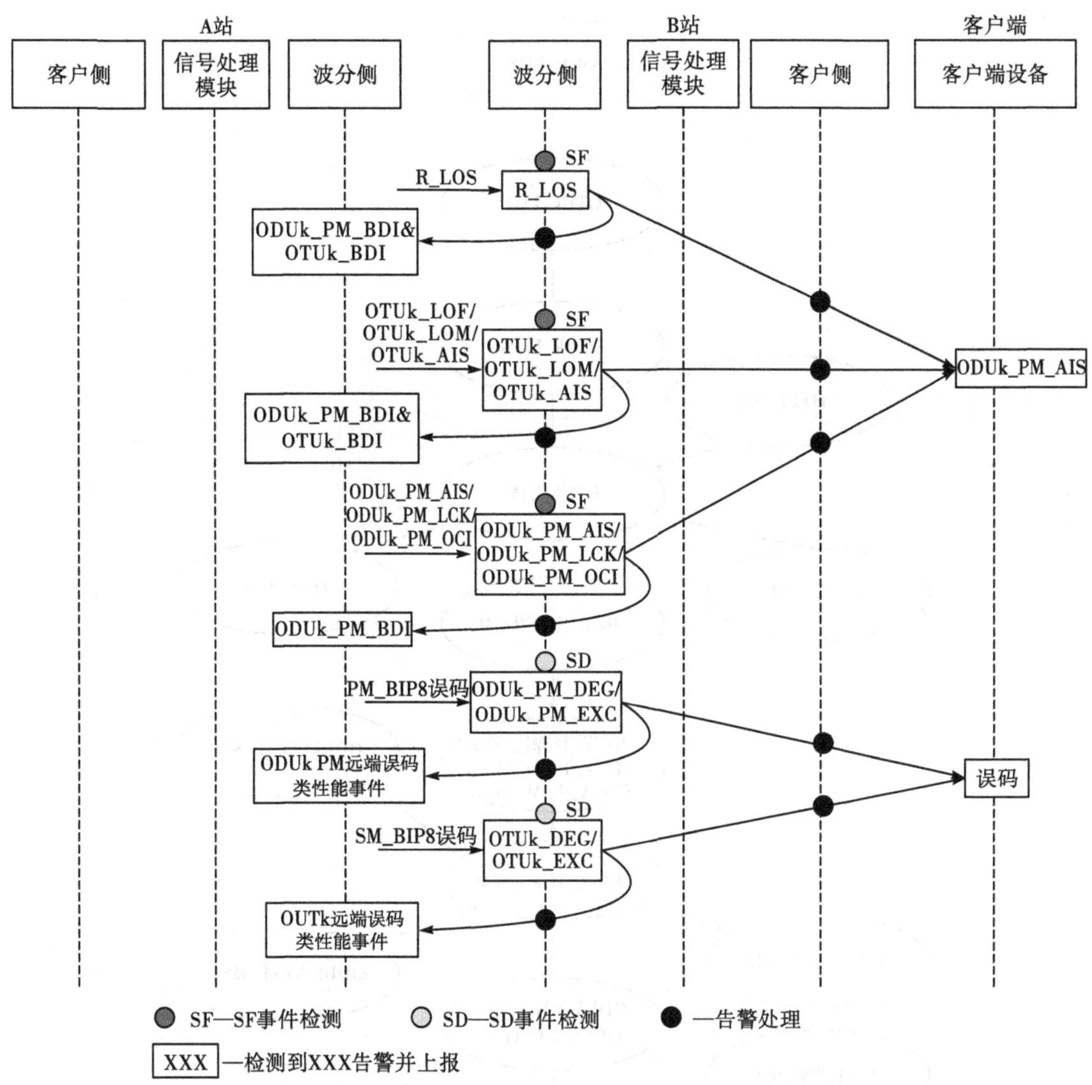

图 3-39 OTN 业务波分侧告警处理过程

于业务告警。LOS 和无光告警之间没有屏蔽关系。

注意,表 3-15 中的告警是按优先级排序的,最上面的告警优先级最高,但个别告警可能是平级的,平级告警可能同时上报。同时有些告警虽然级别很高,但不会屏蔽低级告警。例如 LOM 告警、TTI 适配告警等虽然是 OTN 层的告警,但由于这些告警不代表 OTN 业务失效,所以不会屏蔽 SDH 层的 LOF、B1 过限等告警。

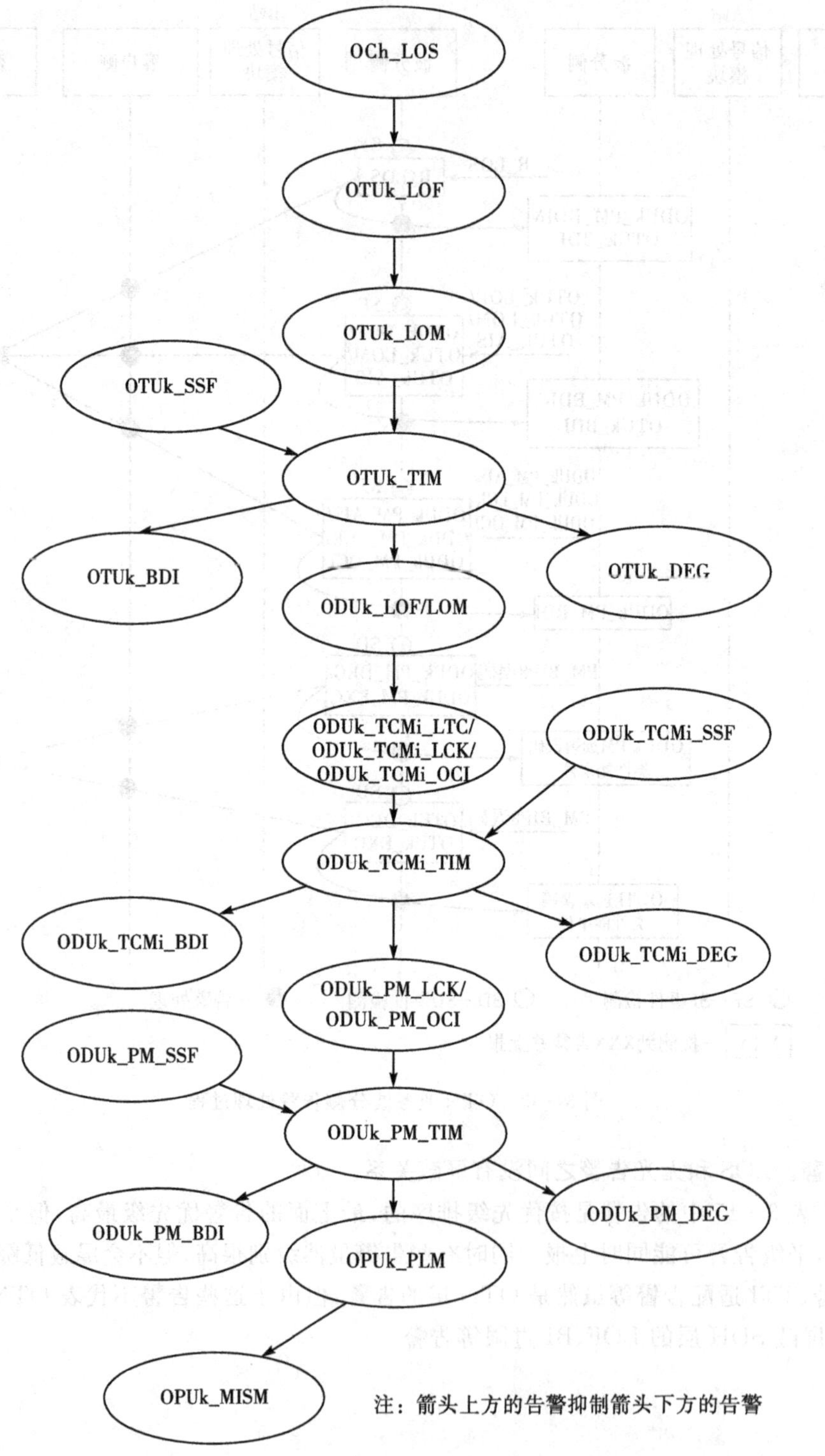

图 3－40　OTN 告警抑制关系

3.4 OTN 设备数据配置与调测

OTN 设备数据配置是利用网络管理系统配置与设备相关数据的操作，包括网络部署、业务配置、网络维护和 WDM 智能特性管理等，其中网络部署和业务配置是本节要介绍的重点内容。网络部署主要包括创建网元、配置网元单板数据、创建光纤等关键操作，目的是通过配置能在网管系统上形成与实际设备一致的数据以便于管理；业务配置是指利用网管系统在业务源宿节点间建立传送通道的操作，是安装调测、系统维护时都要涉及的重要配置内容，目的是借助设备的波长选择功能和交叉功能，实现 OTN 业务的快速开通、远程调度和资源动态分配。

OTN 调测是指对 OTN 系统中的各个站点、单板等的重要参数、功能和性能进行的测试调整，一般包括光功率调测和系统调测。光功率调测是按照光信号的流向顺序调测各个站点、单板的光功率值，根据单板的光功率、增益、插损等要求，排除线路和单板的异常衰耗；系统调测主要包括保护功能调测、特性功能调测、误码性能测试等网络级功能的调测操作。

OTN 设备数据配置与调测流程如图 3-41 所示。

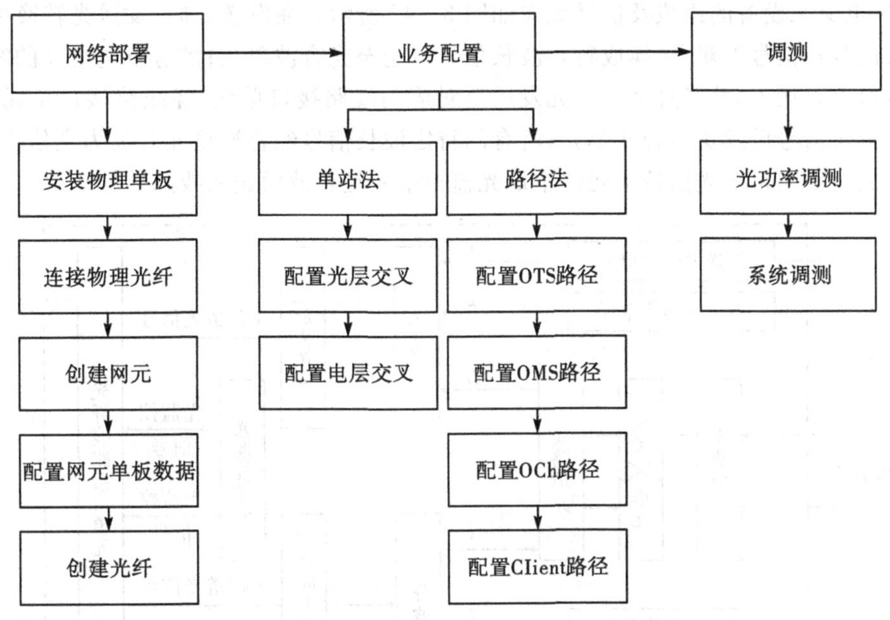

图 3-41 OTN 设备数据配置与调测流程

3.4.1 OTN 设备数据配置

3.4.1.1 网络部署

利用网管系统配置 OTN 设备数据的前提条件是已经根据设计方案完成了机柜、组件、单板的安装，电缆、光纤的安装与布放，网管计算机的连接和网管软件的安装等。

1. 创建网元

每个实际设备在网管系统上都体现为网元。网管系统在管理实际设备时，必须先在网管上创建相应的网元。网元包括网关网元和非网关网元两类,网关网元是与网管之间有直接访问关系的网元,网管可以直接 PING 通,而非网关网元是普通网元,与网管之间的通信必须通过网关网元提供数据的输入输出。也就是说,所有网管数据的下发都必须通过网关网元进行派发,普通网元的数据必须通过网关网元进行上报。一般来讲,创建网元时需要配置网元的设备类型、ID、网关类型、IP 地址、网元用户及密码等重要属性。

2. 配置网元单板数据

网元创建成功后还处于未配置状态,必须先配置网元数据,网管才能管理操作该网元。手工配置网元数据时,需要在网元板位图上添加单板。添加单板可添加网元上实际在位的物理单板,也可添加实际设备上不存在的逻辑单板。这里提到的物理单板是指当前子架上所插的实际在位单板,而逻辑单板是指仅在网管上创建,实际设备上没有安装的单板。创建逻辑单板后,可以进行业务配置,如果物理板在位,业务就可以配通。不同的 OTN 设备需要配置的单板类型不同,下面分别介绍 OTN 电交叉设备和 OTN 光交叉设备的单板组成与信号流,而 OTN 终端复用设备和 OTN 光电混合交叉设备是在前两种设备基础上增删部分处理单元形成的,此处不再赘述。

(1)OTN 电交叉设备单板组成及信号流向

OTN 电交叉设备的组成及信号流向如图 3-42 所示。在发送方向,发送光转换单元将无需电交叉的客户信号汇聚/转换成特定波长信号后送至光合波单元;需进行电交叉的客户信号经支路接口单元接入,并经过交叉单元发送至对应的线路接口单元,经线路接口单元汇聚/转换成特定波长信号后发送至合波单元;所有的特定波长信号经合波单元合波为主信道光信号,该信号经放大后与来自光监控单元的本地光监控信号经合波后送入线路传输。

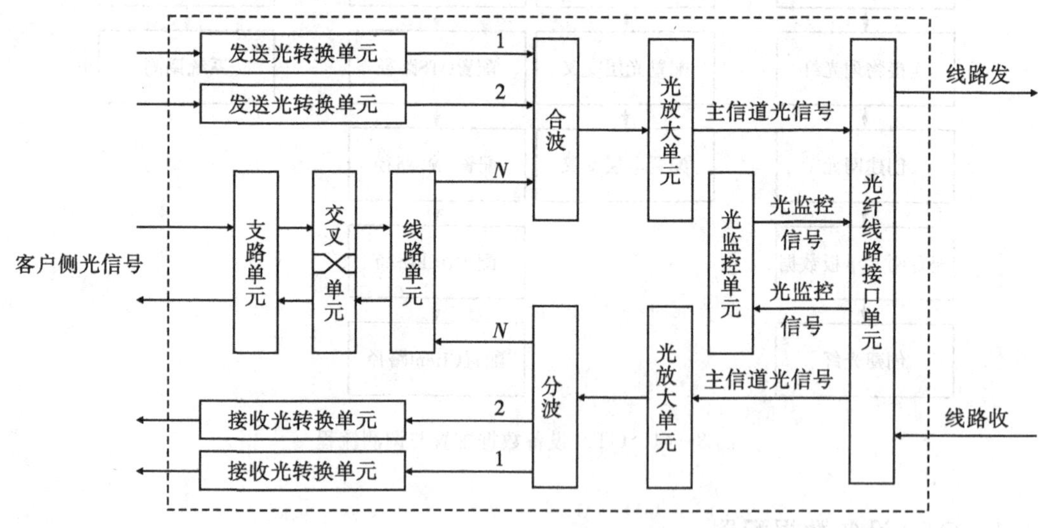

图 3-42　OTN 电交叉设备的组成及信号流向

在接收方向,将线路信号分离出光监控信号和主信道光信号,光监控信号送入光监控单元处理,主信道光信号经光放大后送入光分波单元,被分成多个波长的光信号;无需电交叉的波长信号经接收光转换单元转换后送入相应的客户侧设备,需要电交叉的波长信号经线路接口单元解复用后送入电交叉、支路接口单元处理后发送至相应客户侧设备。

(2)OTN光交叉设备(FOADM)单板组成及信号流向

FOADM一般应用在线形及环形组网的中间站点,其优点是可终结所有波长业务,扩容空间大;缺点是对于东西向直通信号需手动跳纤,开通维护不太方便。

FOADM单板组成及信号流向如图3-43所示,该设备分别对西收东发、东收西发两个传输方向的光信号进行处理,因此一般采用双向光监控单元。由于两个方向的信号流向相同,下面仅介绍西收东发的信号流向。

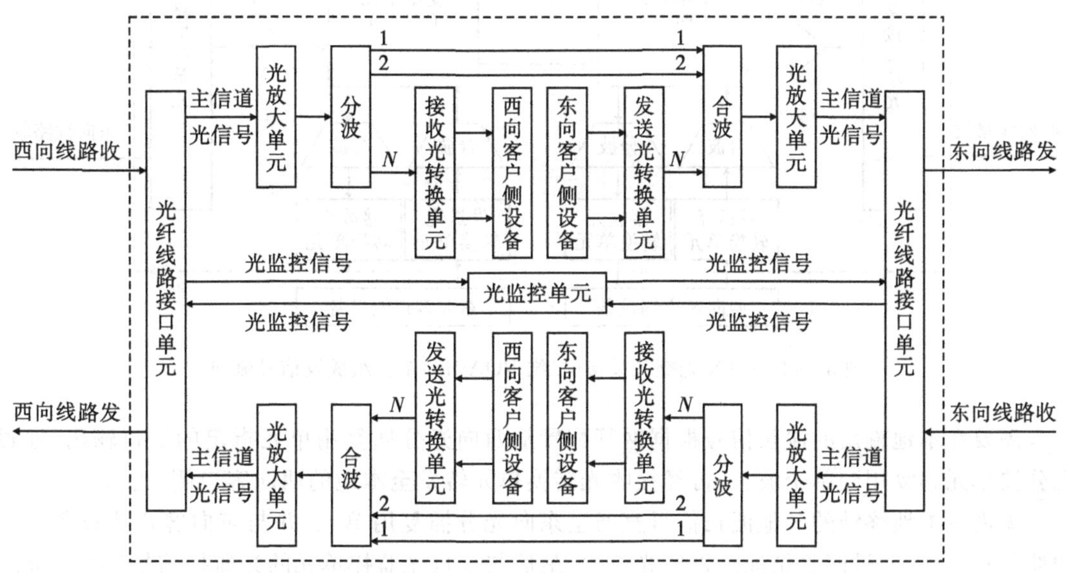

图3-43　OTN光交叉设备(FOADM)单板组成及信号流向

从西向接收的线路信号分离出光监控信号和主信道光信号,光监控信号送入光监控单元处理,主信道光信号经光放大后送入光分波单元。经光分波单元分成多个特定波长的光信号:需在本地终结的波长信号(如图3-43第N波)经接收光转换单元转发至西向客户侧设备;需在本地直通的波长信号(如图3-43第1、2波)通过站内跳纤接入东向光合波单元。

从本地发往东向的客户信号经发送光转换单元转发后也接入东向合波单元,直通信号及发往东向的客户信号经东向合波、放大后,与来自光监控单元的监控信号合波后送入东向线路传输。

(3)OTN光交叉设备(ROADM)单板组成及信号流向

ROADM是相对于DWDM中的固定配置光分插复用器(Optical Add - Drop Multiplexer,OADM)而言,其采用可配置的光器件,从而可以方便地实现OTN节点中任意波长、波长组的上下、阻断和直通配置,实现动态可配置的合波或分波功能,ROADM应用在线形及环形组网的中间站点,根据组网能力的不同,ROADM主要分为二维(支持2个主光线路方向)和多维(支持3个及以上的主光线路方向)模式。

在实际应用中,可选择不同的动态光分插复用类单板,来构成二维或多维的动态光分插复用设备。图3-44为二维ROADM单板组成及信号流向。

来自西向线路的信号经西向光纤线路接口单元分离出光监控信号和主信道光信号,光监控信号送入光监控单元处理,主信道光信号经放大后发送至西向光分插复用单元。

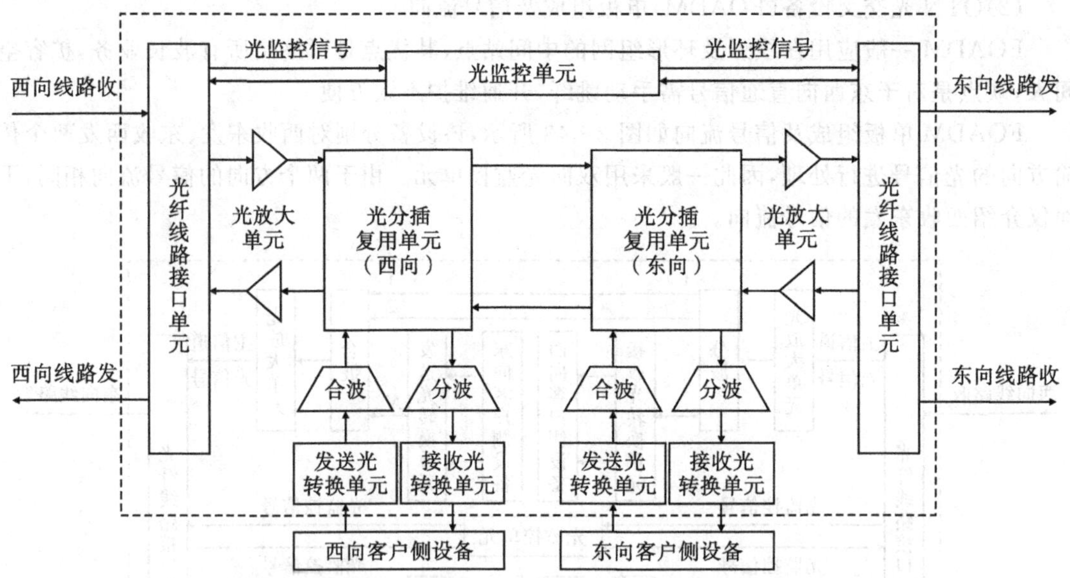

图 3-44　OTN 光交叉设备(二维 ROADM)单板组成及信号流向

需要在本地输出的波长信号根据网管配置从西向光分插复用单元指定的端口输出:通过光分波单元解复用到单个波长,再经接收光转换单元转发至本地的西向客户侧设备。

无需在本地终结的其他波长信号直通至东向光分插复用单元,并与东向客户侧设备输入的波长复用(需通过网管指配),再经光放大,最后与来自光监控单元的光监控信号经东向光纤线路接口单元合波后送入东向线路输出。

来自东向线路的信号处理过程同西向线路信号,不再赘述。

多维的 ROADM 设备包含更多的方向数,每个方向都和 OADM 的处理方向类似,如图 3-45所示。

光信号通过光纤线路接口单元接入站点,完成光监控信号与主信道光信号的分离,光监控信号被送入光监控单元,完成终结和处理。主信道光信号通过放大单元放大后,送入光分插复用单元,根据网络规划,在本地下波或调度到其他方向。

若需要从本地上波,先通过合波单元复用后送入光分插复用单元,与从其他方向调度而来的光信号复用,然后光信号通过该输出方向的放大器完成功率补偿,与光监控信号一起进入光纤线路接口单元,送入线路输出,继续向下游传递。

3. 创建光纤

与 SDH 类似,单板和逻辑光纤可采用手工添加或者同步的方式创建,各设备厂家网管提供的创建方式各不相同。手工添加可根据实际单板安装和连纤情况,在网管上逐个创建;若采用同步方式,要求网管系统的网元上已存在连纤信息,只需通过同步光纤连接操作将网元内部连纤信息同步到网管侧。除此之外,OTN 设备连接光纤要注意可调 OTU 的端口的“配置波长编号/光口波长(nm)/频率(THz)”配置为规划好的波长。并且合/分波板的波长输入/输出端口与光波长是一一对应关系,因此 OTU 单板与之相连时一定要注意波长。

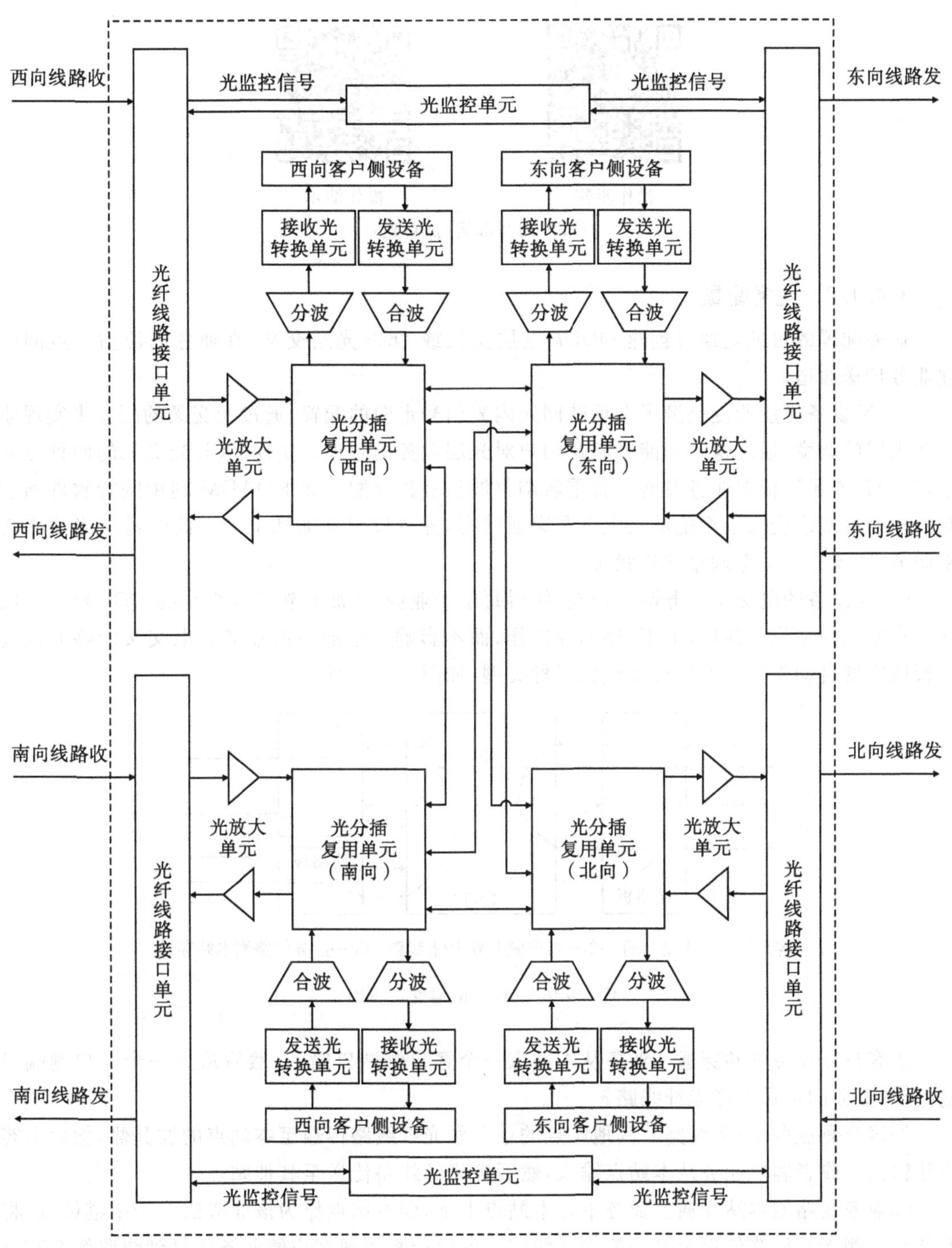

注：图中客户侧设备不包含在ROADM设备内

图 3-45　OTN光交叉设备(四维 ROADM)单板组成及信号流向

操作步骤

操作演示

OTN 网络部署(点对点)

3.4.1.2 业务配置

业务配置的目的是通过创建 ODUk 电层交叉或 OCh 光层交叉，在业务的源宿节点间建立业务传送通道。

OTN 设备光层调度是逻辑上反映网元内光信号走向的配置，通过光交叉的配置来实现业务在光层的调度，通过这一功能来满足用户对光层业务的管理。实现 OCh 光交叉的两种方式中，FOADM 无法根据业务发展需要重新调整波长资源分配。而 ROADM 利用网管软件通过对波长的阻塞或交叉来调配波长上下和穿通状态，并可以对穿通和上波的波长进行光功率均衡调节，实现远程动态调整波长状态。

OTN 设备的电交叉业务调度功能，使得每个子业务(比波长颗粒度更小的 ODUk)均可以在任意站点独立执行穿通、上下、环回等操作，而不影响其他通道的业务。电交叉能够通过远程管理实现自动配置。电层交叉包括三种类型，如图 3－46 所示。

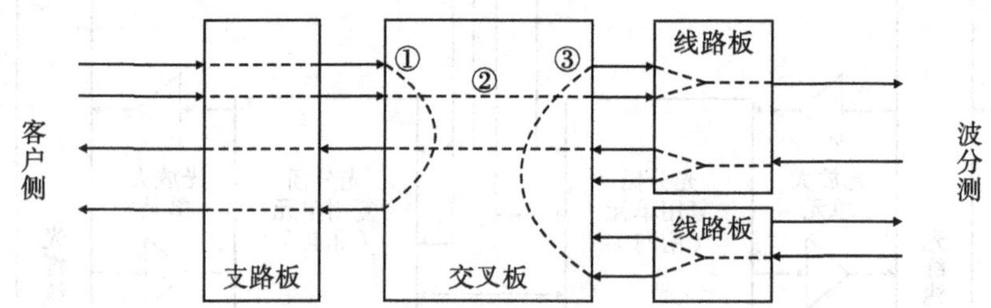

①—客户侧业务本站穿通　②—客户侧业务上/下线路　③—业务线路侧本站穿通

图 3－46　OTN 电层交叉类型

①客户侧业务本站穿通。业务从本站点一个客户侧端口输入，然后从另一个客户侧端口输出，即业务的传送不经光纤线路。

②客户侧业务上/下线路。其他站点的业务经光纤线路传输至本站点的波分侧，然后由客户侧输出。或者客户业务从本站点输入，然后经光纤线路传送至其他站点。

③业务线路侧本站穿通。业务不在本站点上下，即本站点作为该业务的一个中继站点，将业务从一侧光纤线路传送至另一侧光纤线路。电层交叉实现客户侧业务信号到线路侧 OTUk 信号的交叉连接，通过交叉板实现灵活的业务上下。

其中，常见的是第二种电交叉方式。发送方向，客户侧业务由本站支路板接入后，经交叉连接板传送至线路板，线路板完成映射复用成帧，形成 OTUk 信号至波分侧；接收方向，波分侧信号经线路板解复用、去映射后，经交叉连接板传送至支路板。

目前，各设备厂家的网管系统均可提供两种业务配置方法：单站方式和路径方式，如图

3－47所示。

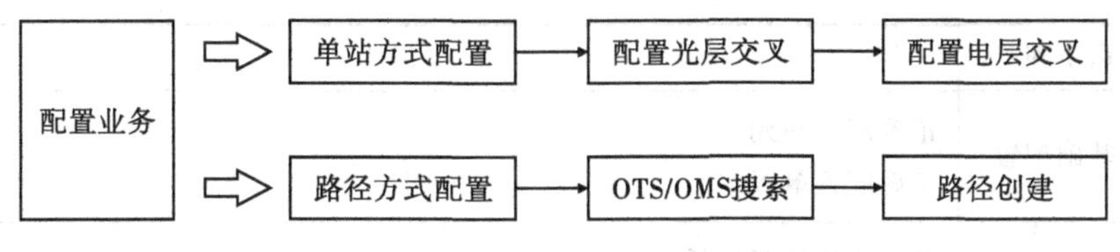

图 3－47　OTN 业务配置基本步骤

单站方式要求对业务流经的所有站点逐个配置交叉连接，需要在多个操作界面分别配置波长穿通与阻断以实现光层波长交叉、支路板与线路板或者线路板与线路板的时隙分配以实现电层时隙交叉，配置过程相对复杂，操作人员必须熟知站点连接关系、站内信号流、涉及单板以及波长/时隙规划等信息，但信号处理过程清晰，而且适用更多场景，灵活性较高。

路径方式只需知道源节点、宿节点、业务类型即可方便地完成端到端业务配置，中间节点的交叉连接由网管根据目前节点资源占用情况自动创建，能同时实现光层交叉和电层交叉。当然，还可以通过设置必经节点、排除节点等来约束业务的路由。但是，路径功能弱化了各个单站的业务配置原理，业务在各个单站是如何实现的不容易理解。两种方式均可建立业务传送通道，具体操作时可根据掌握情况合理选择。

1. 单站方式

配置光层交叉。光层交叉可以动态创建 OCh 级别的交叉，实现波长调度。执行配置命令的主要是包含有 WSS 光模块的动态光分插复用类单板，由于该类单板在默认情况下，所有波长都呈阻断状态，需通过网管软件配置该类单板的光开关，通过打开或者关闭相关方向、相关波长来实现任意波长组合的输出或者任意波长组合从任意端口的输入，从而在源宿节点间建立一条 OCh 路径，完成波长的上下或穿通，具体配置步骤如表 3－16 所示。

表 3－16　光层交叉配置步骤

序号	操作步骤	说明
1	网元基础配置	正确配置网元 正确配置单板
2	光纤连接	正确连接物理光纤 正确连接逻辑光纤
3	配置光交叉	若业务信号通过 OTM 设备或 FOADM 设备，则通过连纤完成波长的上下或穿通 若业务信号通过 ROADM 设备，则创建源单板/源端口与宿单板/宿端口间指定波长的光交叉
4	配置结果	OCh 路径搜索：源宿节点间形成 OCh 路径，检查配置的正确性

配置电层交叉。在 OTN 设备中，主要由 OTU 单板、支路板和线路板完成对业务的交叉调度，形成承载业务信号的 Client 路径。Client 路径创建的主要包括 OCh 路径创建和电层交叉创建两步重要操作，OCh 路径的创建可参考光层交叉的配置过程，电层交叉配置步骤见表 3－17。

表 3-17　电层交叉配置步骤

序号	操作步骤	说明
1	网元基础配置	正确配置网元 正确配置单板
2	光纤连接	正确连接物理光纤 正确连接逻辑光纤
3	搜索 OCh 路径	源宿节点间有指定波长的 OCh
4	配置业务类型	根据网络传送的业务类型设置单板客户侧业务类型
5	创建电交叉	若 OTU 单板具备调度能力，则源、宿节点分别配置 OTU 单板的内部交叉 若支路板与线路板配合使用，则源、宿节点分别配置支路板与线路板之间业务的上下
6	配置结果	Client 路径搜索：源宿节点间形成 Client 路径，检查配置的正确性

操作步骤

操作演示

OTN 业务配置（单站法）

2. 路径方式

路径法配置业务是基于 ITU-T G.872 建议的 OTN 路径模型中，各层路径逐层建立实现的，模型如图 3-48 所示，各层路径之间有紧密的依赖关系，路径的创建有分层的概念，必须遵循一定的顺序，一条新的路径的创建必须在其底层路径已经存在的情况下才能实现。

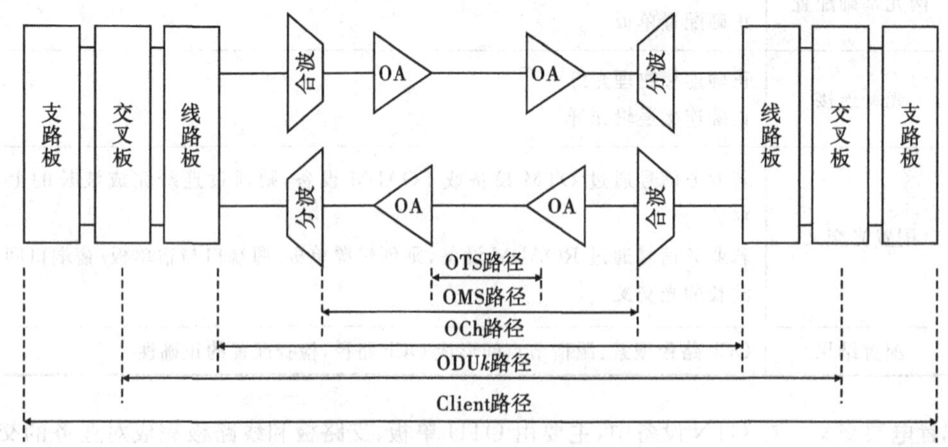

图 3-48　OTN 路径模型

其中，OTS 路径和 OMS 路径的存在依赖于实际站点物理光纤的连接和网管系统上逻辑光纤的连接，OCh 路径对应源、宿节点间的波长通道，而源节点支路板（或线路板）将客户信号封装至 ODU*k* 后至宿节点支路板（或线路板）解封装之前的路径称为 ODU*k* 路径，Client 路径则是指源节点客户信号接入与宿节点客户信号接出之间的路径。在这些路径中，OTS 处于最底层，是所有路径存在的基础，Client 路径处于最顶层，只有其他各层的路径生成之后，客户路径才能创建成功。因此，路径法配置业务的操作顺序就是路径生成的顺序。具体配置步骤如表 3－18 所示。

表 3－18　路径法业务配置步骤

序号	操作步骤	说明
1	创建 OTS 路径	正确连接站间物理光纤 正确连接网元间逻辑光纤 网管搜索 OTS 路径
2	创建 OMS 路径	正确连接站内物理光纤 正确连接网元内部逻辑光纤 网管搜索 OMS 路径
3	创建 OCh 路径	若 OCh 通过 OTM 设备或 FOADM 设备，则网管搜索 OCh 路径 若 OCh 通过 ROADM 设备，则网管创建 OCh 路径
4	* 创建 ODUk 路径	正确选择业务级别 正确选择业务源宿节点单板 网管创建 ODU*k* 路径
5	创建 Client 路径	正确选择业务级别、速率 正确选择业务源宿节点单板 网管创建 Client 路径
6	配置结果	路径管理：查看配置业务的路由、波长、时隙是否符合规划要求

* 注：端到端业务配置支持业务路径跨层创建，直接创建 Client 业务路径，无需搜索和创建 ODU*k*/OTU*k* 路径，直接创建 Client 路径，减少路径创建的次数。

从上述配置过程可以看出，若网络中的设备为 OTM 或 FOADM，在已正确完成光纤连接的基础上，OCh 已生成，无需网管配置，需要配置的仅是电层交叉，即创建 ODU*k* 和 Client 路径；若网络中业务流经 ROADM 设备，由于 ROADM 设备中 WSS 器件在默认情况下对所有波长呈阻断状态，因此需要先创建 OCh，打通光路，再创建 ODU*k* 和 Client 路径。

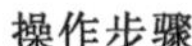

操作步骤　　操作演示

OTN 业务配置（路径法）

3.4.2 OTN调测

3.4.2.1 光功率调测

光功率调测是保证OTN系统稳定运行的重要操作，本节重点介绍调测相关的基础知识、调测原则和流程以及光功率指标计算方法等。需要说明的是，光功率调测是基于OCh的调测，因此首先必须创建好端到端的OCh。

1. OTN系统参考点

OTN系统的光层采用WDM技术，在光层结构和测试参考点上，类同于波分复用系统，OTN系统参考点的位置如图3-49所示。

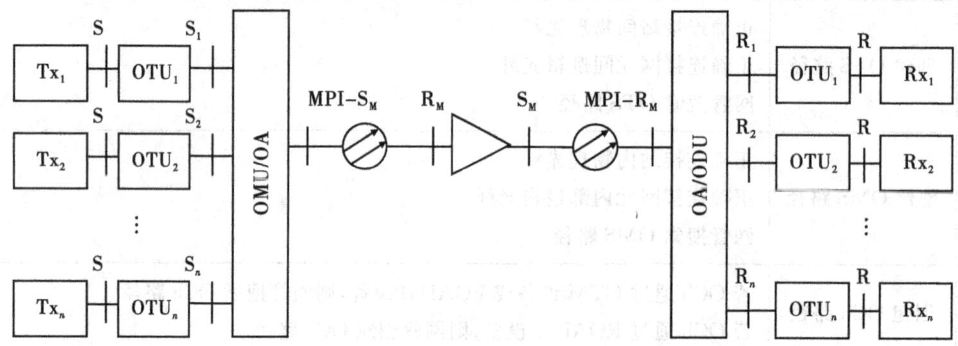

图3-49 OTN系统参考点

表3-19中定义了8个OTN系统参考点，其中S、R是OTN系统与客户系统的接口参考点，MPI-S_M、R_M、S_M、MPI-R_M是OTN系统主光通道的参考点，S_1～S_n、R_1～R_n是OTN系统内OTU与OMU和ODU之间的参考点。定义参考点的目的是为了规范OTN系统中各参考点的参数，以便保证将来不同系统间能实现横向兼容。

表3-19 OTN系统参考点定义

光接口参考点	定 义
S	表示客户信号发射机输出接口之后光纤连接处的参考点
S_n	表示OTU连接到OMU的输出接口之后光纤连接处的参考点
MPI-S_M	表示光功率放大器光输出接口之后光纤连接处的参考点
R_M	表示光线路放大器输入接口之前光纤连接处的参考点
S_M	线路光放大器的光输出连接器后面光纤上的参考点
MPI-R_M	表示光前置放大器输入接口之前光纤连接处的参考点
R_n	表示ODU后面连接OTU的输入接口之前光纤连接处的参考点
R	表示客户信号接收机输入接口之前光纤连接处的参考点

2. 光功率计算公式

波分复用系统中单波光功率和合波光功率之间的关系可以用式(3-1)来表示。

$$合波信号光功率=单波信号光功率+10\lg n \quad (3-1)$$

式中,n——合波信号的波长数。

3. 光功率调测原则和方法

OTN系统一般以每两个终端站点之间的站点为一个网络段,每一网络段中包含对应收发方向的两个信号流向。在每个网络段中按照信号流向逐站点调测光功率,首先完成某终端站点发送方向的光功率调测,沿该信号方向,逐站完成信号下游各站点光功率调测,最终完成该信号流向终点的站点的接收方向的光功率调测,然后沿如上信号流向的逆方向,完成另一信号流向的光功率调测。

光功率调测主要围绕OTU单板(波长转换板)、支路板、线路板、光放大板、光监控板进行。调测的光功率应在最大和最小允许的范围之间,且要留出一定的余量,保证系统在一定范围内的功率波动不影响正常业务,同时还要考虑系统扩容的需求。

4. OTU板/支路板/线路板/光监控板调测

OTU板、支路板、线路板、光监控板需要对各光口收光功率进行调测,保证各光口收光功率在(灵敏度+3)dBm~(过载点-5)dBm之间。具体调测时,可以在各单板光模块的接收侧,根据光功率增加,改变或者去掉固定光衰。注意,OTU单板有客户侧输入光口和波分侧输入光口,需要对这两个光口分别进行调测。

5. 光放大板调测

光放大板调测的要求是调节输入、输出光放大板的各波平均光功率达到或接近单波标称光功率;光放大板合波中大于和小于平均单波功率的波数要基本相等;在保证信噪比的前提下调节各波光功率平坦度。

首先需要明确什么是单波标称光功率。光放大板在系统中的作用是补偿损耗,使远距离传输成为可能,但光放大板的使用又会引入噪声,给信号的远距离传输引入了新的受限因素。因此,在实际应用中,一方面要求光放大板的输入、输出光功率尽可能高,因为输入光功率越高信噪比也越高;但另一方面,输出光功率过高会激发光纤中的非线性效应,从这个角度看又希望降低入纤光功率以减少非线性带来的影响。单波标称光功率就是为了平衡信噪比与非线性的要求,又结合光放单板的器件指标、不同光纤类型的传输特性,得到的光放大板允许的单波最大输入、输出光功率值,调测单波光功率到此值能保证最好的传输性能。

接下来需要计算单波标称光功率值。与SDH系统不同,单波标称光功率值与光放大板最大输入、输出光功率和最大放大波数有关。最大输入、输出光功率值可以从厂家硬件描述部分的单板最大发光功率/最大接收光功率指标中找到,光放单板的型号确定后,该指标就确定了。如果未提供,也可通过式(3-2)、(3-3)计算得到。

$$P_{单_{out}} = P_{饱和_{out}} - 10\lg N \quad (3-2)$$

$$P_{单_{in}} = P_{最大_{in}} - 10\lg N \quad (3-3)$$

式中,$P_{单_{in}}$、$P_{单_{out}}$——单波输入、输出标称光功率;

$P_{饱和_{out}}$——满波情况下光放大板最大输出光功率,在单板硬件资料中可查到,单位为dBm;

$P_{最大_{in}}$——该单板最大输入光功率,在单板硬件资料中可查到,单位为dBm;

N——最大放大波数,如规划设备本系统为40波系统、80波系统、16波系统等,N体现的是本系统规划最大可以承载的波数,与单站硬件配置以及系统初期开通的波数不是固定对应关系。

最后就是根据计算或查询的单波标称光功率值调测实际的输入、输出单波光功率，使其等于或接近于标称光功率值。对于单波输入光功率来说，若实际的测试值比标称值高，则需要在放大板输入口加入合适的衰减器使其达到标准；如果无法达到标称值，需要去掉放大板输入端的衰减器或减小衰减量。而单波输出光功率的调整则需要用到表征放大板放大能力的重要参数——增益。如果放大板提供固定增益，则单波输出光功率即为标称光功率；如果光放大板提供增益可调，可通过式(3-4)计算设置增益保证各增益下的单波输出光功率达到标称。

$$设置增益 = 单波标称输出光功率 - 调测单波输入光功率 \qquad (3-4)$$

需要注意的是，在实际调测时，如果接收光功率数值较低，无法达到单波标称输入光功率的时候，不能通过提高上游光放单板发光功率来提高接收光功率，而是将跨段损耗调节到最小来获得输入光功率可能的最大值，然后设置放大单板的增益使输出光功率满足单波标称输出光功率要求。这里要特别强调的是，光放大板的单波输出光功率才是调测的重点，因为如果输入功率达不到单波标称输入功率要求，并不表示光放无法补偿本跨段的损耗，因此，需要优先保证输出功率满足单波标称输出功率要求。

单波光功率平坦度是指同一个点扫描出的所有波长功率中，最高光功率与最低光功率之差。良好的平坦度控制可以保证收端输入光功率满足要求，避免波长之间因为功率不平而相互影响，抑制某些波长的非线性效应以减少对性能造成的劣化。调节各单波光功率平坦的最终目的是使收端信噪比平坦且满足设计要求，一般情况下，光功率平坦和信噪比平坦是一致的，但对于信噪比较差的网络，保证信噪比的平坦度更为重要。在保证收端输出光功率在标称值±2 dB 范围的情况下，尽量调节光功率保证信噪比的平坦度，如果不满足设计信噪比，还需要进一步调节信噪比平坦度。

光功率平坦度的调测原则是"看收端，调发端"，即监视收端的情况调节发端，使收端光功率平坦，主要利用上游单板可调衰减器调节相应光通道衰减值。

3.4.2.2 系统调测

在设备光功率调测完成后，就可以进行系统调试。通过系统调试可以达到以下 4 个目的：将全网各个独立的网元按照工程设计方案连接成网络；对全网业务进行测试，验证业务配置的正确性；对全网需要具备的功能，如保护倒换功能等进行测试；通过告警、性能上报等手段，测试网络长时间通信质量。

本节主要介绍误码测试，该测试项目用于验证业务配置正确性以及通道性能。调测阶段的误码测试要求涵盖所有业务通道，可以进行业务通道级联测试，也可以分业务上下段进行测试。误码测试前要保证网络中各单板的输入输出光功率都在最佳的功率值，且系统无异常告警和性能事件。测试需要具有误码测试分析功能的信号分析仪（如 ONT-606）、尾纤、法兰盘、固定光衰减器等仪表工具。

1. 单通道误码测试

单通道误码测试是对系统中的每个单通道进行 10 min 的误码测试，目的是确保全网所有通道误码性能达到要求。如果产生误码要检查原因并解决，再重新进行 10 min 误码测试，直到不再出现误码。

测试系统如图 3-50 所示，一般采用环回法测试，但是对于无法进行环回测试的业务，采用源宿两端配置仪表的方式进行测试。测试步骤如下：

①利用网管系统在业务源宿节点间配置业务通道。

②检查仪表和OTN网络的各个参考点接收功率处于正常范围。

③根据测试通道业务接口速率和信号格式，设置信号分析仪的发送和接收信号。

④按图3－50连接测试系统。信号分析仪与被测通道的输入口和输出口相连，调节衰减器的衰减量，使输入到信号分析仪和测试通道业务接口的信号光功率适当。如果采用环回测试方式，则要在对端相应的通道输入口、输出口通过尾纤进行环回，也可以通过网管系统在对端设备的通道口设置内环回。需要注意的是，光接口环回时必须在光接口之间加合适的光衰减器，防止接收机光功率过载。

⑤设置测试时间，测试结束后记录测试结果。

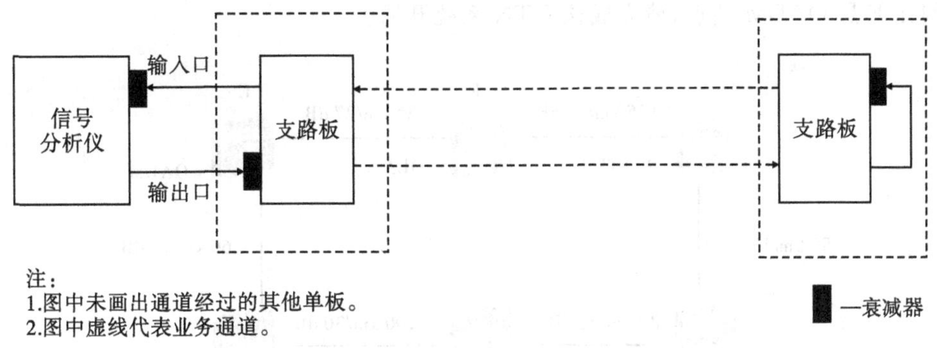

图3－50　单通道误码测试

2. 级联通道误码测试

级联通道误码测试是将所有通道级联串起来进行误码测试，与单通道误码测试相比，测试所需时间较短。测试系统如图3－51所示，即信号分析仪表发出的信号先送入第一个通道，经环回后，对应的输出信号发送至第二个通道，依次类推，信号分析仪接收最后一个通道的输出信号，这样，一次可完成所有通道的误码测试。测试步骤如下：

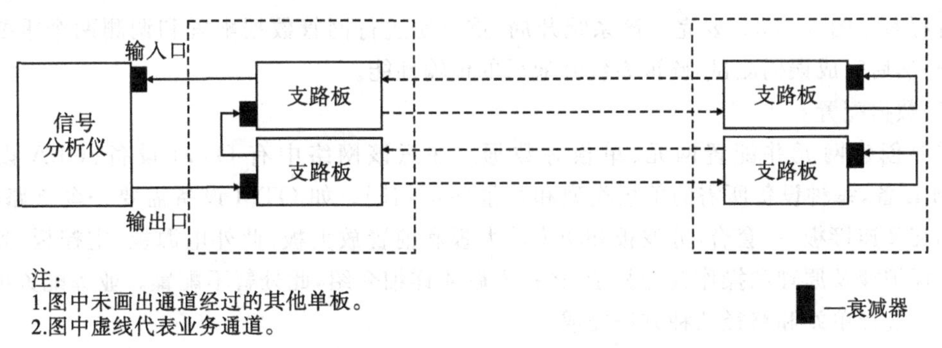

图3－51　级联通道误码测试

①利用网管系统在各业务源宿节点间配置所有通道。

②检查仪表和OTN网络的各个参考点接收功率处于正常范围。

③根据测试通道业务接口速率和信号格式，设置信号分析仪的发送和接收信号。

④按图3－51连接测试系统。信号分析仪发送口与第一个通道的输入口相连，接收口与最后一个通道的输出口相连，其余通道按照串联方式逐个连接。需要注意的是，光接口连接时

必须加合适的光衰减器，防止接收机光功率过载。

⑤设置测试时间，测试结束后记录测试结果。

挑战性问题 OTN系统开局

1. 问题背景

某项目工程组网图如图3-52所示，光网元A、B、C、D、E和F均为OptiX OSN 8800设备，构成环形组网。其中光网元A和C为背靠背OTM站点，光网元B、D和F均为OLA站点，光网元E是OADM站点，请完成该OTN系统开局。

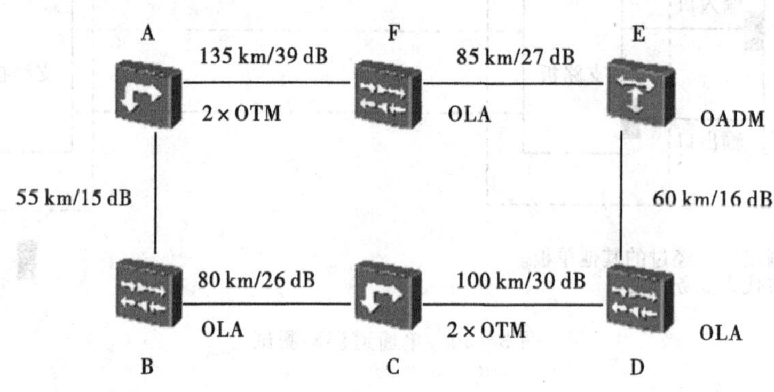

图3-52 某工程组网图

2. 问题剖析

与SDH系统类似，OTN系统的开局包括设备安装上电和配置调测两个主要环节，但设备配置调测的具体流程会根据设备的不同而不同，对于华为OptiX OSN 8800设备来说，配置调测流程参见图3-53。要完成该系统开局，重点是进行网管数据配置和调测两个重要步骤的操作，然后完成误码测试，验证系统开通后的传输性能。

(1)数据配置

需要创建网元并配置网元、单板等数据。注意该网络中有OTM设备、OLA设备和OADM设备，每种设备所需的单板类型和数量各不相同。如OTM设备需要一套支路板、线路板和交叉连接板、一套合/分波板和功率放大板和前置放大板，此外电源板、主控板、光监控板等。保护涉及原理和操作较为复杂，将在专题4详细介绍，此处暂不配置。业务配置可根据业务矩阵选择单站和路径两种方法完成。

(2)光功率调测

如前所述，OTN系统在每个网络段中采用按照信号流向逐站点、逐单板的方式进行光功率调测。由于本项目中共包含A—B—C和A—F—E—D—C两个网络段，因此，可按照以下步骤完成功率调测。

①调测A→B→C网络段的光功率；

②调测C→B→A网络段的光功率；

③调测A→F→E→D→C网络段的光功率；

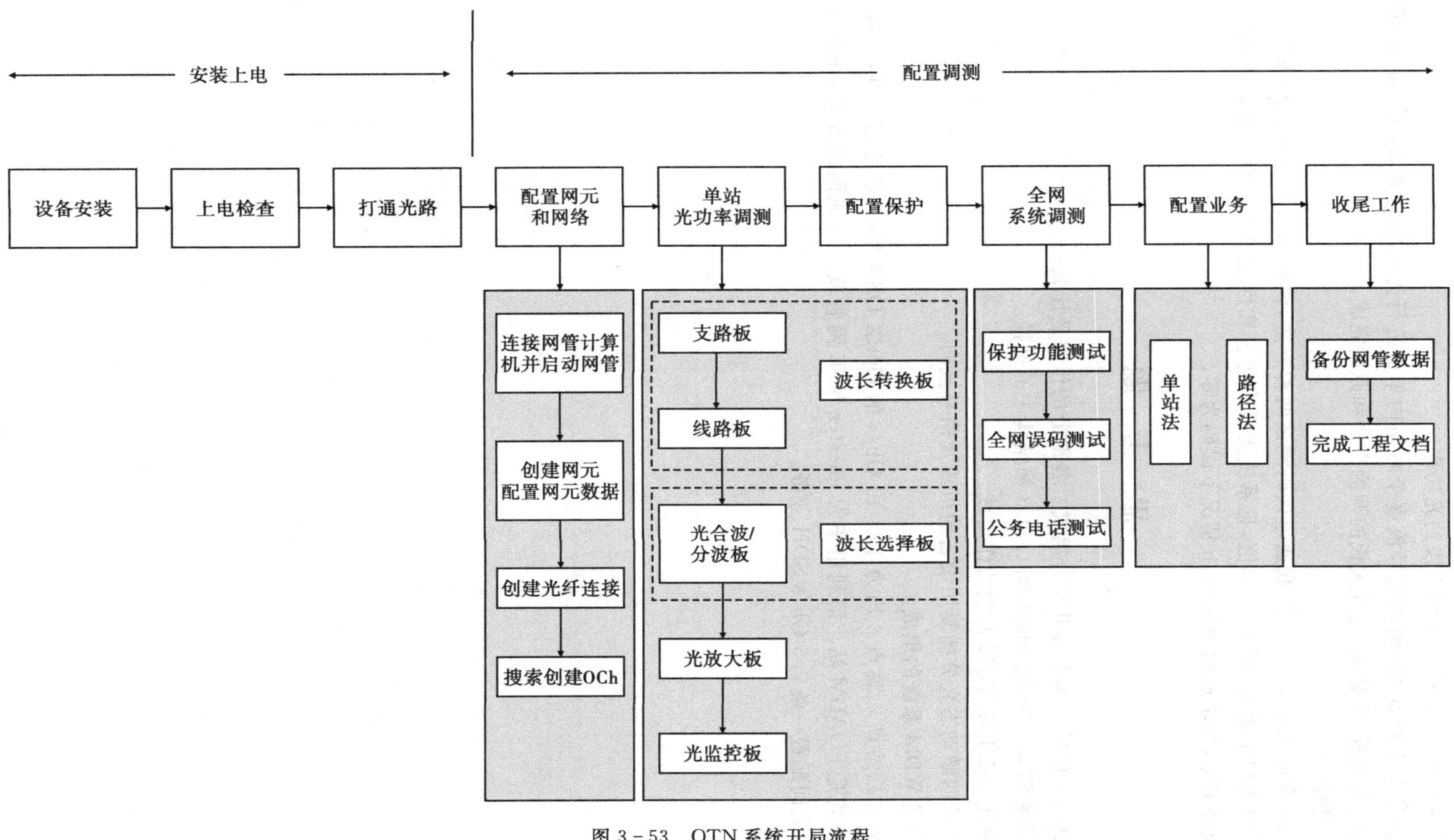

图 3－53 OTN 系统开局流程

④调测 C→D→E→F→A 网络段的光功率。

注意：各设备内部也是根据信号流逐个对站内单板进行光功率调测，各单板的调测按照 OTU 单板、支路板、线路板、光放大板的调测方法和原则完成。

(3)误码测试

可采用单通道误码测试和级联通道误码测试两种方法，误码测试前要保证网络中各单板的输入输出光功率都在最佳的功率值，且系统无异常告警和性能事件。全网误码测试要求涵盖所有业务通道，要求连续测试 24 h 情况下误码为零。

思 考 题

1. OTU*k* 的帧结构由哪几部分组成？各部分的作用是什么？
2. 试述 STM－16 信号映射到 OTU3 帧结构中的过程。
3. 简述 SM/PM/TCM 开销的作用域。
4. 描述四维动态光分插复用设备的组成及信号流向。
5. 简述 WDM 系统的组成。
6. 站点 1、站点 2、站点 3 均为 40×10 Gb/s 的 OptiX OSN 8800 设备，三个网元构成环网，各站点均是 FOADM 站。请利用华为 imaster NCE 网管软件完成网络部署，并在站点 1 与站点 3 之间配置一条 2.5 Gb/s SDH 业务。

专题4 OTN网络保护与配置

与SDH一样，OTN也提供了丰富的保护功能。OTN常用的保护包括设备级保护和网络级保护两种，通常情况下不单用一种保护方式。设备级保护是一种硬件级别的保护，通过电源备份、风扇冗余、交叉板备份、系统控制通信板备份以及时钟板备份等1+1热备份等方法，防止板件等硬件出现故障时造成业务中断。这种保护一般不需要协议支持，设备会通过硬件或软件检测的方法来判断单板状态是否正常，当发生异常时立即启动自动倒换就可以实现保护。而网络级保护是网络具备发现替代传输路由并重新建立通信的能力，涉及硬件、网管和协议等多个因素。本专题重点介绍OTN的网络级保护方式、保护的配置方法以及不同保护子网中业务的配置方法，为实际中保护方案的选择和应用提供参考，最大限度地保证网络的安全性和可靠性。

4.1 OTN网络保护

OTN网络根据保护倒换发生的层面可分为光层保护和电层保护两类，具体应用时可能存在光层保护和电层保护的联合应用。光层保护包括光线路保护、光复用段保护和光波长保护三种。其中，光线路保护是对相邻站点间的线路光纤提供保护，保护的是光传输段层；光复用段保护对象为光复用段层信号，也就是合波信号；而光波长保护是针对OCh的保护，又分为客户侧光波长1+1保护和线路侧光波长1+1保护。电层保护主要是针对光通道数据单元子层信号ODU*k*实施保护，包括ODU*k*子网连接保护和ODU*k*环网保护。具体保护区段如图4-1所示。

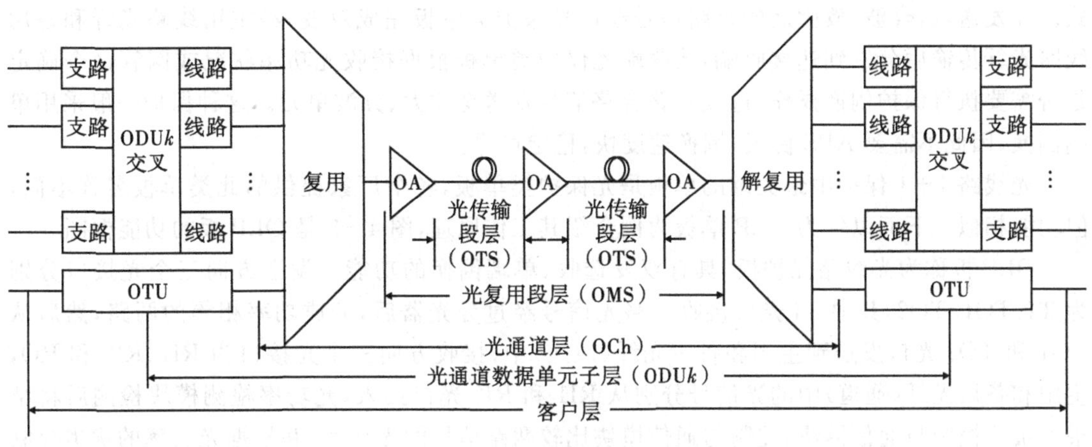

图4-1 OTN网络保护区段

4.1.1 OTN光层保护

4.1.1.1 光线路保护

光线路保护运用光保护类单板的双发选收或选发选收功能，在相邻站点间利用主用和备用两对光纤形成分离路由对线路光纤提供保护，如图 4－2 所示。光线路保护包括 1＋1 保护和 1∶1 保护两种方式。

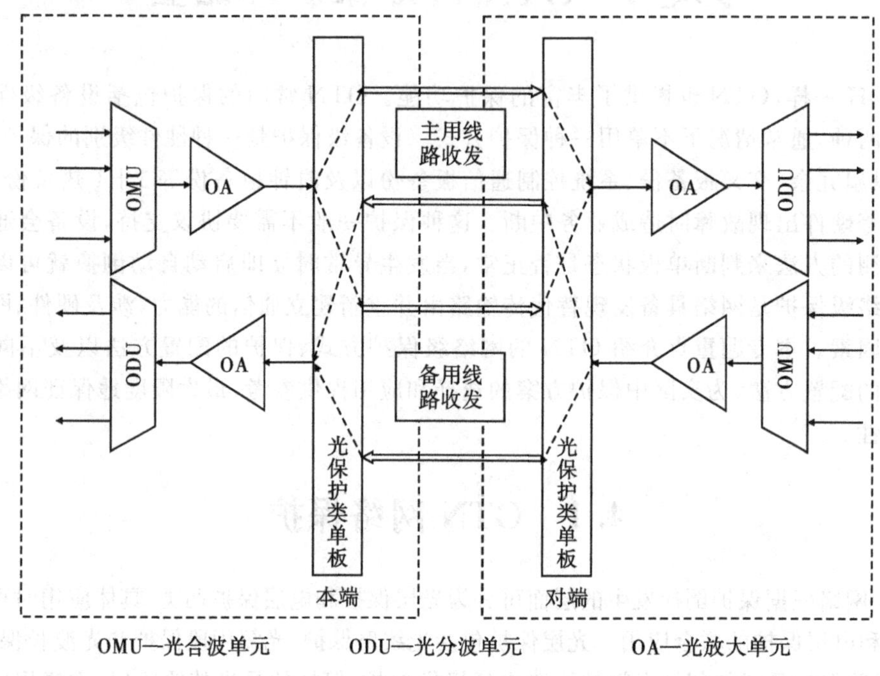

图 4－2　光线路保护

1. 光线路 1＋1 保护

光线路 1＋1 保护中，相邻两站光缆线路侧对应的光保护类单板采用双发选收的工作方式。在发送端，合波、放大后的合路信号经过光保护类单板完成双发，经主用线路光纤和备用线路光纤传输后分别到达接收端，接收端光保护类单板根据接收光功率状况或网管命令确定是否需要执行保护倒换操作，选收一路合路信号发送至放大、分波单元。这种保护一般采用单端倒换，因此不需要 APS 协议，倒换速度快，稳定可靠。

光线路 1＋1 保护中最关键的单板是光保护类单板，各个厂家提供的此类单板名称不同，但功能相似。下面以华为 OLP 单板为例介绍其工作原理，图 4－3 是 OLP 板的功能框图。

OLP 板称为光线路保护板，具有双发选收、单端倒换的功能。发送方向三个光接口分别为 TI、TO1、TO2，其中 TI 光口接收一路光信号经过分光器后，分成功率相等的两路，然后从 TO1 和 TO2 光口发送到主用和备用光纤（通道）中；接收方向三个光接口为 RI1、RI2 和 RO，主用和备用光纤（通道）中的光信号分别从 RI1 和 RI2 光口接入，光功率检测模块检测后将结果上报给控制与通信模块，控制与通信模块比较两路信号的光功率，并根据光功率的优劣控制光开关动作，实现主、备通道光信号的选收，选择接收的光信号从 RO 光口输出。

光线路 1＋1 保护的倒换触发条件如表 4－1 所示。

表 4－1　光线路 1＋1 保护倒换条件

保护倒换条件	MUT_LOS：输入光功率丢失越限告警
	POWER_DIFF_OVER：主、备通道输入光功率相对差异越限告警

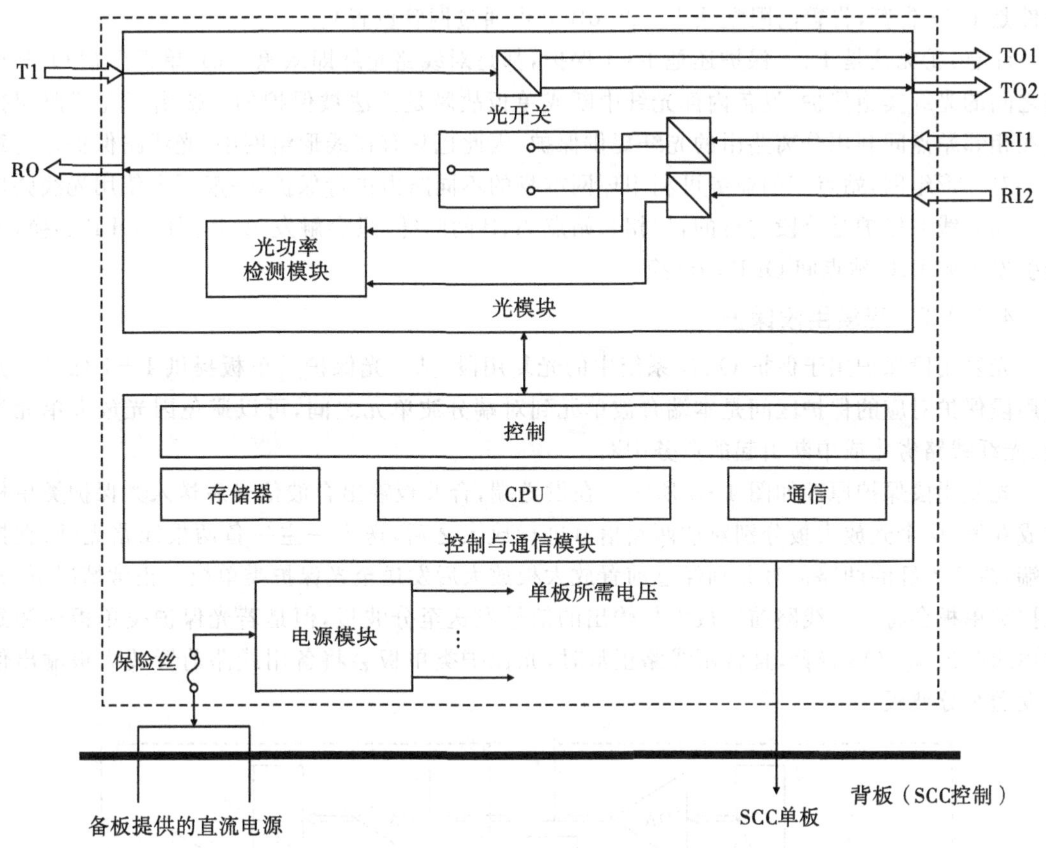

图 4－3 OLP 板功能框图

MUT_LOS 是输入光功率丢失越限告警，指主用或备用通道的光功率低于门限，此告警门限可设置(华为默认为－35 dBm)，当出现此告警时，会倒换至无 LOS 告警的通道上。

POWER_DIFF_OVER 是主、备通道输入光功率相对差异越限告警，指主用通道输入光功率与备用通道输入光功率差异的变化值超过门限。例如，某 OTN 系统采用 OLP 板实现光线路 1＋1 保护，主用通道初始光功率为 1 dBm，备用通道光功率为 2 dBm，则主、备通道的初始差异为－1 dB(主用通道光功率减备用通道光功率)。此后，若主用通道功率下降为－3 dBm，备用通道光功率无变化，那么主、备通道当前差异为－3－2＝－5 dB。此时，主、备通道的相对差异为－1－(－5)＝4 dB，若主、备通道差异门限设置为 5 dB，相对差异未达到门限值 OLP 单板不会倒换。反之，如果主备通道的相对差异超过门限，接收端会倒换到性能好的通道。当然，差异门限也可以通过网管系统设置(华为默认为 5 dB)。之所以要考虑主、备通道的初始差异，目的是为了消除实际工程设计的差异。

2. 光线路 1∶1 保护

光线路 1∶1 保护中，相邻两站光缆线路侧对应的光保护类单板采用选发选收的工作方式。正常情况下，在发送端，合波、放大后的合路信号经过光保护类单板沿主用线路光纤传输，备用光纤无业务信号，接收端接收主用线路光纤发送来的信号。当主用光纤故障时，接收端和发送端同时倒换至备用光纤，需要 APS 协议。目前烽火设备提供这种保护方式，倒换的触发条件是 LOS 告警，告警门限默认为－30 dBm(可通过网管设置)。

注意：①无论是 1+1 保护还是 1：1 保护，都是对线路光纤即从源 OLP 单板到宿 OLP 单板之间的光纤实施保护，设备内部光纤中断或单板故障是无法被保护的。②由于光线路保护是在相邻站点间利用分离路由的光纤提供保护，因此也只有在线形组网中，光线路保护才有意义。对环形组网，站点间的业务可利用环网本身的不同路由进行保护，一般不会使用光线路保护。③光线路保护是分段进行的，如相邻站点 A、B 间断纤，只会触发 A、B 间的 OLP 倒换，不会引发下游 B、C 站点间 OLP 的倒换。

4.1.1.2 光复用段保护

光复用段保护用于保护 OTN 系统中的光复用段，基于光保护类单板提供 1+1 保护。光复用段保护对应的保护区间是本端合波单元到对端分波单元之间，可以避免因光放大单元失效、光纤线路劣化或中断引起的业务中断。

光复用段保护原理如图 4－4 所示。在发送端，合波板输出合波信号后送入光保护类单板完成双发，两个光放大板分别对这两路信号进行放大之后，送入一主一备两根线路光纤；在接收端，线路光纤的两路信号分别经过前置放大板放大后发送至光保护类单板。正常情况下，光保护类单板会将主用线路前置放大板输出的信号发送至分波板，但是若光保护类单板检测到主用线路出现 LOS 告警，且备用线路正常时，光保护类单板会将备用线路前置放大板输出信号发送至分波板。

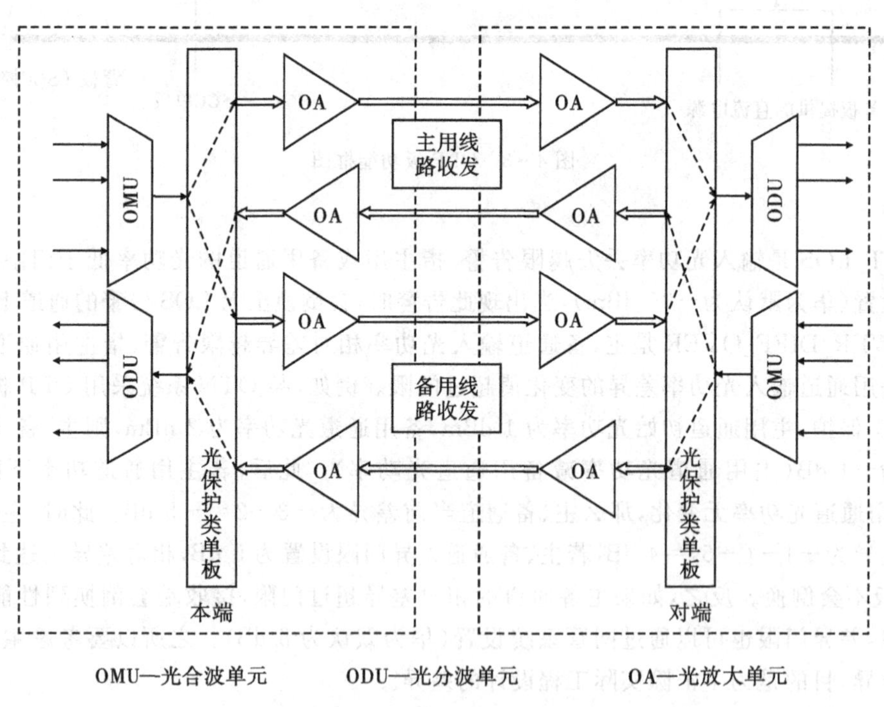

图 4－4　光复用段保护

与光线路保护相比，由于光复用段保护中所用的光保护单板处于合/分波单元与放大单元之间，因此需要的光放大板更多，成本更高，但可以避免由于光放大板、线路故障带来的影响，提高网络的可靠性。

4.1.1.3　光波长保护

光波长保护也称为光通道保护，包括光波长1+1保护和光波长共享保护两种方式。

1. 光波长1+1保护

光波长1+1保护是利用光保护类单板双发选收的工作原理，对客户侧或者线路侧的光波长OCh实施的保护，每一个OCh的倒换与其他通道的倒换没有关系。业务信号在发送端被永久桥接在工作系统和保护系统，在接收端监视从这两个线路通道接收到的业务信号状态，并选择更合适的信号。这种保护方式由于保护倒换动作只发生在宿端，并且采用单端倒换方式，因此不需要APS协议，倒换速度快(50 ms以内)，可靠性高。

光波长1+1保护包括客户侧光波长1+1保护和线路侧光波长1+1保护，工作原理分别如图4-5、图4-6所示，保护倒换条件如表4-2所示。

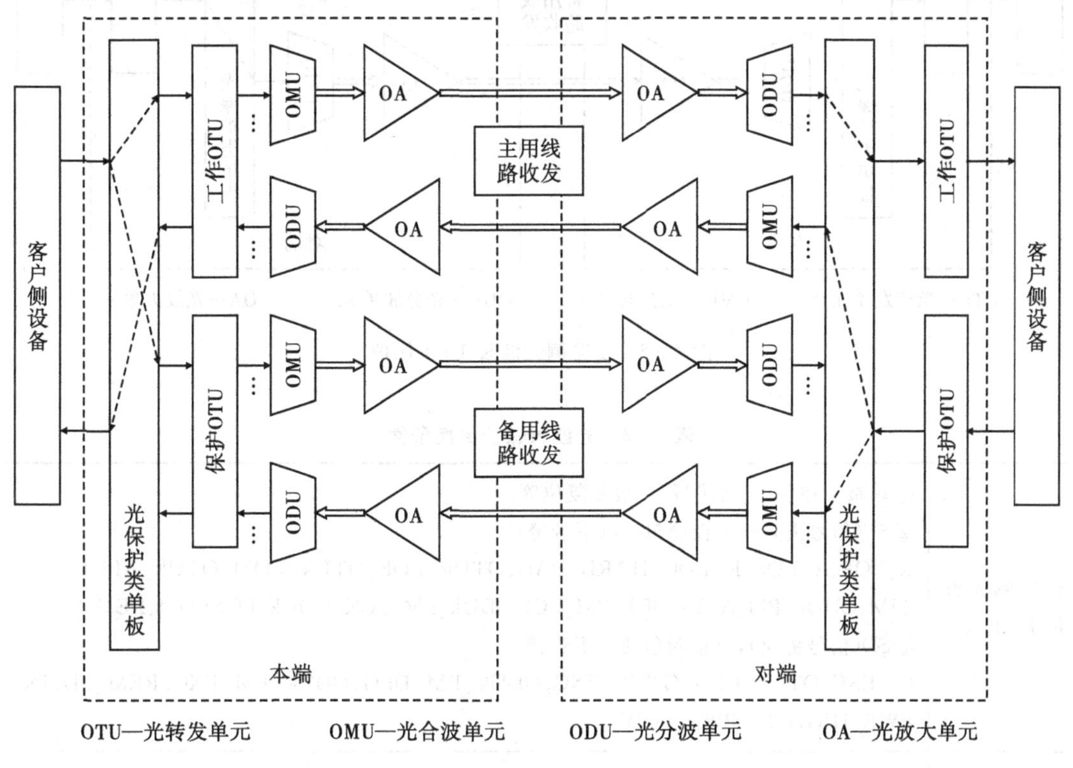

图4-5　客户侧光波长1+1保护

客户侧光波长1+1保护为客户侧设备发送来的业务信号提供保护，如图4-5所示，在发送端，被保护的业务通过光保护单板上的耦合器一分为二，分别进入两个发送端OTU，占用两个不同的通道传输。在接收端，通过光保护单板选取两个信号中的高品质信号接收。

线路侧光波长1+1保护与客户侧光波长1+1保护区别在于光保护单板在系统中的位置和被保护的区段不同，发送端光保护单板放置在OTU单板之后，接收端放置在OTU单板之前，保护的是经波长转换后的特定光波长信号，如图4-6所示。

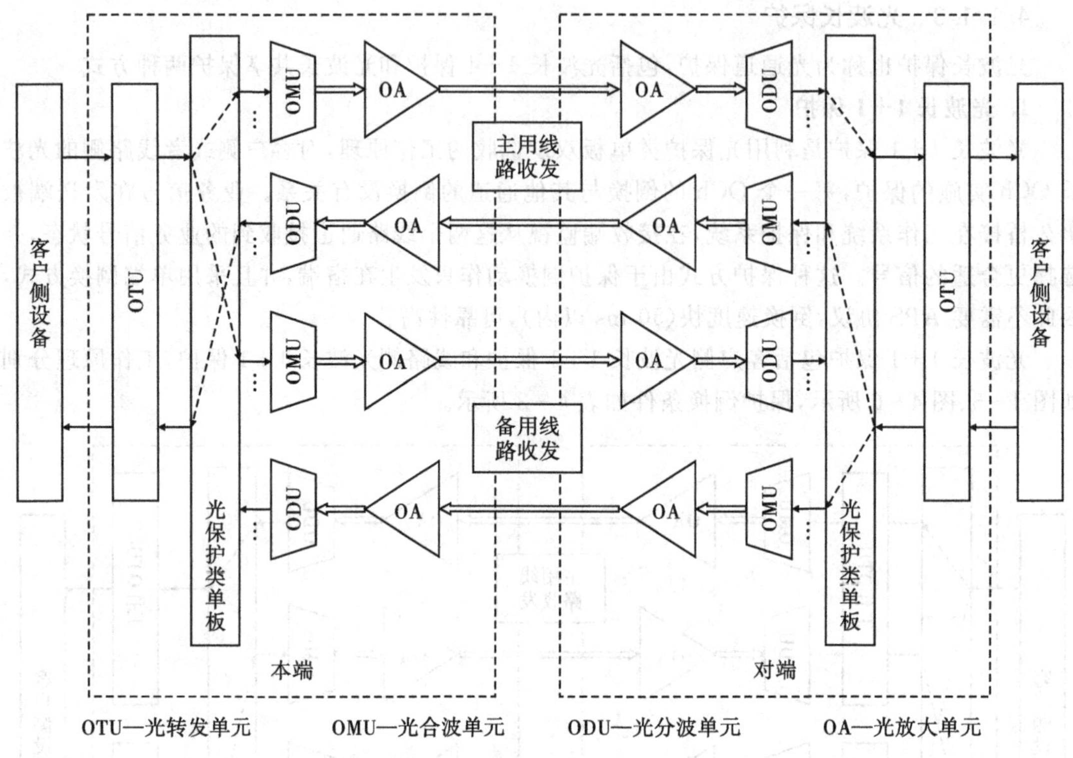

图 4-6　线路侧光波长 1+1 保护

表 4-2　光波长保护倒换条件

客户侧光波长 1+1 保护	①单板不在位，包括拔板、单板硬复位等。 ②SF(信号失效)，单板侧包括以下告警： R_LOF、R_LOS、R_LOC、HARD_BAD、OTUk_LOF、OTUk_LOM、OTUk_AIS、OTUk_TIM、ODUk_PM_AIS、ODUk_PM_OCI、ODUk_PM_LCK、ODUk_LOFLOM、REM_SF ③SD(信号劣化)，单板侧包括以下告警： B1_EXC、OTUk_DEG、OTUk_EXC、ODUk_PM_DEG、ODUk_PM_EXC、REM_SD、IN_PWR_HIGH、IN_PWR_LOW
线路侧光波长 1+1 保护	①SF(信号失效)，OTU 单板侧包括以下告警： R_LOF、R_LOS、R_LOC、OTUk_LOF、OTUk_LOM、OTUk_AIS、ODUk_PM_AIS、ODUk_PM_OCI、ODUk_PM_LCK、ODUk_LOFLOM； OLP 单板侧输入光功率 LOS 越限(R_LOS)、工作通道和保护通道的输入光功率差异越限(POWER_DIFF_OVER) ②SD(信号劣化)，OTU 单板侧包括以下告警： B1_EXC、OTUk_DEG、OTUk_EXC、ODUk_PM_DEG、ODUk_PM_EXC

2. 光波长共享保护

光波长共享保护用于分布式业务(相邻站点间存在业务)的环形组网中，其保护倒换粒度为 OCh，通过占用两个不同的波长实现对所有站点间一路分布式业务的保护。通常采用双发选收、双端倒换的方式,即工作通道用于接收的波长失效时,将导致收发同时倒换到保护通道,因此需要保护倒换协议支持。每个节点根据节点状态、被保护业务信息和网络拓扑结构,判断被保护业务是否会受到故障的影响,从而进一步确定出通道保护状态,据此状态值确定相应的保护倒换动作。需要强调的是,光波长共享保护是在业务的上路节点和下路节点直接进行双端倒换形成新的环路,不同于复用段环保护中采用故障区段两端相邻节点进行双端倒换的方式。

下面以六个节点组成的环形网络为例说明光波长共享保护的工作原理。如图4-7所示,节点1、3之间和节点5、6之间分别有1波业务。

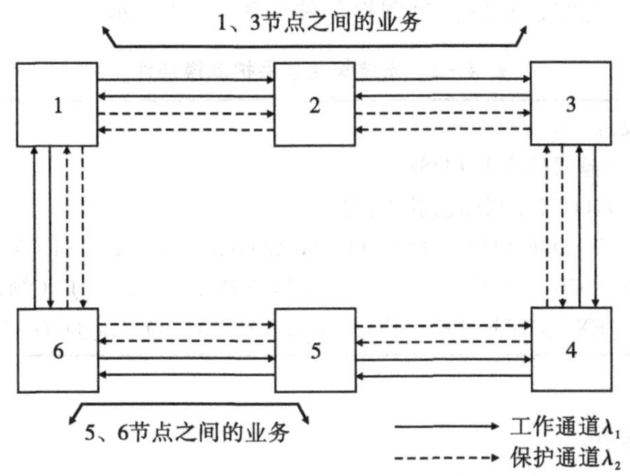

图4-7 正常情况下光波长共享保护

正常情况下,节点1、3之间业务路由为节点1—2—3之间的工作通道;节点5、6之间的业务路由为节点5—6之间的工作通道。

若节点1—2之间的通道出现故障,节点5、6之间的业务不受影响,而节点1、3之间业务将受影响。节点1、2检测到故障满足倒换条件,将向节点3传送APS信息,同时节点1和节点3将判断节点1—6—5—4—3之间的保护通道是否正常,若该通道正常,则节点1—6—5—4—3将执行桥接和倒换,此时节点1、3之间业务将采用节点1—6—5—4—3之间的保护通道传送,如图4-8所示。

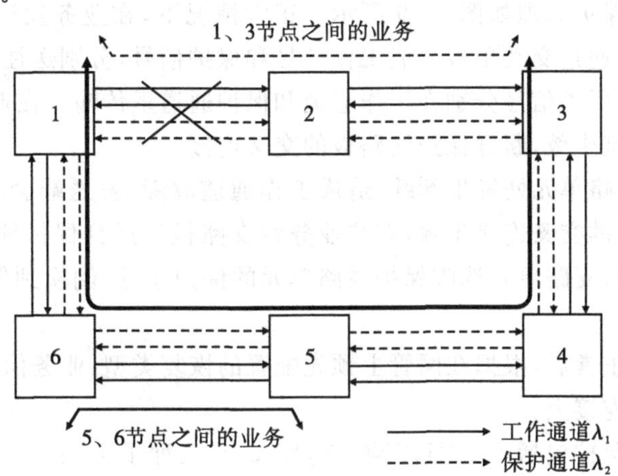

图4-8 故障情况下光波长共享保护

需要注意的是：

①各站点之间都有业务上下，但保护通道所使用的路由是一个共同的"环"；所有站点的OTU都"双发选收"，但因共用了同一保护通道"环"，所以在同一时间，只能支持一条业务的保护倒换。

②各厂家在实现光波长共享保护时采用的方式各不相同，如华为设备是通过光保护单板完成工作波长双发和保护波长双发的，因此可划分至光层保护类型中。但烽火设备是通过电交叉板并发至东西两个方向的线路板来实现单个通道的环网保护的，所以在烽火设备资料中，将其划分为电层保护。光波长共享保护倒换条件如表 4-3 所示。

表 4-3　光波长共享保护倒换条件

保护倒换条件	①SF(信号失效)： 输入光功率 LOS 越限(MUT_LOS) ②SD(信号劣化)，OTU 单板侧包括以下告警： R_LOS、R_LOC、R_LOF、OTUk_LOF、OTUk_LOM、OTUk_AIS、ODUk_PM_AIS、ODUk_PM_OCI、ODUk_PM_LCK、OTUk_TIM、ODUk_PM_TIM、ODUk_LOFLOM、IN_PWR_HIGH、IN_PWR_LOW、B1_EXC、ODUk_PM_DEG、ODUk_PM_EXC、OTUk_DEG、OTUk_EXC

4.1.2　OTN 电层保护

OTN 电层保护包括基于 ODU*k* 的子网连接保护和 ODU*k* 环网保护，保护颗粒度为 ODU*k*，通常是利用电层交叉实现的。

4.1.2.1　ODU*k* 子网连接保护

ODU*k* 子网连接保护运用电层交叉的双发选收功能，在 ODU*k* 层采用子网连接保护，保护基于单个 ODU*k*。通常采用单端倒换方式，不需要 APS 协议，是一种专用保护机制，主要用于跨子网业务的保护，可以用在环带链、环相切、环相交等组网形式中。实际中，可用来进行一个运营商网络或多个运营商网络内一部分路径的保护，使用时具有较大的灵活性，对子网连接中的网元数量没有限制。

ODU*k* 子网连接保护原理如图 4-9 所示。正常情况下，在业务发送方向，需要保护的客户业务从支路板输入，通过交叉单板分成工作信号和保护信号，分别送往工作线路板和保护线路板，然后工作信号和保护信号分别在工作通道和保护通道里传输。在业务接收方向，仅工作线路板对应的交叉连接生效，断开保护线路板的交叉连接。

若 A、D 网元间线路单元处发生断纤，造成工作通道故障，发送端会断开工作线路板交叉连接，保护线路板对应的交叉连接生效，客户业务经支路板发送到保护线路板，业务信号工作在保护通道；在接收端，支路单元选收保护线路单元的保护业务，倒换到保护通道，如图 4-10 所示。

当工作路由恢复正常后，根据在网管上预先配置的恢复类型，业务信号可以恢复到指定的线路板所对应的交叉连接上。

ODU*k* 子网连接保护包括 SNC/I，SNC/N，SNC/S 三种子类型，这三种保护的区别在于监视能力不同、触发条件不同，保护倒换条件如表 4-4 所示。

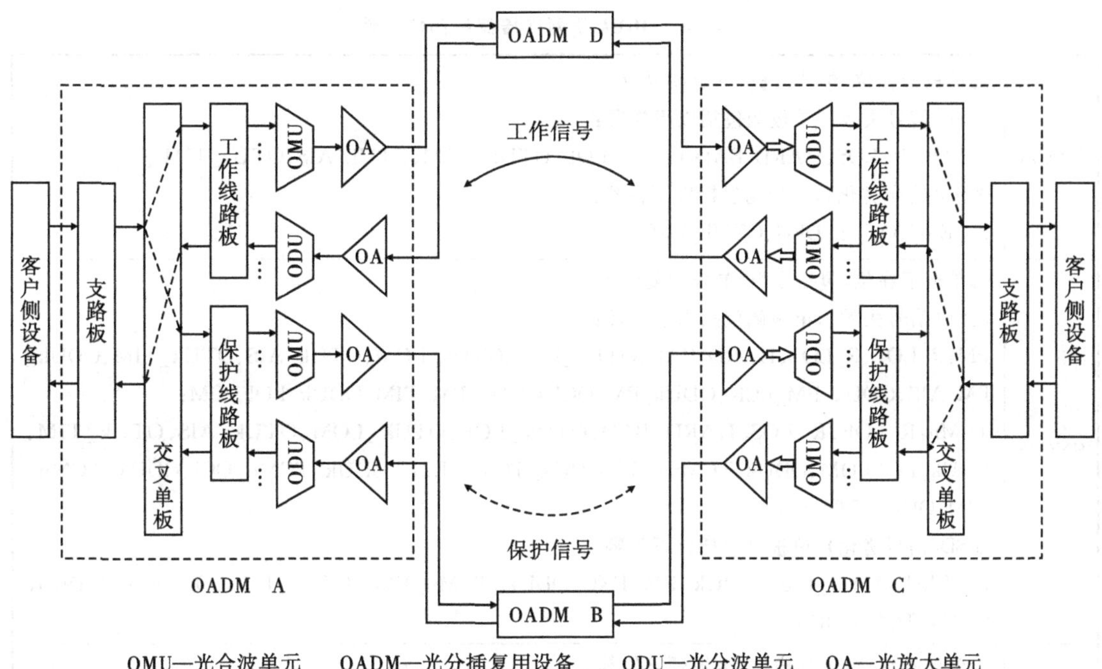

图 4-9　正常情况下 ODUk 子网连接保护

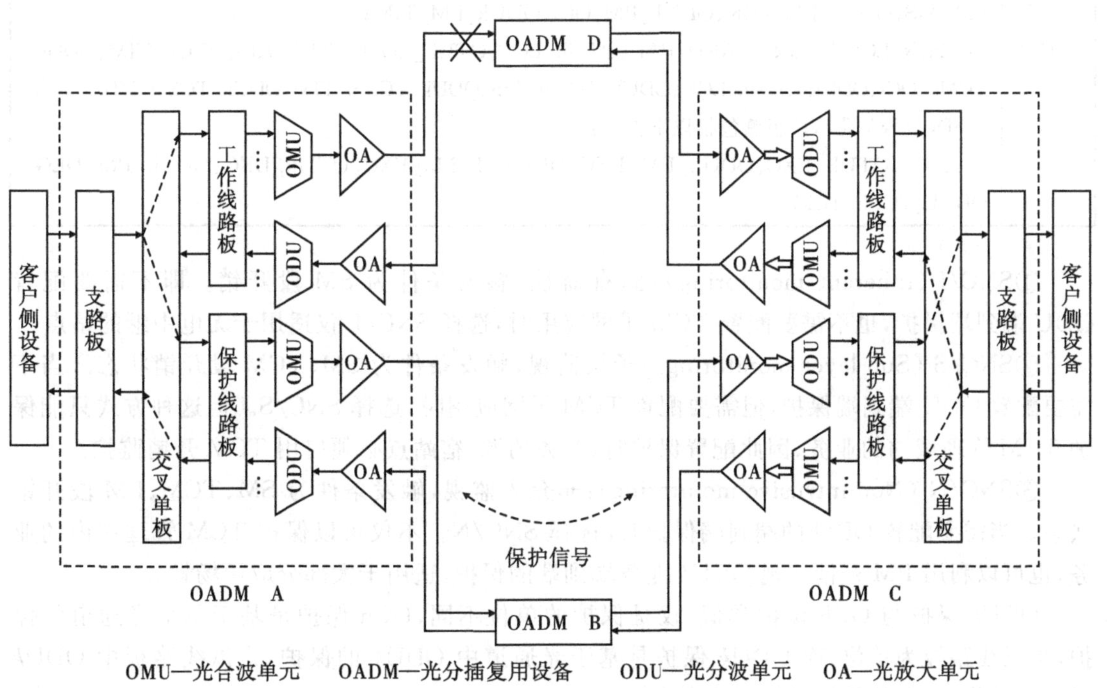

图 4-10　故障情况下 ODUk 子网连接保护

表 4-4 ODU*k* 子网连接保护倒换条件

SNC/I	①单板不在位,包括拔板、单板硬复位等。 ②SF(信号失效),单板侧包括以下告警: R_LOF、R_LOS、HARD_BAD、OTUk_LOF、OTUk_LOM、OTUk_AIS、OTUk_TIM ③SD(信号劣化),单板侧包括以下告警: B1_EXC、OTUk_DEG、OTUk_EXC
SNC/S	①单板不在位,包括拔板、单板硬复位等。 ②SF(信号失效),单板侧包括以下告警: PM:R_LOF、R_LOS、HARD_BAD、OTUk_LOF、OTUk_LOM、OTUk_AIS、OTUk_TIM、ODUk_PM_AIS、ODUk_PM_LCK、ODUk_PM_OCI、ODUk_PM_TIM、ODUk_LOFLOM; TCMn:R_LOF、R_LOS、HARD_BAD、OTUk_LOF、OTUk_LOM、OTUk_AIS、OTUk_TIM、ODUk_LOFLOM、ODUk_TCMn_AIS、ODUk_TCMn_LCK、ODUk_TCMn_OCI、ODUk_TCMn_TIM、ODUk_TCMn_LTC ③SD(信号劣化),单板侧包括以下告警: B1_EXC、OTUk_EXC、ODUk_PM_EXC、ODUk_TCMn_EXC、OTUk_DEG、ODUk_PM_DEG、ODUk_TCMn_DEG
SNC/N	①单板不在位,包括拔板、单板硬复位等。 ②SF(信号失效),单板侧包括以下告警: PM:R_LOF、R_LOS、HARD_BAD、OTUk_LOF、OTUk_LOM、OTUk_AIS、OTUk_TIM、ODUk_PM_AIS、ODUk_PM_LCK、ODUk_PM_OCI、ODUk_PM_TIM; TCMn:R_LOF、R_LOS、HARD_BAD、OTUk_LOF、OTUk_LOM、OTUk_AIS、OTUk_TIM、ODUk_TCMn_OCI、ODUk_TCMn_LCK、ODUk_TCMn_AIS、ODUk_TCMn_TIM、ODUk_TCMn_LTC ③SD(信号劣化),单板侧包括以下告警: B1_EXC、OTUk_EXC、ODUk_PM_EXC、ODUk_TCMn_EXC、OTUk_DEG、ODUk_PM_DEG、ODUk_TCMn_DEG

①SNC/I (Inherent monitoring):固有监视,触发条件为 SM 段开销。即不需要配置 ODU 端到端保护,也不需要配置 TCM 子网应用时,选择 SNC/I,仅适用于无电中继的站点。

②SNC/S (Sub-layer monitoring):子层监视,触发条件为 SM、TCM 段开销状态。当不需要配置 ODU 端到端保护,但需要配置 TCM 子网应用时,选择 SNC/S。但这种方式只能保护 TCM 管理域内的业务,因此配置保护时,业务的源、宿站点必须启用 TCM 开销监控。

③SNC/N (Non-intrusive monitoring):非介入监视,触发条件为 SM、TCM、PM 段开销状态。当需要配置 ODU 的端到端保护时,选择 SNC/N。不仅可以保护 TCM 管理域内的业务,也可以利用 PM 开销实现 ODU*k* 业务端到端的保护,适用于大部分应用场景。

ODU*k* 保护与 OCh 保护类似,仅是保护的单位不同,OCh 保护是基于单个光通道的保护,是以线路板为单位,而 ODU*k* 保护是基于光通道中 ODU*k* 的保护,是以线路板中 ODU*k* 时隙为单位,后者的保护颗粒比前者小。

4.1.2.2 ODU*k* 环网保护

ODU*k* 环网保护用于配置分布式业务的环形组网,通过占用两个不同的 ODU*k* 通道实现对所有站点间多条分布式业务的保护。采用双端倒换方式,即工作通道用于接收的通道失效时,将导致收发同时倒换到保护通道,需要保护倒换协议支持。与普通的 SNCP 相比,多条业务可使用一个保护通道,且保护通道在正常情况下可以传送低优先级的业务,有效节省了资源。

下面以四个节点组成的环形网络为例说明 ODU*k* 环网保护的工作原理。如图 4-11 所示,假设所有节点使用线路板的 ODU1-1 作为保护通道,正常工作时各分布式业务均走线路板的 ODU1-2 通道。

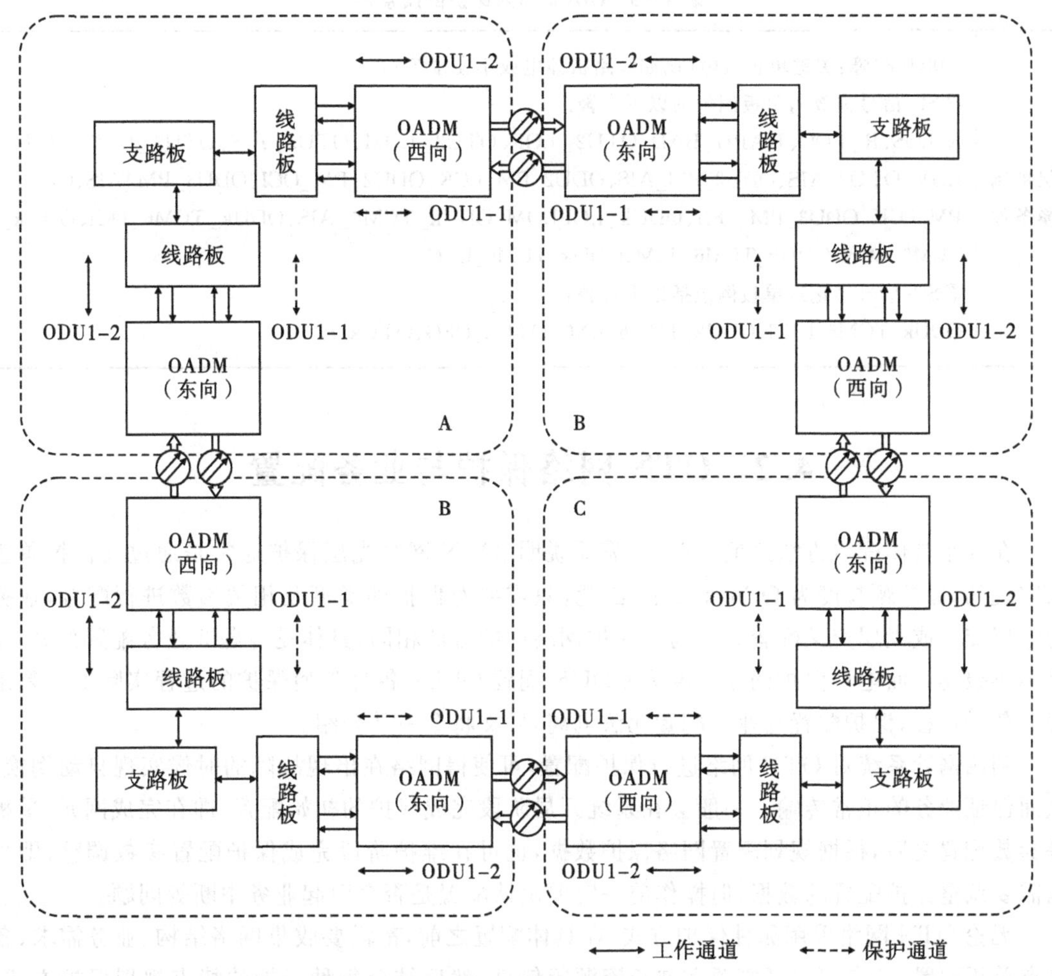

图 4-11 ODU*k* 环网保护

以 A—D 和 A—B 之间的业务传输为例。正常情况下,A 与 D 的工作路由为西向(A—D),占用 ODU1-2 为工作通道;A 与 D 间的保护路由为东向(A—B—C—D),占用东向线路板的 ODU1-1 为保护通道。D 与 A 的工作路由为东向(D—A),占用 ODU1-2 为工作通道;D 与 A 间的保护路由为西向(D—C—B—A),占用西向线路板的 ODU1-1 为保护通道。

正常情况下,A 与 B 的工作路由为东向(A—B),占用 ODU1-2 为工作通道;A 与 B 间的保护路由为西向(A—D—C—B),占用西向线路板的 ODU1-1 为保护通道。B 与 A 的工作路由为西向(B—A),占用 ODU1-2 为工作通道;B 与 A 间的保护路由为东向(B—C—D—A),占用东向线路板的 ODU1-1 为保护通道。

当 A 检测到其西向路由故障时,A 到 D 的业务、D 到 A 的业务均需倒换至保护通道。此时，A与D间的通道占用情况为：A到D的业务倒换至东向保护路由(A—B—C—D)，占用保护通道ODU1-1；D到A的业务倒换至西向保护路由(D—C—B—A)，占用保护通道ODU1-1。A与B之间的双向业务不受影响，仍在原工作路由上传输。

ODU*k*环网保护倒换条件如表4-5所示。

表4-5 ODU*k*环网保护倒换条件

保护倒换条件	①单板故障：关键单板故障(比如线路板掉电或不在位等)。 ②SF(信号失效)，单板侧包括以下告警： R_LOS、R_LOC、HARD_BAD、OTU2_LOF、OTU2_LOM、OTU2_AIS、OTU3_LOF、OTU3_LOM、OTU3_AIS、ODU2_PM_AIS、ODU2_PM_LCK、ODU2_PM_OCI、ODU3_PM_AIS、ODU3_PM_LCK、ODU3_PM_OCI、ODUk_LOFLOM、ODUk_TCM6_AIS、ODUk_TCM6_OCI、ODUk_TCM6_LCK、ODUk_TCM6_TIM、ODUk_TCM6_LTC ③SD(信号劣化)，单板侧包括以下告警： ODUk_TCM6_DEG、ODUk_TCM6_EXC、OTUk_DEG、OTUk_EXC

4.2 OTN网络保护与业务配置

在介绍具体配置方法之前，有一点需要说明，OTN网络光层保护通常是通过光保护单板来实现的，保护颗粒度为OCh及以上，因此，只需要对保护的类型及相关参数进行配置，业务的电层交叉或光层交叉配置方法与无保护网络中的方法相同，具体见专题3业务配置部分，此处不再赘述。而电层保护的颗粒度为ODU*k*，配置ODU*k*各种类型保护的过程实际上也是配置业务的过程，保护配置与业务配置无法剥离，后文将会一并介绍。

利用网管系统对OTN网络进行保护配置，可使得网络在出现故障的时候实现自动倒换，从而保证业务的正常传输。一般会在系统开局阶段完成保护的初始配置，即在完成网元、单板等参数配置之后，根据规划配置网络保护数据，也可在维护阶段完成保护配置参数调整，即根据需要调整保护配置的数据，但操作前一定要确认配置是否会引起业务中断等问题。

无论OTN网络采用哪种保护方式，在具体配置之前，都需要收集网络结构、业务需求、各站点单板配置、站点间光纤资源和波长资源等信息，然后结合每种保护的特点规划保护方式、单板、连纤等，为配置操作提供依据。保护配置的目的是建立光纤、波长、时隙等资源之间的保护关系，要求设备上安装必要的物理单板、连接物理光纤，网管上添加新增的单板、连接逻辑光纤，这样才能为保护的配置和倒换提供物理资源和网管数据基础。具体流程如图4-12所示。

(1)安装物理单板

OTN网络要具备保护能力，设备必须安装支持保护的相关单板。不同的保护方式需要不同类型的单板，在选择好合适的单板后，就可以根据设备类型和子架类型将单板安装在可插放槽位。

(2)连接物理光纤

物理光纤连接包括两类：设备内部光纤连接、站间线路光纤连接。不同保护方式下信号的处理过程不同，因此要根据保护原理和信号流确定设备内部和站间的连纤关系。在站内，用跳纤连接机柜内部设备上对应光接口，以完成业务信号的合/分波、放大、监控信号接入和接出，

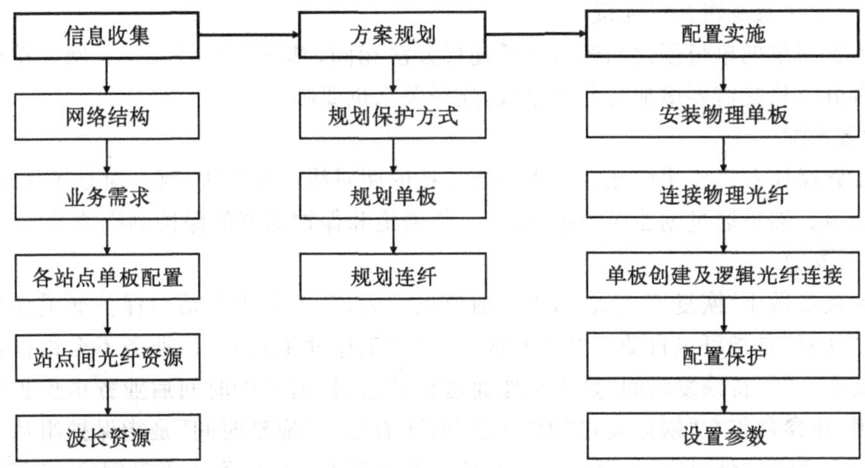

图4－12　OTN网络保护配置流程

相邻两站经ODF架通过光缆完成连接。

(3)单板创建及逻辑光纤连接

每个实际设备在网管系统上都体现为网元。在管理实际设备时，必须先在网管上创建相应的网元，并在网元上添加与实际安装一致的物理单板，以及网元内部单板之间的连纤和网元间的连纤。完成光纤连接后，需要进行波长扫描，来确认连纤正确、线路畅通。

(4)配置保护

在完成上述三步操纵后，网络已具备保护倒换的物理资源和网管数据基础，接下来就需要利用网管系统通过创建保护组以及确定工作通道和保护通道来配置保护方式，从而保证OTN网络在出现故障的时候能实现主、备用倒换，保护承载业务。

(5)设置参数

通常需要设置的保护倒换参数主要包括：恢复模式、等待恢复时间、工作通道拖延时间、保护通道拖延时间等。

下面根据上述配置实施流程介绍各种保护方式的配置方法。

4.2.1　光线路1＋1保护配置

(1)安装物理单板

要实现光线路保护，OTN设备除了安装必要的波长转换板(或支路板、交叉连接板、线路板)、合/分波板、放大板和监控板之外，还需要在光传输段两端站点各配置一块光保护类单板，这类单板具有双发选收的功能，可根据接收光功率、来自网管的手工倒换/恢复设置命令或来自网管的自动保护倒换外部命令(包括清除、锁定保护、锁定工作、强制倒换、人工倒换和演习)，执行保护倒换或恢复操作。

(2)连接物理光纤

由于光线路保护是对线路光纤提供保护，因此，发送端需要将放大之后的合波信号发送至光保护类单板，经单板双发之后，分别发送至工作光纤和保护光纤；接收端的光保护类单板接收工作、保护光纤信号，选收之后发送至前置放大板。其余的光纤连接与无保护网络的连接相同。

(3)单板创建及逻辑光纤连接

与无保护网络的单板创建和逻辑光纤连接方法相同,具体见专题 3 配置网元单板数据和创建光纤部分。只是需要增加光保护单板,连纤关系也要随之调整。

(4)配置保护

保护配置操作首先要明确光保护类单板连接的两对线路光纤中,哪一对是工作通道,哪一对是保护通道。然后通过创建保护组,确定工作通道和保护通道的保护倒换关系。

(5)设置参数

保护倒换参数中"恢复模式"表示工作通道正常后,业务是否自动由保护通道切换到工作通道上来,"恢复"是指可以自动切换,"非恢复"是指工作通道正常后,业务不会由保护通道切换到工作通道。"等待恢复时间"是指工作通道正常后,延迟多少时间后业务由保护通道倒换回工作通道,该参数仅在"恢复模式"为"恢复"时才有效。"拖延时间"是指保护组从当前通道切换到另一个通道的延迟时间,可以有效避免业务状态不稳定时发生重复倒换。"工作通道拖延时间"是指工作通道信号劣化或失效到发生业务倒换的时间。"保护通道拖延时间"是指保护通道信号劣化或失效到发生业务倒换的时间。这些参数需要根据网络对保护的需求进行选择。除了上述参数外,由于光线路保护中还采用了光保护类单板,关于这类单板的告警门限参数也需要设置。

操作步骤

操作演示

OTN 光线路保护配置

4.2.2 光复用段保护配置

(1)安装物理单板

实现光复用段保护除了需要在两个站点各配置 1 块光保护类单板外,还需要再增加 1 块光功率放大板、1 块前置放大板,这是由保护区段决定的。

(2)连接物理光纤

光复用段保护的信号流是:本端设备合波板输出合波信号后送入光保护类单板完成双发,两块光功率放大板分别对这两路信号进行放大之后,送入一主一备两根线路光纤;在对端设备,线路光纤的两路信号分别经过前置放大板放大后,光保护类单板从两路信号中选收一路送入分波板。实际的物理光纤必须按照此信号流进行连接。

(3)单板创建及逻辑光纤连接

方法同光线路保护。

(4)配置保护

方法同光线路保护。

(5)设置参数

方法同光线路保护。

说明:由于配置方法与光线路保护类似,本节不再提供实例演示二维码。

4.2.3　光波长1+1保护配置

(1)安装物理单板

光波长1+1保护系统中,合波板/分波板、光放大板、光缆线路等都需要有备份,如果是客户侧OCh进行保护,则业务接口也需要备份。一块光保护单板板用于保护双向的一对业务,配置的光保护单板数目与需要保护的OCh通道数相同。

(2)连接物理光纤

如果采用的是客户侧光波长1+1保护,就需要将光保护单板放置在客户与OTU单板或支路板之间,因此OTU单板或支路板、光放大板、光缆线路就都需要一主一备。如果采用的是线路侧光波长1+1保护,光保护单板放置在OTU单板或线路板与合波板/分波板之间,那么合波板/分波板、光放大板和光缆线路保证一主一备就可以。实际的物理光纤必须按照此信号流进行连接。

(3)单板创建及逻辑光纤连接

方法同光线路保护。

(4)配置保护

方法同光线路保护。

(5)设置参数

方法同光线路保护。

说明:由于配置方法与光线路保护类似,本节不再提供实例演示二维码。

4.2.4　光波长共享保护配置

光波长共享保护可以利用光保护单板实现,也可以利用电层交叉实现,本节仅介绍采用光保护单板实现光波长共享保护的配置方法。

(1)安装物理单板

一般来讲,各站点上下波长的数量决定了该站OTU单板或者线路板的数量,但在光波长共享保护中,每个保护组的站点最多包含2块独立业务的OTU或线路板。同时,每个站点还要配置两套合/分波和放大单元,以完成东、西向的连接,2块光监控板完成两个方向监控信号的收发。除此之外,各站需要配置2块DCP单板,通过DCP单板实现波长的“Add”“Drop”“Bridge”“Switch”“Pass through”控制功能。

DCP单板是双路光通道保护板(Dual Channel Optical Path Protection Board),由光模块、控制与通信模块和电源模块构成,可以提供两路光信号保护,与OLP单板相比具有高集成度,在光波长共享保护中,可实现双发选收、双端倒换。由于DCP单板对两路光信号的处理完全相同,下面仅以一路业务流向为例进行介绍,DCP板功能框图如图4-13所示。

发送方向:波分侧一路光信号由TI1光口接入,经过分光器后,从TO11和TO12光口输出到主用和备用光纤(通道)中。

接收方向:主用和备用光纤(通道)中的光信号分别从RI11和RI12光口接入,进入光开关。光开关根据主、备信号的光功率优劣选择接收其中的一路,实现主、备通道光信号的选收。选择接收的光信号从RO1光口输出。

光功率检测模块对从主、备信号中提取的检测信号进行检测并将结果上报给控制与通信模块。控制与通信模块比较两路信号的光功率，并根据光功率的优劣，控制光开关动作，实现主、备通道光信号的选收。

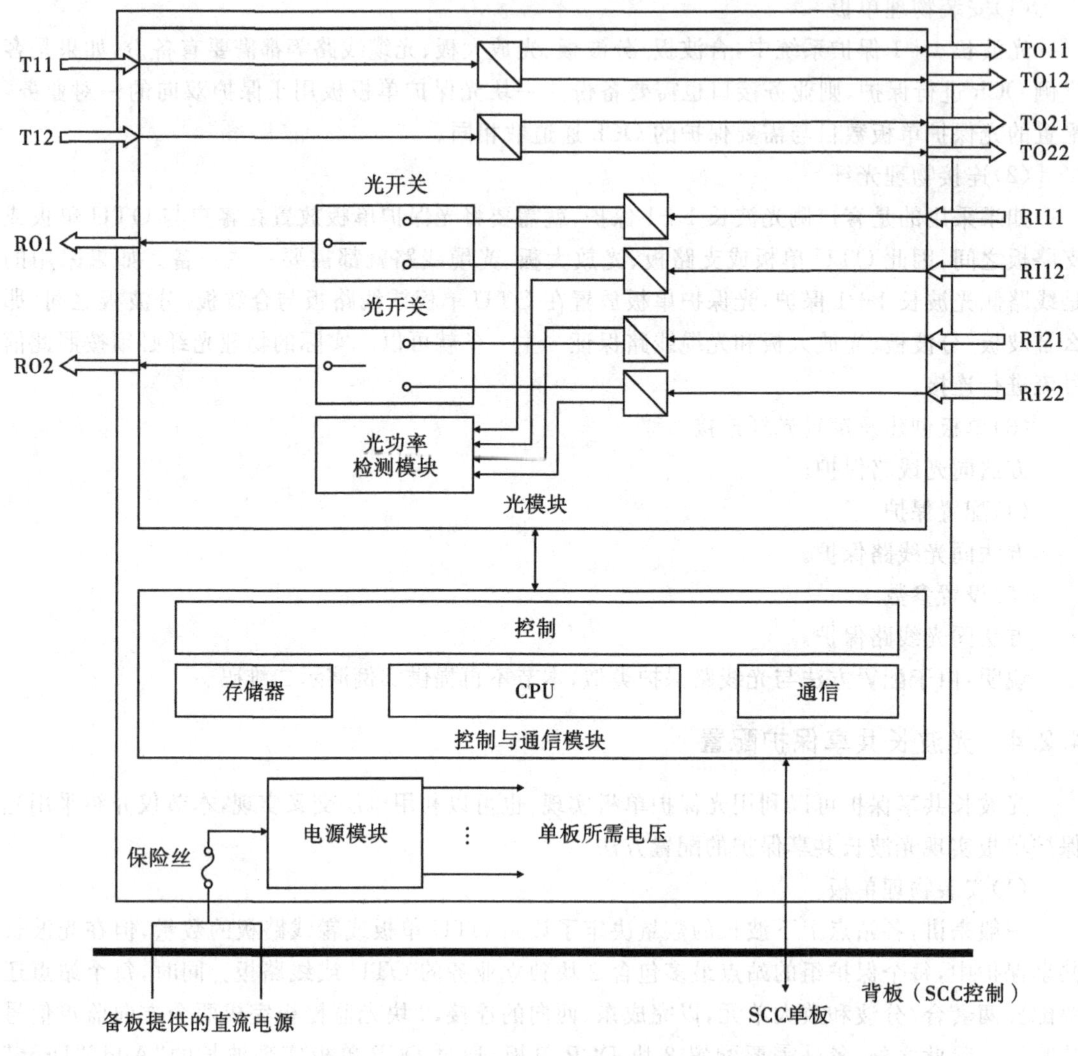

图 4-13　OLP 板功能框图

(2)连接物理光纤

站间连纤：相邻站点之间只需 2 条光纤连接，将两站的东向放大板与西向放大板相连。

站内连纤：站内的连纤关键是 DCP 单板和 OTU 单板的连接，连接关系如图 4-14 所示。此外，两块 DCP 单板输入输出的 λ_1、λ_2 波长信号与东、西向合/分波板连接。

(3)单板创建及逻辑光纤连接

方法同光线路保护。

(4)配置保护

配置保护关键是要确定两块 DCP 单板的东、西向映射关系。

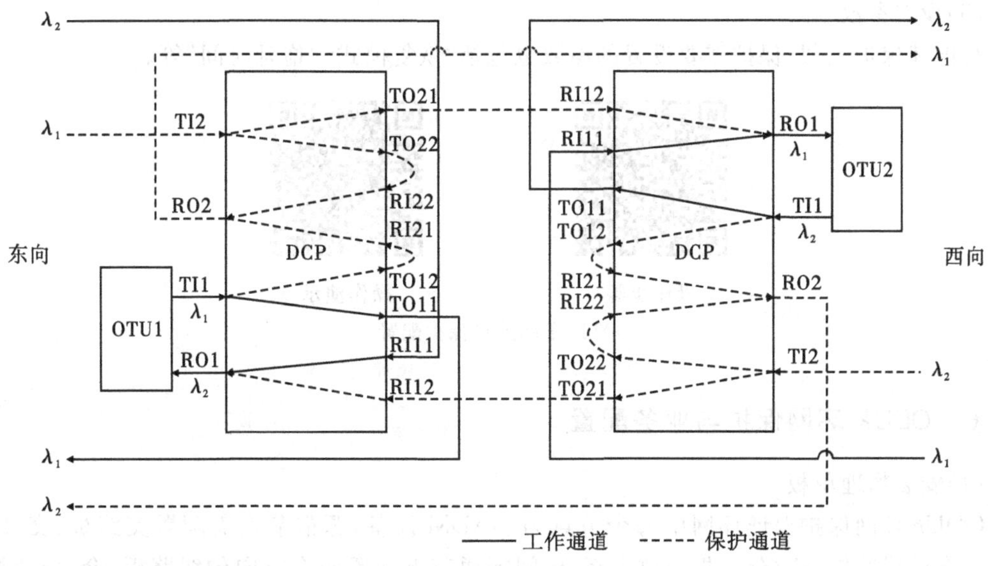

图 4-14 DCP单板光纤连接

(5)设置参数

与前述保护类似,保护需要设置的参数也包括“恢复模式”“拖延时间”等。

OTN光波长共享保护配置

4.2.5 ODUk SNCP与业务配置

(1)安装物理单板

由于ODUk SNCP需要在源端将业务双发至工作子网和保护子网,宿端完成选收,因此,业务源宿节点除了安装支路板、交叉连接板之外,还必须配置两个方向的线路板、合/分波板和放大板,中间穿通节点配置两个方向的线路板、合/分波板和放大板。

(2)连接物理光纤

ODUk SNCP的双发和选收是由交叉连接板完成的,因此,光纤连接只涉及两块线路板与两个方向的合/分波板连接。

(3)单板创建及逻辑光纤连接

方法同光线路保护。

(4)配置保护

ODUk SNCP是ODUk级别的业务保护,由支路板和线路板协同配置完成。源端配置支路板至线路板的双发,宿端配置线路板至支路板的选收,中间节点配置业务穿通即可。

(5)设置参数

与前述保护类似,保护需要设置的参数也包括“恢复模式”“拖延时间”等。

操作步骤

操作演示

OTN子网连接保护配置

4.2.6 ODUk 环网保护与业务配置

(1)安装物理单板

ODUk 环网保护保证环网中每个节点为OADM设备,源宿节点需配置支路板、交叉板、两个方向的线路板、合/分波板和放大板,中间穿通节点配置两个方向的线路板、合/分波板和放大板。

(2)连接物理光纤

网元内部光纤连接要完成2块线路板与两个方向的合/分波板、放大板的连接,网元间的连接要区分两个方向构成环网。

(3)单板创建及逻辑光纤连接

方法同光线路保护。

(4)配置保护

保护配置的前提:已完成各站点之间的OCh通道配置。

每组保护环中对应的有保护的设备上必须提供4个ODUk通道,分别用作东向工作通道、东向保护通道、西向工作通道和西向保护通道,配置保护时要确定ODUk通道的工作或保护属性。同方向的工作和保护ODUk通道可以在同一OCh通道中,也可在不同OCh通道中,建议使用不同的OCh通道。源宿节点配置业务的上下,中间节点配置业务穿通,在其他站点的业务发生倒换时协助形成保护路由。

(5)设置参数

与前述保护类似,保护需要设置的参数也包括“恢复模式”“拖延时间”等。

操作步骤

ODUk 环网保护配置

挑战性问题　OTN 网络生存性策略

1. 问题背景

某典型 OTN 网络拓扑图如图 4－15 所示，光网元 A、B、C、D、E 和 F 均为 OptiX OSN 8800 设备，其中光网元 A、B、C、D、E 均为 ROADM 设备，构成环形组网，光网元 F 为 OTM 设备，与 E 构成线形网络。请根据图 4－16 波道分配图，为该网络制定保护策略。

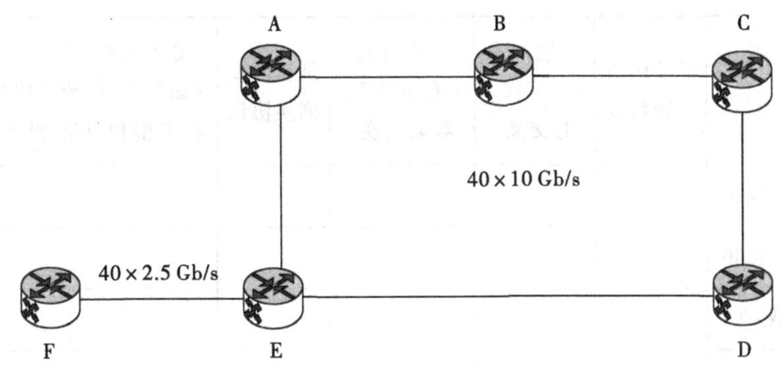

图 4－15　典型 OTN 网络拓扑图

业务规划	A 东	B 西	B 东	C 西	C 东	D 西	D 东	E 西1	E 东	A 西
STM-64 (λ_1)	10 Gb/s									
STM-64 (λ_2)			10 Gb/s							
STM-64 (λ_3)					10 Gb/s					
STM-64 (λ_4)							10 Gb/s			
STM-64 (λ_5)									10 Gb/s	

业务规划	E 西2	东 F
STM-64 (λ_1)	10 Gb/s	

图例：←→ 工作波道；←---→ 保护波道

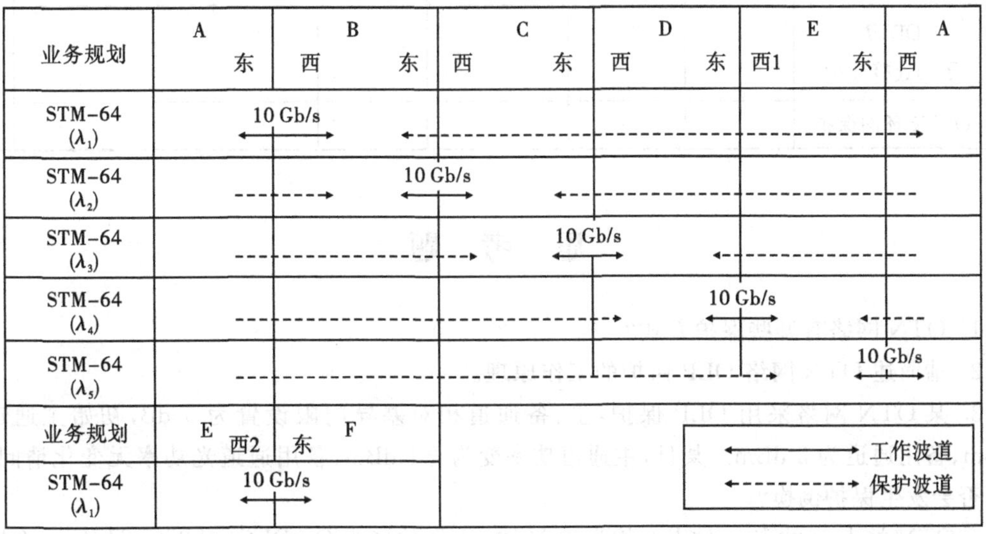

图 4－16　波道分配图

2. 问题剖析

为了满足业务可靠性的差异化需求，OTN 提供了多层次的保护技术，支持分等级的保护策略，不同保护技术对应的组网投入和网络可靠性存在较大差异。那么，如何通过技术手段优化配置，才能以较低的投入获得较高的网络质量呢？换言之，就是如何根据网络实际情况和业务需求选择合适的保护方式？这是本专题的挑战性问题需要讨论的核心内容。

第一步是了解各种保护方式的工作原理，需要熟悉每种保护方式的保护对象、保护区段、涉及的单板和纤缆资源、保护倒换条件以及倒换速度，通过完成表 4－6 就可以总结出每种保护的特点和适用场景。

第二步就是分析现有网络可提供的资源和业务的保护需求，包括网络拓扑结构、纤缆资源、波长资源、时隙资源，以及业务源宿、业务分布和保护需求情况。

最后，根据各种保护的特点，寻找最适用的保护手段，为实际网络保护方式的选择和规划提供参考。

表 4－6　各类保护方式的比较和应用建议

<table>
<tr><th colspan="2">保护方式</th><th>保护区段或颗粒度</th><th>实现方式（光开关/电交叉）</th><th>倒换方式（单端倒换/双端倒换）</th><th>是否需要倒换协议</th><th>是否需要增加单板或纤缆（如果需要，请说明增加的单板类型和数量、纤缆的数量）</th><th>应用建议</th></tr>
<tr><td rowspan="5">光层保护</td><td>光线路 1+1 保护</td><td></td><td></td><td></td><td></td><td></td><td></td></tr>
<tr><td>光线路 1∶1 保护</td><td></td><td></td><td></td><td></td><td></td><td></td></tr>
<tr><td>光复用段保护</td><td></td><td></td><td></td><td></td><td></td><td></td></tr>
<tr><td>光波长保护</td><td></td><td></td><td></td><td></td><td></td><td></td></tr>
<tr><td>光波长共享保护</td><td></td><td></td><td></td><td></td><td></td><td></td></tr>
<tr><td rowspan="2">电层保护</td><td>ODUk 子网连接保护</td><td></td><td></td><td></td><td></td><td></td><td></td></tr>
<tr><td>ODUk 环网保护</td><td></td><td></td><td></td><td></td><td></td><td></td></tr>
</table>

思　考　题

1. OTN 网络有哪些保护方式？

2. 请简述 OTN 网络 OLP 保护的工作原理。

3. 某 OTN 网络采用 OLP 保护，主、备通道相对差异门限设置为 5 dB，初始主通道为 1 dBm、备用通道为 2 dBm。某日，主通道功率变为－1 dBm，备用通道光功率无变化请问，此时是否会发生保护倒换？

4. OTN 站点 1、站点 2、站点 3 均为 40×10 Gb/s 的华为 OptiX OSN 8800 设备，三个网元构成环形组网，各站点均是 ROADM 站。请利用华为 imaster NCE 网管软件在站点 1 和站点 3 之间配置一条 2.5 Gb/s ODUk SNCP 业务。

模块三　光传输设备组网规划与系统设计

作为信息高速公路的光纤通信传送网，要适应未来宽带业务发展的需要，必须具备高速、安全、灵活的特点，而合理的组网规划和科学的系统设计是构建能够满足传输需求、便于维护管理的光网络的有效途径。本模块在重点介绍光传输设备组网规划和光传输系统设计方法的基础上，设计复杂场景下光传输设备组网规划与系统设计这一挑战性问题，为初步完成网络规划和建设奠定理论基础。

专题5　光传输设备组网规划

光传输设备组网规划实际上是发现目标网络与现实网络之间的差距，寻找达到目标网络的最优路径，最终形成组网方案的活动。它要求设计人员不仅要了解现行光通信技术的热点和前沿，熟悉各类光传输设备的功能和性能，更要掌握组网规划的方法，并能将这些知识综合运用。因此，本专题在简要介绍光传输设备组网原则的基础上，重点介绍了组网规划流程、光网络结构、规模容量、安全与保护的设计方法以及路由资源、交叉资源和通道资源的规划方法。

5.1　概述

5.1.1　光传输设备组网规划原则

光传输设备在组网建设时一般都要参照相关标准和有关规定实施，虽然各个网络组建时的实际情况不同，目标也不相同，但总体原则是一致的，具体包括以下几点。

1. 开放性和标准化原则

光传输设备的接口类型和参数应在遵循国际标准的前提下，兼顾国内实际的应用情况进行选择，尽量避免使用私有的或不成熟的协议，以免造成网络互联互通方面出现问题，影响对业务的支持能力，影响全网的统一性和整体性。

2. 兼顾技术的先进性和成熟性原则

光传输网所采用的技术既要具有前瞻性，又要具有兼容性，能满足当前业务需求，并兼顾未来的业务需求。

3. 可管理原则

光传输网采用分层的网络结构，需要具有统一的分级、分权管理的网络管理系统，实现统一的业务调度和管理，降低网络运营成本。

4. 高可用性原则

光传输网应具有高可用性，应考虑在不同的网络层次提供多种级别的保护策略，如设备级保护、网络级保护等，而且工作于不同网络层次的保护机制应能够有效地相互协调，共同提高网络的可用性。

5. 分期分层规划建设原则

网络组网建设要随着业务和用户需求的成熟，以点带面，有重点、有步骤、分期分批地建设和合理调整，可通过专网合作、合建、自建等多种方式来建设。核心层、汇聚层和接入层三层网络结构相对独立，相对稳定，下层网络结构的变化不影响上层结构变化，使网络建设可以分层建设，保持网络结构稳定。

5.1.2 光传输设备组网规划流程

光传输设备组网规划总体可分为规划前准备阶段和规划阶段，如图 5－1 所示，准备阶段主要完成基础信息的收集整理，规划阶段根据业务需求和约束条件完成网络规划和传输资源规划。

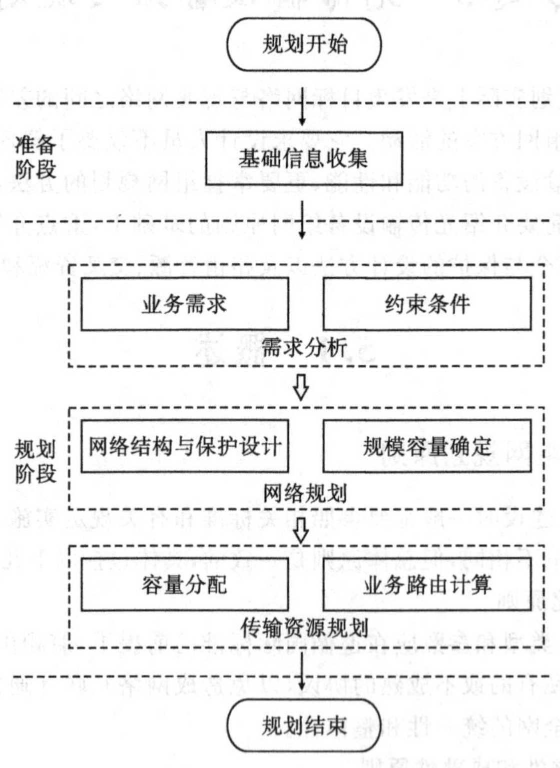

图 5－1 光传输设备组网规划流程

5.1.2.1 规划前准备

1. 基础信息收集

基础信息收集需要了解和收集当地的经济、地理、人口和市场竞争等情况。包括人口分布，统计年鉴，网络覆盖区域内的经济发展，重要城市、街道和重要商业金融及商住楼宇区域分布，行政区划等要素，同时还要分析业务发展趋势、用户增长需求、其他运营商网络和待建网络的关系等。

2. 传输网络相关知识

传输网络相关知识主要包括现有网络资料、传输设备能力、业务特点和传输技术发展情况。

(1)了解传输设备特点及能力

以华为的传输设备为例，OptiX 2500＋、OptiX 155/622、OptiX metro 500 等设备主要定位在接入层；OptiX OSN 3500、OptiX OSN 7500、OptiX 10G 主要定位在汇聚层；OptiX OSN 9500、OptiX OSN 9800、OptiX OSN 8800 主要定位在核心层、长途骨干网和业务调度节点。

(2)了解要承载业务的特点及数量

新网络将要承载的业务类型主要有语音、数据、流媒体，具有大带宽、高质量宽带业务的接入功能，支持 ATM、POS、快速以太网(Fast Ethernet，FE)、GE、基于 IP 的语音传输(Voice over Internet Protocol，VoIP)等多种用户接入方式。

(3)了解目前的技术发展情况

目前，分组传送网(Packet Transport Network，PTN)、OTN 以其明显的优越性已成为传输网发展的主流。另外还出现了一些成熟传输或控制管理的技术，如多业务传送平台(Multi-Service Transmission Platform，MSTP)、ASON、软件定义网络(Software Defined Network，SDN)等。

(4)现有资料整理

主要是对现有传输网络的资料汇总、分类和分析，为网络结构、保护类型、设备类型和设备硬件等的设计及选择提供参考。

5.1.2.2　规划内容

规划是在前期信息收集和需求分析的基础上，对网络规划中所涉及的规模容量、网络结构、网络安全与保护、路由规划、交叉方式选择、波道与电路组织等内容进行梳理、估计、计算并确定的行为。

要完成组网规划，首先要分析当前业务需求，同时要预测未来业务量的变化，从而形成业务矩阵；然后规划网络结构、网络容量、业务路由以及业务保护设计等内容。

1. 业务需求分析

业务需求决定了网络的组织结构和资源配给，是网络规划的起点。业务需求分析是通过科学的方法和手段定量估计各类业务当前需求和未来的变化趋势，从而为网络规划提供依据，确定下一步的组网方案。在分析业务需求时，既要考虑现有的业务需求，又要有一定的前瞻性，还要考虑未来业务变化和平滑扩容能力。

由于现在的光传输网承载的业务种类很多，而各种业务的发展规律却不尽相同，因此必须针对不同业务分别进行分析，然后将所有的带宽需求综合起来，统一规划。具体可从业务节点、业务流向、业务带宽及等级几个方面进行分析。需要注意的是，业务节点、业务流向、业务带宽只决定了业务在网络中的静态存在形式，业务等级则决定了网络状态发生改变后网络资源的重新分配。从不同业务的服务质量(Quality of Service，QoS)等级来说，高优先级的业务，要优先为其提供服务，而且不同等级的业务还要提供不同的保护措施。经过业务需求分析后，就可得出不同等级业务的需求矩阵。

2. 约束条件

在网络规划流程中，约束条件是与业务需求同等重要的输入参数，因为在网络规划时，除了业务需求之外，还必须要考虑技术约束、基础网络约束、物理约束、经济性约束及其他约束。

技术约束决定了可供选择的传输层技术，比如规定在 SDH、PTN、WDM/OTN 和 ASON 中选择其中的一种或几种。基础网络约束则限制了网络规划的基础拓扑模型，网络的演进一般应服从平滑演进的模式，所以网络规划通常应在原基础网络拓扑上进行扩展。物理约束包括链路容量限制、节点设备容量限制、节点交叉连接容量限制、通路长度限制等。经济性约束则给出了运营商对新建网络的投资上限。其他约束指满足特定需求所设定的限定元素，如网络具有多次故障的抗毁性等。

3. 网络结构与保护设计

由于复杂且庞大的网络会给网络规划和管理带来诸多不便，因此，对网络进行层次划分并在每一层设计网络得出网络的拓扑结构、容量配置、节点配置和链路配置等初始方案是提高网络规划效率的解决办法。

(1)网络分层

按照局部所采用的技术差异将网络分割成多个级或多个管理域和层，以便决定每一级、每一层的节点划分。各层级之间一般采取客户层/服务层模型，服务层可以是光缆层、WDM 层、SDH 层到 ASON 层中的任何一层，对于一个给定的服务层，客户层可以是它上面的任何一层。基于此，一般可将传输网的设计分为 SDH/SONET 层设计、WDM/OTN 光层设计、ASON 层设计和物理层设计。

(2)网络拓扑

主要是定义每一层、每一级的网络拓扑(线形、环形和网孔形拓扑)、保护恢复的形式等。

(3)业务分层规划

对于通过多层网络来执行路由的端到端的业务来说，需要确定具体经过的层和执行层间交换的节点。

4. 规模容量设计

网络的规模容量取决于网络的业务量需求分析结果、网络冗余的需求分析结果、现有网络设备及传输技术的分析结果，最终确定光纤光缆的容量和光传输系统设备的容量。

5. 业务路由计算

完成网络结构设计之后，就需要根据业务量需求对业务进行选路，并得出业务的速率、数量、类型、路由等参数。这一步主要为网络中的各种业务使用各类算法计算路由，并在交叉方式等条件的约束下给出最符合需求的通路组织及波道安排，其过程如图 5-2 所示。

业务路由计算通常会考虑源宿之间的距离、跳数、带宽资源等因素，如果业务需要网络提供保护时，还要计算其工作路由和保护路由。静态的路由和波长分配(Routing and Wavelength Assignment，RWA)算法，就是在网络规划阶段用最小的网络资源(光纤/波长)为静态业务计算光通道，这些算法包括迪杰斯特拉(Dijkstra)算法、负载均衡算法、启发式算法以及整数线性规划(Integer Linear Programming，ILP)算法等。在路由计算完毕以后，使用首次命中算法为工作路由和保护路由分配资源。

需要说明的是，在路由计算完毕以后，往往需要对计算结果进行人工调整，这是因为上述路由计算策略并没有考虑实际网络环境的需要，可能会影响整个规划的最终性能。

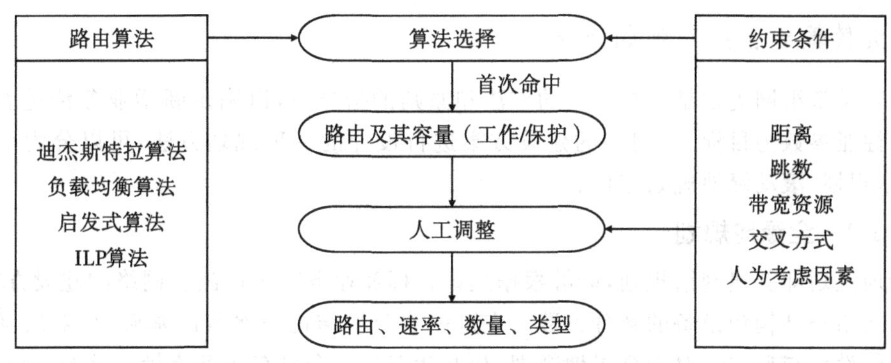

图 5－2　业务路由的计算过程

6. 容量分配

容量分配是指当链路中有多个波长或通道可用的情况下，通过容量分配算法选择一条最合适承载业务的通道或波长的过程。比较常用的容量分配算法有随机分配算法、首次命中算法、最少使用算法、最多使用算法、相对容量损失算法和相对最小影响算法等。

对于传输网络，需要考虑的容量主要有工作容量、保护容量和恢复容量，工作容量指的是对所有业务的工作路由所设定的通道或波长；保护容量指的是对所有业务的保护路由所设定的通道或波长；恢复容量指的是对所有业务的恢复所预留的各类资源。

(1)工作容量和保护容量的确定

在计算业务路由时，每条业务工作容量和保护容量在容量分配算法的约束下也计算完毕，也就是说工作容量和保护容量是随业务路由同时确定的，此时就可以统计每条链路上所使用的工作容量和保护容量。需要注意的是，保护有两种情况：链路保护和通道保护。在链路保护情况下，链路中的每一条光纤都必须有备份光纤，并且要确保它们的路由不同。在通道保护情况下，则针对某一条业务通道在源节点和宿节点之间必须能够找到另一条与之不相交的通道作为它的保护通道。在专有保护和共享保护情况下，应该使用优化算法使所需要的保护容量最小化。

(2)恢复容量的确定

当工作容量和保护容量确定以后，就需要确定每段链路上的恢复容量。恢复容量的计算，就是通过对网络可能发生的故障进行预测和分析，来决定网络所需要预留空闲容量的大小。通过模拟全网任意单点故障(包括单节点、单光纤、单链路故障等)，或者多点故障所影响的业务，可以得出要提供全部业务或者部分业务的恢复操作，网络所需要配备的空闲容量。经典的恢复容量计算一般包含以下几个步骤：

①选定一条链路，将其设置为故障状态；

②从业务矩阵中，找出所有与该模拟故障链路相关的业务，标记出来；

③将所有标记出来的业务按照业务等级的要求，为其计算恢复路由并根据网络中实际的资源情况分配资源；

④重复步骤①，直至每一条链路都被设置为故障状态。

上述过程中步骤③所分配的所有资源总和就是恢复容量。

5.1.3 光传输设备组网规划方法

光传输设备组网规划是指在一定的方法和原则的指导下，以满足新增业务传送需求和网络各方面性能参数为目标，对网络的建设方案进行设计的一种规划方法，可以分为全绿地规划、半绿地规划、滚动绿地规划三种。

5.1.3.1 全绿地规划

全绿地规划即新建网络规划，能够根据建设目标和业务需求提出新网络的建设方案，包括合理的网络拓扑结构和设备的部分参数。在进一步分析结构与参数的基础上，对新网络的建设方案进行设计与反馈。对于全绿地规划，初始状态是一个只有业务流量需求的空拓扑，网络建设是一个从无到有的过程，规划流程如图 5－3 所示。

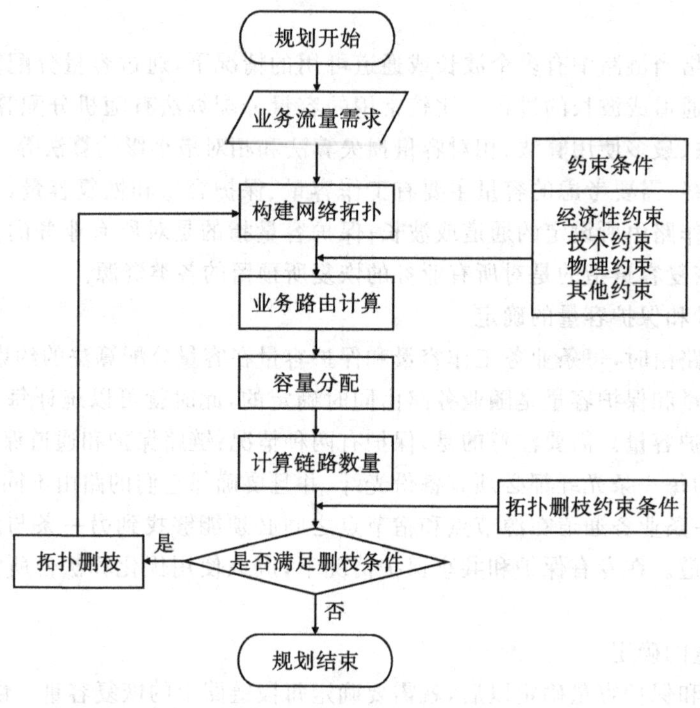

图 5－3　全绿地规划流程

①构建初始网络拓扑。可以构建全连接网络，也可以根据业务流向构建网络的初始连接结构，初始链路的链路容量暂时设为无限大，以满足业务传送需要，使所有业务初次规划时可以选择最优路由，并能够根据所用到的资源量确定需要的链路数量。

②网络业务路由规划。在初始网络拓扑上对业务进行第一次初始规划，在绿地规划策略中，路由以及资源分配策略取决于网络业务约束条件。

③计算链路数量。根据初始规划结果，计算所有链路带宽占用情况，从而计算出需要的链路数量。

④拓扑删枝。根据网络删枝技术，对业务规划后的网络拓扑进行删枝，通常的删除原则是在满足删枝约束条件下，找出小于目标利用率的链路中利用率最低的链路，将其删除。在删枝后，进行第二次业务规划。

5.1.3.2　半绿地规划

半绿地规划是在现有网络的基础上按照新的业务需求提出下一步的建设方案，是在不改变现有网络业务安排的基础上新增业务路由、分配资源，以达到进一步建设网络的目的，包括链路扩容以及新链路建设。规划时通常采用链路模拟利用率的方法模拟网络现状，在网络中分离现有业务与新增业务，得到网络扩容与改造的方案。

半绿地规划的基本思路是根据现有业务统计当前网络各个链路资源的占用情况，设置模拟利用率限定当前已占用资源不可用，然后对所有链路进行预扩容处理(预扩容至扩容上限)。在规划新业务时，优先使用原有资源，在原有资源无法满足新业务要求时，使用预扩容资源。规划后对剩余阻塞业务，根据业务流向进行新建链路疏导，重新规划全网新业务，并统计需扩容链路和需新建链路。具体规划流程如图 5－4 所示。

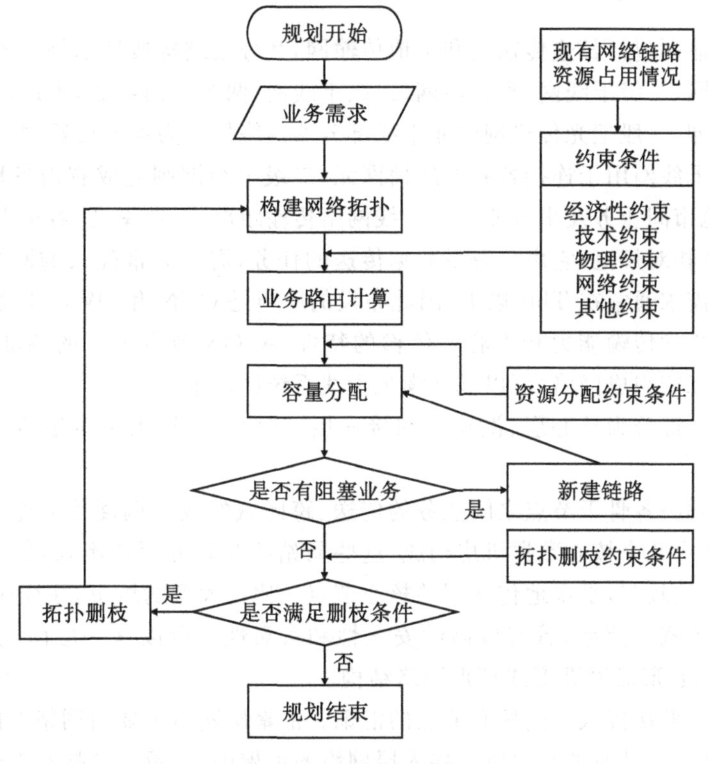

图 5－4　半绿地规划流程

①设置模拟利用率。统计现有网络的资源占用情况，在进行模拟利用率设置时，将这些资源设置为不可用，并对所有链路进行预扩容至扩容上限。

②业务规划。在已扩容网络上对新业务进行第一次规划，业务路由策略以及资源分配策略取决于目标网络约束方案。资源分配时，优先分配原网络中资源，后分配预扩容资源。

③新建链路。根据第一次规划结果，若发现阻塞业务，选择阻塞业务最多的方向新建链路，链路容量设置为最大容量。

④重复步骤③，直至规划结果中没有阻塞业务。

⑤调整网络。在达到规划目标后进一步调整网络，删除不必要的链路，直至网络中所有链

路都无法删除，半绿地规划结束，得到扩容建设方案。

5.1.3.3 滚动绿地规划

前两种规划场景是针对某些特定的新业务制订网络扩容或新网建设方案，而滚动绿地规划则是通过对每年新增业务量的预测结果，提出网络逐年建设方案。

滚动绿地规划业务模型与前两种相似，需要将逐年业务增长预测作为规划的输入条件，制订当年的网络建设或改造方案。规划过程类似于半绿地规划，此处不再赘述。

5.2 网络规划

5.2.1 网络结构设计

我国的光传输网包括长途传输网和本地传输网，其分层结构典型示例如图 5-5 所示。长途传输网由省际网（一级干线网）和省内网（二级干线网）两个层面组成；本地传输网是一级、二级干线网络的延伸，一般把光传输网中非干线部分的网络划归为本地传输网，本地传输网包含了城域网。一级干线网用于连接各省的通信网元，二级干线网则完成省内各地市间业务网元的连接，传输各地市间业务及出省业务。干线网络传输距离长、速率高、容量大、业务流向相对固定，业务颗粒也相对规范，它肩负海量数据传送的任务，需要非常强大的网络保护和恢复能力。这一层传输需求通常在 Tbit 以上，因此布设的应当是 OTN 和 DWDM 这一类设备，利用波分系统卓越的长途传输能力和大容量传输的特性、ASON 节点灵活的调度能力，以及足够多的光纤资源相互交织成网络，可以基本满足干线系统的需求。

本地传输网一般分为核心层、汇聚层和接入层。图 5-6 给出了本地传输网分层结构示意图。

核心层主要解决各骨干节点之间业务的传送、跨区域的业务调度等问题。核心层网络上联省内干线，主要由几个核心数据机房构成，这些局站相互间的距离不长，但局间的电路需求比较大、电路种类比较多，是本地传输网的核心节点。比较大型的城市，往往业务量巨大，需要核心层有足够的带宽和速率，具有较高的安全性和可靠性。所以这一层面也会选用 DWDM 和 OTN 设备组网且形成网孔形或环形网络结构。

汇聚层实现业务从接入层到核心节点的汇聚。汇聚层网络主要由网络中的业务重要节点和通路重要节点组成，是业务区内所有接入层网络的汇聚中心，承担转接和汇聚区内所有业务接入节点的电路，能提供较大的业务交叉和汇聚能力，使网络具有良好的可扩展性。汇聚层多布设 ASON 和 PTN 等设备。

接入层则提供丰富的业务接口，实现多种业务的接入。接入层网络的节点就是所有业务的接入点，采用多种接入技术完成多种业务的接入和传送，具有建设速度快、可靠性好、低成本、保证业务质量等特性。接入层需要接入通信基站、大客户专线、宽带租用点和小区宽带集散点等，它们的业务需求多种多样，网络结构也各有不同，针对这种情况，可以布设 PTN 设备和 PON 设备，PTN 设备可以满足所有各式的业务需求，同时结合 PON 系统，实现“一网承送多重业务”。目前这层网络中的设备既有 PTN 也有 SDH，但随着时间的推移，全网 PTN 设备组网是必然的趋势。

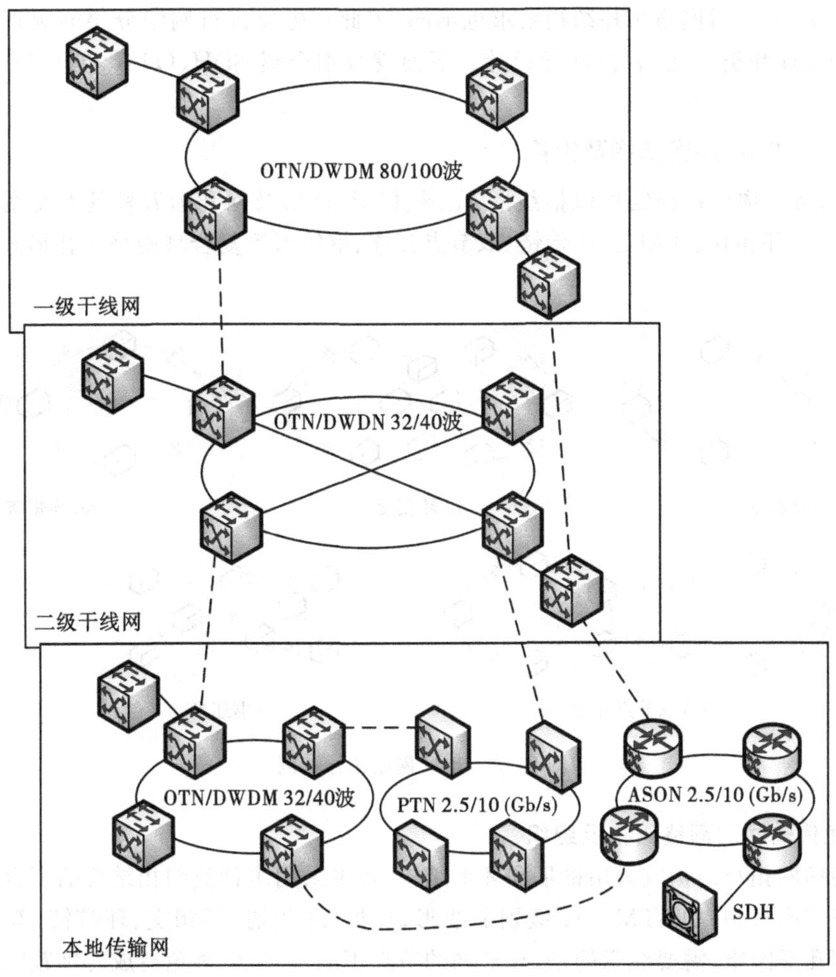

图 5－5　光传输网的分层结构

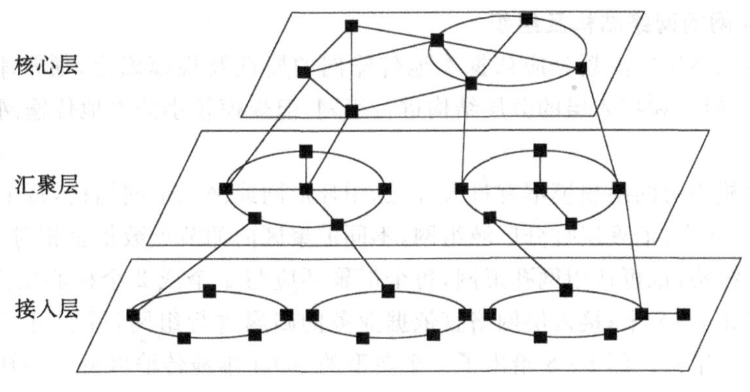

图 5－6　本地传输网的分层结构

在进行网络结构规划前，由于不同层面的网络受技术、经济、安全等因素的综合影响，选用的设备类型不一样，对网络拓扑结构要求也不同，因此首先要进行网络分层的规划，明确设计网络所属的层面和类型，然后再进行设计。下面就分别介绍 SDH、OTN 和 ASON 网络结构的设计。

5.2.1.1 SDH网络结构及组织

SDH 网络的物理拓扑结构包括线形、星形、树形、环形及网孔形五种基本类型，在此基础上，还可衍生出环相切、环相交、环带链、双节点互连、枢纽形等复合型网络拓扑形式，如图5－7所示。

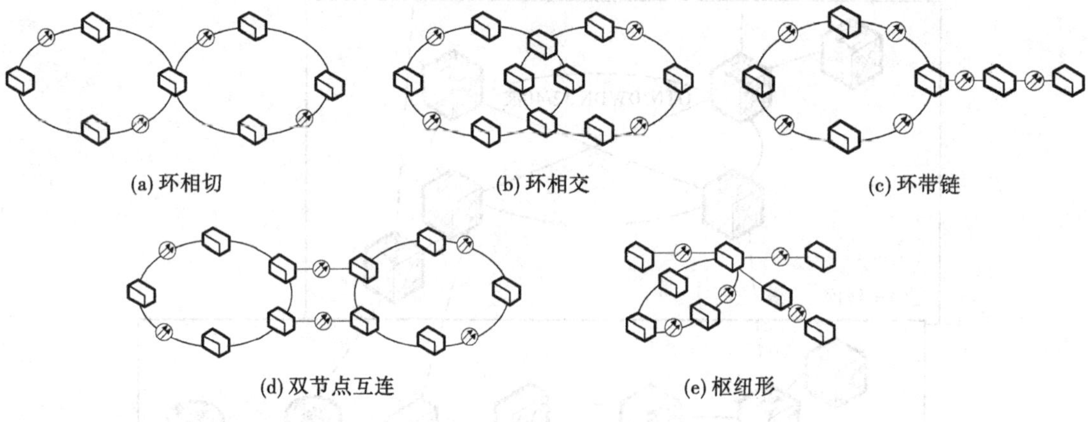

图 5－7　SDH 网络拓扑示例

1. 长途传输网的网络结构及组织

长途传输网拓扑结构宜采用格形和环形结构，也可采用多种类型相结合的复合网结构，建议采用较高速率级别，如 STM－64 级别的线形、环形、环相切、环相交、环带链、双节点互连、枢纽形或网孔形网络，需要注意的是，环形网的节点不能过多，以避免造成时钟跟踪性能劣化。长途传输网络组织应考虑以下因素：①网络节点的设置应根据网络覆盖范围的地域关系、综合需求综合考虑；②重要节点应有双路由与其他节点相连；③一些不太重要的节点和与网孔形结构相关的节点间可建立线形拓扑结构。

2. 本地传输网的网络结构及组织

本地传输网网络层次的划分应依据本地传输网的属性及规模确定，通常本地 SDH 传输网采用核心层、汇聚层和接入层的分层结构进行组网，但规模较小的本地传输网可以适当减少传输网络层次。

本地传输网核心层网络规模不宜过大，应选用环形网或网孔形网结构，每个环上的节点数量建议控制在 3～6 个；汇聚层宜分区域组网，不同汇聚区内的节点数量宜相对均衡，其拓扑结构宜选用环形网结构，也可选用网孔形网，每个汇聚环应与 1 个或 2 个核心层点相关联，每个环的节点数量宜在 3～8 个；接入层网络宜依据业务的归属进行组网，可选用环形、线形、星形或几种拓扑的复合结构。图 5－8 给出了一个典型的 SDH 本地传输网分层拓扑示例。

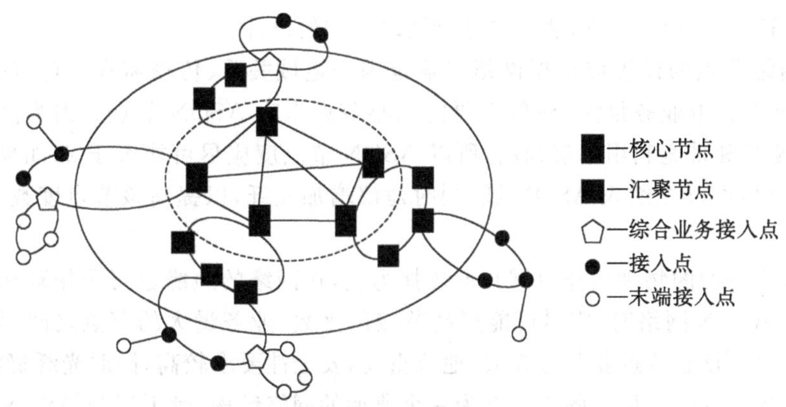

图 5－8　SDH 本地传输网分层拓扑典型示例

5.2.1.2　OTN 网络结构及组织

OTN 设备一般应用在长途传输网和本地传输网的核心层，目前正逐渐取代和替换 SDH 设备。OTN 的基本拓扑结构可采用线形、环形和网孔形三种，目前在实际应用中以线形和环形为主，图 5－9 给出了一个典型的 OTN 组网方案。

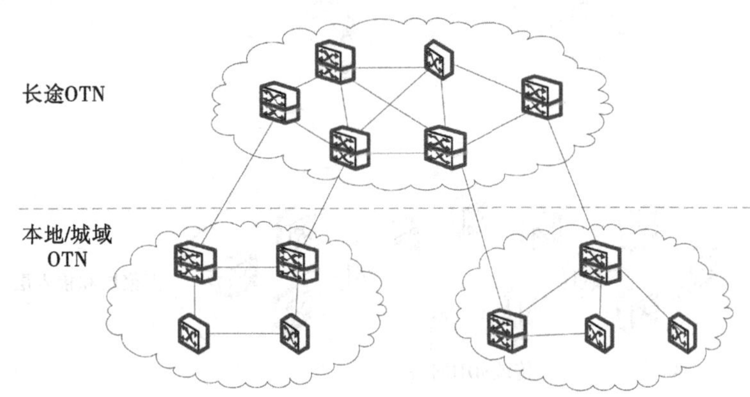

图 5－9　OTN 组网结构典型示例

在实际设计中，网络拓扑结构的设置应根据网络覆盖区域的光缆网络结构、节点数量和业务模式确定，其中业务模式是应首先被考虑的因素。

简单的点到点业务可以选择点到点组网方式。当存在多组不同类型的点到点业务时，建议选择环形组网，利用子波长的 ADM 功能实现多种业务共享波长资源。

汇聚式业务是由一个中心节点与多个边缘结点之间分别形成点到点业务，这种情况下使用点到点组网会浪费光纤资源，建议选择环形组网，利用子波长调度能力共享波长资源。

广播业务是由一个中心节点将业务同时送给多个边缘节点，可以为波长业务、也可以为子波长业务。建议选择环形组网，利用波长、子波长的 ADM 能力在每个边缘节点实现业务的本地下载和穿通。

5.2.1.3　ASON 网络结构及组织

当 SDH 网络加载 ASON 控制层后，其网络结构与传统 SDH 网络明显不同，在实际设计过程中一般先选定 ASON 节点，然后再进行网络结构的设计。

ASON 网络节点的设置应根据网络覆盖范围的地域关系、传输需求、节点的光缆路由情况综合考虑，通常选取业务量大、地位重要的核心节点作为 ASON 节点。因为网络节点度越大，网络的安全性和带宽利用率就越高，所以 ASON 节点度应尽可能大于 2，如果存在重要节点度为 2 的情况，可以先纳入 ASON 域，同时建议增加光纤，以提高该节点度数，从而提升保护能力。

ASON 传送平面的物理拓扑以网孔形拓扑为主，在网络的边缘也可采用环形或其他类型拓扑。在设计 ASON 网络时，应尽可能提高节点的度数，业务量大的节点之间尽可能采用光纤直接连接。由于核心节点业务量较大，地位重要，安全性要求较高，同时光纤资源丰富，所以 ASON 往往首先引入骨干层。图 5－10 为一个典型的网络结构，骨干层为 ASON 的网孔形网络，汇聚层和接入层仍为传统的 SDH 环形网结构。

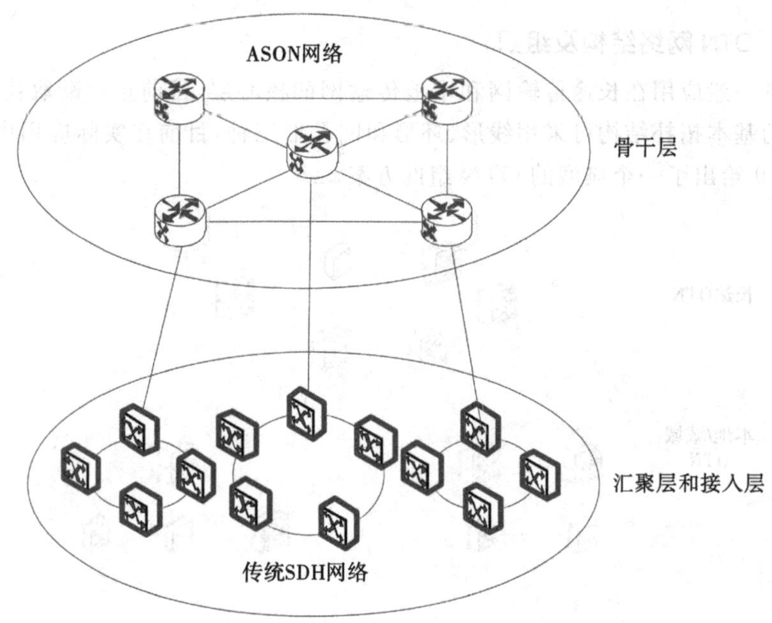

图 5－10　ASON 组网结构典型示例

5.2.2　规模容量设计

5.2.2.1　SDH 网络规模容量设计

为确定 SDH 网络的规模容量，首先应分析和预测网络的业务量需要以及网络冗余的需要，并据此进行传输速率和系统容量的选择和配置。业务分析预测时应综合考虑原有网络的使用情况、各种业务对传输网的需求，具体可从以下几个方面进行分析。

①业务节点：确定哪一些节点用来承载业务，确定业务节点与光网络节点的映射关系。

②业务需求流向：确定是集中型业务、相邻型业务、均衡型业务或是其他业务模型，一般可以采用业务矩阵进行描述。

③业务需求带宽：确定对传输带宽的需求、业务的粒度（2 Mb/s、155 Mb/s、622 Mb/s、

2.5 Gb/s、10 Gb/s、40 Gb/s 等），以及是否可拆分等。

④业务对光网络的要求：确定对光网络的要求，例如对 QoS 方面的要求等。

在通过业务分析预测确定业务需求的基础上，为明确传输系统的速率和系统容量，还需要考虑以下因素：

①网络冗余的要求。

②所承载业务的安全性要求。安全性直接关系到网络资源消耗和建网费用，例如线路速率为 622 Mb/s 的 4 节点通道保护环，其系统总容量为 4×4×VC-4，但最多只能开设 4×VC-4 的业务，因此系统带宽利用率为 25%；而同样速率的 4 节点二纤双向复用段共享保护环，最多能开设 4×2×VC-4 的业务，因此带宽利用率为 50%。

③系统制式及系统速率应结合光纤资源和光纤技术条件综合考虑。

④传输系统制式及容量的确定应考虑当时设备的商用化水平。

此外，如果需要配置两个以上较低速率的传输系统时，应论证选用较高速率传输系统的可能性。不同网络层次的线路速率应根据网络结构及业务带宽需求确定，一般核心层、汇聚层的速率应高于接入层的环路的速率。

5.2.2.2　OTN 网络规模容量设计

依据《光传送网（OTN）工程技术标准（GB/T 51398—2019）》，OTN 网络系统线路侧单波应采用 10 Gb/s 及以上速率，长途传输网的波道容量宜采用 80 波及以上，本地/城域网宜采用 80 波或 40 波。

与 SDH 网络一样，对 OTN 网络系统上各个节点交叉的容量应结合其应用场景、业务需求预测以及网络冗余的需要进行选择和配置。

OTN 系统应用在长途传输网时，电交叉连接设备应支持 ODU0/1/2/3 的交叉连接；应用在本地/城域网时，电交叉连接设备应支持 ODU0/1/2 的交叉连接，在有业务需求的情况下，也应支持 ODU3 的交叉连接。

5.2.2.3　ASON 网络规模容量设计

ASON 网络容量的大小与网络结构和业务约束条件（如业务量、业务安全性、SLA 等级、业务路由等）密切相关。下面分别分析安全性要求、路由约束条件、SLA 等级对容量设计的影响。

1. 安全性要求对容量设计的影响

当 ASON 网络中发生断纤时，只要有足够的预留资源，业务就可以得到恢复。所以安全性要求越高，需要预留的空闲资源就越多，网络容量需求就越大，从而建网费用也就越高。

图 5-11 是一个四点互连的 ASON 网络，两两之间分别存在 20 条银级 VC-4 业务。首先考虑抵抗 1 次断纤的情况，假设 A—D 链路中断，A—D 的 20 条 VC-4 业务需要恢复。由于 A 的节点度为 3，则 A—B、A—C、B—D 和 C—D 各需要预留 10×VC-4 的资源。依此类推，为保证 1 次断纤情况下的业务生存性，每条链路的预留资源均为 10×VC-4，全网需要预留的资源为 6×10VC-4。此时，带宽利用率和网络总容量如下：

①网络的带宽利用率：20×6/(20×6+10×6)=66.6%；

②网络总容量：(20+10)×6 个 VC-4。

其次，考虑低抗 2 次断纤的情况。假设 A—D、A—C 的链路中断，A—D 和 A—C 的 20+20 个 VC-4 需要恢复。由于只有 A—B 一条链路可以选择，则 A—B 需要预留 20+20 个 VC-4

资源,B—D和B—C也需要预留20个VC-4。依此类推,为实现所有业务在2次断纤情况下的生存性,每条链路需要预留40个VC-4,全网需要预留的资源为6×40VC-4。此时,带宽利用率和网络总容量如下:

①网络的带宽利用率为:20×6/(20×6+40×6)=33.3%;

②网络的总容量为:(20+40)×6个VC-4。

从以上分析可看出,在该网络中对于相同数量的业务,为实现安全性从抵抗1次断纤到抵抗2次断纤,网络带宽利用率下降了一半,网络容量增加了一倍。

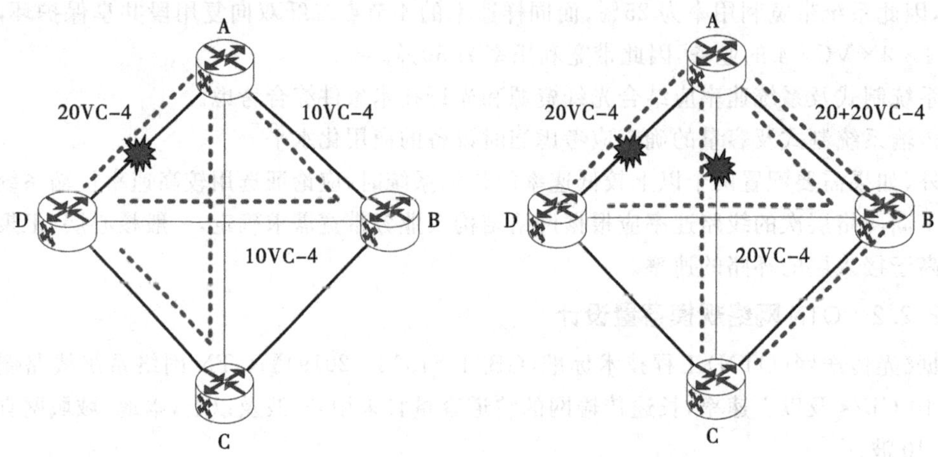
A
20VC-4
10VC-4
D
B
10VC-4
C
A
20VC-4
20+20VC-4
D
B
20VC-4
C
针对A节点的相关业务，网络抵抗1次断纤时，A—B链路和A—C链路各需要预留10×VC-4容量的带宽来保护A—D链路上的业务。
针对A节点的相关业务，网络抵抗2次断纤时，A—B链路需要预留（20+20）×VC-4容量的带宽来保护A—D链路和A—C链路上的业务。

图5-11　安全性要求与网络容量关系

因此,在网络设计时,明确安全性的要求很重要。安全性直接关系到网络资源消耗和建网费用。通常来说,同时断纤的次数一般只设为1或者2,毕竟3次同时断纤的概率极小。如果要求所有链路都能够抵抗多次断纤,这样网络将消耗大量的资源。此时,安全性要求可以考虑为只抵抗重要链路的多次断纤,其他链路只抵抗1次断纤,以降低建网费用。

2. 路由约束条件的影响

业务路由的业务约束条件主要考虑跳数、距离、负载均衡、用户自定义链路代价等因素,实际操作中需要设置各自的权重值以达到整体效果最佳。不同的约束条件可能会导致业务规划选择不同的路由,使得网络资源消耗也不同,有时甚至有较大的差异。

以图5-12中网络为例,A到B的一条业务,不同的约束条件,路由也不同。

①如果以跳数为重,则可规划路由为A—C—B。

②如果以距离为重,则可规划路由为A—C—G—B。

③如果以负载均衡为重,则可规划路由为A—D—E—F—B。

④如果以用户自定义链路代价为重,则可规划路由为A—H—I—G—B。

因此,在ASON网络容量计算之前需要明确路由的约束条件,以便计算出满足路由约束条件的网络容量。路由约束条件的设置遵循的原则如下。

①长途网业务路径:业务规划最优路径是距离最短,兼顾跳数最少、负载均衡。

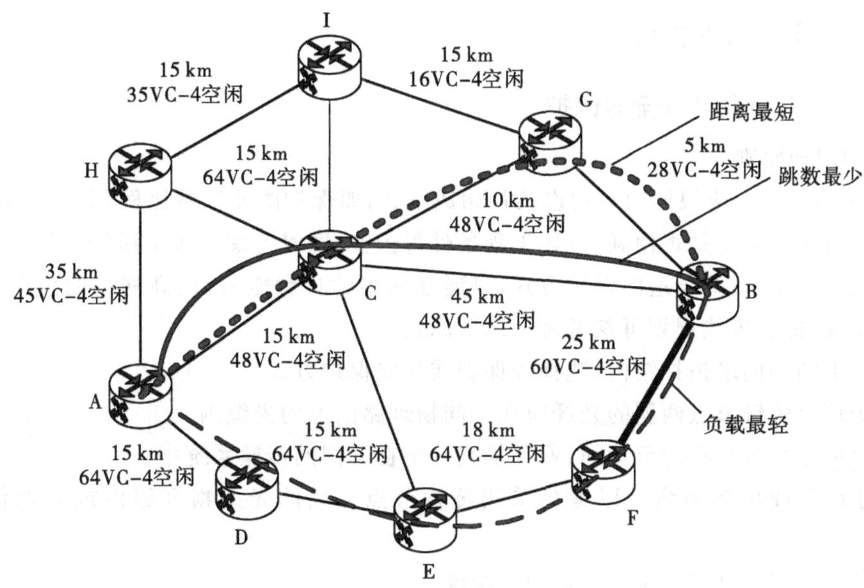

图 5－12　不同路由约束条件下的路由选择

②本地网/城域网业务路径：业务规划最优路径为跳数最少，兼顾负载均衡、距离最短。

③对于备用路径，应确定与主用路径分离的原则，这样可避免光纤或节点失效时对业务的主用和备用路径同时造成冲击。分离遵循的原则分别有链路分离、节点分离、共享风险链路组(Shared Risk Link Group，SRLG)分离三种。通常没有特别要求就选择链路分离。如果担心节点失效，则选择节点分离。若网络中多条光纤在一个管道中，则需要考虑 SRLG 分离。

其他路由限制，如双归属的数据业务需分配不同的路径。如果用户希望业务尽量较多地使用网络上的某些链路，可为这些链路设置较小的自定义代价。

3. SLA 等级的影响

ASON 网络中，各 SLA 等级业务的资源占用情况如表 5－1 所示。恢复资源用于提供钻石级、金级、银级业务的恢复功能，恢复资源是全网共享的。此外，为了将来扩容需要，一般需要预留一部分资源，如预留 20％的资源。规划了业务等级后，网络容量的计算方法如式(5－1)所示：

$$网络容量 = 所有业务工作资源 + 所有业务保护资源 + 所有业务恢复资源 + 预留资源 \tag{5-1}$$

表 5－1　不同 SLA 等级业务占用的资源情况

业务等级	工作资源	保护资源	恢复资源
钻石级	工作路径消耗的带宽	保护路径消耗的带宽	共享全网的恢复资源
金级	工作路径消耗的带宽	复用段的保护带宽	共享全网的恢复资源
银级	工作路径消耗的带宽	无	共享全网的恢复资源
铜级	工作路径消耗的带宽	无	无
铁级	工作路径在复用段环保护通道上消耗的带宽或无保护链路带宽	无	无

5.2.3 网络安全与保护设计

5.2.3.1 SDH网络安全与保护

1. 保护规划原则

SDH网络设计时应根据网络建设的初始成本、需要保护的业务量比例、业务等级、扩容的灵活程度以及操作维护是否便利、具体工程条件等因素，同时考虑市场上所能提供设备的技术水平及商用化程度，选择合适的保护方式，以增强网络的自愈能力，提高网络的生存性。从网络安全性出发，保护方式规划可参考遵循以下原则：

①根据不同的网络拓扑结构，选择环保护或线路保护方式。

②保护环上传输节点两侧的光纤应在不同物理路由上的光缆内。

③多套传输系统共存的节点间，业务量宜分配在不同的传输系统中。

④对于线形或星形网络可以考虑采用传输节点之间的光缆物理路由或其他传输手段备用。

⑤设备和电路容量宜考虑一定量的冗余度。

⑥网络上有多个环时，环的建设应尽可能使环间的业务量最小。

⑦网络上有多个环时，相邻环之间宜在两个节点以上互通，以利于网络调度及安全。

⑧在网络安全要求较高，需要提供两处以上断纤保护时，应采用具备ASON功能的传输设备，组建网孔形网。

网络保护规划应根据网络结构、业务等级结合具体工程条件确定。本地传输网中的网络保护应以自愈环方式为主，有条件及需求的，可考虑在汇聚层以上引入ASON系统进行组网，以提高网络的安全性。

线形、星形和树形网保护方式宜选用多系统业务分担方式；单一系统时，可选用线形1+1的复用段保护方式。

2. 保护环的选择

保护环的选用及组织应符合下列要求：

①设计中应根据环上收容的传输节点数量、传输节点间业务量及其流向等因素，选择子网连接保护环、复用段共享保护环等合适的环保护方式。

②STM-1及STM-4速率的自愈环宜采用子网连接保护。

③集中型业务模型宜选用子网连接保护，分布型业务宜选用复用段共享保护环。

④本地传输网的核心层宜选用复用段共享保护方式，汇聚层一般可选用复用段共享保护或子网连接保护方式，接入层宜选用子网连接保护方式。

⑤业务需求达到需建立两个或两个以上二纤双向复用段共享保护环时，可采用四纤双向复用段共享保护环。

3. 网孔形网的保护方式选择

网孔形网的保护方式可根据通信工程情况选用下列任一种保护方式或多种相结合的保护方式：

①子网连接保护方式。

②双路由1+1及多路由1：$N(N>1)$的复用段保护方式。

4. 以太网业务的保护

当前网络所承载的业务已从单一业务向多业务的方向发展，以以太网业务为代表的数据业务已成为光网络的主流业务。当 MSTP 设备接入以太网业务时，业务层为 MAC 层，SDH 层为承载层，这两个层面都可为业务提供保护，究竟最终由哪一层实施保护，涉及多层生存性策略的制订。依据《同步数字体系(SDH)光纤传输系统工程设计规范(GB/T 51242—2017)》的规定，以太网业务可采用下列方式进行保护：

①以太网透传业务直接采用 SDH 层保护。

②以太网二层交换采用 SDH 层、MAC 层分层保护方式，当 MAC 层倒换与 SDH 层倒换同时使能时，宜优先采用 SDH 层保护。

③以太环网采用 SDH 层、MAC 层分层保护方式，当 MAC 层倒换与 SDH 层倒换同时使能时，宜优先采用 SDH 层保护。

5.2.3.2　OTN 网络安全与保护

OTN 网络保护可选用以下方式：

①线性保护包括基于 ODU*k* 的子网连接(SNC)保护和基于 OCh 的 1+1 或 1∶*N* 保护，可用于各种类型的网络结构中。

②环网保护包括 ODU*k* 环网保护和光通道共享保护，可用于环网和网孔形拓扑结构中。

③除了上述保护方式外，也可在光线路系统上采用基于光放段的 OLP 和基于光复用段的 OMSP 保护方式。

OTN 网络倒换性能应符合以下要求：

①对于 1+1 或 1∶*N* 保护类型，一旦检测到启动倒换事件，保护倒换应在 50 ms 内完成。

②对于环网保护类型，在同时满足三个条件(单跨段故障且节点处于空闲状态、光纤长度小于 1200 km 且节点数小于等于 16 个、没有额外业务)的基础上，一旦检测到启动倒换事件，保护倒换应在 50 ms 内完成。

因此，对于 OTN 网络来说，应综合考虑网络拓扑、业务颗粒度和业务的可靠性要求，选择合适的保护方式。

5.2.3.3　ASON 网络安全与保护

ASON 网络应支持基于传送平面的保护、基于控制平面的保护和基于控制平面的恢复。

1. 基于传送平面的保护

ASON 网络应支持线路系统的复用段保护、复用段保护环、通道保护环和子网连接保护等 SDH 网络保护方式。

2. 基于控制平面的保护

基于控制平面的保护应支持端到端路径和子网连接保护，并采用双向倒换机制。

保护路径计算的约束条件应遵循下列原则：

①保护路径经过的节点数量最少；

②保护路径经过的链路代价之和最小；

③保护路径与工作路径应满足节点分离约束、链路分离约束和共享风险链路组分离约束。

基于控制平面的保护应支持被保护业务的自动返回或人工返回功能。自动返回方式应支持返回等待时间的设置。返回操作导致的业务受损时间应小于 50 ms。

3. 网络恢复

网络应支持端到端恢复，网络恢复类型可分为预置重路由恢复和动态重路由恢复。

控制平面应支持下列恢复路由计算的约束条件及其组合：

①恢复路径经过的节点数量最少；

②恢复路径经过的链路代价之和最小；

③恢复路径与工作路径满足下列条件之一：节点分离约束、链路分离约束、共享风险链路组分离约束；

④负载均衡。

4. 保护和恢复结合

网络应支持下列基于传送平面的保护与动态恢复的结合：

①二纤/四纤复用段环网保护与动态恢复结合；

②1+1/1∶1复用段保护与动态恢复结合；

③子网连接保护与动态恢复结合。

网络应支持下列基于控制平面的保护与动态恢复的结合：

①1+1区段保护与动态恢复结合；

②1∶1/M∶N区段保护与动态恢复结合；

③1+1端到端(路径)保护与动态恢复结合；

④1∶1/M∶N端到端(路径)保护与动态恢复结合；

⑤永久1+1保护。

保护和恢复的结合应支持协调机制，以保证先实施保护，在保护失效后再实施恢复。且应支持通过网管设置恢复进程的延迟时间。

5. 网络保护恢复设置

①不同等级的业务应采用相应的保护恢复方式。业务等级应根据QoS要求来设定。

②网络采用的保护恢复方式不宜过多。

③为提高业务的可用度，宜采用保护和恢复相结合的方式。

5.3 传输资源规划

5.3.1 路由规划

5.3.1.1 光缆路由规划

根据长途传输网按省际网和省内网分层规划、分层建设的原则，省际网的传输路由选择除了考虑各省会城市和直辖市之外，应注意考虑省内业务量较大的地级市和必要的网络转接点，有利于疏通各省间的省际长途业务。省内网的传输路由选择除了考虑省会城市与各地级市的业务沟通之外，还应注意考虑省间的业务疏导的重要业务节点，有利于疏通各省间的省际长途业务。

传输网的路由选择应注重网络的安全性。应做好传输网安全的总体规划，采用经济合理的保护手段，提高网络的整体安全可靠性。不同方向的进城光缆应采用不同的进城路由，依照道路、河流、大型住宅小区等天然屏障划分出主干及配线光缆分纤区，并严格按照所划分的区域进行配纤，光缆交接区一旦划定，应相对长期稳定，不宜频繁地调整，避免重复投资、重复建设。

传输网的路由选择应结合敷设方式选用原则一起考虑，敷设方式应主要采用直埋的方式，有条件的地区应尽可能地采用管道方式。对于自然环境恶劣、地形地质不好的地区，可因地制宜地采用架空方式。光缆路由的选择对于后期光缆的维护至关重要，为降低维护成本，避免不必要的浪费，光缆路由的选择必须进行充分的实地勘察和论证。经济发展较快和光缆路由稳定的部分地区，也可采用直埋光缆管道化的敷设方式（即敷设硅芯管）。另外，在采用环形配线法时主干光缆应分为两个不同方向的路由，有条件时最好沿不同方向出局。

传输网的路由选择应充分考虑城市总体规划，尽量避开规划的开发区和不稳定的地域。路由选择应注意资源共享原则。地下管道资源属于稀缺资源，注意充分挖掘利用现有的管道资源，采用管孔复用技术。

5.3.1.2　业务路由规划

在光传输网中，业务路由规划应确定业务的保护恢复方式，设置网络中所有业务的工作路由和保护路由，计算网络链路的占用和空闲容量。合理的业务规划要有以下要求：

①根据保护恢复方式的不同，业务应包括工作路由、保护路由和备份路由及它们之间的组合。

②业务的工作路由和保护路由应在网络设计时确定，业务的备份路由可在网络运行时由节点动态计算，但网络设计应保证采用恢复方式的业务在故障时有备份路由。

③业务路由选择的约束条件应根据工程的实际情况确定。一般情况下业务应尽量使用最短径，避免占用不必要的资源，当带约束条件采用最短路径算法时，链路的权值应为链路的实际长度，业务路由的长度应满足业务对传输时延的要求。

④业务路由组织应考虑网络中链路负载的均衡性。不能只为了走最短径，结果使网络某一部分负载过重，造成后续业务开通困难。同时由于部分设备和链路的负荷加重，将导致老化加速、故障概率增加。均衡后每个节点和线路的业务量分布较为平均，从而提高了低业务量地区设备和线路的利用率，降低了高业务量地区设备和线路的压力。

但需要注意的是，城域和干线的业务规划是不同的。城域网业务规划最优路径的原则是跳数最小，在负载均衡和可用性原则的基础上寻找次最优路径，寻找路径的顺序依次是节点数、流量、距离；干线网络业务规划时也应注意，每个接入站点预留 2 个或 4 个 2 Mb/s 业务，容量要适当超前规划，满足一段时间内业务增长的需求，避免频繁的网络扩容，建议业务需求超过 30 个 2 Mb/s 业务就分配一个 AU－4，分配业务时要充分考虑时分资源的利用率，尽量减少一对多的业务配置。

⑤SDH 网络跨节点的业务在各跨段的时隙要连续。目前 ITU-T G.841 建议定义了以“告警压制”来避免单节点失效时的时隙错连问题，但只对以源、宿为失效节点的业务进行压制。如果业务跨接的中间节点存在时隙空分现象，中间节点失效后，SDH 环路发生保护倒换时就会产生时隙错连，造成业务中断。

⑥155 Mb/s 以下（如 2 Mb/s 等）的小颗粒业务应汇聚整合成 VC－4 颗粒，便于网络在 VC－4 通道层面统一进行路由组织，同一业务的流量宜安排在相同的路由。

5.3.2 交叉方式选择

OTN 传输系统交叉方式包括电交叉、光交叉、光电交叉三种方式。

具有 ODUk 调度功能的 OTN 站点可采用电交叉方式，具备 OCh 调度功能的 OTN 站点可采用光交叉方式。

OTN 交叉连接设备配置包括电交叉连接设备配置和光交叉连接设备配置。

1. 电交叉连接设备配置原则

①设备配置应考虑维护使用和扩容的需要。

②设备数量应按传输系统及波道组织进行配置。设备的交叉连接容量应适当考虑业务发展的需要。

③OTN 电交叉连接设备应以子架为单元配置保护和恢复用的冗余波道，并适当预留一定数量的业务槽位以备网络调整等使用；应尽量避免或减少一个局站或节点内不同子架间的业务调度，在必须跨子架进行业务调度时，子架间的互联宜采用客户侧接口，在客户侧接口不支持 ODUk 的复用功能时，也可采用线路侧接口，接口速率应采用设备支持的最高速率以简化互联链路的管理。

④OTN 电交叉连接设备一般采用支线路分离的 OTU，客户侧接口的配置数量和类型应根据业务需求确定，并考虑适当冗余。

⑤客户侧业务板卡的配置在满足各类业务需要的基础上，种类应尽量少，以简化网络配置和减少维护备品备件的数量。

⑥各速率业务和线路板宜采用可热插拔的光模块。

2. 光交叉连接设备配置原则

①设备配置应考虑维护使用和扩容的需要；

②设备数量应按传输系统及波道组织进行配置；

③OTN 光交叉连接设备的维度应根据当期预测的光线路方向数配置。

在光电交叉设备选择上，光电混合交叉设备与纯电交叉设备功耗上有很大差异，节点的功耗随着波长的数量、节点方向的数量的增加而增加，随着业务的增长而增长。在一个网孔形网络中，不同节点之间的业务调度通过中间节点光层穿通，从而节约了线路 OTU 数量，降低了全网建设成本和功耗。光电混合交叉设备能够节省线路板，保证其节点功耗在一个可控范围内，该设备对机房的压力也较小。

下面以图 5－13 网络拓扑为例，对比采用纯电交叉设备和光电混合交叉设备在不同业务

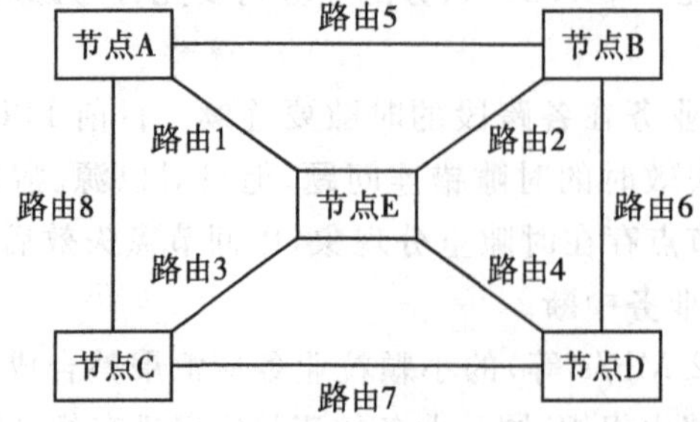

图 5－13 网络拓扑

配置时，各自所需的配置和功耗，具体分析如表 5-2 和表 5-3 所示。

表 5-2 纯电交叉设备小业务量配置及功耗数据分析

端口数量统计	节点 A	节点 B	节点 C	节点 D	节点 E	合计
客户侧 100GE	2	6	6	2	0	
客户侧 10GE		8	8			
客户侧 1GE		16	16			
光电混合线路侧(OTU4)数量/个	2	8	8	2	无需电中继	20
纯电交叉线路侧(OTU4)数量/个	6	20	20	6	16	68
100 Gb/s OTU 端口节省比例/%	66.7	60.0	60.0	66.7	100	70.6
100 Gb/s 线路卡功耗(双口)/W	200	200	200	200	200	
光电混合/W	3850	4750	4750	3850	3500	20700
纯电交叉/W	3950	5650	5650	3950	4800	24000
功耗差=纯电交叉－光电混合/W	100	900	900	100	1300	3300
功耗节省比例/%	2.5	15.9	15.9	2.5	27.1	13.8

表 5-3 光电混合交叉设备小业务量配置及功耗数据分析

端口数量统计	节点 A	节点 B	节点 C	节点 D	节点 E	合计
客户侧 100GE	20	60	60	20	0	
客户侧 10GE		8	8			
客户侧 1GE		16	16			
光电混合线路侧(OTU4)数量/个	20	60	60	20	无需电中继	160
纯电交叉线路侧(OTU4)数量/个	60	180	180	60	160	640
100 Gb/s OTU 端口节省比例/%	66.7	66.7	66.7	66.7	100	75
100 Gb/s 线路卡功耗(双口)/W	200	200	200	200	200	
光电混合/W	7000	14000	14000	7000	3500	45500
纯电交叉/W	10700	25700	25700	10700	19200	92000
功耗差=纯电交叉－光电混合/W	3700	11700	11700	3700	15700	46500
功耗节省比例/%	34.6	45.5	45.5	34.6	81.8	50.5

由表 5-2、表 5-3 和图 5-13 可见，每一个节点的业务都存在到各个方向调度的需求，由于调度方式的不同，光电混合 OTN 与纯电交叉 OTN 在 100 Gb/s OTU 配置数量上存在 70%左右的差异；而且随着每个节点业务配置的增多，功耗节省比例由 13.8%增大到 50.5%。

在应用部署上，干线层面在信号传输性能可达的范围内，光电混合组网模式更为灵活，在光电协同规划的情况下，干线层面可作为主要的应用场景；在城域网层面，由于业务种类繁多，故对于业务颗粒较大的区域，也可通过光电结合方式实现混合组网。

5.3.3 通道安排

业务通道安排是根据所得出的总传输业务量矩阵各点对点的业务量，加上相应的开销，再按照给出的物理传输网拓扑结构和路由，将各点对点的业务量分配到各个传输段上去。业务通道安排一般要考虑：①最短路由；②负荷分担；③穿越节点的次数不应超过允许值；④双向环的平衡性，对于双向复用段保护环各段的业务量应力求平衡。

5.3.3.1 SDH 业务通道安排

如前所述，SDH 长途传输网是由连接多个长途交换节点的长途传输系统形成的网络，为长途节点提供传输通道，而本地传输系统是连接本地节点（业务接入点）与本地节点、本地节点与长途节点之间的通信系统，提供业务节点与业务节点之间、业务节点与长途节点之间的传输通道，因此，SDH 传输系统通路安排分为长途和本地两种应用场景。

1. SDH 长途传输系统业务通道安排

①通路组织应以满足近期业务需求为主，以预测出的传输电路数量为基础，考虑网络的分流和原有传输网的业务分担后，确定出各站终端和转接电路数量，并考虑一定的冗余。

②在有条件的情况下（同时存在 10 Gb/s 系统和 2.5 Gb/s 系统），通路组织安排尽量按照分层的原则，155 Mb/s 及以上速率的大颗粒电路宜安排在 10 Gb/s 系统传输，2 Mb/s 电路宜安排在 2.5 Gb/s 系统传输；155 Mb/s 通路转接分为电接口转接和光接口转接两种方式，一般宜尽量组织光口转接，若采用 155 Mb/s 电接口转接，超长时宜采用光接口转接。

③环内各节点之间的业务应尽量在环内解决，且遵循经过的节点较少、路由距离较短的原则，两点之间的通道安排优先选用最短路径，同时兼顾各段通路截面的均匀性；对于跨环的业务，则尽量按跨环的数量较少、经过的节点较少、路由距离较短的原则，且避免在同一段路由上往返。

④对于同一局向的多条电路，尽量安排在同一物理路由，以保证数据业务传输时延一致。

2. SDH 本地传输系统通路组织原则

①传输系统通路组织应根据所采用的设备的性能、工程满足期内业务量的大小以及维护管理的习惯进行考虑，通路组织应以满足近期业务需求为主，适当考虑冗余需求。

②通路组织应根据网络分层及电路流向合理安排。2 Mb/s 的小颗粒电路的汇聚和整合尽量在汇聚层以下解决，核心层处理 155 Mb/s 及以上速率的大颗粒电路的调度以及一些必需的 2 Mb/s 电路的调度。

③对于复用段共享保护环，两点之间的通道安排应优先选用最短路径，同时兼顾各段通路截面的均匀性；跨环转接的电路，原则上要求转接次数尽可能少。

④电路的转接应结合需转接电路数量、所采用设备的灵活性及经济性，合理选择在 2 Mb/s 及 155 Mb/s 速率上的转接。一般转接电路数量达到 20 个 2 Mb/s 左右时，宜考虑采用 155 Mb/s速率转接，尽量减少或不采用 2 Mb/s 的转接，在不影响网络灵活调度的前提下，应尽量组织较高速率的通道转接。

5.3.3.2　OTN 波道及电路组织

1. OTN 波道组织

OTN 波道组织应遵循以下原则：

①波道组织应以满足近期业务需求为主，并考虑一定的冗余，用于网络保护和维护的需要。

②波道的使用宜从小序号开始向上排列顺序使用，不同光复用段的波道配置宜采用同序号的波道。

③当采用不同速率的波道在线路侧混传时，不同速率的波道宜安排在不同的波段；当既有 100 Gb/s 又有 40 Gb/s 或者 10 Gb/s 波道的时候，则先规划 100 Gb/s 业务波道。

④按业务层保护、复用段环保护（如 ODU*k* SPRing）和子网连接保护（如 ODU*k* SNCP（1＋1））顺序选择保护方式。

⑤按先环内业务再跨环业务顺序规划波道。

按照以上原则进行波道组织规划，不论是在设计环节还是在工程应用环节均较为清晰，不易出现波长混乱的问题。同时由于一个工程往往是分多期建设，在实际工程设计中可以考虑给不同类型的业务按波长编号先进行预留式规划，比如省干应用时，如 1～10 号波长规划为 10 Gb/s SDH 业务，11～15 号波长规划为 10GE 业务，16～20 号波长规划为 2.5 Gb/s 波长租用业务，其余波道规划为 GE 业务。

2. OTN 电路组织

OTN 电路组织在编制过程中应遵循以下原则：

①电路组织应以满足近期业务需求为主，并考虑一定冗余，用于网络维护的需要。

②电路组织可根据系统中不同速率级别的光通道波道的终端和转接情况作出具体安排；同一环内不同复用段的电路配置宜采用同序号的波道和时隙；两点间的电路安排应优先选用最短路径，同时兼顾各段波道截面的均匀性。

③在不影响网络灵活调度的前提下，应尽量组织较高速率的通道转接；电路转接宜采用 OTN 接口格式。

专题6 光传输系统设计

光传输系统设计的任务是遵循各类设计规范，以满足传输性能需求为目标，明确技术参数、合理选用器件，构建光传输系统，其中，关键的环节是中继段设计、光纤选择和工作波长选用。本专题主要介绍了 SDH 系统和 OTN 系统中继段设计方法，并就如何进行光纤选型进行了简要说明。

6.1 中继段设计

6.1.1 SDH 中继段设计

SDH 传输系统的参考配置如图 6-1 所示，终端设备可包括终端复用器(TM)、分插复用器(ADM)、多光口分插复用器(Multiple-ADM，MADM)等；中继器可以分为再生中继器(REG)、光线路放大器(OLA)等。传输距离较短时，可不采用中继器。

图 6-1 传输系统的参考配置

SDH 传输系统中继段一般采用最坏值设计法。采用最坏值设计法时，对于 STM-16 及以下速率的系统，中继段设计长度应同时满足系统所允许的衰减和色散的要求。应分别计算出衰减受限和色散受限时的中继段长度，取其中的较小值。对于速率为 STM-64 的系统，中继段设计距离应同时满足系统所允许的衰减、色度色散及偏振模色散(Polarization Mode Dispersion，PMD)的要求。本节以 STM-16 系统为例介绍最坏值设计法。

1. 衰减受限系统

对于衰减受限系统，先根据 S 点和 R 点之间的所有光功率损耗来确定总的光通道衰减值，然后据此确定适用的系统分类代码及相应的一整套光系统参数。当光通道衰减值落在不同的应用场合之间的重叠区时，则两种系统分类代码下的两套光参数都是适用的，最经济的设计是对应较小衰减范围的那套系统。

衰减受限系统实际可达中继段距离可用式(6-1)估算：

$$L_1 = \frac{P_s - P_r - P_p - \sum A_c}{A_f + A_s + M_c} \tag{6-1}$$

式中，L_1——衰减受限中继段长度，km；

P_s——寿命终了时 S 点的发送光功率，dBm；

P_r——寿命终了时 R 点的接收灵敏度，dBm；

P_p——光通道代价，dB；

$\sum A_c$——S、R 点之间其他连接器衰减之和，dB；

M_c——光缆富余度，dB/km；

A_f——光纤光缆平均衰减系数，dB/km；

A_s——光纤熔接接头平均衰减，dB/km。

2. 色散受限系统

对于色散受限系统，可首先确定所设计段的总色散值，然后据此确定适用的系统分类代码及相应的一整套光系统参数。色散受限系统实际可达中继段距离可用式(6-2)估算：

$$L_2=\frac{10^6\cdot\varepsilon}{B\cdot D\cdot\delta\lambda} \tag{6-2}$$

式中，L_2——色散受限中继段长度，km；

ε——当光源为多纵模激光器时取 0.115，当光源为单纵模激光器时取 0.306；

B——线路信号速率，Mb/s；

D——系统寿命终了时光纤色散系数，ps/(nm·km)；

$\delta\lambda$——系统寿命终了时光源的均方根谱宽，nm。

也可采用式(6-3)估算：

$$L_2=\frac{D_{max}}{D} \tag{6-3}$$

式中，L_2——色散受限中继段长度，km；

D_{max}——S、R 点之间允许的最大色散值，ps/nm；

D——系统寿命终了时光纤色散系数，ps/(nm·km)。

下面将举例说明 SDH 的中继距离的估算。

例如，现有 SDH 设备线路板光口代码为 L-16.2，请为该设备估算中继距离。

首先通过查表可知，L-16.2 光口传输的是 STM-16 信号，其工作波长范围是 1500～1580 nm，最大平均发送光功率为 3 dBm，最小平均发送光功率为−2 dBm，最大色散为 1200～1600 ps/nm，接收机灵敏度为−28 dBm，最大光通道代价 1 dB。

$\sum A_c$ 一般取 0.5 dB/个，一段取 2 个。对于 G.652 光纤而言，工作波长为 1550 nm 时，衰减系数 A_f=0.26 dB/km。这里取 A_s=0.043 dB/km。光缆富余度 M_c=0.04 dB/km。将这些参数代入式(6-1)，得到在衰减限制条件下再生段距离约为 70 km。

然后利用式(6-3)计算色散条件限制下的再生段距离。取 D_{max}=1200 ps/nm，对于 G.652 光纤，在 1550 nm 工作窗口，色散系数取 D=18 ps/(nm·km)，代入式(6-3)，得到在色散限制条件下再生段距离约为 67 km。

综合衰减条件和色散条件计算的结果，可知该 SDH 设备中继距离为 67 km。

6.1.2　OTN 中继段设计

1. 规则设计法

当各段衰落比较均匀时，可采用规则设计法(或称为固定衰耗法)：利用色散受限式(6-4)及保证系统信噪比的衰耗受限式(6-5)，分别计算复用段长度后，取其较小值。

$$L_3=\left|\frac{D_{sys}}{|D|}\right| \tag{6-4}$$

式中，L_3——色散受限复用段长度，km；

D_{sys}——MPI - S_M、MPI - R_M点之间光通道允许的最大色散值，ps/nm；

$|D|$——光纤色散系数，ps/(nm·km)。

$$L_4 = \sum_{i=1}^{n}\left[(A_{span} - \sum A_c) \div (A_f + A_{mc})\right] \tag{6-5}$$

式中，L_4——保证信噪比的衰减受限的复用段长度，km；

n——OTN 系统所限制的光放段数量；

A_{span}——最大光放段衰耗，其值不应大于 OTN 系统所限制的段落衰耗，dB；

$\sum A_c$——MPI - S_M、R_M点或 S_M、R_M点或 S_M、MPI - R_M点间所有连接衰耗之和，dB；

A_f——光纤线路衰耗常数，dB/km，含光纤熔接衰耗；

A_{mc}——光纤线路每千米维护余量，dB/km。

2. 信噪比计算法

当用规则设计法不能满足实际应用的要求时，可采用色散受限式(6-4)及简易的信噪比计算式(6-6)来确定复用段/光放段的长度。

$$OSNR_N = 58.03\ \text{dBm} + P_{out} - 10\lg M - A_{span} - N_i - 10\lg N \tag{6-6}$$

式中，$OSNR_N$——N 个光放段之后的每通路光信噪比，dB；

M——通路数量；

P_{out}——总的入纤功率，dBm；

N_i——光放大器的噪声系数；

A_{span}——最大光放段损耗，dB。

在光信噪比(Optical Signal Noise Ratio，OSNR)的计算中，取光滤波器带宽 0.1 nm，在每个光放段 R_M点及 MPI - R_M点的各个通路的 OSNR 满足指标的情况下，由光放段损耗来决定光放段的长度，确定通过几个 OA 级联的复用段长度。

对于复杂的 OTN 传输系统，应采用专用计算工具计算 OSNR，来确定复用段/光放段的长度。

上述计算方法都应在工程实施前通过模拟仿真工具来验证。

6.2 光纤选择与工作波长选用

6.2.1 光纤的选择

ITU - T 定义了 7 种通信光纤：G. 651～G. 657。其中 G. 651 是多模光纤，G. 652～G. 657 都是单模光纤，其子类如表 6 - 1 所示。

G. 652 光纤：单模光纤(Single Mode Fiber，SMF)，是目前应用最广泛的光纤，目前除了光纤到户的入户光缆外，长途、城域使用的光纤几乎全为 G. 652 光纤。光纤具有 1310 nm 和 1550 nm 两个窗口，1310 nm 处色散小但衰耗大，1550 nm 处衰耗小但色散大。

G. 652 光纤有四种子类(A，B，C，D)，G. 652 的 A 型和 B 型光纤有水峰(由于氢氧根离子存在而出现的衰减峰)，C 型和 D 型光纤则为进行全光谱操作而消除了水峰。

G. 653 光纤：色散位移光纤(Dispersion Shifted Fiber，DSF)，是色散零点在 1550 nm 附近

的单模光纤，但是它在 1550 nm 波长区四波混频(Four - Wave Mixing，FWM)严重，会导致信道间的串扰和干扰，因此不适合 WDM 系统。

表 6 - 1　光纤类型

ITU - T 单模光纤	子类
ITU - T G. 652	ITU - T G. 652. A，ITU - T G. 652. B，ITU - T G. 652. C，ITU - T G. 652. D
ITU - T G. 653	ITU - T G. 653. A，ITU - T G. 653. B
ITU - T G. 654	ITU - T G. 654. A，ITU - T G. 654. B，ITU - T G. 654. C
ITU - T G. 655	ITU - T G. 655. A，ITU - T G. 655. B，ITU - T G. 655. C，ITU - T G. 655. D，ITU - T G. 655. E
ITU - T G. 656	ITU - T G. 656
ITU - T G. 657	ITU - T G. 657. A1，ITU - T G. 657. A2，ITU - T G. 657. B2，ITU - T G. 657. B3

G. 654 光纤：截止波长位移光纤(Cut-off Shifted Fiber，CSF)，是单模光纤，在 1550 nm 实现低损耗远距离数据传输，主要用于海缆通信系统。为适应海缆通信长距离、大容量的需求，G. 654 光纤主要做了两个方面的改进。首先降低光纤的损耗，从 G. 652 的 0. 22 dB/km 降到了 0. 19 dB/km(标准值)。第二增大光纤的模场直径，光纤的模场直径越大，通过光纤横截面的能量密度就越小，从而改善光纤的非线性效应，提升光纤通信系统的信噪比。

G. 655 光纤：非零色散位移光纤(Non - Zero Dispersion Shifted Fiber，NZDSF)，通过将零色散波长移动至 1550 nm 工作窗口之外，从而克服了 WDM 系统中的非线性影响，如 FWM 的问题。光纤在 C 波段只会产生少量可控的色散，同时也避免了将零色散波长移动至 1550 nm操作窗口之外的波段时所产生的其他非线性效应。

G. 657 光纤：弯曲不敏感单模光纤，是一种对弯曲不敏感的光纤，其曲率半径不足 G. 652 光纤的一半，主要应用于光纤入户场景。

G. 657 光纤分为两部分：在弯曲度较高的环境中，用于接入网络的 A 类和用于接入网络末端的 B 类。每个类别(A 和 B)都分为两个子类别：G. 657. A1 和 G. 657. A2，G. 657. B2 和 G. 657. B3。

6. 2. 2　工作波长选用

1. SDH 系统工作波长

SDH 传输系统的光缆线路使用单模光纤，目前主要选用符合 ITU - T G. 652 建议的光纤。传输网中，局间中继距离较短的一般情况下选用 1310 nm 的工作波长，局间中继距离较长(大于 80 km)、工作速率较高(如 2. 5 Gb/s)时可选用 1550 nm 的工作波长。

2. OTN 系统工作波长

对于 OTN 系统，G. 694. 1 建议的频率栅格定义了以 193. 1 THz 为中心频率、频率间隔为 12. 5 GHz 到 100 GHz 的标称中心频率。

挑战性问题　复杂场景下光传输设备组网与系统设计

1. 问题背景

某国内电信运营商准备在××地区构建新的传输网络，图 6-2 为该地区站点规划图。经勘察，任意两个站点之间的直线距离不超过 120 km，部分站点距离已在图 6-2 中进行了标记(注：图中虚线和数字仅用于标识站点间距离)，表 6-2 和表 6-3 分别是各节点 155 Mb/s 业务和 2 Mb/s 业务矩阵表。经过统计发现，该地区语音业务每年增加 10%，数据业务每年增加 30%，请根据上述信息对该传输网进行规划和设计，要求新建的网络能够满足未来 5 年的传输需求。

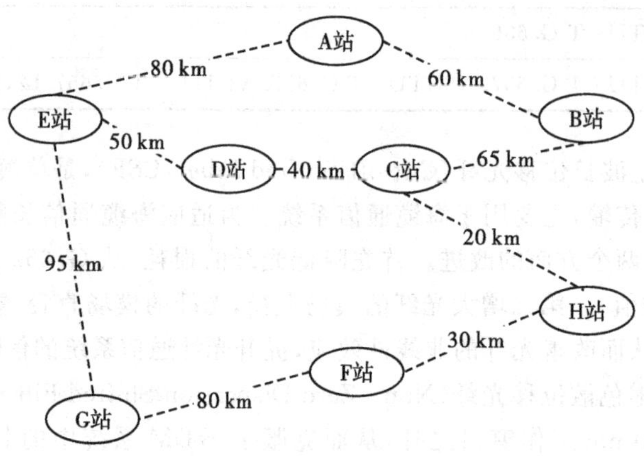

图 6-2　××地区站点规划图

表 6-2　节点 155 Mb/s 业务矩阵表

	D站	E站	C站	B站	F站	G站	H站	A站	合计
D站	—	1	—	1	1	1	1	1	6
E站	1	—	1	1	1	1	1	1	7
C站	—	1	—	1	1	1	1	1	6
B站	1	1	1	—	1	1	1	1	7
F站	1	1	1	1	—	1	1	1	7
G站	1	1	1	1	1	—	1	1	7
H站	1	1	1	1	1	1	—	1	7
A站	1	1	1	1	1	1	1	—	7
合计	6	7	6	7	7	7	7	7	54

表 6－3 节点 2 Mb/s 业务矩阵表

	D站	E站	C站	B站	F站	G站	H站	A站	合计
D站	—	100	50	30	10	14	32	1	237
E站	100	—	20	21	64	1	1	1	208
C站	50	20	—	32	1	1	1	21	126
B站	30	21	32	—	10	13	1	1	108
F站	10	64	1	10	—	1	1	30	117
G站	14	1	1	13	1	—	20	1	51
H站	32	1	1	1	1	20	—	43	99
A站	1	1	21	1	30	1	43	—	98
合计	237	208	126	108	117	51	99	98	1044

2. 问题剖析

为满足上述业务可靠性和未来业务增长的需求，需要重点从以下几个方面分析和解决问题。

(1)网络层次规划

①本网络是否需要分层设计和建设？

②如果需要分层，请确定每一层的功能(调度、汇聚、接入等)，并考虑每层的容量设置是否合理。

(2)网络结构设计

①根据业务分布情况确定网络结构，考虑是否需要构建由多种拓扑组合的复杂网络结构。

②如果采用环网结构设计，需要考虑环上的节点数量是否合理。

③如果分层进行设计，需要确定每一层的拓扑结构和层间衔接的节点。

(3)规模容量设计

①通过业务矩阵表，梳理每个节点承载的业务，并确定业务流向，计算业务需求基础带宽。

②根据业务增长情况预测未来业务需求带宽。

③根据站点预留维护资源来确定网络冗余带宽。

(4)网络保护规划

①根据业务分布和网络结构确定网络保护方式。

②针对选定的网络保护方式，确定网络冗余带宽。

(5)资源规划和路由

①通过梳理每条业务的源、宿，初步规划业务路由。

②在指定选择业务路由约束条件的情况下，规划业务的工作路由和保护路由。

③根据每个节点各个方向的带宽资源情况，逐一规划业务时隙。

(6)设备选择

①充分了解各厂家的传输设备及单板功能。

②确定业务实现的接口类型、接口指标，确认厂家设备能否支持各类业务。

③在选定单个厂家设备的情况下,确定设备类型、交叉板、电接口板、光接口板、主控板及辅助功能板和各类单板的数量。

④假如选定两个厂家的传输设备,从接口指标、类型以及时隙等方面考虑实现不同厂商的设备对接,保证业务传输。

(7)中继距离设计

①根据前期规划的网络拓扑及设备接口指标设计中继距离。

②判断该网络是否需要增加中继设备。

思　考　题

1. 光传输设备组网规划包括哪些主要内容?
2. 请简述半绿地规划的流程。
3. 请简述 OTN 波长规划的思路。
4. 某 SDH 设备线路板光口代码为 L－16.3,请计算其中继距离。

附　录

附录一　华为 OptiX OSN 3500 设备[①]

华为公司的 Optix OSN 3500 设备主要应用于城域传输网中的汇聚层和骨干层，可与 OptiX OSN 9500、OptiX OSN 7500、OptiX OSN 3500T、OptiX OSN 2500、OptiX OSN 2500 REG、OptiX OSN 1500 等光传输设备混合组网，优化网络运营投资、降低建网成本。

OptiX OSN 3500 智能光传输设备（以下简称 OptiX OSN 3500）是华为技术有限公司开发的新一代智能光传输设备，它融合了以下技术：SDH，PDH，以太网，ATM，存储区网络（Storage Area Network，SAN），WDM，数字数据网（Digital Data Network，DDN），ASON。OptiX OSN 3500 能够在在同一个平台上高效地传送语音和数据业务，其设备外形如附图 1 - 1 所示。附图 1 - 2 所示是 OptiX OSN 3500 在传输网络中的应用。

附图 1 - 1　OptiX OSN 3500 设备外形图

①华为 OptiX OSN 3500 智能光传输系统产品文档（产品版本：V100R010C03），2015。

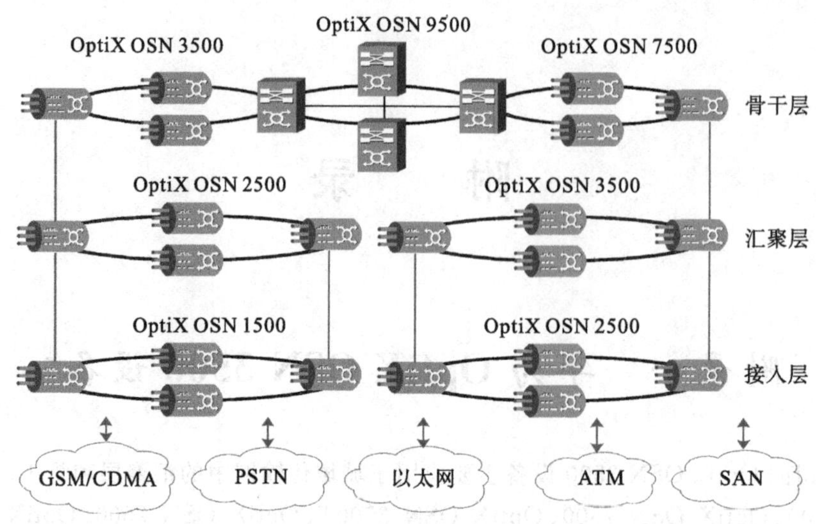

附图 1-2　OptiX OSN 3500 在传输网络中的应用

一、OptiX OSN 3500 设备的功能

(一)容量

容量包括交叉容量和槽位接入容量。

OptiX OSN 3500 设备的交叉板有如下类型：普通交叉时钟板 N1GXCSA；增强型交叉时钟板 N1EXCSA；超强型交叉时钟板 N1UXCSA、N1UXCSB、N1SXCSA 和 N1SXCSB；无限交叉时钟板 N1IXCSA 和 N1IXCSB；扩展子架使用的低阶交叉板 N1XCE。各交叉板的交叉能力如附表 1-1 所示。

附表 1-1　OptiX OSN 3500 设备的交叉能力

交叉时钟板	高阶交叉能力	低阶交叉能力	接入能力	用途
N1GXCSA	40 Gb/s (256×256 VC-4)	5 Gb/s (32×32 VC-4)	35 Gb/s (224×224 VC-4)	用于主子架，不支持带扩展子架
N1EXCSA	80 Gb/s (512×512 VC-4)	5 Gb/s (32×32 VC-4)	58.75 Gb/s (376×376 VC-4)	用于主子架，不支持带扩展子架
N1UXCSA	80 Gb/s (512×512 VC-4)	20 Gb/s (128×128 VC-4)	58.75 Gb/s (376×376 VC-4)	用于主子架，不支持带扩展子架
N1UXCSB	80 Gb/s (512×512 VC-4)	20 Gb/s (128×128 VC-4)	60 Gb/s (384×384 VC-4)	用于主子架，支持带 1.25 Gb/s 的扩展子架
N1SXCSA	200 Gb/s (1280×1280 VC-4)	20 Gb/s (128×128 VC-4)	155 Gb/s (992×992 VC-4)	用于主子架，不支持带扩展子架

续表

交叉时钟板	高阶交叉能力	低阶交叉能力	接入能力	用途
N1SXCSB	200 Gb/s (1280×1280 VC-4)	20 Gb/s (128×128 VC-4)	156.25 Gb/s (1000×1000 VC-4)	用于主子架，支持带1.25 Gb/s的扩展子架
N1IXCSA	200 Gb/s (1280×1280 VC-4)	40 Gb/s (256×256VC-4)	155 Gb/s (992×992 VC-4)	用于主子架，不支持带扩展子架
N1IXCSB	200 Gb/s (1280×1280 VC-4)	40 Gb/s (256×256 VC-4)	156.25 Gb/s (1000×1000 VC-4)	用于主子架，支持带1.25 Gb/s的扩展子架
N1XCE	—	1.25 Gb/s (8×8 VC-4)	1.25 Gb/s (8×8 VC-4)	用于扩展子架

选择不同类型的交叉板时，槽位接入容量也不同。附图 1-3、附图 1-4、附图 1-5、附图 1-6和附图 1-7 分别给出了使用 N1GXCSA、N1EXCSA、N1UXCSA/B、N1SXCSA/B 和 N1IXCSA/B 为交叉板时各槽位的接入容量。

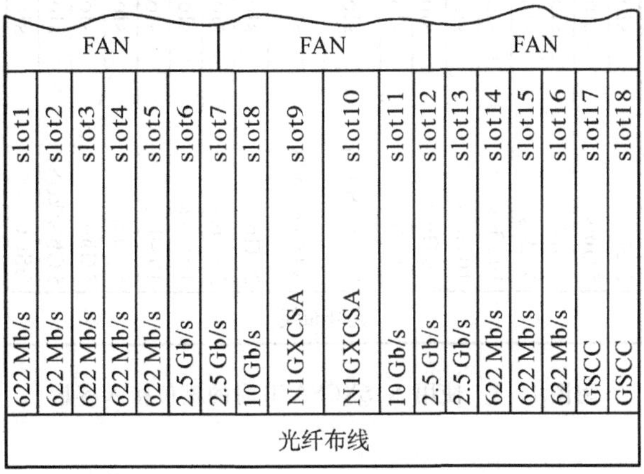

FAN							FAN					FAN					
slot1	slot2	slot3	slot4	slot5	slot6	slot7	slot8	slot9	slot10	slot11	slot12	slot13	slot14	slot15	slot16	slot17	slot18
622 Mb/s	622 Mb/s	622 Mb/s	622 Mb/s	622 Mb/s	2.5 Gb/s	2.5 Gb/s	10 Gb/s	N1GXCSA	N1GXCSA	10 Gb/s	2.5 Gb/s	2.5 Gb/s	622 Mb/s	622 Mb/s	622 Mb/s	GSCC	GSCC
光纤布线																	

附图 1-3　使用 N1GXCSA 时的槽位接入容量

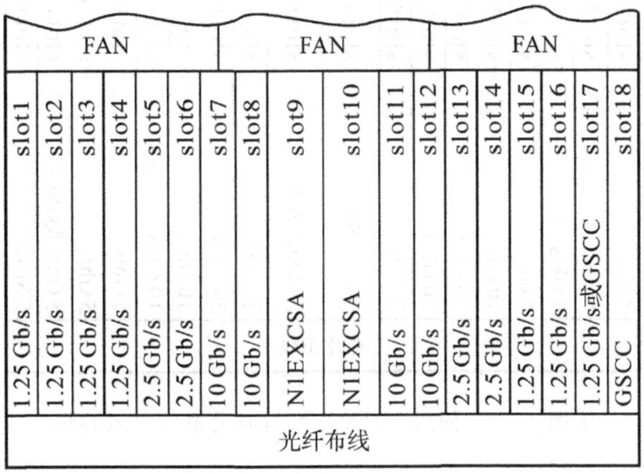

FAN							FAN					FAN					
slot1	slot2	slot3	slot4	slot5	slot6	slot7	slot8	slot9	slot10	slot11	slot12	slot13	slot14	slot15	slot16	slot17	slot18
1.25 Gb/s	1.25 Gb/s	1.25 Gb/s	1.25 Gb/s	2.5 Gb/s	2.5 Gb/s	10 Gb/s	10 Gb/s	N1EXCSA	N1EXCSA	10 Gb/s	10 Gb/s	2.5 Gb/s	2.5 Gb/s	1.25 Gb/s	1.25 Gb/s	1.25 Gb/s或GSCC	GSCC
光纤布线																	

附图 1-4　使用 N1EXCSA 时的槽位接入容量

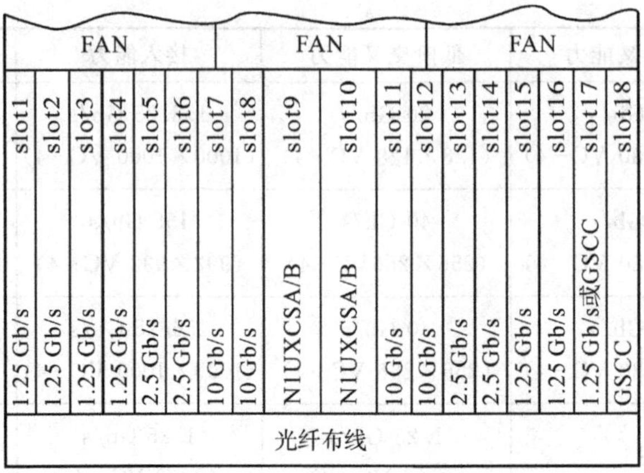

FAN　FAN　FAN

slot1	slot2	slot3	slot4	slot5	slot6	slot7	slot8	slot9	slot10	slot11	slot12	slot13	slot14	slot15	slot16	slot17	slot18
1.25 Gb/s	1.25 Gb/s	1.25 Gb/s	1.25 Gb/s	2.5 Gb/s	2.5 Gb/s	10 Gb/s	10 Gb/s	N1UXCSA/B	N1UXCSA/B	10 Gb/s	10 Gb/s	2.5 Gb/s	2.5 Gb/s	1.25 Gb/s	1.25 Gb/s	1.25 Gb/s或GSCC	GSCC

光纤布线

附图 1-5　使用 N1UXCSA/B 时的槽位接入容量

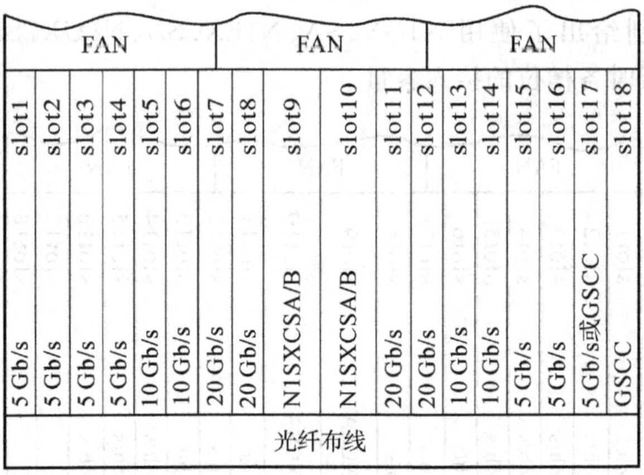

FAN　FAN　FAN

slot1	slot2	slot3	slot4	slot5	slot6	slot7	slot8	slot9	slot10	slot11	slot12	slot13	slot14	slot15	slot16	slot17	slot18
5 Gb/s	5 Gb/s	5 Gb/s	5 Gb/s	10 Gb/s	10 Gb/s	20 Gb/s	20 Gb/s	N1SXCSA/B	N1SXCSA/B	20 Gb/s	20 Gb/s	10 Gb/s	10 Gb/s	5 Gb/s	5 Gb/s	5 Gb/s或GSCC	GSCC

光纤布线

附图 1-6　使用 N1SXCSA/B 时的槽位接入容量

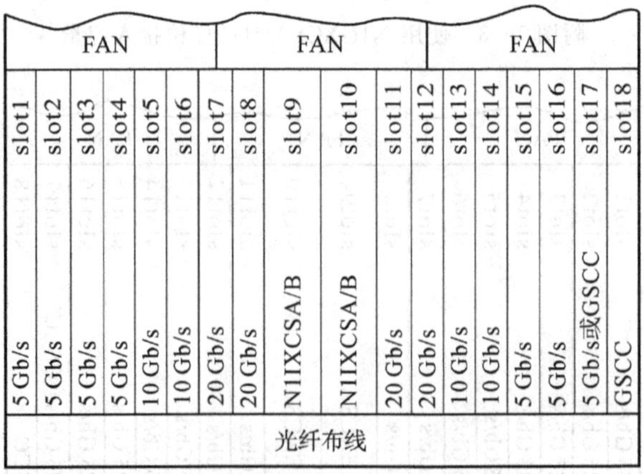

FAN　FAN　FAN

slot1	slot2	slot3	slot4	slot5	slot6	slot7	slot8	slot9	slot10	slot11	slot12	slot13	slot14	slot15	slot16	slot17	slot18
5 Gb/s	5 Gb/s	5 Gb/s	5 Gb/s	10 Gb/s	10 Gb/s	20 Gb/s	20 Gb/s	N1IXCSA/B	N1IXCSA/B	20 Gb/s	20 Gb/s	10 Gb/s	10 Gb/s	5 Gb/s	5 Gb/s	5 Gb/s或GSCC	GSCC

光纤布线

附图 1-7　使用 N1IXCSA/B 时的槽位接入容量

(二)业务

OptiX OSN 3500 设备的业务包括 SDH 业务、PDH 业务等多种业务类型。

SDH 业务包括:SDH 标准业务(STM-1/4/16/64)、SDH 标准级联业务(VC-4-4c/VC-4-16c/VC-4-64c)、带 FEC 的 SDH 业务(10.709 Gb/s、2.666 Gb/s)。

PDH 业务包括:E1/T1 业务、E3/T3 业务、E4 业务。

以太网业务包括:EPL、EVPL、EPLAN、EVPLAN。

通过配置不同类型、不同数量的单板实现不同容量的业务接入。各种业务的最大接入能力见附表 1-2 所示。业务最大接入能力是指子架仅接入该种业务时支持的业务最大数量。

附表 1-2　OptiX OSN 3500 设备的业务最大接入能力

业务类型	单子架最大接入能力	业务类型	单子架最大接入能力
STM-64 标准或级联业务	8 路	GE 业务	56 路
STM-64(FEC)	4 路	FE 业务	180 路
STM-16 标准或级联业务	44 路	STM-1 ATM 业务	60 路
STM-16(FEC)	8 路	STM-4 ATM 业务	15 路
STM-4 标准或级联业务	46 路	$N\times64$ kb/s 业务	64 路
STM-1 标准业务	204 路	Frame E1 业务	64 路
STM-1(电)业务	132 路	ESCON	44 路
E4 业务	32 路	FICON/FC100 业务	22 路
E3/T3 业务	117 路	FC200 业务	8 路
E1/T1 业务	504 路	DVB-ASI	44 路

(三)接口

接口包括业务接口、管理及辅助接口。

OptiX OSN 3500 设备提供的业务接口包括 SDH 业务接口、PDH 业务接口等多种业务接口,如附表 1-3 所示。

附表 1-3　OptiX OSN 3500 设备提供的业务接口

接口类型	描述
SDH 业务接口	STM-1 电接口:SMB 接口 STM-1 光接口:I-1、Ie-1、S-1.1、L-1.1、L-1.2、Ve-1.2 STM-4 光接口:I-4、S-4.1、L-4.1、L-4.2、Ve-4.2 STM-16 光接口:I-16、S-16.1、L-16.1、L-16.2、L-16.2Je、V-16.2Je、U-16.2Je STM-16 光接口(FEC):Ue-16.2c、Ue-16.2d、Ue-16.2f STM-64 光接口:I-64.1、I-64.2、S-64.2b、L-64.2b、Le-64.2、Ls-64.2、V-64.2b STM-64 光接口(FEC):Ue-64.2c、Ue-64.2d、Ue-64.2e

续表

接口类型	描述
PDH 业务接口	75 Ω/120 ΩE1 电接口:DB44 连接器 100 ΩT1 电接口:DB44 连接器 75 ΩE3、T3 和 E4 电接口:SMB 连接器
以太网业务接口	10/100Base-TX、100Base-FX、1000Base-SX、1000Base-LX、1000Base-ZX

OptiX OSN 3500 设备提供多种管理及辅助接口,管理及辅助接口如附表 1-4 所示。

附表 1-4 OptiX OSN 3500 设备提供的管理及辅助接口

接口类型	描述
管理接口	1 路远程维护接口(OAM);4 路广播数据口(S1～S4) 1 路 64 kb/s 的同向数据通道接口(F1);1 路以太网网管接口(ETH) 1 路串行管理接口(F&f);1 路扩展子架管理接口(EXT) 1 路调试口(COM)
公务接口	1 个公务电话接口(PHONE);2 个出子网话音接口(V1～V2) 2 路出子网信令接口(S1～S2,复用于 2 路广播数据口)
时钟接口	2 路 75 Ω 外时钟接口(2048 kb/s 或 2048 kHz) 2 路 120 Ω 外时钟接口(2048 kb/s 或 2048 kHz)
告警接口	16 路输入 4 路输出告警接口;4 路机柜告警灯输出接口 4 路机柜告警灯级联输入接口;告警级联输入接口

(四)保护

OptiX OSN 3500 设备提供设备级保护和网络级保护,设备级保护如附表 1-5 所示。

附表 1-5 OptiX OSN 3500 设备提供的设备级保护

保护对象	保护方式	是否可恢复
E1/T1 业务处理板	1∶N(N≤8)TPS 保护	恢复
E3/T3/ E4/STM-1(e)业务处理板	1∶N(N≤3)TPS 保护	恢复
以太网业务处理板 N2EFS0、N4EFS0	1∶1 TPS 保护	恢复
以太网业务处理板 N1EMS4	1+1 PPS 保护和 1+1 BPS 保护	非恢复
以太网业务处理板 N1EGS4、N3EGS4	1+1 PPS 保护和 1+1 BPS 保护	非恢复
交叉连接与时钟板	1+1 热备份	非恢复
系统控制与通信板	1+1 热备份	非恢复
-48 V 电源接口板	1+1 热备份	—

注:OptiX OSN 3500 设备支持三个不同类型的 TPS 保护组共存。

OptiX OSN 3500 设备支持网络层次的多种保护，其提供的网络级保护如附表 1－6 所示。

附表 1－6　OptiX OSN 3500 设备提供的网络级保护

网络层次	保护方式
SDH	线性复用段保护
	复用段保护环
	子网连接保护(SNCP、SNCMP 和 SNCTP)
	DNI 保护
	共享光纤虚拟路径保护
	复用段共享光路保护
以太网	RPR 保护

二、设备硬件

(一)机柜

OptiX OSN 3500 设备采用符合欧洲电信标准协会(European Telecommunications Standards Institute，ETSI)标准的机柜用于安装子架。机柜上方配有配电盒，用于接入－48 V 或－60 V 电源。ETSI 机柜的技术参数如附表 1－7 所示。

附表 1－7　ETSI 机柜的技术参数

尺寸/mm	重量/kg	子架配置数目/个
600(宽)×300(深)×2000(高)	55	1
600(宽)×600(深)×2000(高)	79	1
600(宽)×300(深)×2200(高)	60	2
600(宽)×600(深)×2200(高)	84	2
600(宽)×300(深)×2600(高)	70	2
600(宽)×600(深)×2600(高)	94	2

(二)子架

OptiX OSN 3500 设备的子架采用双层子架结构，如附图 1－8 所示。图中，1 为接口板区，安插 OptiX OSN 3500 设备的各种接口板；2 为风扇区，安插 3 个风扇模块，为设备提供散热；3 为处理板区，安插 OptiX OSN 3500 设备的各种处理板；4 为走纤区，用于布放子架尾纤。子架包括槽位和可配置的单板。

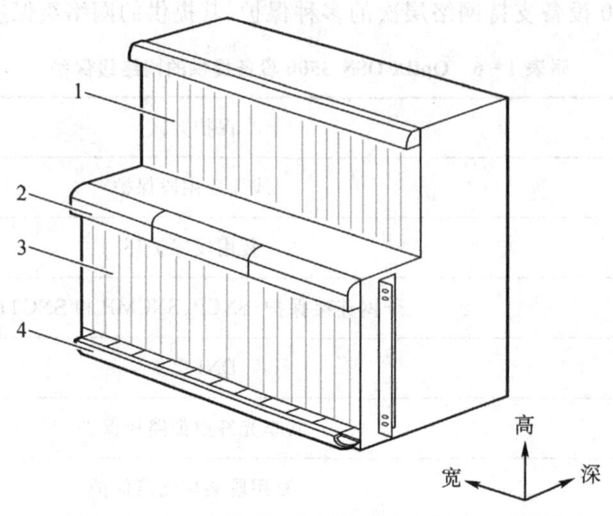

附图 1－8　OptiX OSN 3500 设备的子架结构图

1. 槽位分配

OptiX OSN 3500 设备的子架分为上、下两层，上层主要为出线板槽位区，共有 19 个槽位，下层主要为处理板槽位区，共有 18 个槽位，各槽位的位置如附图 1－9 所示。

slot19	slot20	slot21	slot22	slot23	slot24	slot25	slot26	slot27	slot28	slot29	slot30	slot31	slot32	slot33	slot34	slot35	slot36	slot37
								PIU	PIU									AUX
FAN slot38								FAN slot39					FAN slot40					
slot1	slot2	slot3	slot4	slot5	slot6	slot7	slot8	slot9	slot10	slot11	slot12	slot13	slot14	slot15	slot16	slot17	slot18	
								XCS	XCS							GSCC	GSCC	
光纤布线																		

附图 1－9　OptiX OSN 3500 设备的子架槽位分配图

业务接口板槽位：slot 19～26 和 slot 29～36。业务处理板槽位：slot 1～8 和 slot 11～17。交叉和时钟板槽位：slot 9～10。系统控制和通信板槽位：slot 17～18，其中 slot 17 也可以作为处理板槽位。电源接口板槽位：slot 27～28。辅助接口板槽位：slot 37。风扇槽位：slot 38～40。

2. 出线板槽位和处理板槽位的对应关系

出线板槽位和处理板槽位的对应关系如附表 1－8 所示。

附表 1－8　出线板槽位和处理板槽位的对应关系

处理板槽位	对应出线板槽位	处理板槽位	对应出线板槽位
slot2	slot19、20	slot3	slot21、22
slot4	slot23、24	slot5	slot25、26
slot13	slot29、30	slot14	slot31、32
slot15	slot33、34	slot16	slot35、36

3. 技术参数

OptiX OSN 3500 设备子架的技术参数如附表 1－9 所示。

附表 1－9　OptiX OSN 3500 设备子架的技术参数

外形尺寸/mm	重量/kg
497(宽)×295(深)×722(高)	23(子架净重,不含单板及风扇)

三、单板介绍

OptiX OSN 3500 设备由多个单元组成:SDH 接口单元、PDH 接口单元、以太网接口单元、SDH 交叉矩阵单元、同步定时单元、系统控制与通信单元、开销处理单元、辅助接口单元。系统结构如附图 1－10 所示。

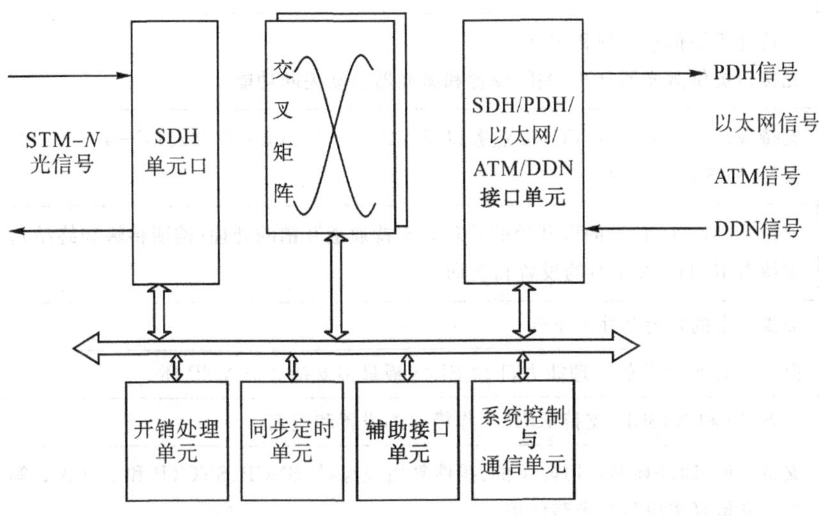

附图 1－10　OptiX OSN 3500 设备的系统结构

(一)SDH 类单板功能原理

SDH 类的单板主要包括 SL1、SL4、SL16 和 SL64 等,下面主要以 SL16 单板为例来进行介绍。

SL16 单板有 N1、N2 和 N3 三个版本，三个版本间的主要差异在于是否支持 TCM 功能和配置 AU－3 业务。N1 版本不支持 TCM 功能和 AU－3 业务；N2 版本支持 TCM 功能，并且可以配置 AU－3 业务；N3 版本不能同时配置 TCM 功能和 AU－3 业务。N3 版本支持单板兼容替代功能，N1 和 N2 版本之间无替代关系。在不使用 TCM 功能和 AU－3 业务的情况下，N3 版本可以完全替代 N2 和 N1 版本的单板。N3 版本支持单板兼容替代功能，可替换 N1SL16 单板。替换后，N3SL16 单板的配置和业务状态都与 N1SL16 保持一致。

说明：在配置复用段保护和 SNCP 时，不同版本单板之间的配置原则如下：如果工作板为同时开启了 TCM 功能和配置了 AU－3 业务的 N2SL16，则不允许保护板为 N3SL16 和 N1SL16，否则倒换会导致业务中断。如果工作板为只开启了 TCM 功能或配置了 AU－3 业务的 N2SL16 或 N3SL16，则不允许保护板为 N1SL16，否则倒换会导致业务中断。

1. 功能和特性

SL16 单板支持接收和发送 1 路 STM－16 光信号、开销处理等功能和特性。SL16 单板的具体功能和特性如附表 1－10 所示。

附表 1－10　SL16 单板的功能和特性

功能和特性	描述
基本功能	接收和发送 1 路 STM－16 光信号
光接口规格	支持 L－16.2、L－16.2Je、V－16.2Je(加 BA)、U－16.2Je(加 BA 和 PA)的光接口，其中 L－16.2 光接口特性符合 ITU－T G.957 和 ITU－T G.692 建议。L－16.2Je、V－16.2Je(加 BA)、U－16.2Je(加 BA 和 PA)的光接口为华为自定义标准。 支持符合 ITU－T G.692 建议的标准波长输出，U－16.2Je 的光接口可以直接接入 DWDM 设备
光模块规格	支持光模块信息检测和查询。 光接口提供激光器打开、关闭设置和激光器自动关断功能
业务处理	支持 VC－12/VC－3/VC－4 业务以及 VC－4－4c、VC－4－8c、VC－4－16c 级联业务。 支持 AU3 业务配置
开销处理	支持 STM－16 信号的段开销的处理。支持通道开销的处理(透明传输和终结)。 支持对 J0/J1/C2 字节的设置和查询
告警和性能	提供丰富的告警和性能事件
K 字节处理	提供 2 套 K 字节的处理能力，1 块 SL16 板最多支持 2 个 MSP 环
REG 规格	N2SL16 和 N3SL16 支持 REG 工作模式的设置和查询
保护方式	支持二纤、四纤环形复用段保护、线性复用段保护、SNCP、SNCTP 和 SNCMP 等多种保护方式。支持复用段共享光路保护。 支持 MSP 和 SNCP 共享光路保护
维护特性	支持光口级别的内环回、外环回功能。支持软复位和硬复位，软复位不影响业务。 支持单板制造信息的查询功能。支持 FPGA 的在线加载功能。 支持单板软件的平滑升级。支持 PRBS 功能

2. 工作原理和信号流

SL16单板由光电转换模块、复用/解复用模块、SDH开销处理模块、逻辑控制模块和电源模块组成。SL16单板的工作原理框图如附图1-11所示。

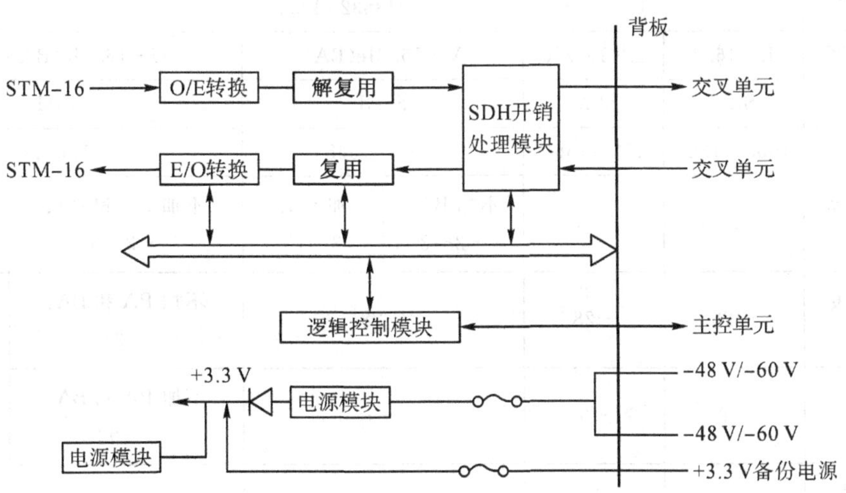

附图1-11　SL16单板的工作原理框图

接收方向：O/E转换将接收到的STM-16的光信号转换成电信号，R_LOS告警信号在该模块检测。通过解复用模块将高速电信号解复用为并行的多路低速电信号，同时恢复出时钟信号。解复用后的多路低速电信号和时钟信号被传送到SDH开销处理模块。SDH开销处理模块对接收到的多路低速电信号进行SDH开销字节的提取和指针处理后，通过背板总线送往交叉单元。R_LOF、R_OOF等告警信号在该模块检测。

发送方向：来自交叉单元的电信号，在SDH开销处理模块中插入开销字节后，复用模块部分将接收到的电信号复用为高速电信号，并经过E/O转换输出SDH光信号，送往光纤进行传输。

辅助单元：辅助单元包括逻辑控制模块和电源模块。逻辑控制模块跟踪主备交叉板发送来的时钟和帧头信号、完成激光器控制功能、实现公务和ECC字节在组成ADM的两块光接口板之间穿通、完成从主备交叉板信号中选择时钟帧头；电源模块为单板的所有模块提供所需的直流电压。

3. 技术指标

SL16单板指标包含光接口指标、机械指标和功耗等。SL16单板的光接口指标如附表1-11所示，其符合G692建议的标准波长光接口性能参数如附表1-12所示。

单板激光安全等级为CLASS 1。单板光口最大输出光功率低于10 dBm(10 mW)。SL16单板的机械指标如下：单板尺寸为262.05 mm(高)×220 mm(深)×25.4 mm(宽)，重量为1.1 kg。N1SL16板在常温(25 ℃)条件下的最大功耗为20 W；N2SL16板在常温(25 ℃)条件下的最大功耗为20 W；N3SL16板在常温(25 ℃)条件下的最大功耗为22 W。

附表 1－11　SL16 单板的光接口指标

<table>
<tr><td>项目</td><td colspan="6">指标值</td></tr>
<tr><td>标称速率</td><td colspan="6">2488320 kb/s</td></tr>
<tr><td>光接口类型</td><td>L－16.2</td><td>L－16.2Je</td><td colspan="2">V－16.2Je(BA)</td><td colspan="2">U－16.2Je(BA＋PA)</td></tr>
<tr><td>光源类型</td><td>SLM</td><td>SLM</td><td colspan="2">SLM</td><td colspan="2">SLM</td></tr>
<tr><td>工作波长/nm</td><td>1500～1580</td><td>153～1560</td><td colspan="2">1530～1565</td><td colspan="2">1550.12</td></tr>
<tr><td>发送光功率/dBm</td><td>－2～3</td><td>5～7</td><td>不加 BA：－2～3</td><td>加 BA：3～15</td><td>不加 BA 和 PA：－2～3</td><td>加 BA：15～18</td></tr>
<tr><td>最小灵敏度/dBm</td><td>－28</td><td>－28</td><td colspan="2">－28</td><td>不加 PA 和 BA：－28</td><td>加 PA：－32</td></tr>
<tr><td>过载光功率/dBm</td><td>－9</td><td>－9</td><td colspan="2">－9</td><td>不加 PA 和 BA：－9</td><td>加 PA：－10</td></tr>
<tr><td>最小消光比/dB</td><td>8.2</td><td>8.2</td><td colspan="2">8.2</td><td colspan="2">8.2</td></tr>
</table>

注：Le－16.2 光接口类型即是 L－16.2Je 光接口类型。对于 V－16.2Je，发送光功率值是添加 BA 后的值，U－16.2Je 的发送光功率值则是添加 BA 和 PA 后的值。在未添加任何放大器前，V－16.2Je 和 U－16.2Je 的发送光功率均为－2～3 dBm。

附表 1－12　符合 G.692 建议的标准波长光接口性能参数

<table>
<tr><td>参数</td><td colspan="2">描述</td></tr>
<tr><td>标称速率</td><td colspan="2">2488320 kb/s</td></tr>
<tr><td>色散受限距离/km</td><td>170</td><td>640</td></tr>
<tr><td>平均发送光功率/dBm</td><td>－2～3</td><td>－5～－1</td></tr>
<tr><td>最小灵敏度/dBm</td><td>－28</td><td>－28</td></tr>
<tr><td>最小过载点/dBm</td><td>－9</td><td>－9</td></tr>
<tr><td>通道最大允许色散/(ps・nm^{-1})</td><td>3400</td><td>10880</td></tr>
<tr><td>最小消光比/dB</td><td>8.2</td><td>10</td></tr>
</table>

(二)PDH 类单板功能原理

1. PQ1 单板

PQ1 单板有 N1 和 N2 两个功能版本，两个版本间的主要差异在于不同版本单板功能不同。N2PQ1 支持 E13 功能和单板兼容替代功能。N2PQ1 不支持分路定时功能。当不使用分路定时功能时，N1PQ1A 可以被 N2PQ1A 条件替代。当不使用分路定时功能时，N1PQ1B 可以被 N2PQ1B 条件替代。

根据接口阻抗的不同，PQ1 分为 PQ1A(75Ω)和 PQ1B(100Ω/120Ω)。当不区分接口阻抗特性时，PQ1A 和 PQ1B 单板在后文统称为 PQ1 单板。

(1)功能和特性

PQ1 单板支持接收和发送 63 路 E1 信号开销处理、告警和性能事件、维护特性、TPS 保护。具体的功能和特性如附表 1-13 所示。

附表 1-13　PQ1 单板的功能和特性

功能和特性	描述	
	N1PQ1	N2PQ1
基本功能	63 路 E1 信号处理	63 路 E1 信号处理
业务处理	N1PQ1 配合出线板可以接入和处理 63 路 E1 电信号	N2PQ1 配合出线板可以接入和处理 63 路 E1 信号。 支持 E13 功能，主要实现低级别业务 E1 到高级别业务 E3 的汇聚
开销处理	支持 VC-12 级别的通道开销的处理(透明传输和终结)，如 J2 字节	
告警和性能	提供丰富的告警和性能事件，便于设备的管理和维护	
维护特性	支持电接口的内环回、外环回功能。支持软复位和硬复位，软复位不影响业务。 支持单板制造信息的查询功能。支持 FPGA 的在线加载功能。 支持单板软件的平滑升级。支持 PRBS 功能	
保护方式	PQ1 配合出线板，支持 TPS 保护。 当工作板为 PQ1 时，保护槽位可以插 PQM，进行混合保护	

(2)工作原理和信号流

PQ1 单板由接口模块、编/解码模块、映射/解映射模块、逻辑控制模块和电源模块构成。PQ1 单板功能框图如附图 1-12 所示。

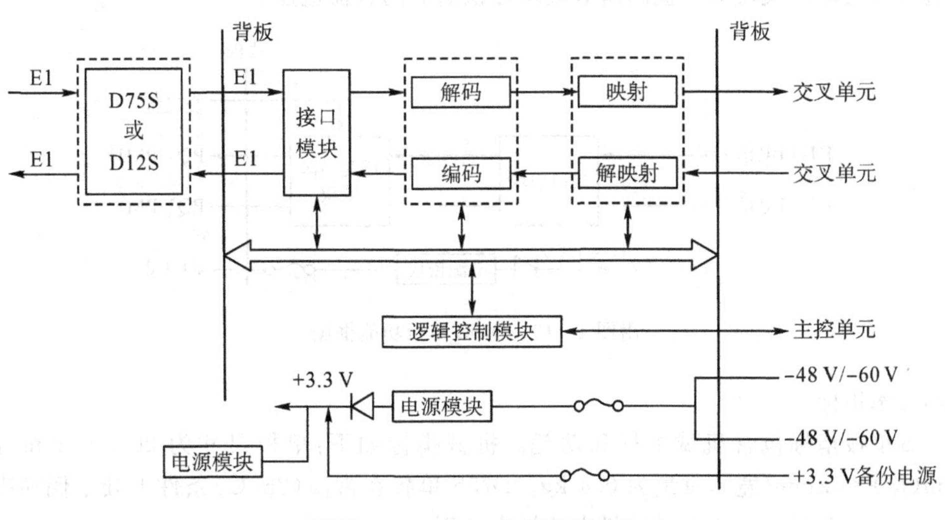

附图 1-12　PQ1 单板功能框图

发送方向：由交叉单元发送来的电信号在解映射模块中经过解映射处理，提取出数据和时钟信号发送至编码器。在编码器中经过编码处理，输出 E1 信号，经接口输出到接口板。

接收方向：由接口板输入的 E1 信号经过接口模块进入解码器，在解码器中经过解码处理后，恢复出数据信号及时钟信号，发送至映射模块。在映射模块中将发送来的 E1 信号异步映射到 C－12，再经过通道开销处理后形成 VC－12，经指针处理形成 TU－12，再通过复用形成 VC－4，发送至交叉单元。

逻辑控制模块：完成单板与主控板的通信。将单板信息和告警上报给主控板，接收由主控板下发的配置命令。

电源模块：电源模块为单板的所有模块提供所需的直流电压。

(3)技术指标

PQ1 单板指标包含电接口指标、机械指标和功耗。PQ1 单板的电接口指标在 D75S/D12S/D12B 单板上，电接口指标请参考“D75S”“D12S”“D12B”。PQ1 单板的机械指标如下：单板尺寸为 262.05 mm(高)×220 mm(深)×25.4mm(宽)，重量为 1.0 kg。N1PQ1 单板在常温(25 ℃)条件下最大功耗为 19W；N2PQ1 单板在常温(25 ℃)条件下最大功耗为 13W。

2. D75S 出线板

OptiX OSN 3500 设备中，各类信号处理板都有对应的出线板。D75S 单板的功能版本为 N1，用于输入输出 32 路 E1/T1 电信号，需配合 PQ1 单板使用。

(1)工作原理和信号流

D75S 单板由接口模块、开关矩阵模块、电源模块构成。D75S 单板功能框图如附图 1－13 所示。

接口模块：完成 E1/T1 电信号的接收和发送。

开关矩阵模块：在接收方向，开关矩阵模块接入从接口模块的信号，并根据交叉板的 TPS 保护控制信号，选择信号的输出方向。当未发生 TPS 时，开关矩阵模块将信号发送至 PQ1 单板；当发生 TPS 时，开关矩阵模块将信号发送至保护板进行桥接；在发送方向，开关矩阵模块的工作过程是其接收方向的逆过程。

电源模块：电源模块为单板的所有模块提供所需的直流电压。

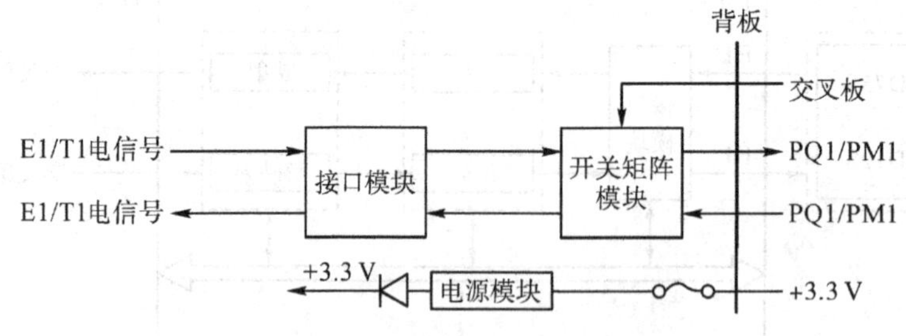

附图 1－13　D75S 单板功能框图

(2)技术指标

D75S 单板指标包含机械指标和功耗。机械指标如下：单板尺寸为 262.05 mm(高)×110 mm(深)×22mm(宽)，重量为 0.4 kg。D75S 单板在常温(25 ℃)条件下处于倒换态时的最大功耗为 6 W；处于正常态时的最大功耗为 0 W。

(三)数据类单板功能原理

数据类单板，包括 FE、GE、ATM、SAN 等多种业信号类型的处理板。下面主要以 EFS0

单板为例来进行介绍。

EFS0 单板有 N1、N2 和 N4 三个功能版本。N1EFS0 的最大上行带宽为 622 Mb/s。支持基于流分类的 PORT、PORT＋VLAN ID、PORT＋VLAN PRI。N2EFS0 和 N4EFS0 的最大上行带宽为 1.25 Gb/s。支持基于流分类的 PORT、PORT＋VLAN ID、PORT＋VLAN ID＋VLAN PRI。N2 版本支持单板兼容替代功能，可以替代 N1 版本。N4 版本支持单板兼容替代功能，可以替代 N2 和 N1 版本。

1. 功能和特性

EFS0 单板支持二层交换、多协议标记交换(Multi - Protocol Label Switching，MPLS)、组播等功能和特性。EFS0 单板的具体功能和特性如附表 1 - 14 所示。

附表 1 - 14　EFS0 单板的功能和特性

功能与特性	描述
基本功能	处理 8 路 FE 业务
配合出线板	配合 ETF8 实现 8 路电口 FE 信号接入。配合 EFF8 实现 8 路光口 FE 信号接入。 配合 ETS8 和 TSB8 实现 8 路电口 FE 信号的 TPS 保护
接口规格	与 ETF8 配合使用支持 10Base - T/100Base - TX。 与 EFF8 配合使用支持 100Base - FX。满足 IEEE802.3u 标准
业务帧格式	以太网Ⅱ、IEEE 802.3、IEEE 802.1 q/p 支持 64 Byte～9600 Byte 帧长，支持最大不超过 9600 Byte 的巨型帧
最大上行带宽	N1EFS0 的最大上行带宽为 622 Mb/s；N2EFS0 的最大上行带宽为 1.25 Gb/s； N4EFS0 的最大上行带宽为 1.25 Gb/s
VCTRUNK 数量	N1EFS0 的 VCTRUNK 数量为 12；N2EFS0 的 VCTRUNK 数量为 24； N4EFS0 的 VCTRUNK 数量为 24
映射方式	VC - 12、VC - 3、VC - 12 - Xv(x≤63)、VC - 3 - Xv(x≤12)
封装格式	GFP - F
EPL	支持基于 PORT 的透明传送和基于 PORT＋VLAN 的以太网专线业务
EVPL	支持 EVPL 业务，使用 Martini OE 和 stack VLAN 的帧封装格式
EPLAN	支持基于 Layer 2 的汇聚和点到多点的汇聚。支持二层交换的转发功能。 支持用户侧交换和 SDH 网络侧交换。 支持源 MAC 地址自学习功能，MAC 地址表大小为 16 k，支持 MAC 地址老化时间的设置和查询。支持静态 MAC 路由配置。 N1EFS0、N2EFS0 支持动态 MAC 地址的查询，支持按 VB＋VLAN 或者 VB＋LP 查询实际学习的 MAC 地址数目。N4EFS0 不支持动态 MAC 地址的查询，支持按 VB＋VLAN 或者 VB＋LP 查询实际学习的 MAC 地址数目。 支持基于 VB＋VLAN 方式的数据隔离。 支持 VB 的创建、删除和查询，VB 数目最大为 16 个，每个 VB 逻辑端口最大为 30 个

续表

功能与特性	描述
EVPLAN	支持 EVPLAN 业务，N1EFS0 使用 MPLS Martini OE，MPLS Martini OP 和 stack VLAN 帧封装格式，N2EFS0 和 N4EFS0 使用 MPLS Martini OE 和 stack VLAN 帧封装格式
MPLS 技术	支持
VLAN	IEEE 802.1q/p
VLAN 汇聚	支持，4k 个 VLAN
RSTP	支持广播报文抑制功能和 RSTP 协议，符合 IEEE 802.1w 标准
组播 (IGMP Snooping)	支持
以太网 OAM	N4EFS0 支持多播 CC、单播 LB 测试
CAR	支持，粒度为 64 kb/s
基于业务 QoS 流分类	N1EFS0 支持基于业务分类的 PORT、PORT＋VLAN ID、PORT＋VLAN PRI。N2EFS0 与 N4EFS0 支持基于流分类的 PORT、PORT＋VLAN ID、PORT＋VLAN ID＋VLAN PRI
LCAS	ITU－T G.7042，可以实现带宽的动态增加、动态减少和保护功能
LPT	支持 LPT 功能，可以设置为使能和关闭
流控功能	基于端口的 IEEE 802.3x 流控
测试帧	支持接收和发送以太网测试帧
环回功能	支持以太网端口（PHY 层或 MAC 层）的内环回。支持 VC－3 级别的内环回和外环回
以太网性能监测	支持端口级的以太网性能监测
告警和性能	提供丰富的告警和性能事件，便于设备的管理和维护

2. 工作原理和信号流

EFS0 单板由接口模块、业务处理模块、封装/映射模块、接口转换模块、通信与控制模块和电源模块构成。EFS0 单板功能框图如附图 1－14 所示。

发送方向：将交叉单元发送来的信号经接口转换模块送往封装/映射模块进行解映射和解封装。业务处理模块根据设备所处的级别确定路由。根据业务形式和配置要求进行流分类。完成帧定界、添加前导码、计算循环冗余校验（Cyclic Redundancy Check，CRC）码和以太网性能统计等功能。最后经过接口处理模块进行并/串变换和编码由以太网接口送出。

接收方向：接口模块接入外部以太网设备（如以太网交换机、路由器等）发送来的信号，进行解码和串/并转换。然后进入业务处理模块，进行帧定界、剥离前导码、终结 CRC 校验码和以太网性能统计等功能，并根据业务形式和配置要求进行流分类（支持 MPLS 报文格式、L2 MPLS 虚拟专用网（Virtual Private Network，VPN）报文格式、以太网/VLAN 报文格式），依

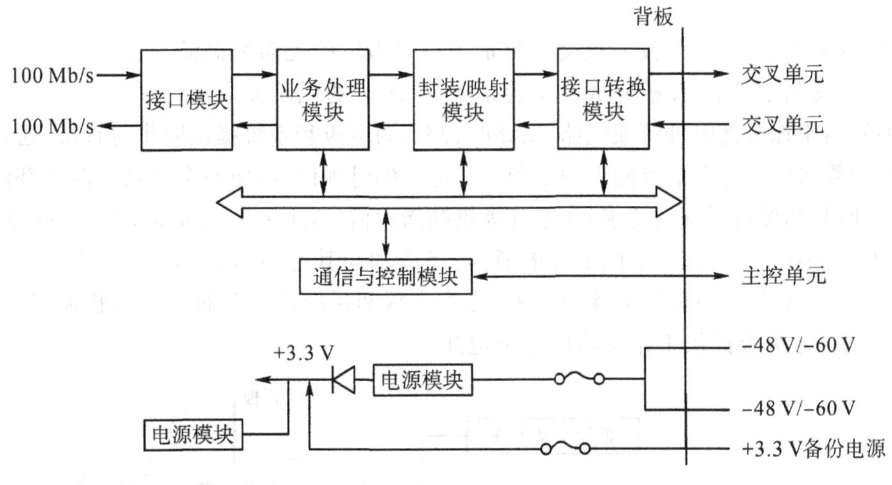

附图 1-14　EFS0 单板功能框图

据业务配置添加隧道(Tunnel)和 VC 双重标签实现业务的映射和转发。在封装模块完成以太网帧的帧映射(Frame-mapped Generic Framing Procedure,GFP-F)封装,然后送往映射模块进行映射,最后经接口转换模块发送至交叉单元。

通信与控制模块:通信与控制模块主要实现单板的通信、控制和业务配置功能。

电源模块:电源模块为单板的所有模块提供所需的直流电压。

3. 技术指标

EFS0 单板指标包含机械指标和功耗。EFS0 板的机械指标如下:单板尺寸为 262.05 mm(高)×220 mm(深)×25.4 mm(宽),重量为 1.0 kg。EFS0 单板在常温(25 ℃)条件下最大功耗为 35W。

(四)交叉和系统控制类单板功能原理

OptiX OSN 3500 设备中,有多种系统控制类单板以及多种容量的交叉板。

1. GXCSA

GXCSA 单板的功能版本为 N1。

(1)功能和特性

GXCSA 单板支持业务调度、时钟输入输出等功能和特性。GXCSA 的功能和特性如下所示:支持 VC-4 无阻塞高阶全交叉和 VC-3 或 VC-12 无阻塞低阶全交叉;提供业务的灵活调度能力,支持交叉、组播和广播业务;支持 VC-4-4c、VC-4-8c、VC-4-16c、VC-4-64c、VC-4、VC-12 和 VC-3 级别的 SNCP 保护;支持级联业务 VC-4-4c、VC-4-8c、VC-4-16c 和 VC-4-64c;支持单板 1+1 热备份,保护方式为非恢复式;支持对 S1 字节的处理以实现时钟保护倒换;提供 2 路同步时钟的输入和输出,时钟信号可以分别设置为 2 MHz 或 2 Mb/s;提供与其他单板的通信功能;最多支持 40 个线性复用段保护组;最多支持 12 个环形复用段保护组;最多支持 1184 个 SNCP 保护对;最多支持 592 个子网连接多路保护(SubNetwork Connection Multi-Protection,SNCMP)保护对;最多支持 512 个子网连接隧道保护(SubNetwork Connection Tunnel Protection,SNCTP)保护对;支持微动开关,实现交叉板平滑保护倒换。

(2)工作原理和信号流

GXCSA 单板由交叉连接单元和时钟单元等构成。GXCSA 单板功能框图如附图 1-15

所示。

高阶交叉矩阵:GXCSA板完成交叉容量为40 Gb/s的无阻塞高阶全交叉。

低阶交叉矩阵:GXCSA板完成交叉容量为5 Gb/s的低阶交叉。

时钟单元:跟踪外部时钟源或线路、支路时钟源,为本板和系统提供同步时钟源;通过系统定时,为系统中数据流的各个节点提供频率和相位适合的时钟信号,使各个节点的器件都能满足接收数据建立时间和保持时间的要求;为系统提供帧指示信号,用来标志数据中帧头的位置。

通信与控制模块:完成与主控单元的通信;完成和与其他单板间的直接通信,保证与其他单板在GSCC板不在位的情况下保持联系;也为本板和系统产生各种其他的控制信号。

电源模块:为本板提供工作所需的各种电压。

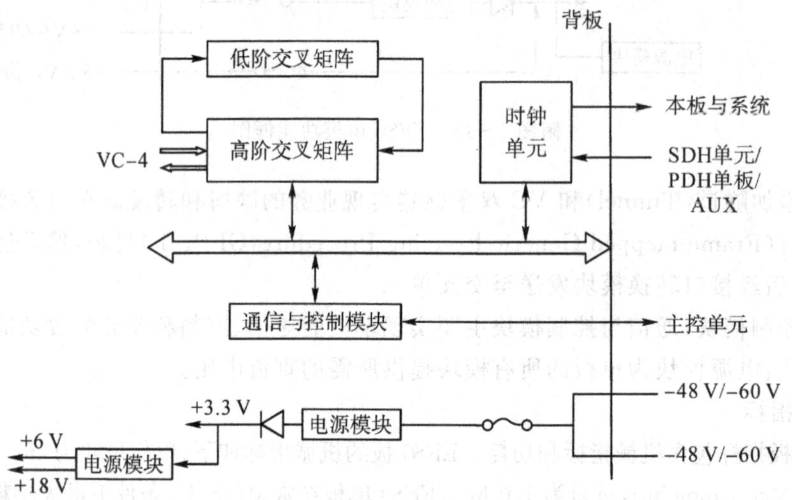

附图1-15　GXCSA单板功能框图

在网管上的配置:GXCSA单板的参数可以通过U2000网管系统配置。GXCSA单板需要通过网管设置的参数如下:无外接时钟且不启用同步状态信息(Synchronization Status Message,SSM),需要给出的参数配置为时钟基准源、时钟源跟踪级别;配置外接时钟,且启用SSM,需要给出的参数配置为时钟基准源、时钟源跟踪级别、外接BITS的类型、设置S1字节、选择时钟倒换保护动作的阈值。

(3)技术指标

GXCSA单板指标包含交叉能力、时钟接入能力、单板尺寸、重量和功耗。GXCSA单板的交叉能力如下:高阶交叉能力为40 Gb/s、低阶交叉能力为5 Gb/s、接入能力为35 Gb/s。GX-CSA单板的时钟接入能力如下:外部输入时钟2路,2048 kb/s或2048 kHz;外部输出时钟2路,2048 kb/s或2048 kHz。单板尺寸为262.05 mm(高)×220 mm(深)×40 mm(宽)。重量为1.8 kg。GXCSA单板在常温(25 ℃)条件下的最大功耗为27 W。

2. GSCC

GSCC单板的功能版本为N1和N3。

(1)功能和特性

GSCC单板支持主控、公务、通信和系统电源监控等功能和特性。

提供单板 1+1 热备份保护，主板故障时，自动可靠地倒换到备板；提供监测业务性能，收集性能事件和告警信息的功能；提供 10 Mb/s 和 100 Mb/s 的以太网接口，用于与网管通信，通过 AUX 板引出；提供用于管理 COA 的 F&f 接口，通过 AUX 板引出；N1GSCC 能够处理 40 路 DCC(D1～D3)，N3GSCC 能够处理 160 路 DCC(D1～D3)。实现网络管理的传送链路；提供 E1、E2、F1、Serial 1～4 字节的处理；提供 1 路 64k 同向数据接口 F1，通过 AUX 板引出；提供用于与 PC 或工作站连接的 RS－232 方式接口操作管理和维护(Operation Administration and Maintenance，OAM)口，支持 RS－232 数据电路端接设备(Data Circuit-terminal Equipment，DCE)的 Modem 进行远程维护，通过 AUX 板引出；提供－48 V 电源监测功能；通过 AUX 单板支持控制 4 路机柜指示灯；通过 AUX 单板提供 16 入 4 出开关量告警处理；提供智能风扇风速控制和风扇告警管理功能；提供电源接入板 PIU 的在位检测功能和 PIU 中的防雷模块失效检测功能。

(2)工作原理和信号流

GSCC 单板由开销处理模块、控制和通信模块和电源转换模块构成。GSCC 单板功能框图如附图 1－16 所示。

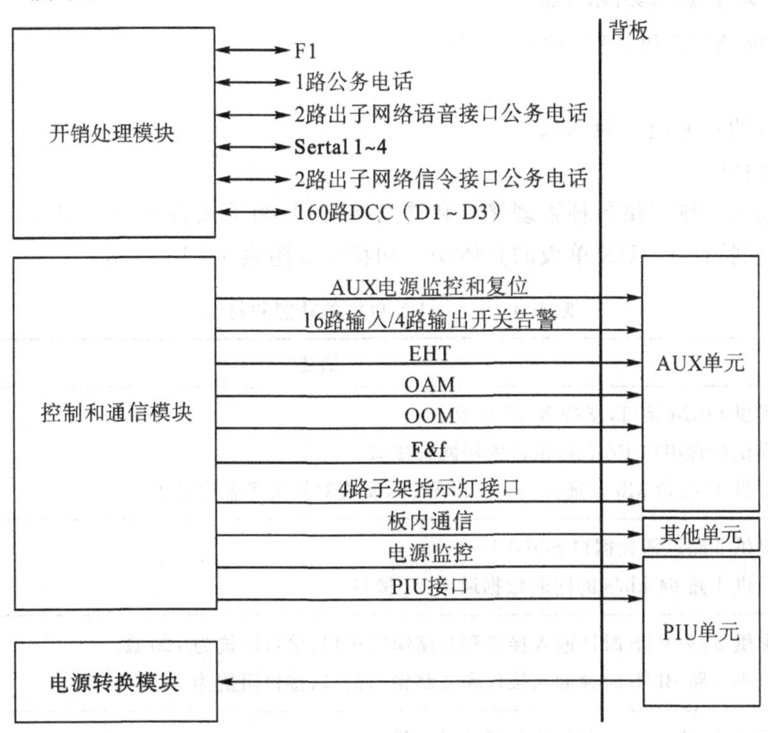

附图 1－16　GSCC 单板功能框图

附图 1－16 中，控制模块完成单板及网元的配置和管理，告警和性能事件的收集，以及重要数据的备份功能。N1GSCC 能够处理 40 路 DCC(D1～D3)，N3GSCC 能够处理 160 路 DCC(D1～D3)。

通信模块提供 10 Mb/s 和 100 Mb/s 兼容的以太网网管接口，提供 1 个 10 Mb/s 以太网接口，用于主/备主控板间相互通信。提供可用于管理 COA 等外置设备的 F&f 接口，以及 OAM 接口。提供网元通过 ECC 通道通信的功能。

开销处理模块从线路槽位接收开销信号，完成 E1、E2、F1、Serial 1～4 字节的处理，其中 40 路 DCC(D1～D3)由控制模块处理。同时开销处理模块也向线路板发送开销信号。开销处理模块对外提供 1 路公务电话接口，2 路出子网话音接口，广播数据接口 Serial 1～4，F1 接口。

电源转换模块包括工作电源和－48 V 电源监控两个部分：

工作电源部分：为本板提供工作电压，并且完成主用＋3.3V 电源和备用＋3.3V 电源(即 AUX 板实现的备份电源)的检测和切换。

－48 V 电源监控部分：完成 AUX 板＋3.3V 电源告警监测、风扇告警监测和管理、电源板 PIU 告警监测和管理、16 路输入和 4 路输出开关量处理、机柜告警灯的驱动以及－48 V 电源的过压和欠压检测，并产生对应的告警。

(3)技术指标

GSCC 单板指标包含机械指标和功耗。GSCC 单板的机械指标如下：单板尺寸为 262.05 mm(高)×220 mm(深)×25.4 mm(宽)、重量为 0.9 kg。GSCC 单板在常温(25 ℃)条件下的最大功耗为 N1GSCC 10W，N3GSCC 20W。

(五)辅助类单板的功能原理

辅助类单板 AUX 和 FAN 单板。

1. AUX

AUX 单板的功能版本为 N1。

(1)功能和特性

AUX 单板为系统提供各种管理接口和辅助接口，并为子架各单板提供＋3.3V 电源的集中备份等功能和特性。AUX 单板的具体功能和特性如附表 1－15 所示。

附表 1－15　AUX 单板的功能和特性

项目	描述
管理接口	提供 OAM 接口，支持 X.25 协议。 提供管理串口 F&f；提供以太网网管接口。 提供 10/100 Mb/s 兼容以太网口 EXT，实现对扩展子架的管理
辅助接口	提供 4 路广播数据口 Serial 1～4。 提供 1 路 64 kb/s 的同向数据通道 F1 接口
时钟接口	提供 2 路 BITS 时钟输入接口和 2 路输出接口，接口阻抗为 120 Ω。 提供 2 路 BITS 时钟输入接口和 2 路输出接口，接口阻抗为 75 Ω
开关量接口	提供 16 路输入、4 路输出的开关量告警接口。 提供 4 路输出的开关量告警级联接口
机柜告警灯	提供 4 路机柜告警灯输出接口。 提供 4 路机柜告警灯输入级联接口
公务接口	提供 2 路出子网连接信令接口。 提供 1 路公务电话接口；提供 2 路出子网话音接口
调试接口	提供 1 个调试接口 COM

续表

项目	描述
内部通信	实现子架各单板之间的板间通信功能
电源备份和检测	提供子架各单板＋3.3V 电源的集中备份功能(各单板二次电源 1 : N 保护)。 对 3.3V 备份电压进行过压(3.8V)和欠压(3.1V)检测
声音告警	支持声音告警和告警切除功能

(2)工作原理和信号流

AUX 单板由通信模块、接口模块和电源模块构成。AUX 单板功能框图如附图 1－17 所示。

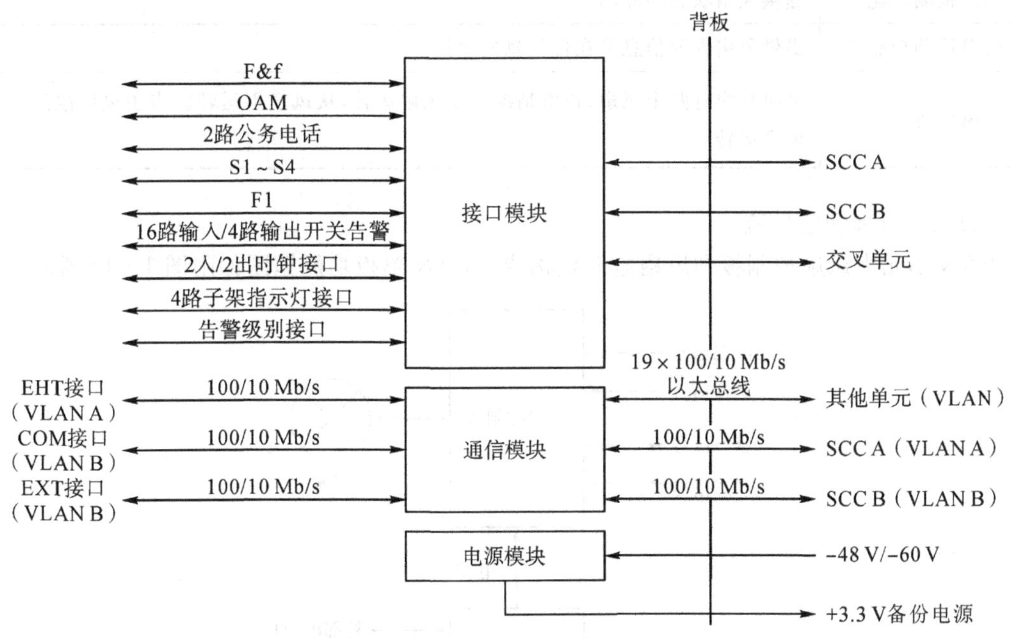

附图 1－17　AUX 单板功能框图

通信模块：提供与主备 GSCC 板的网络管理接口、提供远程维护的 OAM 接口，提供板间通信接口。

接口模块：提供各种外部辅助接口，如 F&f、OAM、F1、时钟输入输出等接口。

电源模块：为本板提供工作电源，为其他各单板提供＋3.3V 的集中备份电源。

(3)技术指标

AUX 单板指标包含机械指标和功耗。AUX 单板的机械指标：单板尺寸为 262.05 mm(高)×110 mm(深)×44 mm(宽)，重量为 1.0 kg。AUX 单板在常温(25 ℃)条件下最大功耗为 19 W。

2. FAN

FAN 单板的功能版本为 N1。

(1)功能和特性

FAN 单板支持风扇调速、风扇状态检测、风扇控制板故障上报以及风扇不在位等告警上报功能和特性。FAN 单板的具体功能和特性如附表 1－16 所示。

附表 1-16 FAN 单板的功能和特性

项目	描述
智能调速功能	自动调整风扇转速。 当调速信号异常时，控制风扇全速运转。 正常情况下所有风机盒正常运转，当其中一个风机盒上报告警时，其余风机盒调整风扇转速全速运转
热插拔功能	提供风机盒的热插拔功能
备份功能	提供风机盒之间风扇电源互相备份的功能
状态检测功能	提供风扇状态检测功能
告警检测功能	提供风扇告警信息和在位信息的上报
风扇备份	风机盒内有两个风扇，正常情况下主风扇运转，从风扇不运转。当主风扇故障时从风扇运转

(2)工作原理和信号流

FAN 单元由风扇控制板和风扇电源板构成。FAN 单板功能框图如附图 1-18 所示。

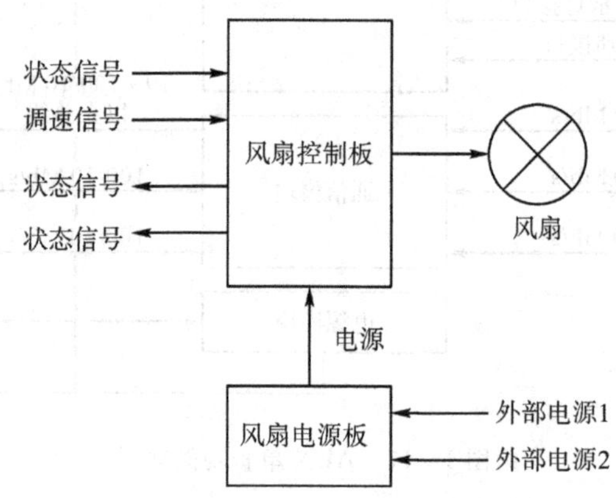

附图 1-18 FAN单板功能框图

风扇电源板：为风扇运转提供驱动电压。

风扇控制板：通过风扇调速信号控制风扇转速。风扇控制板还检测风扇、风扇电源板、风扇控制板上的故障，故障发生时上报告警信息，由主控板下发命令控制其他风扇全速运转。风扇单元还可以接收主控板下发的低温关断命令并关断风扇。风扇控制板检测的内容有：电源板故障检测，调速信号故障检测，风扇的状态检测和风扇单元在位检测。

(3)技术指标

FAN 单板指标包含机械指标、功耗和工作电压。FAN 单板机械指标：单板尺寸为 120 mm(宽)×120 mm(深)×50.8 mm(高)，重量为 1.5 kg。FAN 单板在输入电压为－48 V 的常温(25℃)条件下，每个风扇框最大功耗为 16 W。FAN 单板的工作电压可为－48 V/－60 V±20%DC。

附录二　华为 OptiX OSN 8800 设备[①]

华为 OptiX OSN 8800(简称 OSN 8800)主要应用于国家干线、区域/省级干线和城域网，以大容量 OTN 调度能力为基本特征，集成了 80 通道复用、ROADM(动态光分插复用)、Tbit 电交叉、100 Mb/s 到 100 Gb/s 全颗粒调度、光电智能 ASON、40 Gb/s/100 Gb/s 传送、丰富的管理和保护等功能，可构建端到端的 OTN/WDM 骨干传送解决方案，实现大容量调度和超宽带智能传输。

一、OptiX OSN 8800 的功能

(一)容量

OptiX OSN 8800 包含 OptiX OSN 8800 T64、OptiX OSN 8800 T32、OptiX OSN 8800 T16 以及 OptiX OSN 8800 平台四种子架，其设备外形如附图 2-1 所示。

(a) OptiX OSN 8800 T64

(b) OptiX OSN 8800 T32

(c) OptiX OSN 8800 T16

附图 2-1　OptiX OSN 8800 设备外形图

其中，T64、T32 和 T16 子架有电层调度能力，平台子架没有。不同子架的交叉能力不一样，各子架支持的交叉板和交叉能力如附表 2-1 所示。

附表 2-1　OptiX OSN 8800 子架类型及支持的交叉板和交叉能力

子架类型	支持的交叉板	交叉容量
OptiX OSN 8800 T64	TNK2USXH、TNK2UXCT、TNK4SXH、TNK2SXH、TNK4SXM、TNK2SXM、TNK4XCT、TNK2XCT	6.4T ODUk 交叉容量、1.28T VC-4 交叉调度
OptiX OSN 8800 T32	TN52UXCH、TN52UXCM、TN52XCH、TN52XCM	3.2T ODUk 交叉容量、1.28T VC-4 交叉调度

①华为 OptiX OSN 8800 产品文档(产品版本：V100R002C02)，2014。

续表

子架类型	支持的交叉板	交叉容量
OptiX OSN 8800 T16	TN12XCS、TN11XCS	1.6T ODUk 交叉容量、640G VC-4 交叉调度

(二)业务

OptiX OSN 8800 业务包括 SDH 业务、SONET 业务、以太网业务、SAN 存储业务、OTN 业务、视频及其他业务等多种业务类型。

①SDH 业务:SDH 标准业务有 STM-1、STM-4、STM-16、STM-64、STM-128;SDH 标准级联业务有 VC-4-4c/VC-4-16c/VC-4-64c;带 FEC 的 SDH 业务有 10.709 Gb/s、2.666 Gb/s。

②SONET 业务:OC-3(155 Mb/s)业务、OC-12(622 Mb/s)业务、OC-48(2.5 Gb/s)业务、OC-192(9.95 Gb/s)业务和 OC-768(39.81 Gb/s)业务。

③以太网业务:FE(光/电信号)、GE(光/电信号)、10GE WAN、10GE LAN、40GE 和 100GE 等。

④SAN 存储业务业务:ETR、CLO、FDD1、ESCON、ISC 1G、FICON Express、FC100、InfiniBand 2.5G、InfiniBand 5G 等。

⑤OTN 业务:OTU1、OTU2、OTU2e、OTU3。

⑥视频及其他业务:DVB-ASI、SDI、HD-SD1、HD-SDIRBR、3G-SDI、3G-SDIRBR 等。

主要业务类型、业务速率及对应的单板如附表 2-2 所示。

附表 2-2　OptiX OSN 8800 的主要业务类型、业务速率及对应的单板

业务种类	业务类型	业务速率	单板
SDH 业务	STM-1	155.52 Mb/s	LDM、LDMD、LDMS、LOA、LQM、LQMD、LQMS、LWXS、THA、TOA、TOM
	STM-4	622.08 Mb/s	LDM、LDMD、LDMS、LOA、LQM、LQMD、LQMS、LWXS、THA、TOA、TOM
	STM-16	2.5 Gb/s	LDM、LDMD、LDMS、LOA、LQM、LQMD、LQMS、LWXS、TMX、THA、TOA、TOM
	STM-64	9.95 Gb/s	LDX、LSX、LTX、TDX、TOX、TQX
	STM-256	39.81 Gb/s	LSQ、LSXL、TSXL
以太网业务	FE(光信号)	接口速率:125 Mb/s 业务速率:100 Mb/s	LDM、LDMD、LDMS、LEM24、LOA、LQM、LQMD、LQMS、LWXS、THA、TOM、EG16
	FE(电信号)	接口速率:125 Mb/s 业务速率:100 Mb/s	LEM24、TEM28

续表

业务种类	业务类型	业务速率	单板
以太网业务	GE(光信号)	接口速率:1.25 Gb/s 业务速率:1 Gb/s	LDM、LDMD、LDMS、LOA、LOG、LOM、LQM、LQMD、LQMS、LWXS、TEM28、THA、TOG、TOM、EG16
	GE(电信号)	接口速率:1.25 Gb/s 业务速率:1 Gb/s	LEM24、LOA、LOG、LOM、TEM28、TOG、TOM
	10GE WAN	9.95 Gb/s	LDX、LEM24、LEX4、LSX、LTX、TDX、TOX、TQX
	10GE LAN	10.31 Gb/s	EX2、LDX、LEM24、LEX4、LSX、LTX、TDX、TEM28、TOX、TQX
	40GE	41.25 Gb/s	TSXL
	100GE	103.125 Gb/s	LSC
OTN 业务	OTU1	2.67 Gb/s	LDM、LDMD、LDMS、LOA、LQM、LQMD、LQMS、TMX、TOA
	OTU2	10.71 Gb/s	LDX、LSX、LSXR、TDX、TOX、TQX
	OTU2e	11.10 Gb/s	LDX、LSX、LSXR、TDX、TOX、TQX
	OTU3	43.02 Gb/s	LSQ、LSQR、LSXL、LSXLR、TSXL

(三)保护

OptiX OSN 8800 提供提供设备级保护和网络级保护。

设备级保护如附表 2-3 所示,包括电源备份、风扇冗余、交叉板备份、系统控制通信板备份、时钟板备份、AUX 单板 1+1 备份等。

附表 2-3　OptiX OSN 8800 提供的设备级保护

保护类型	描述
电源备份	两块 PIU 单板采用热备份的方式为系统供电,当一块 PIU 单板故障时,系统仍能正常工作
风扇冗余	风机盒中任意一个风扇坏掉时,系统可在 0～45 ℃环境温度下正常运转 96 小时
交叉板备份	交叉板采用 1+1 备份。主用交叉板和备用交叉板通过背板总线同时连接到业务交叉槽位对交叉业务进行保护
系统控制通信板备份	系统控制通信板采用 1+1 备份。主用 SCC 单板和备用 SCC 单板通过背板总线同时连接到所有通用槽位,对如下功能进行保护: ①网元数据库管理; ②单板间通信; ③子架间通信; ④开销管理

续表

保护类型	描述
时钟板备份	时钟板采用1+1备份。主用STG单板和备用STG单板通过背板总线同时连接到所有业务槽位,对如下功能进行保护: ①网元时钟管理; ②同步时钟下发
AUX单板1+1备份	主用AUX单板和备用AUX单板通过背板总线同时连接到所有通用槽位,对如下功能进行保护: ①单板间通信; ②子架间通信

OptiX OSN 8800提供的网络级保护如附表2-4所示。

附表2-4 OptiX OSN 8800提供的网络级保护

保护类型	描述
光线路保护	光线路保护运用OLP单板的双发选收功能,在相邻站点间利用分离路由对线路光纤提供保护
板内1+1保护	板内1+1保护运用OTU/OLP/DCP单板的双发选收功能,利用分离路由对业务进行保护
客户侧1+1保护	客户侧1+1保护通过运用OLP/DCP单板的双发选收或SCS单板的双发双收功能,对OTU单板其及OCh光纤进行保护
ODU*k* SNCP保护	ODU*k* SNCP利用电层交叉的双发选收功能对线路板,PID单板和OCh光纤上传输的业务进行保护。OptiX OSN 8800支持交叉粒度为ODU*k*信号的SNCP保护
支路SNCP保护	支路SNCP保护运用电层交叉的双发选收功能,对支路接入的客户侧SDH/SONET或OTN业务进行保护。OptiX OSN 8800支持交叉粒度为ODU*k*信号的SNCP保护
SW SNCP保护	SW SNCP运用TOM单板的板内交叉来实现业务的双发选收,对OCh通道进行保护
ODU*k*环网保护	ODU*k*环网保护用于配置分布式业务的环形组网,通过占用两个不同的ODU*k*通道实现对所有站点间多条分布式业务的保护
光波长共享保护(OWSP)	OWSP保护用于配置分布式业务的环形组网,通过占用两个不同的波长实现对所有站点间一路分布式业务的保护

二、设备硬件

(一)机柜

OptiX OSN 8800设备采用符合ETSI标准的机柜用于安装子架,可以安装OptiX OSN

8800 T64 子架、OptiX OSN 8800 T32 子架、OptiX OSN 8800 T16 子架和 OptiX OSN 6800 子架。机柜上方配有配电盒，用于接入−48 V 或−60 V 电源，最大整机功耗大约为 10800W。

ETSI 600 mm N66B 中立柱机柜的技术参数如附表 2－5 所示。

附表 2－5　ETSI 机柜的技术参数

项目	机柜参数
外形尺寸	600 mm(宽)×600 mm(深)×2200 mm(高)
重量	120 kg
标准工作电压	−48 V/−60 V DC
工作电压范围	−48 V DC：−40～−57.6 V −60 V DC：−48～−72 V

(二)子架

OptiX OSN 8800 包含 OptiX OSN 8800 T64、OptiX OSN 8800 T32、OptiX OSN 8800 T16 以及 OptiX OSN 8800 平台子架，子架包括槽位和可配置的单板。下面主要以 OptiX OSN 8800 T32 和 OptiX OSN 8800 T16 为例介绍。

1. T32 子架

OptiX OSN 8800 T32 子架采用双层子架结构，分为单板区、走纤槽、风机盒、防尘网、盘纤架和子架挂耳六个部分，如附图 2－2 所示。

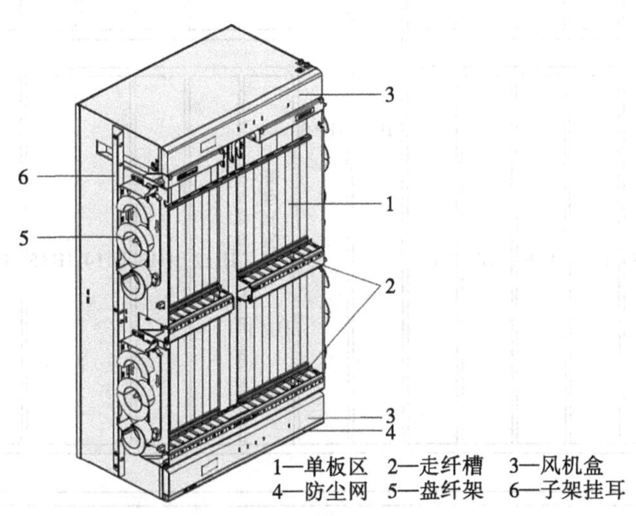

附图 2－2　OptiX OSN 8800 T32 子架结构图

①单板区：所有单板均插放在此区，共有 50 槽位。

②走纤槽：从单板拉手条上的光口引出的光纤跳线经过走纤区后进入机柜侧壁。

③风机盒：OptiX OSN 8800 T32 有上、下 2 个风机盒分别装配 3 个大风扇，为子架提供通风散热功能。风机盒上有 4 个子架指示灯，指示子架运行状态。

④防尘网：防止灰尘随空气流动进入子架，防尘网需要定期抽出清洗。

⑤盘纤架：子架两侧有活动盘纤架，机柜内一个子架的光纤跳线在机柜侧面可通过盘纤架绕完多余部分后连接到另一个子架。

⑥子架挂耳：用于将子架固定在机柜中。

(1) 槽位分配

OptiX OSN 8800 T32 子架的单板插放区一共提供了 50 个槽位，子架槽位分布如附图 2-3所示。

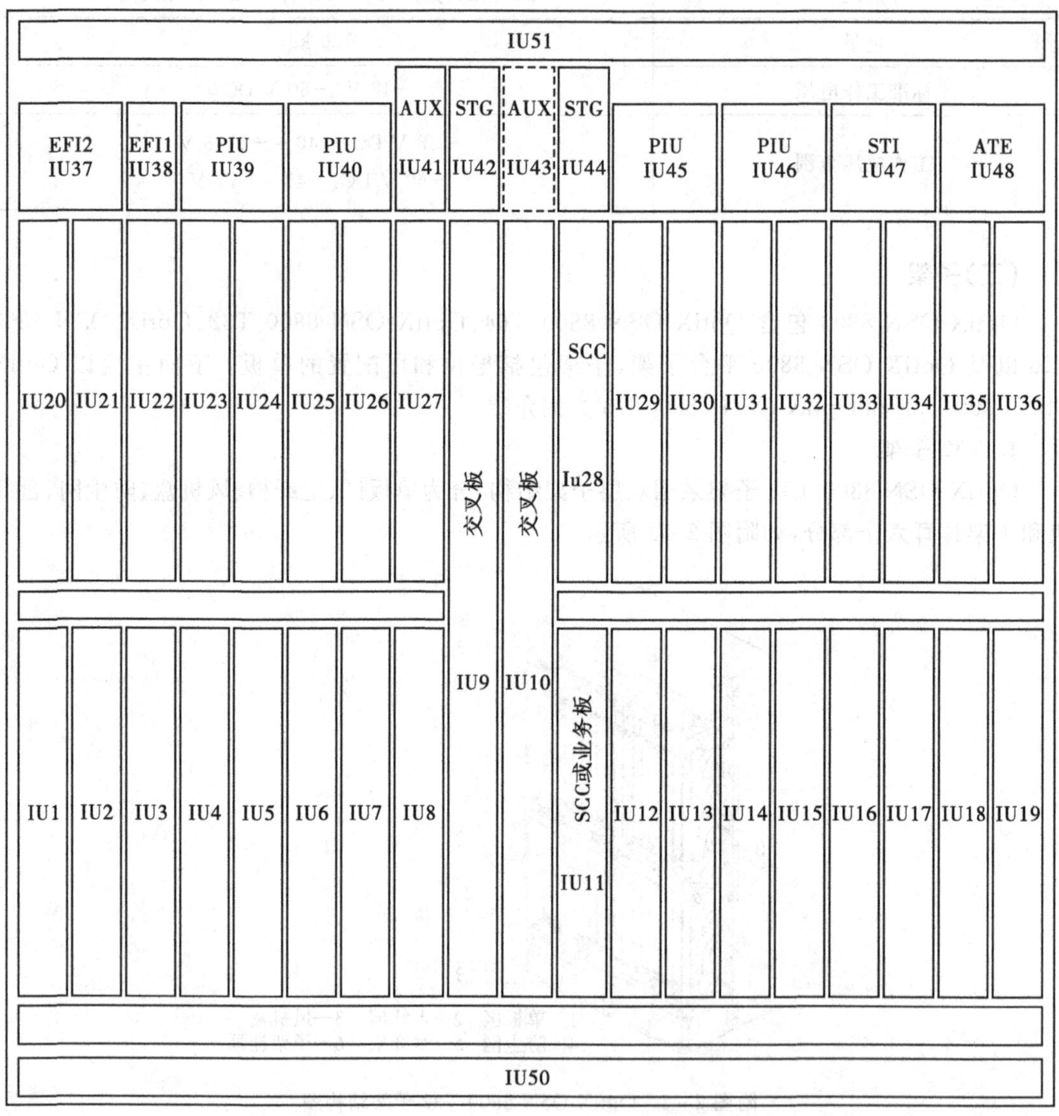

附图 2-3　OptiX OSN 8800 T32 子架的槽位分配图

子架上 IU1～IU8、IU12～IU19、IU20～IU27 和 IU29～IU36 槽位用于插放业务单板。IU37 槽位用于插放 EMI 滤波接口板 2。IU38 槽位用于插放 EMI 滤波接口板 1。IU47 槽位用于插放时钟接口板。IU48 用于插放告警定时扩展接口板。IU50 和 IU51 槽位用于插放风机盒。1+1 备份的单板主用槽位和备用槽位如附表 2-6 所示。

附表 2-6　OptiX OSN 8800 T32 单板的主用槽位和备用槽位

单板	主用槽位和备用槽位
PIU	IU39 和 IU45、IU40 和 IU46
SCC	IU28 和 IU11
STG	IU42 和 IU44
UXCH/UXCM/XCH/XCM	IU9 和 IU10
TN52AUX	OptiX OSN 8800 T32 增强子架：IU41 和 IU43

(2)技术参数

OptiX OSN 8800 T32 子架的技术参数如附表 2-7 所示。

附表 2-7　OptiX OSN 8800 T32 子架的技术参数

项目	机柜参数
外形尺寸	498 mm(宽)×295 mm(深)×900 mm(19U 高)
重量	35 kg (空子架：未安装单板、风机盒、防尘网，包括母板)
最大功耗	4800 W
额定电流	50 A×4 路
标称工作电压	−48 V /−60 V DC
工作电压范围	−40～−72 V DC

2. T16 子架

OptiX OSN 8800 T16 子架结构如附图 2-4 所示。子架分区为单板区、走纤槽、风机盒、防尘网、盘纤架和子架挂耳六个部分。

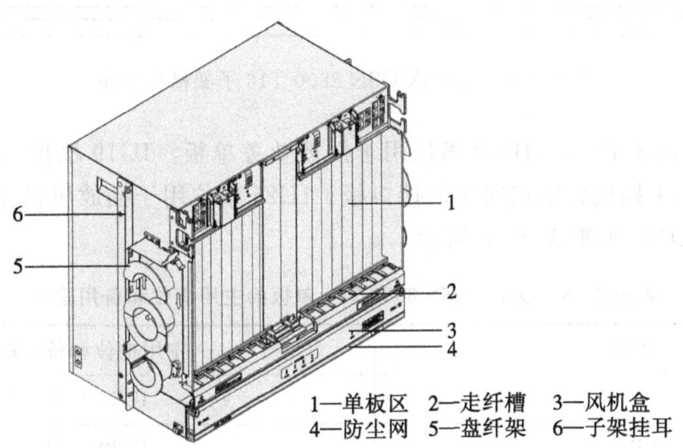

附图 2-4　OptiX OSN 8800 T16 子架结构

①单板区：所有单板均插放在此区，共有 24 槽位。

②走纤槽:从单板拉手条上的光口引出的光纤跳线经过走纤区后进入机柜侧壁。

③风机盒:OptiX OSN 8800 T16 装配 10 个风扇,为子架提供通风散热功能。风机盒上有 4 个子架指示灯,指示子架运行状态。

④防尘网:防止灰尘随空气流动进入子架,防尘网需要定期抽出清洗。

⑤盘纤架:子架两侧有活动盘纤架,机柜内一个子架的光纤跳线在机柜侧面可通过盘纤架绕完多余部分后连接到另一个子架。

⑥子架挂耳:用于将子架固定在机柜中。

(1)槽位分配

OptiX OSN 8800 T16 子架的单板插放区一共提供了 25 个槽位,子架槽位分布如附图 2-5 所示。

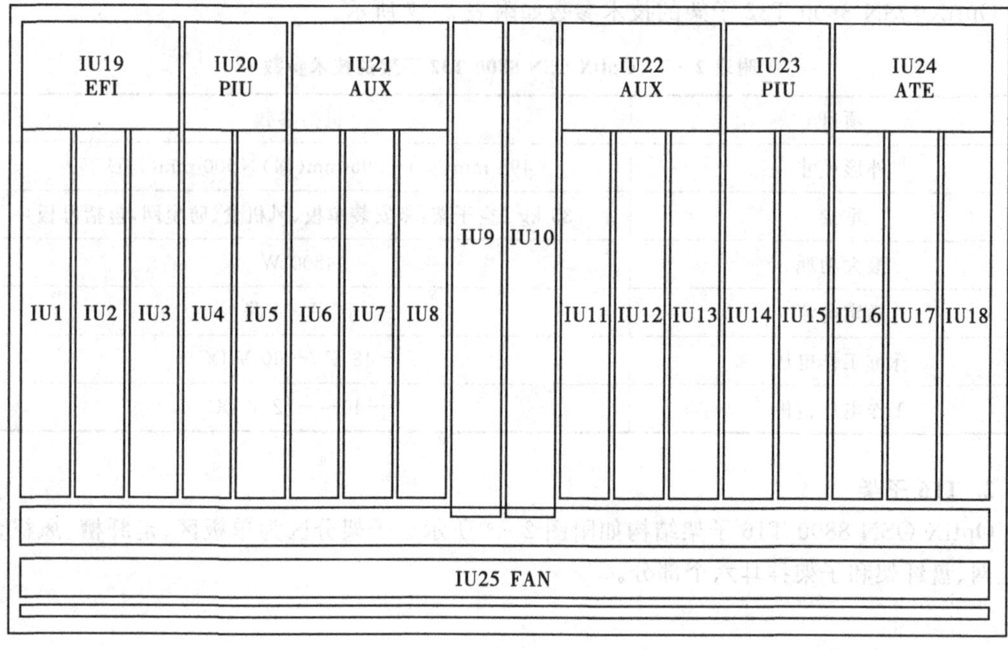

附图 2-5　OptiX OSN 8800 T16 子架槽位分布

子架上 IU1～IU8、IU11～IU18 槽位用于插放业务单板。IU19 槽位用于插放 EMI 滤波接口板 1。IU24 用于插放告警定时扩展接口板。IU25 槽位用于插放风机盒。1+1 备份的单板主用槽位和备用槽位如附表 2-8 所示。

附表 2-8　OptiX OSN 8800 T16 单板的主用槽位和备用槽位

单板	主用槽位和备用槽位
AUX	IU21 和 IU22
PIU	IU20 和 IU23
TN16UXCM/TN16XCH/TN16SCC	IU9 和 IU10

(2)技术参数

OptiX OSN 8800 T16 子架的技术参数如附表 2－9 所示。

附表 2－9　OptiX OSN 8800 T16 子架的技术参数

项目	机柜参数
外形尺寸	498 mm(宽)×295 mm(深)×450 mm(高)
重量	18 kg (空子架:未安装单板、风机盒、防尘网,包括母板)
最大功耗	1800 W(典型配置功耗为 700 W)
额定电流	37.5 A
标称工作电压	－48 V /－60 V DC
工作电压范围	－40～－72 V DC

(三)电源

为 OptiX OSN 8800 子架提供直流电源的是 PIU。其中,OptiX OSN 8800 T64/OptiX OSN 8800 T32 支持 TN16PIU 和 TN51PIU,而 OptiX OSN 8800 T16 支持 TN16PIU。它能够为系统接入－40～－72 V DC 的电源,并对接入电源进行防雷保护、滤波。TN16PIU 还支持智能电表功能,即检测整个子架功耗,将检测值上报主控模块。各子架间接入电源的过流保护功能也是通过 PDU 的磁断路开关实现的。

三、单板介绍

(一)光波长转换类单板

光波长转换类单板(简称 OTU 单板)主要将客户侧业务经过封装映射、汇聚等处理后,输出符合 WDM 系统要求的标准波长的光信号,并可同时实现上述过程的逆过程。光波长转换类单板包括:ECOM、L4G、LDGD、LDGS、LDM、LDMD、LDMS、LDX、LEM24、LEX4、LOA、LOG、LOM、LQG、LQM、LQMD、LQMS、LSC、LSQ、LSQR、LSX、LSXL、LSXLR、LSXR、LTX、LWX2、LWXD、LWXS、TMX。以 LDGD 单板为例介绍光波长转换类单板。

LDGD 单板称为双发选收双路 GE 业务汇聚板。支持波长可调、电层交叉、OTN 接口、ESC 等功能和特性,能够将 2 路 GE 业务复用到 1 路 OTU1/STM－16 光信号,并转换成 DWDM 或 CWDM 标准波长,及其逆过程,实现波分侧信号的双发选收。这块单板在子架上占一个槽位,由客户侧光模块、波分侧光模块、信号处理模块、控制与通信模块以及电源模块五部分构成,其单板功能框图如附图 2－6 所示。

LDGD 单板在客户侧可以接入的光信号为 GE 光信号,将信号流方向分为发送方向和接收方向,即 LDGD 单板从客户侧到 WDM 侧为发送方向,反之为接收方向。

发送方向:客户侧光模块由“RX1”～“RX2”光口接收 2 路客户设备的光信号,完成 O/E 转换。经过 O/E 转换的电信号进入信号处理模块,在本模块内部完成业务交叉、封装映射处理、OTN 成帧和 FEC 编码处理等操作,输出 1 路 OTU1 信号。将 OTU1 信号发送至波分侧光模块,经过 E/O 转换,发送符合 ITU－T G.694.1 建议的 DWDM 标准波长或符合 ITU－T G.694.2 建议的 CWDM 标准波长的 OTU1 光信号。OTU1 信号被分光器分成 2 路相同光信

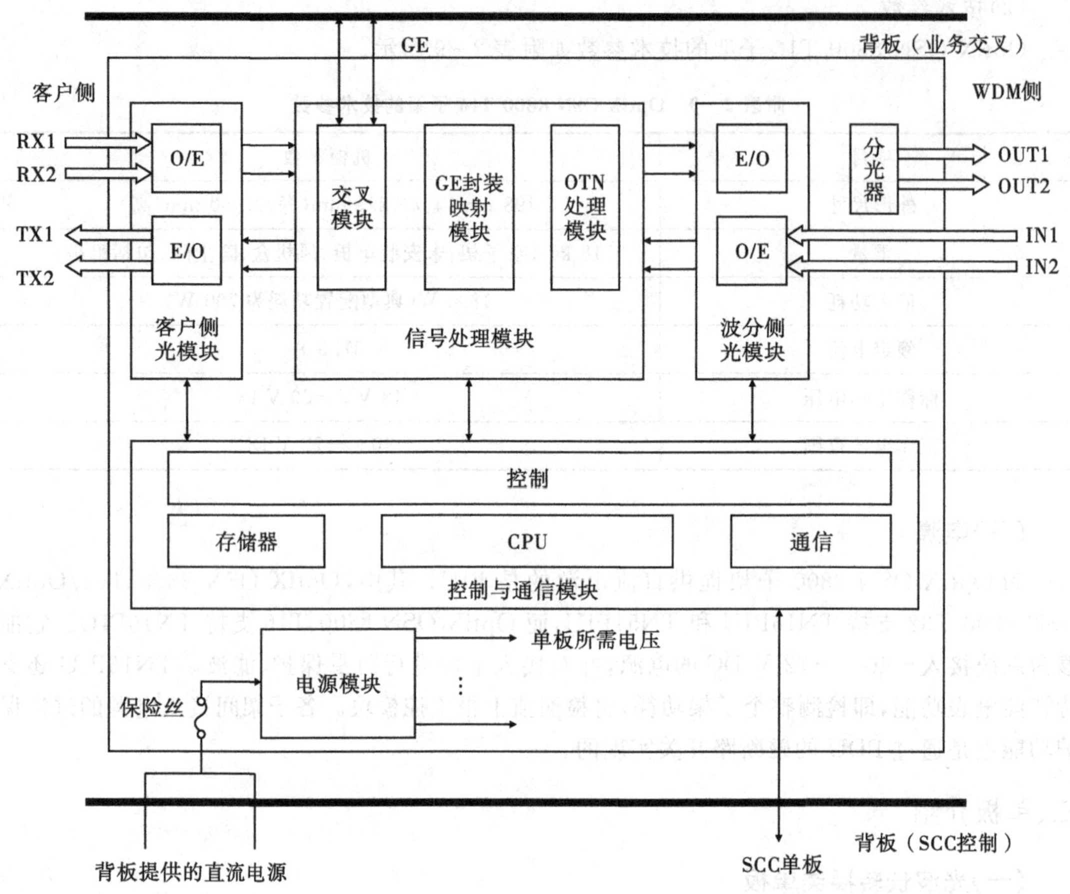

附图 2-6　LDGD 单板功能框图

号，由“OUT1”～“OUT2”光口输出。

接收方向：波分侧光模块由“IN1”～“IN2”光口接收 WDM 侧的符合 ITU-T G.694.1 建议的 DWDM 标准波长或符合 ITU-T G.694.2 建议的 CWDM 标准波长的 2 路 OTU1 光信号，完成 O/E 转换。经过 O/E 转换的电信号进入信号处理模块，在本模块内部完成信号选收、OTU1 定帧、FEC 解码、解映射、解封装处理和业务交叉等操作，输出 2 路 GE 信号。2 路 GE 信号通过客户侧光模块完成 E/O 转换，由“TX1”～“TX2”光口输出。

（二）支路类单板

支路板的主要功能为接入客户侧业务，完成信号的光/电转换，以及将业务封装映射到 ODU*k*，发送到集中交叉板调度。各种类型支路板的功能差异主要在于客户侧接入的信号类型、路数及提供给交叉板调度的电信号类型和数量不同。下面就以 TOA 为例来介绍。

TOA 单板称为 8 路任意速率业务支路处理板。属于支路类单板，最大接入能力为 20 Gb/s。TOA 单板支持 OTN 接口、ESC 等功能和特性，TOA 单板是 8 路任意速率业务支路处理板，有两个功能版本分别为 TN54 和 TN57。最大接入能力为 20 Gb/s，支持 OTN 接口、ESC 等功能和特性。它能够实现将 8 路任意速率的业务信号与 8 路 ODU0 或者 ODU1 之间的转换，以及 8 路 OTU1 与 16 路 ODU0 之间的转换等功能。这块单板是由客户侧光模块、信号处理模块、控制与通信模块、1588v2 模块以及电源模块五部分构成的，其单板功能框图如附图 2-7 所示。

TOA 单板的信号流方向可以分为发送方向和接收方向，即 TOA 单板从客户侧到背板侧为发送方向，反之为接收方向。

发送方向：客户侧光模块由“RX1”～“RX8”光口接收 8 路客户设备的光信号，完成 O/E 转换。经过 O/E 转换的电信号进入信号处理模块，在本模块完成业务交叉、封装映射处理和 OTN 成帧等操作，输出最多 16 路 ODU0、8 路 ODU1、5 路 ODUflex 信号发送至背板交叉调度。当客户侧接入 GE 电信号时，客户侧为电模块，经过电平转换后的信号发送给业务封装处理模块处理。

接收方向：信号处理模块经背板接收调度过来的电信号。在本模块内完成 ODU0/ODU1/ODUflex 定帧、解映射和解封装处理等操作，输出 8 路 ANY 信号发送至客户侧光模块。客户侧光模块对接收的电信号进行 E/O 转换，由“TX1”～“TX8”光口输出。

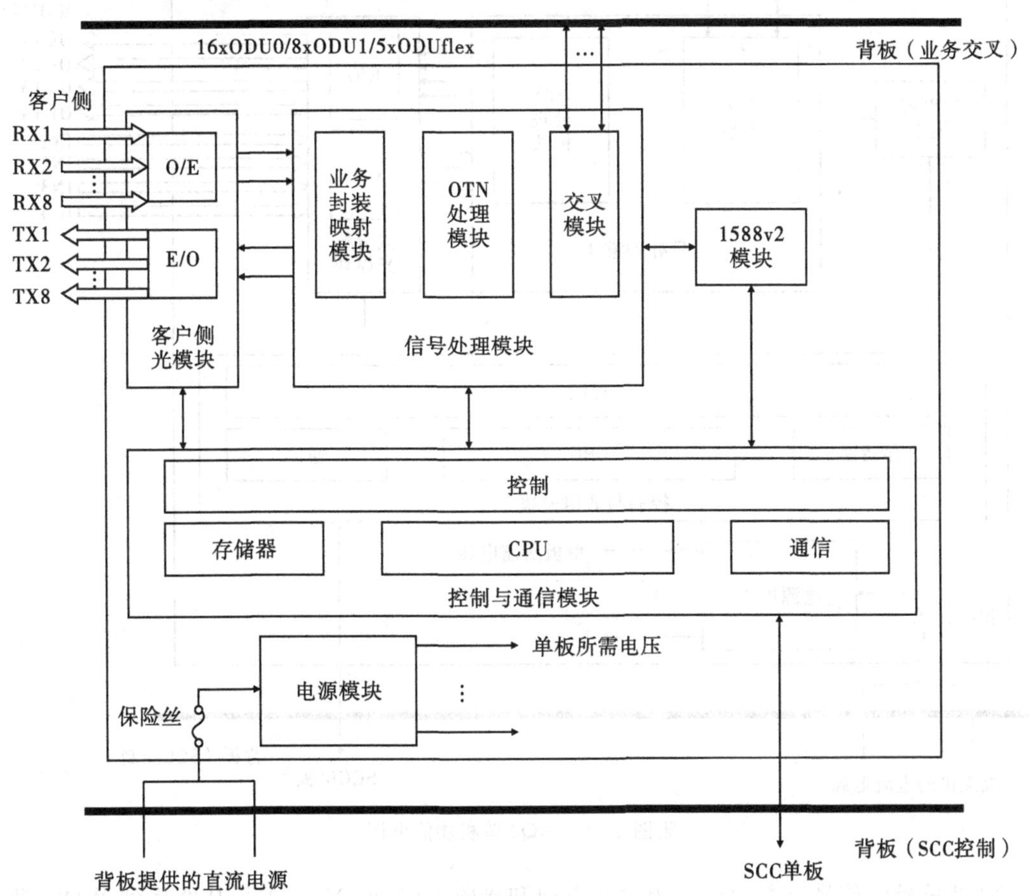

附图 2-7　TOA 单板功能框图

(三)线路类单板

线路板的主要功能为将集中交叉板调度过来的 ODU*k* 电信号进行复用和映射，并实现与符合 WDM 系统要求的标准波长的 OTU*k* 光信号之间的相互转换。各种类型线路单板的功能差异主要在于线路侧光信号业务速率、路数及可以处理的从交叉板调度来的电信号类型和数量不同。下面就以 NQ2 为例来介绍。

NQ2 单板称为 4 路 10 Gb/s 线路业务处理板。为 4 路 10 Gb/s 线路业务处理板，能够实现 32 路 ODU0/16 路 ODU1/4 路 ODU2/8 路 ODUflex 业务信号与 4 路 OTU2 信号之间的转换，或者 4 路 ODU2e 业务信号与 4 路 OTU2e 信号之间的转换。其中 OTU2 和 OTU2e 信号为符合 ITU - TG. 694. 1 建议的 DWDM 标准波长。同时支持 ODU0、ODU1、ODUflex 和 ODU2/ODU2e 信号的混合传送。NQ2 单板支持电层交叉、OTN 接口、ESC 等功能和特性，由波分侧光模块、信号处理模块、1588v2 模块、控制与通信模块以及电源模块五个部分构成，其单板功能框图如附图 2 - 8 所示。

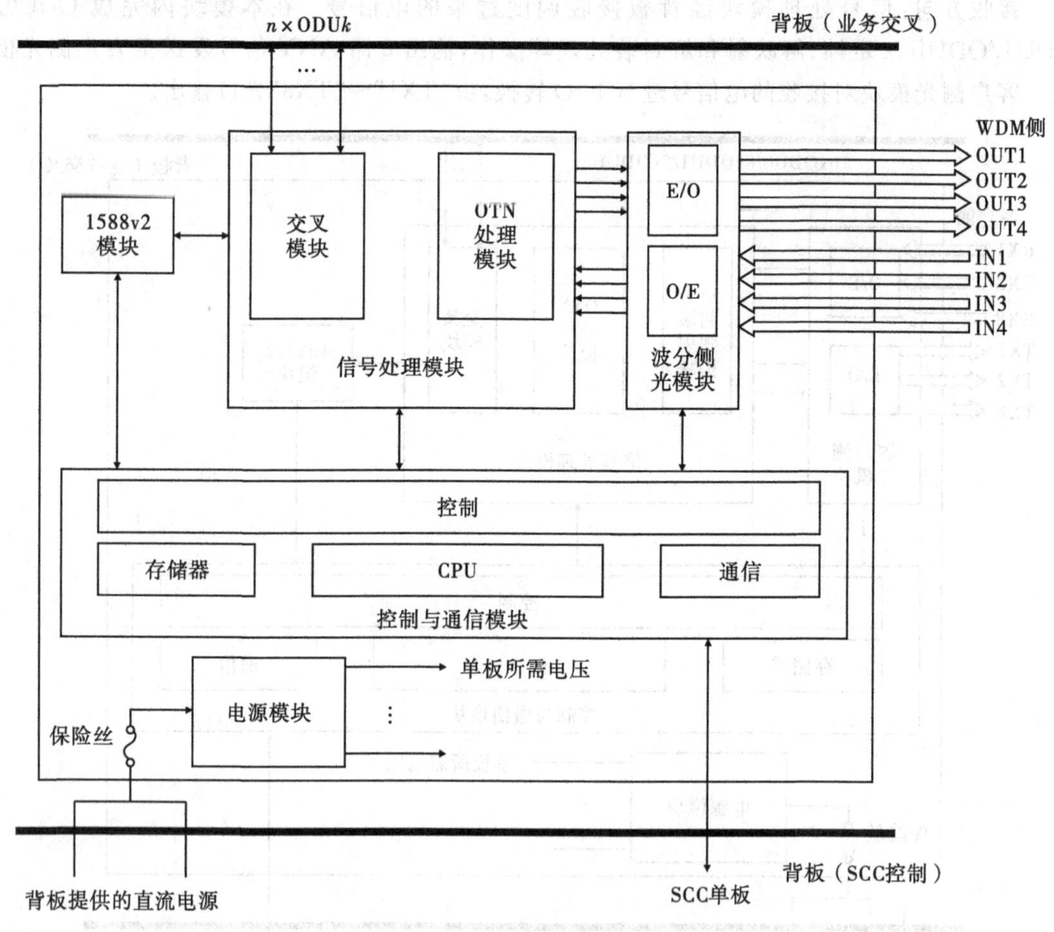

附图 2 - 8　NQ2 单板功能框图

NQ2 单板的信号流方向可分为发送方向和接收方向，即 NQ2 单板从背板到 WDM 侧为发送方向，反之为接收方向。

发送方向：交叉模块经背板接收交叉板调度过来的 ODU*k* 电信号，在 OTN 处理模块内部完成 OTN 成帧和 FEC 编码处理等操作，输出 4 路 OTU2 或 OTU2e 信号。将 4 路 OTU2 或 OTU2e 信号发送至波分侧光模块，经过 E/O 转换，发送符合 ITU - T G. 694. 1 建议的 DWDM 标准波长的 OTU2 光信号，由“OUT1”～“OUT4”光口输出。

接收方向：波分侧光模块接收"IN1"～"IN4"光口接收 WDM 侧的符合 ITU－T G.694.1 建议的 DWDM 标准波长的 4 路 OTU2 或 OTU2e 光信号，完成 O/E 转换。经过 O/E 转换的电信号进入信号处理模块，在 OTN 处理模块内部完成 OTU2 定帧和 FEC 解码等操作，交叉模块输出 ODU2k 电信号发送至背板进行交叉调度。

时钟信号的处理可以从业务板接收时钟信号，通过通信模块发送给时钟板，也可以从时钟板接收时钟信号，通过业务板发送给下游网元。

另外，NQ2 单板也可支持中继模式，实现 4 路光信号的中继，收发两端波长均为符合 ITU－T G.694.1 建议的 DWDM 标准波长的 OTU2 或 OTU2e 光信号。在中继模式下，光接收模块由"IN1"～"IN4"光口接收待中继的光信号，完成 O/E 转换。经电中继模块进行信号的解码、开销处理、编码，在此过程中完成基于电信号的整形、再生、重定时并将其封装为 OTN 帧信号格式。将编码后的信号发送至光发送模块，经过 E/O 转换，发送符合 ITU－T G.694.1 建议的 DWDM 标准波长的 OTU2/OTU2e 光信号。转换后的光信号由"OUT1"～"OUT4"光口输出。

(四)光合波和分波类单板

光合波和分波单板的主要功能是将不同波长的光信号进行合波或分波处理。合波板的主要功能为将多路符合 WDM 标准波长的光信号复用成 1 路光信号。分波板的主要功能为将 1 路光信号解复用为多路符合 WDM 标准波长的光信号。各光合波板和分波板的主要功能如附表 2－10 所示。

附表 2－10 光合波板和分波板的主要功能

单板	功能
M40	将 C 波段最多 40 路单波长光信号复用为 1 路合波信号
M40V	将 C 波段最多 40 路单波长光信号复用为 1 路合波信号，并且可以调节各通道的输入光功率
D40	将 C 波段 1 路合波信号解复用为最多 40 路单波长光信号
D40V	将 C 波段 1 路合波信号解复用为最多 40 路单波长光信号，并且可以调节各通道的输出光功率
ITL	实现 C 波段信道间隔为 100 GHz 的光信号和信道间隔为 50 GHz 的光信号的复用解复用
FIU	实现 1 个方向上的主光通道信号与光监控信道信号的合波和分波
DFIU	实现 2 个方向上的主光通道信号与光监控信道信号的合波和分波
SFIU	实现 1 个方向上的主光通道信号与光监控信道信号的合波和分波。应用于 IEEE 1588v2 场景
ACS	实现 3 个波带的合波与分波。可将 40 波分为 20 波，4 波和 16 波三个波带，也可完成三个波带合成 40 波。与光分插复用板配合使用，可以实现多路波长的分插复用

下面主要介绍其中三个单板，M40V、D40 和 SFIU。

1. 光合波单元 M40V

M40V 单板为 40 波自动可调光衰减合波板，共有 3 个功能版本，分别是 TN11、TN12、TN13。在功能上，TN11 和 TN12 支持光功率调节功能，TN13 在配合光功率智能均衡系统软件时，支持光功率调节功能。在尺寸上，TN11 占用 3 个槽位，TN12 和 TN13 占用 2 个槽位。M40V 单板支持复用、在线光功率监测、告警与性能监测、光功率调节等功能和特性。M40V 单板的具体功能和特性如附表 2－11 所示。

附表 2-11 M40V 单板的功能和特性

功能和特性	描述
基本功能	实现将最多 40 路单波长光信号复用进 1 路合波光信号，并且可以调节各通道的输入光功率： ①将最多 40 路奇波的光信号复用进 1 路合波信号； ②将最多 40 路偶波的光信号复用进 1 路合波信号
在线光功率监测	提供在线监测光口，可以从该光口输出少量光信号至光谱分析仪或光谱分析板，在不中断业务的情况下，监测合波光信号的光谱和光性能
告警与性能监测	提供光功率检测功能和单板告警及性能事件上报功能
光功率调节功能	对合波前各个单波长的光信号提供光功率调节功能。 说明：TN13M40V 仅当配合光功率智能均衡系统软件时，支持光功率调节功能
光层 ASON	支持

M40V 单板能够实现将最多 40 路符合 WDM 系统要求的标准波长光信号复用成 1 路合波信号，并且可以调节各通道的输入光功率。它是由光模块、检测与温度控制模块、控制与通信模块和电源模块组成。单板功能框图如附图 2-9 所示。

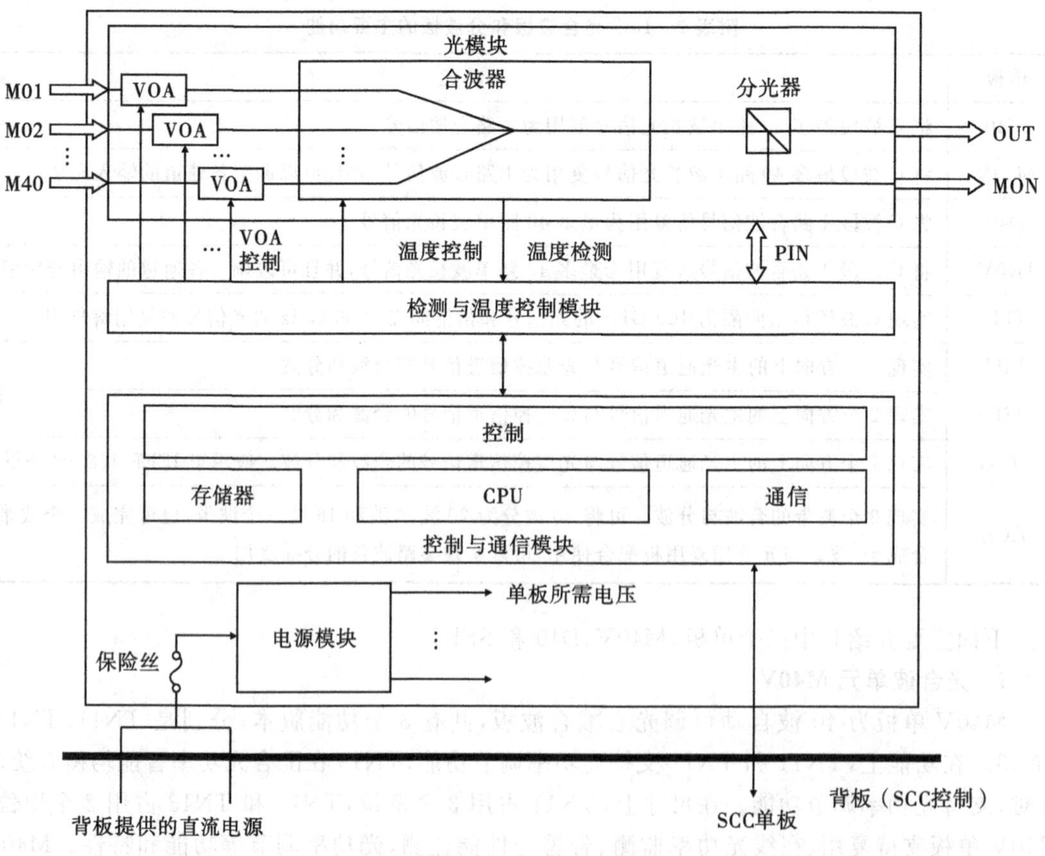

附图 2-9 M40V 单板功能框图

从单板上的“M01”～“M40”光口分别接收1路单波长光信号，经过VOA进行光功率调节后输入合波器。由合波器将输入的40路单波长光信号合成1路合波信号后经“OUT”光口输出。在光模块中，完成对合波前的单波长光信号的光功率调节，输入的40路单波长光信号合成1路光信号，同时分光器从主光通道分光提供给“MON”光口进行检测。在检测与温度控制模块中，进行实时监测和控制合波器的工作温度，以及业务信号的输出光功率。通过控制与通信模块实现对整个单板的操作控制，根据CPU指令完成对单板各个模块的控制操作，并收集单板各功能模块的告警、性能事件、工作状态和电压检测信息，完成和系统控制与通信单板进行数据通信。而电源模块是将背板所提供的直流电源转换为单板各模块所需的电源。

M40V单板面板上共有40个输入光接口以及光接口和输入光频率的对应表，在对应表上表明了光接口与输入光频率、波长的对应关系。M40V单板各接口类型和用途如附表2-12所示。

附表2-12　M40V单板各接口类型和用途

接口丝印	接口类型	用途描述
M01～M40	LC	输入待合波的单波光信号，与波长转换板的OUT接口相连接
OUT	LC	输出合波信号，与光放大板或ITL相连接
MON	LC	与光谱分析板MCA4、MCA8、OPM8的输入口连接，可进行在线光谱检测

其中，MON接口功率是OUT接口功率的10/90，即MON接口功率(单位为dBm)比OUT接口功率(单位为dBm)低10 dB。计算公式是 $P_{OUT}-P_{MON}=10\times\lg(90/10)=10$ dB。

2. 光分波单元D40

D40单板为40波分波板，共有两个功能版本，分别为TN11和TN12。TN11D40占用3个槽位，TN12D40占用2个槽位。D40单板属于光分波类单板，实现将1路光信号解复用为最多40路符合WDM系统要求的标准波长光信号，支持解复用、在线光功率监测、告警与性能监测等功能和特性，具体的功能和特性如附表2-13所示。

附表2-13　D40单板的功能和特性

功能和特性	描述
基本功能	实现将1路合波光信号解复用为最多40路单波长光信号： ①将1路合波光信号解复用为最多40路奇波光信号； ②将1路合波光信号解复用为最多40路偶波光信号
在线光功率监测	提供在线监测光口，可以从该光口输出少量光信号至光谱分析仪或光谱分析板，在不中断业务的情况下，监测合波光信号的光谱和光性能
告警与性能监测	提供光功率检测功能和单板告警及性能事件上报功能
光层ASON	支持

D40单板由光模块、检测与温度控制模块、控制与通信模块和电源模块四个部分构成，它的功能框图如附图2-10所示。

在单板上的“IN”光口接收1路合波光信号，输入分波器。由分波器将输入的1路合波光信号解复用为40路单波长光信号后从“D01”～“D40”光口输出。其中，在光模块中，输入的1路合波光信号解复用为40路单波长光信号，同时分光器从主光通道分光提供给MON检测。在检测与温度控制模块中，进行实时监测和控制分波器的工作温度，以及业务信号的输入光功率。通过控制与通信模块实现对整个单板的操作控制，根据CPU指令完成对单板各个模块的控制操作，并收集单板各功能模块的告警、性能事件、工作状态和电压检测信息，完成与系统控制与通信单板进行数据通信。而电源模块是将背板所提供的直流电源转换为单板各模块所需的电源。

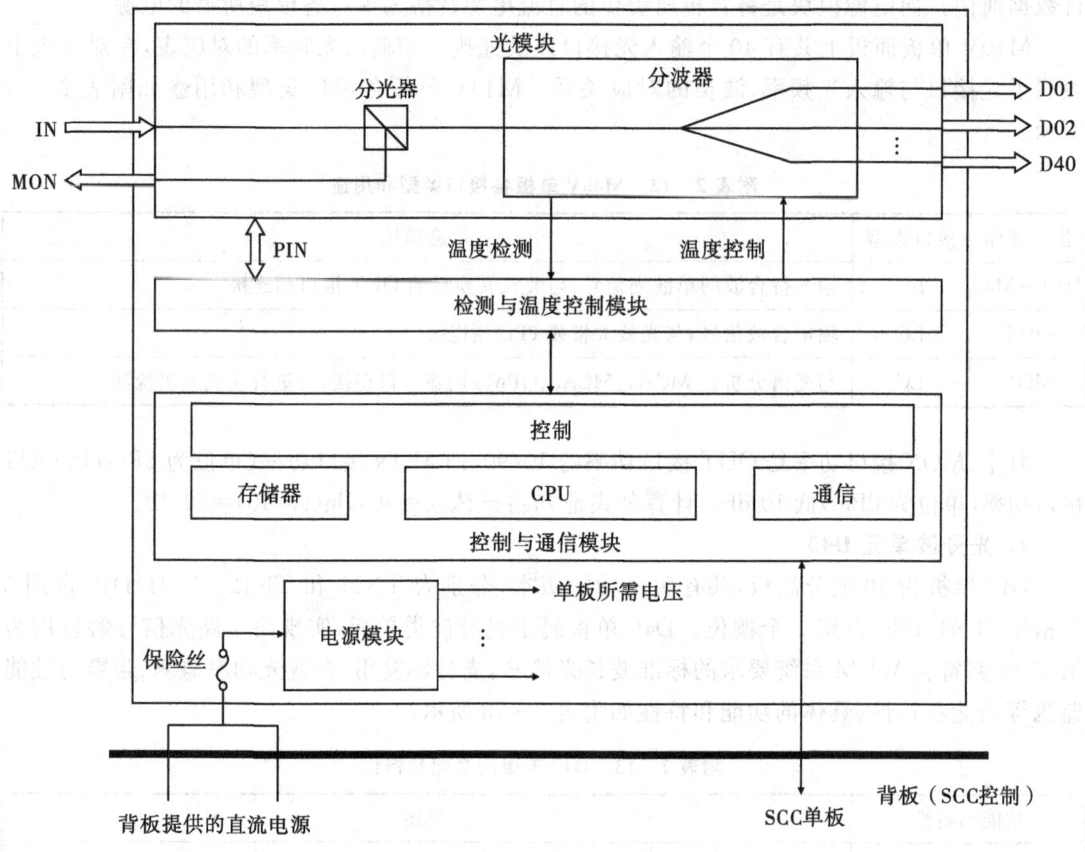

附图2-10　D40单板功能框图

D40单板面板上共有40个输出光接口以及光接口和输出光频率的对应表，在对应表上表明了光接口与输出光频率、波长的对应关系。D40单板各接口类型和用途如附表2-14所示。

附表2-14　D40单板各接口类型和用途

接口丝印	接口类型	用途描述
IN	LC	输入待分波信号，与光放大板或ITL相连接
D01～D40	LC	输出分波后的单波长信号，与波长转换板的IN接口相连接
MON	LC	与光谱分析板MCA4、MCA8、OPM8的输入口连接，可进行在线光谱检测

其中，MON接口功率是IN接口功率的10/90，即MON接口功率（单位为dBm）比IN接

口功率低 10 dB,计算公式:$P_{IN}-P_{MON}=10\times\lg(90/10)=10$ dB。

3. SFIU

SFIU 单板是支持同步信息(Synchronous)传送的光线路接口板,能够实现主光通道与光监控信道的合波和分波。与 SFIU 单板配合使用的光监控信道单板必须是 ST2。在使用 SFIU 互连的两个网元间不能配置拉曼放大板。其中,OSC2 光口采用 1511 nm 的波长,OSC1 光口采用 1491 nm 的波长。但是 SFIU 单板不能和 DAS1 单板配合使用。SFIU 单板支持分波、合波等功能和特性,具体的功能和特性如附表 2-15 所示。

附表 2-15 SFIU 单板的功能和特性

功能和特性	描述
基本功能	实现主光通道与光监控信道的合波和分波。 实现 IEEE 1588v2 的免调测和免补偿功能
光层 ASON	不支持

SFIU 单板由光模块、控制与通信模块和电源模块三部分组成,单板功能框图如附图 2-11 所示。

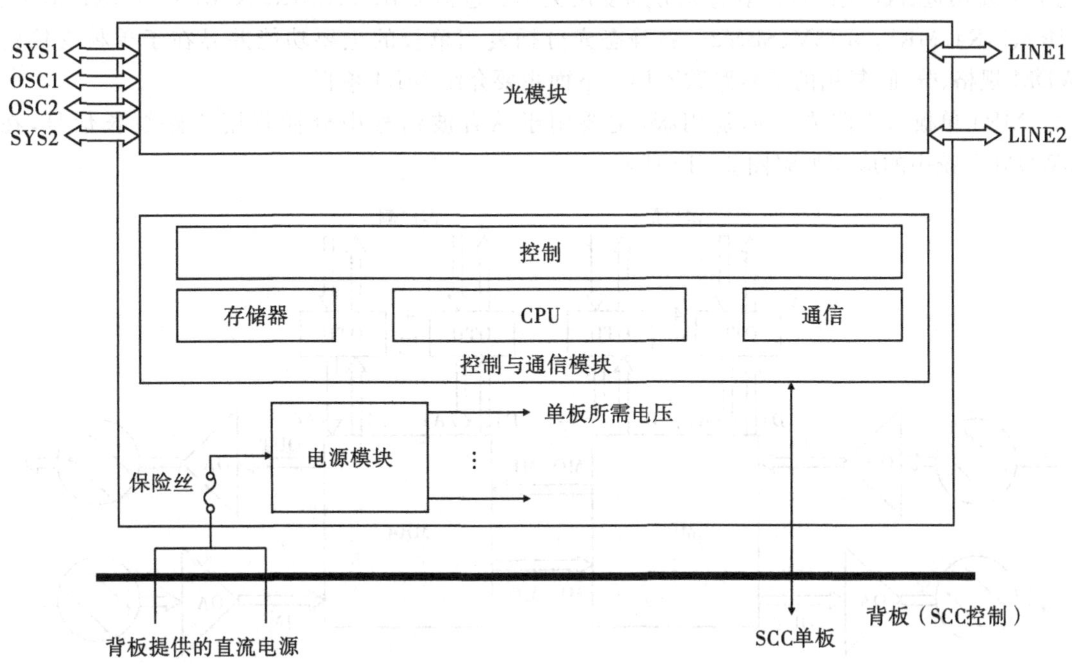

附图 2-11 SFIU 单板功能框图

从图上可以看出,“LINE1”光口可以接收或发送主光通道信号和光监控信号,但同一时刻只能处理一个方向。而“SYS1”“SYS2”“LINE2”光口可以发送或接收主光通道信号,但同一个光口同一时刻只能处理一个方向。“OSC1”“OSC2”光口可以接收或发送光监控信号,但同一个光口不能同时完成上述功能,即如果“OSC1”光口用作接收光监控信号时,“OSC2”光口必须用作发送光监控信号,反之亦然。

SFIU 的信号流(以“OSC1”光口用作接收光监控信号,“OSC2”光口用作发送光监控信号为例介绍):

①从“OSC1”光口接收的光监控信号经“LINE1”光口输出。

②从“LINE1”光口接收的主光通道信号经“SYS1”光口输出,光监控信号经“OSC2”光口输出。

③从“SYS2”光口接收的主光通道信号经“LINE2”光口输出。

SFIU 的信号流(以“OSC2”光口用作接收光监控信号,“OSC1”光口用作发送光监控信号为例介绍):

①从“LINE1”光口接收的光监控信号经“OSC1”光口输出。

②从“SYS1”光口接收的主光通道信号与从“OSC2”光口接收的光监控信号通过光模块合成 1 路光信号经“LINE1”光口输出。

③从“LINE2”光口接收的主光通道信号经“SYS2”光口输出。

(五)静态光分插复用类单板

静态光分插复用单元的主要功能是从合波光信号中分插出单个符合 WDM 标准波长的光信号,送入光波长转换单元,同时将从光波长转换单元发送的单个符合 WDM 标准波长的光信号复用进合波光信号。静态光分插复用类单板包括 CMR1、CMR2、CMR4、DMR1、MB2、MR2、MR4、MR8、MR8V、SBM2。各静态光分插复用单板的主要功能差异在于单板支持的 WDM 规格、分插/复用的信号路数不同。下面主要介绍 MR4 单板。

MR4 单板为 4 路光分插复用板,主要用于从合波信号中分插复用 4 路波长信号,在 DWDM 系统中的应用如附图 2-12 所示。

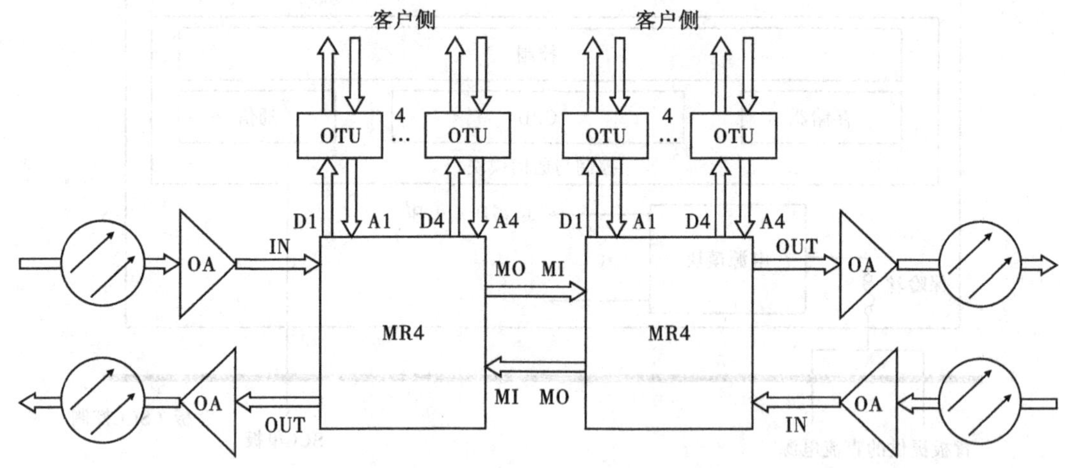

附图 2-12　MR4 单板在 DWDM 系统中的应用

MR4 单板支持分插复用、级联端口和波长查询等功能和特性,具体功能和特性如附表 2-16所示。

附表 2-16　MR4 单板的功能和特性

功能和特性	描述
基本功能	从合波信号中分插复用连续 4 路波长信号
WDM 规格	支持 DWDM 技术规格
级联端口	具有用于扩容的中间端口，在必要时通过串接其他的光分插复用单板实现上下通道的扩容
波长查询	可标定和查询上下载波波长
光层 ASON	不支持

MR4 单板由 OADM 光模块、控制与通信模块和电源模块三个部分构成，其单板功能框图如附图 2-13 所示。

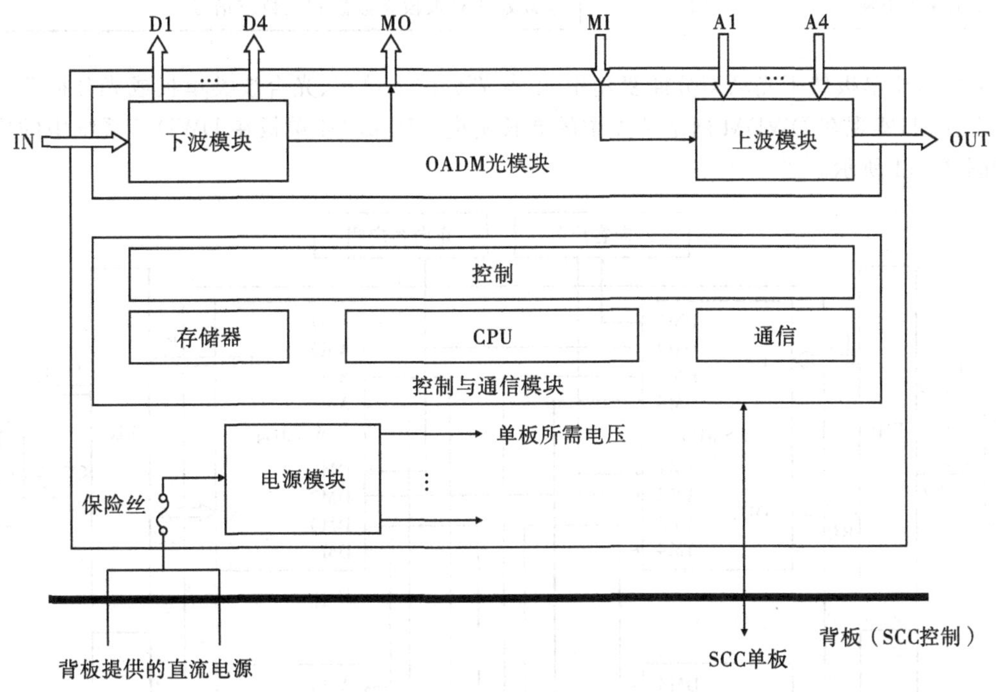

附图 2-13　MR4 单板功能框图

从图上可以看出，信号流是从“IN”光口接收从上一站传送来的合波信号，经下波模块分出 4 个波长，从“D1”～“D4”光口输出到波长转换板或集成式客户侧设备。下波后的信号从“MO”光口输出到其他 OADM 设备上。“MI”光口接收主光通道传送过来的信号，经上波模块合入从“A1”～“A4”光口接入的 4 个波长。合波后的信号从“OUT”光口输出。

在 OADM 光模块中，能够完成 4 个波长通道的分插复用，并提供中间级联端口，用于串接其他的光分插复用板，使系统在本地实现更多波长业务的上下。在控制与通信模块中，实现对整个单板的操作控制。根据 CPU 指令完成对单板各个模块的控制操作，收集单板各功能模块的告警和性能事件、工作状态和电压检测信息，完成与系统控制与通信单板进行数据通信。而电源模块是将背板所提供的直流电源转换为单板各模块所需的电源。

（六）动态光分插复用类单板

动态光分插复用类单板的主要功能是从合波信号中分插出任意的单波或合波信号，实现多个维度的动态光波长调度。并可实现上述过程的逆过程。包括 RDU9、RMU9、ROAM、TD20、TM20、WSD9、WSM9、WSMD2、WSMD4、WSMD9。下面主要介绍 WSMD4 单板。

WSMD4 单板为 4 维可配置光分插复用板，它有两个功能版本为 TN11、TN12。WSMD4 单板的类型描述如附表 2－17 所示。

附表 2－17　WSMD4 单板的类型描述

单板	类型	描述
TN11WSMD4	01	单板处理 C 波段偶数波信号
	02	单板处理 C 波段奇数波信号
TN12WSMD4	01	单板处理 C 波段奇数波和偶数波信号

WSMD4 单板属于光动态分插复用单元，与光分波类单板、光合波类单板或光分插复用单元配合使用，实现在 DWDM 网络节点中的波长调度。WSMD4 单板在 DWDM 系统中的应用如附图 2－14 所示。

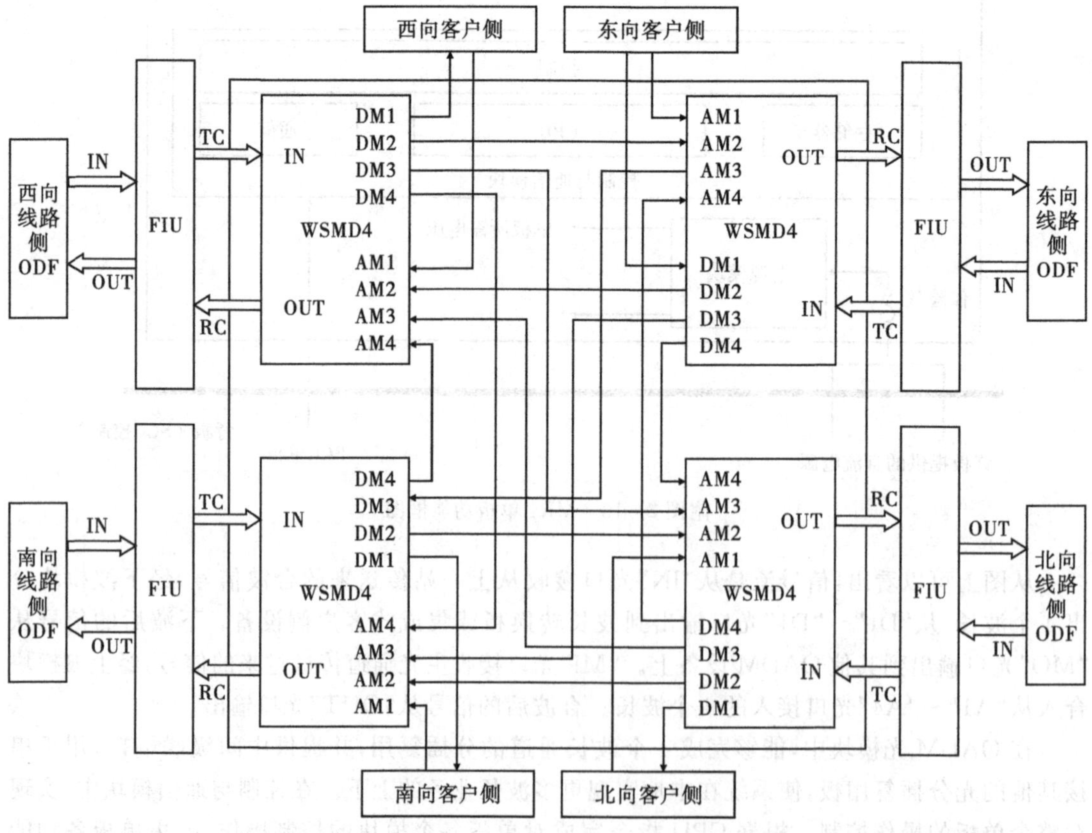

附图 2－14　WSMD4 单板在 DWDM 系统中的应用

WSMD4单板支持广播功能、光波长动态调度、在线光性能监测、告警和性能监测等功能和特性，具体功能和特性如附表2－18所示。

附表2－18　WSMD4单板的功能和特性

功能和特性	描述
基本功能	实现业务信号的广播功能，完成任意波长组合的动态可配置的合波功能。在环网、链状网上的任何节点都可以实现将接收的主光通道的信号广播为4路相同信号，并将本地上插的任意波长组合从任意端口输入
WDM规格	支持DWDM技术规格
在线光性能监测	提供在线监测光口，可以从该光口输出少量光信号至光谱分析仪或光谱分析板，在不中断业务的情况下，监测合波光信号的光谱和光性能
告警和性能监测	提供光功率检测功能和单板告警及性能事件上报功能
光功率调节	提供针对本地上插的每个波长的光功率调节功能
光层ASON	仅TN11WSMD401、TN12WSMD4支持

WSMD4单板由光模块、温度与光功率检测模块、控制与通信模块和电源模块四个部分构成的。其单板功能框图如附图2－15所示。

从图上可以看出，从“IN”光口接入主光通道的光信号。通过ROADM分波单元(ROADM Demux Unit，RDU)光模块广播成4路相同的光信号，分别从“DM1～DM4”光口输出。根据网络规划，选择其中一路在本地下波，其他三路调度到其他方向。需要从本地上插的合波或单波光信号通过“AM1～AM4”中的一个光口输入。以“AM1”为例，若输入的为多个波长，先通过合波单元复用后再输入到“AM1”光口；若输入的为单个波长，可通过光波长转换类单板转换后直接输入至“AM1”光口。从其他方向调度而来的光信号通过“AM2”～“AM4”光口输入，与本地上插的光波长信号复用后，再通过“OUT”光口输出。

在光模块中，RDU光模块实现光信号下波和波长信号到四个端口的广播功能，WSS光模块可以选择任意的波长组合从任意的“AM1”～“AM4”光口输入。同时包含了VOA模块，可实现波长级别的光功率调节。分光器从主光通道分光提供给“MONI”/“MONO”光口检测。

在温度与光功率检测模块中，能够实时监测WSS光模块的工作温度，检测业务信号的输入和输出光功率。在控制与通信模块中，实现对整个单板的操作控制。根据CPU指令完成对单板各个模块的控制操作。收集单板各功能模块的告警和性能事件、工作状态和电压检测信息，完成与系统控制与通信单板进行数据通信。

在电源模块中，将背板提供的直流电源转换为单板各模块所需的电源。

WSMD4单板各接口类型和用途如附表2－19所示。

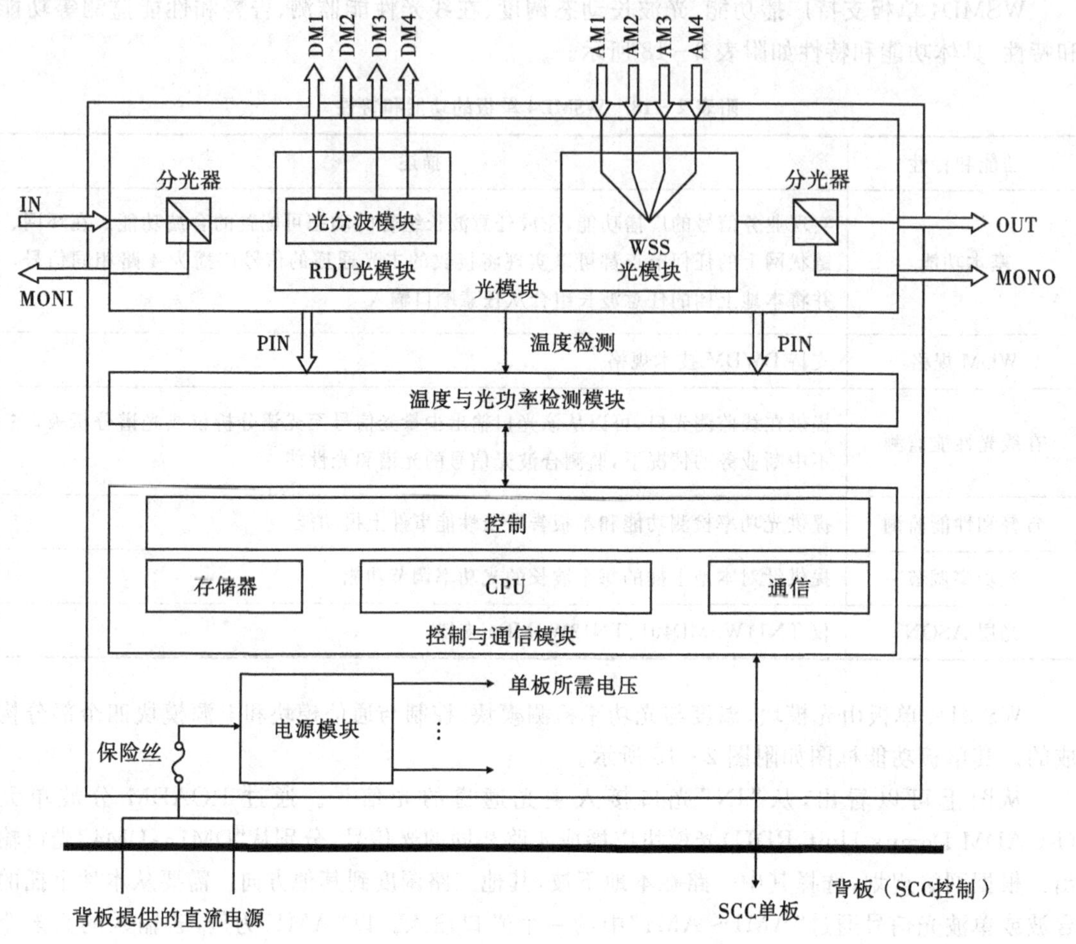

附图 2-15　WSMD4 单板功能框图

附表 2-19　WSMD4 单板各接口类型和用途

接口丝印	接口类型	用途描述
AM1～AM4	LC	接收本站点或其他站点需要复用进主光通道的单波或合波光信号
DM1～DM4	LC	发送需要输出到本站点或其他站点的合波信号至光分波类单板或光分插复用单元
OUT	LC	发送主光通道信号
IN	LC	接收主光通道信号
MONI	LC	与光谱分析板的输入口连接，对输入的主光通道信号进行在线光性能检测
MONO	LC	与光谱分析板的输入口连接，对输出的主光通道信号进行在线光性能检测

(七)交叉与系统控制通信类单板

交叉与系统控制通信类单板包括:交叉类单板，系统控制与通信类单板，时钟类单板。

1. TN52XCH 单板

交叉板提供子架内单板间电信号调度的物理通道,完成单板间电信号的调度。交叉板在系统中的地位如附图 2-16 所示。

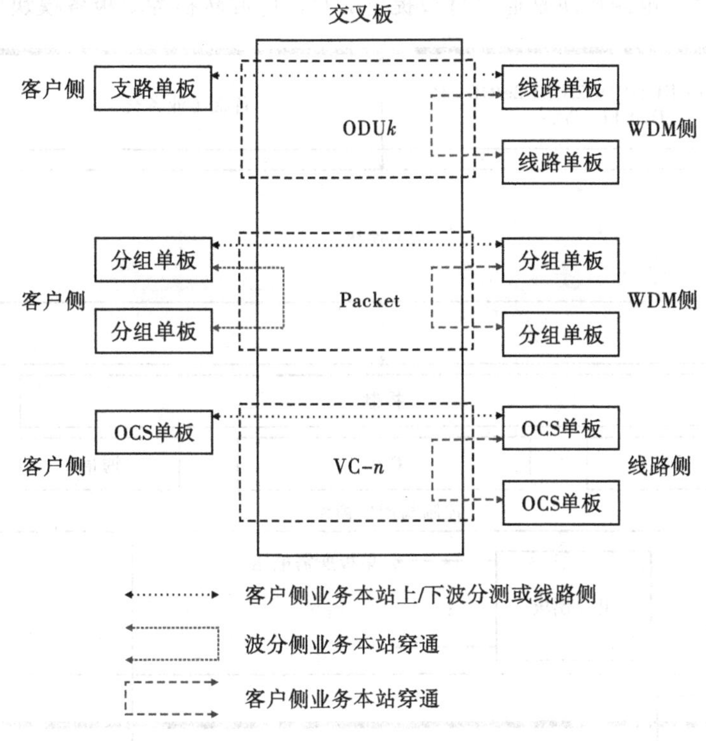

附图 2-16 交叉板在系统中的地位

TN52XCH 单板是 OptiX OSN 8800 T32 的集中交叉板,能够实现 1.28 Tb/s 的 ODU*k*(*k* 为 0,1,2,2e,3,flex)/VC-4 信号的交叉,一般应用在 OptiX OSN 8800 T32 上。可支持电层交叉功能和特性,具体功能和特性如附表 2-20 所示。

附表 2-20 TN52XCH 单板的功能和特性

功能和特性	描述
基本功能	实现业务调度功能
交叉功能	实现 1.28Tbit/s 的 ODU*k*(*k* 为 0,1,2,2e,3,flex)/VC-4 交叉
保护方式	支持交叉 1+1 保护,提供 1+1 热备份,支持温备份
倒换方式	支持人工倒换和自动倒换; 单板支持非恢复式倒换
电层 ASON	支持

TN52XCH 单板由交叉模块、控制与通信模块和电源模块构成,单板功能框图如附图 2-17所示。

从图上可以看出,交叉模块从背板接收各个业务板的数据,实现 ODU*k*(*k* 为 0,1,2,2e,3,

flex)/VC－4 业务信号的电层调度，之后再发送给各业务板，完成业务的交叉。在控制与通信模块中，实现对整个单板的操作控制，根据 CPU 指令完成对单板各个模块的控制操作，并收集单板各功能模块的告警和性能事件、工作状态和电压检测信息，最后实现和系统控制与通信单板进行数据通信。电源模块是通过背板提供的直流电源转换为单板各模块所需的电源。

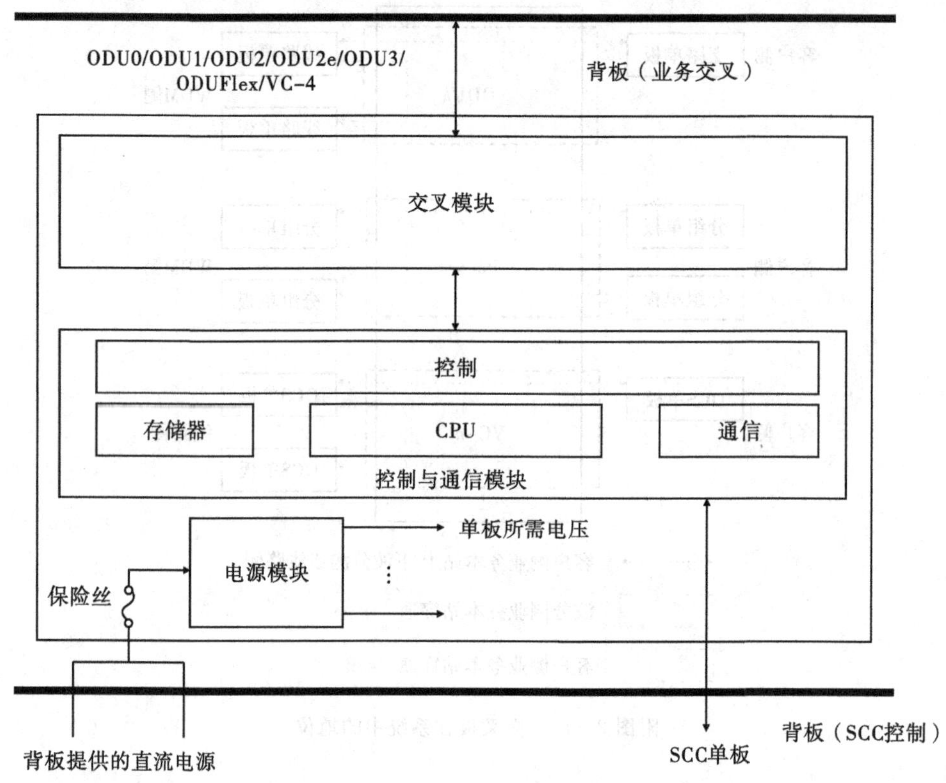

附图 2－17　TN52XCH 单板功能框图

2. SCC 单板

SCC 板是系统控制与通信板(System Control and Communication Board)，属于系统控制与通信类单板，协同网络管理系统对设备的各单板进行管理，实现各个设备之间的相互通信。SCC 单板支持设备通信管理、时钟、子架级联、电源备份等功能和特性。单板由开销处理模块、时钟模块、监控模块、电源模块、通信模块、CPU 及控制模块构成。SCC 单板功能框图如附图 2－18 所示。

(1)CPU 及控制模块

控制、监控和管理单板的各个功能模块。

(2)开销处理模块

①接收来自业务单板的开销信号并完成这些开销信号的处理，

②发送处理后的开销信号给业务单板。

(3)监控模块

检测单板是否在位，并将相应的告警上报给网管。

(4)时钟模块

TN11SCC/TN21SCC/TN22SCC/TN23SCC/TN51SCC/TN52SCC/TNK2SCC 单板：

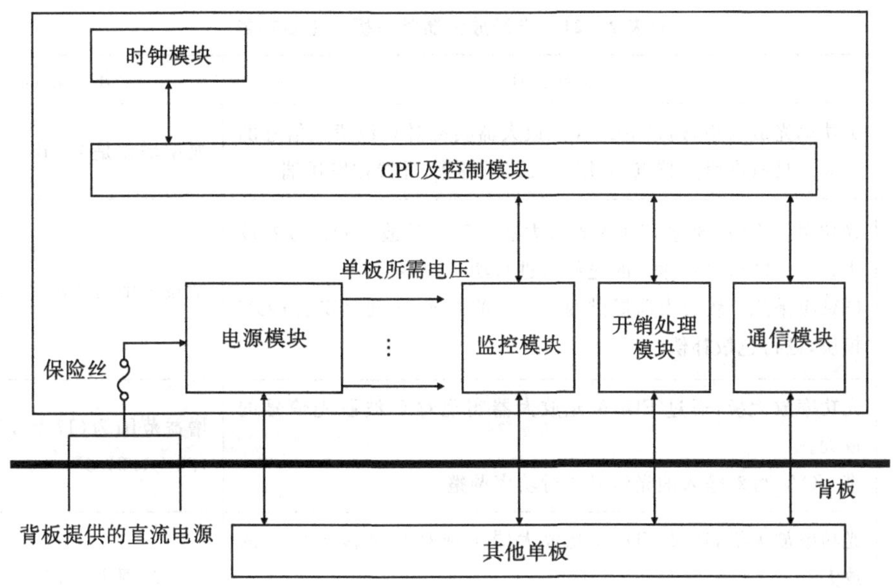

附图 2-18 SCC 单板功能框图

①接收来自上游站 OSC 单板发送的时钟信号，并确保本板的本地时钟同步于该时钟。

②将本地时钟通过 OSC 单板发送给下游站点。

TN16SCC 单板：

①跟踪外部时钟源或线路、支路时钟源，为本板和系统提供同步时钟源。

②为系统提供同步时钟信号，能满足接收数据建立时间和保持时间的要求。

(5)通信模块

与其他单板进行通信。

①通过以太网与其他单板进行数据通信，并上报给网管。

②通过 RS485 进行紧急数据的传输。

(6)电源模块

TN11SCC/TN51SCC/TN52SCC/TNK2SCC：电源模块为本板提供工作所需电源，同时为整个系统提供 3.3V 集中电源备份，并为单板最大功耗小于 60W 的单板提供电源备份。同一时刻只能向一块单板提供电源备份。

TN16SCC：电源模块将背板提供的直流电源转换为单板各模块所需的电源，为系统单板提供 10W 备份电源。

TN21SCC/TN22SCC/TN23SCC：电源模块将背板提供的直流电源转换为单板各模块所需的电源。

(八)光放大类单板

光放大板的主要功能是对光信号进行功率放大，以延长光信号的传输距离。用于在长距离传输光纤通信系统中的功率补偿，分为 EDFA 和拉曼两类。常用的 EDFA 类放大板包括 HBA/OAU1/OBU1/OBU2 单板。EDFA 类单板的主要功能如附表 2-21 所示。

附表 2-21　光纤放大器类单板的主要功能

单板	功能描述	增益范围
HBA	大功率光放大板，通过 EDFA 光放大器实现对 C 波段光信号的放大。具有高增益特点，应用于长跨段场景，配置在发送端	典型增益是 29 dB
OAU1	光功率放大板，通过 EDFA 光放大器实现对 C 波段光信号的放大。带 VOA，可对输入的光信号进行功率调整。 OAU1 采用 2 级放大器提供两级放大的方式，中间可安装 DCM 模块，进行色散补偿	增益范围为 16～25.5 dB
OBU1	光功率放大板，通过 EDFA 光放大器实现对 C 波段光信号的放大。 带 VOA，可对输入的光信号进行功率调整	增益范围为(17±1.5) dB～(23±1.5) dB
OBU2	光功率放大板，通过 EDFA 光放大器实现对 C 波段光信号的放大。 带 VOA，可对输入的光信号进行功率调整	增益范围为(23±1.5) dB

1. OAU1 单板

OAU1 单板完成光信号的放大功能，可用于发送端和接收端。支持增益调节、在线光性能监测、增益锁定技术、瞬态控制技术等功能和特性。具体功能和特性如附表 2-22 所示。

附表 2-22　OAU1 单板的功能和特性

功能和特性	描述
基本功能	可放大 C 波段的输入光信号，总波长范围覆盖 1529～1561 nm。支持系统实现不同跨段的无电中继传输
增益调节	OAU100 单板根据输入光功率调节增益，实现 16～25.5 dB 连续可调。 OAU101/OAU102 单板根据输入光功率调节增益，实现增益 20～31 dB 连续可调。 OAU103 单板根据输入光功率调节增益，实现增益 24～36 dB 连续可调。 OAU105 单板根据输入光功率调节增益，实现增益 23～34 dB 连续可调。 OAU106 单板根据输入光功率调节增益，实现增益 16～23 dB 连续可调
在线光性能监测	提供在线监测光口，可以从该光口输出少量光信号至光谱分析仪或光谱分析板，在不中断业务的情况下，监测合波光信号的光谱和光性能
增益锁定技术	单板内的 EDFA 具有增益锁定功能，增加或减少一路或几路通道或者某些通道光信号波动时，不影响其他通道的信号增益
工作模式	支持增益锁定模式和功率锁定模式： ①增益锁定模式，EDFA 增益可调，并支持实际增益的查询。默认使用增益锁定模式； ②功率锁定模式，应用于 Dummy Light 场景，则需要设置输出光功率锁定

续表

功能和特性	描述
瞬态控制技术	单板内的 EDFA 具有瞬态控制功能，使得系统在增加通道或减少通道时，能通过抑制信道光功率波动实现平滑的升级扩容
性能监视与告警检测	对光功率的检测上报；提供泵浦激光器的温度控制；提供泵浦驱动电流、背光电流、制冷电流、泵浦激光器温度的检测和单板环境温度的检测
光层 ASON	支持

2. OBU1 单板

OBU1 单板属于光纤放大器类单板，完成光信号的放大功能，可用于发送端和接收端。支持增益调节、在线光性能监测、增益锁定技术、瞬态控制技术等功能和特性。具体功能和特性如附表 2－23 所示。

附表 2－23　OBU1 单板的功能和特性

功能和特性	描述
基本功能	①可放大 C 波段的输入光信号，总波长范围覆盖 1529～1561 nm； ②可以支持系统实现不同跨段的无电中继传输
典型增益	OBU101 增益为 20 dB，OBU103 增益为 23 dB，OBU104 增益为 17 dB
在线光性能监测	提供在线监测光口，可以从该光口输出少量光信号至光谱分析仪或光谱分析板，在不中断业务的情况下，监测合波光信号的光谱和光性能
增益锁定技术	单板内的 EDFA 具有增益锁定功能，增加或减少一路或几路通道或者某些通道光信号波动时，不影响其他通道的信号增益
工作模式	支持增益锁定模式和功率锁定模式： ①增益锁定模式，EDFA 增益可调，并支持实际增益的查询。默认使用增益锁定模式； ②功率锁定模式，应用于 Dummy Light 场景，则需要设置输出光功率锁定
瞬态控制技术	单板内的 EDFA 具有瞬态控制功能，使得系统在增加通道或减少通道时，能通过抑制信道光功率波动实现平滑的升级扩容
性能监视与告警监测	①对光功率的检测和上报； ②提供泵浦激光器的温度控制； ③提供泵浦驱动电流、背光电流、制冷电流、泵浦激光器温度的检测和单板环境温度的检测
光层 ASON	支持

(九)光监控信道类单板

光监控信道类单板可以在两个网元间传递监控信息，光监控信道信号独立于主光路信号，可靠性高。下面以ST2为例进行介绍。

ST2是双向光监控信道和时钟传送板。应用于实现对东、西两个方向的双路光监控信号的收发控制。传送并提取系统的开销信息，经处理后发送至SCC单板。ST2单板还可以实现IEEE1588v2同步时钟处理功能和两路FE信号的透传。

ST2单板由接收光模块、业务处理模块、发送光模块、控制与通信模块和电源模块组成。ST2单板功能框图如附图2-19所示。

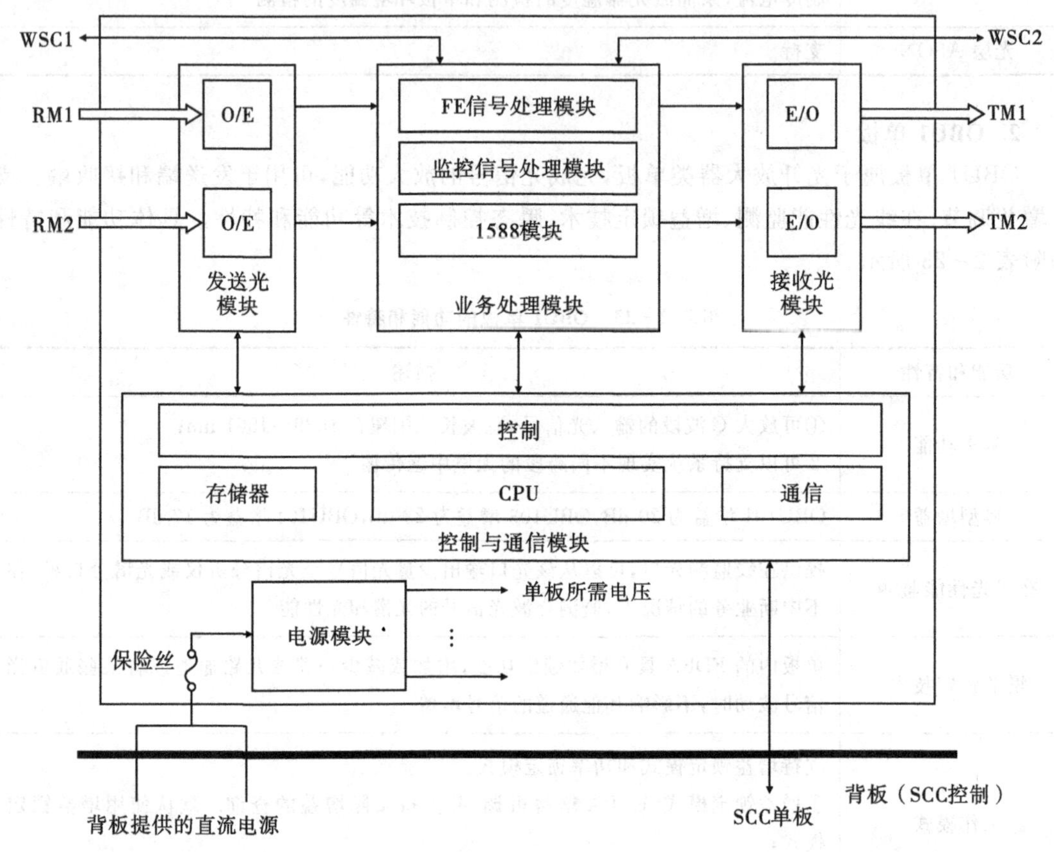

附图2-19　ST2单板功能框图

来自FIU/SFIU的光监控信号经过O/E模块转换为电信号后，进入业务处理模块。业务处理模块从电信号中提取监控信息，发送至SCC单板进行处理，同时提取时钟/时间信息发送至STG单板处理。SCC处理过的监控信息与STG处理过的时钟/时间信息，一起经过E/O转换为光监控信号。FE信号的透传分为发送和接收两个方向。

发送方向：本地的第一路FE电信号从WSC1接口输入，经FE信号处理模块封装后，与光监控信号一起从TM1接口输出到下游。第二路FE电信号从WSC2接口输入，经FE信号处理模块封装后，与光监控信号一起从TM2接口输出到下游。

接收方向：上游传送的光监控信号和第一路FE信号从RM1接口输入，FE信号经FE信号处理模块解封装后，从WSC1接口输出到本地。上游传送的光监控信号和第二路FE信号从RM2接口输入，FE信号经FE信号处理模块解封装后，从WSC2接口输出到本地。

ST2单板各接口类型和用途如附表2-24所示。

附表 2-24　ST2 单板各接口类型和用途

接口丝印	接口类型	用途描述
TM1/TM2	LC	发送第一路/第二路监控信道信号
RM1/RM2	LC	接收第一路/第二路监控信道信号
EOW	RJ45	通过电话线连接公务电话，实现网元间公务互通

(十)光保护类单板

光保护类单板通过对业务单板的双发选收实现业务的 1+1 保护。光保护类单板主要有 DCP 单板、OLP 单板、同步光通信分离板（Synchronous Optical Channel Separator Board，SCS）三种。下面以 OLP 单板为例进行介绍。

OLP 单板属于保护单元，有 TN11 和 TN12 两个版本，能够实现光线路保护、板内 1+1 保护和客户侧 1+1 保护，具体功能和特性如附表 2-25 所示。

附表 2-25　OLP 单板的功能和特性

功能和特性	描述
基本功能	实现光线路保护，保证业务在光纤线路出现故障时也可以正常接收： ①提供板内 1+1 保护，对没有双发选收功能的 OTU 单板实现业务保护； ②提供客户侧 1+1 保护，通过使用工作和保护两个 OTU，实现客户侧业务的保护
保护机制	双发选收，单端倒换。 说明：客户侧 1+1 保护支持 GE 业务的双端倒换；保护倒换不需要 APS 协议，倒换速度快，稳定可靠
光层 ASON	OLP 单板仅支持客户侧 1+1 保护方式实现光层 ASON

OLP 单板由光模块、控制与通信模块和电源模块构成。OLP 单板功能框图如附图 2-20 所示。

发送方向："TI"光口接收 1 路光信号经过分光器后，从"TO1"和"TO2"光口输出到主用和备用光纤(通道)中。

接收方向：主用和备用光纤(通道)中的光信号分别从"RI1"和"RI2"光口接入，进入光开关。光开关根据主、备信号的光功率优劣选择接收其中的 1 路，实现主、备通道光信号的选收。选择接收的光信号从"RO"光口输出。

光功率检测模块对从主、备信号中提取的检测信号进行检测并将结果上报给控制与通信模块。控制与通信模块比较 2 路信号的光功率，并根据光功率的优劣，控制光开关动作，实现主、备通道光信号的选收。

OLP 单板各接口类型和用途如附表 2-26 所示。

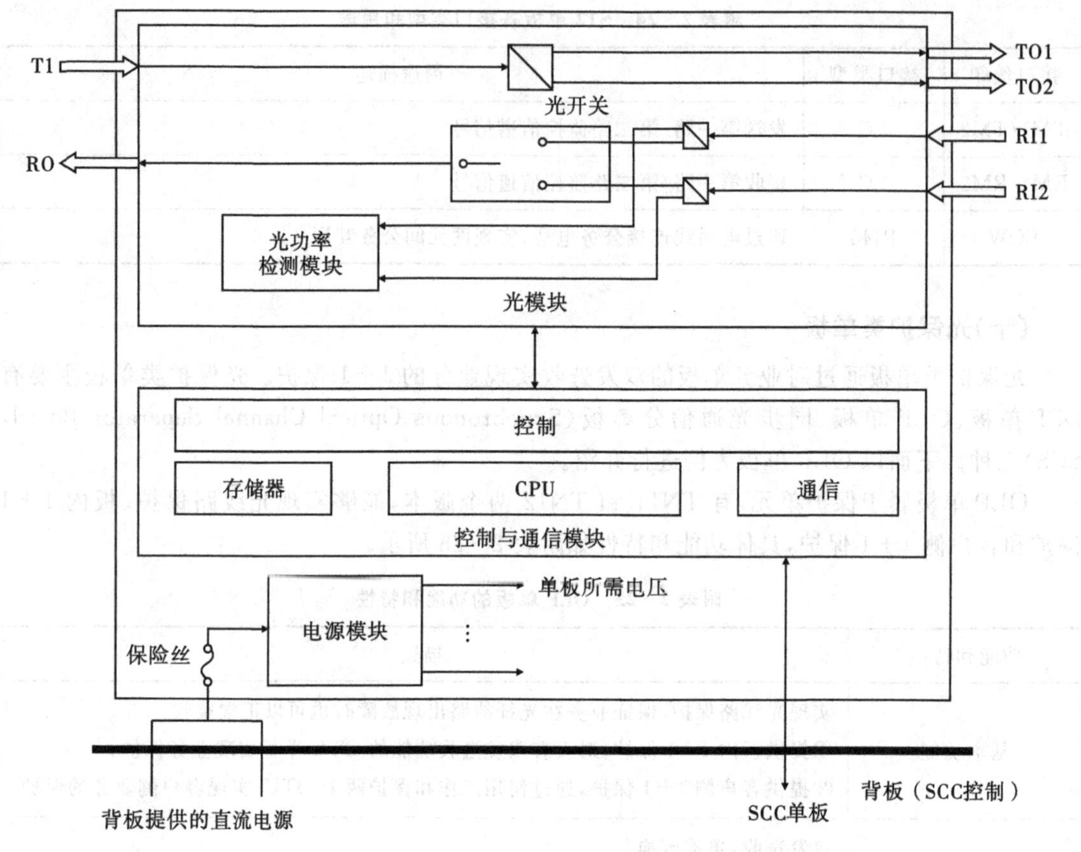

附图 2-20 OLP 单板功能框图

附表 2-26 OLP 单板各接口类型和用途

接口丝印	接口类型	用途描述
TI	LC	输入从 FIU 单板发送过来的线路信号(光线路保护) 输入一路波分侧信号(板内 1+1 保护) 输入一路客户侧信号(客户侧 1+1 保护)
RO	LC	输出线路信号到 FIU 单板(光线路保护) 输出一路波分侧信号(板内 1+1 保护) 输出一路客户侧信号(客户侧 1+1 保护)
TO1/TO2	LC	信号双发光口，向线路侧发送工作和保护光信号(光线路保护) 信号双发光口，分别和工作、保护合波单元的输入接口相连(板内 1+1 保护) 信号双发光口，分别和工作、保护 OTU 的输入接口相连(客户侧 1+1 保护)
RI1/RI2	LC	信号选收光口，接收线路侧传来的工作或保护光信号(光线路保护) 信号选收光口，分别和工作、保护分波单元的输出接口相连(板内 1+1 保护) 信号选收光口，分别和工作、保护 OTU 的输出接口相连(客户侧 1+1 保护)

(十一)光谱分析类单板

光谱分析类单板可以在不中断业务的情况下对光信号进行集中监视。光谱分析类单板主要有 4 通道光谱分析板(4 - Channel Spectrum Analyzer Board,MCA4)、MCA8 单板、多通道辅助分析板(Optical Multi - Channel Assistant - Analysis Board,OMCA)、8 路光功率检测单板(8 - Channel Optical Power Monitor Board,OPM8),光谱分析类单板在系统中的地位如附图 2 - 21 所示。

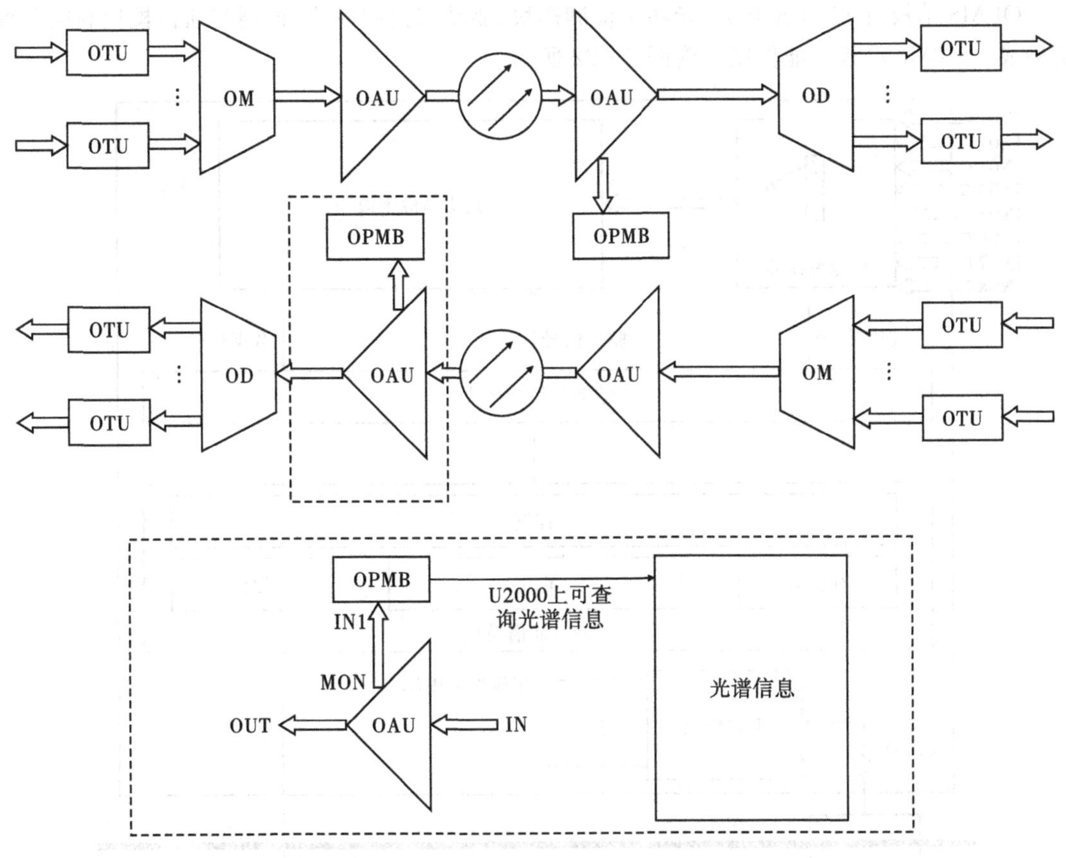

附图 2 - 21　光谱分析类单板在系统中的地位

下面以 OPM8 为例进行介绍。OPM8 称为 8 路光功率检测单板,OPM8 单板提供 8 个端口,每个端口最多 80 波光信号的光功率检测。

OPM8 单板支持光功率检测功能、APE 等功能和特性。OPM8 单板的具体功能和特性如附表 2 - 27 所示。

附表 2 - 27　OPM8 单板的功能和特性

功能和特性	描述
基本功能	OPM8 单板提供 8 个端口,每个端口最多 80 波光信号的光功率检测
检测功能	支持检测单波光功率,并将标准波长和光功率上报给主控板。 在网管上可查询这些信息

续表

功能和特性	描述
APE 功能	通过与其他单板配合使用实现 APE 功能。 单板在 APE 功能中的作用为检测各波长光信号的光功率
光层 ASON	支持

OPM8 单板由 1×8 光开关、光功率检测模块、驱动与控制模块、控制与通信模块和电源模块构成。OPM8 单板功能框图如附图 2-22 所示。

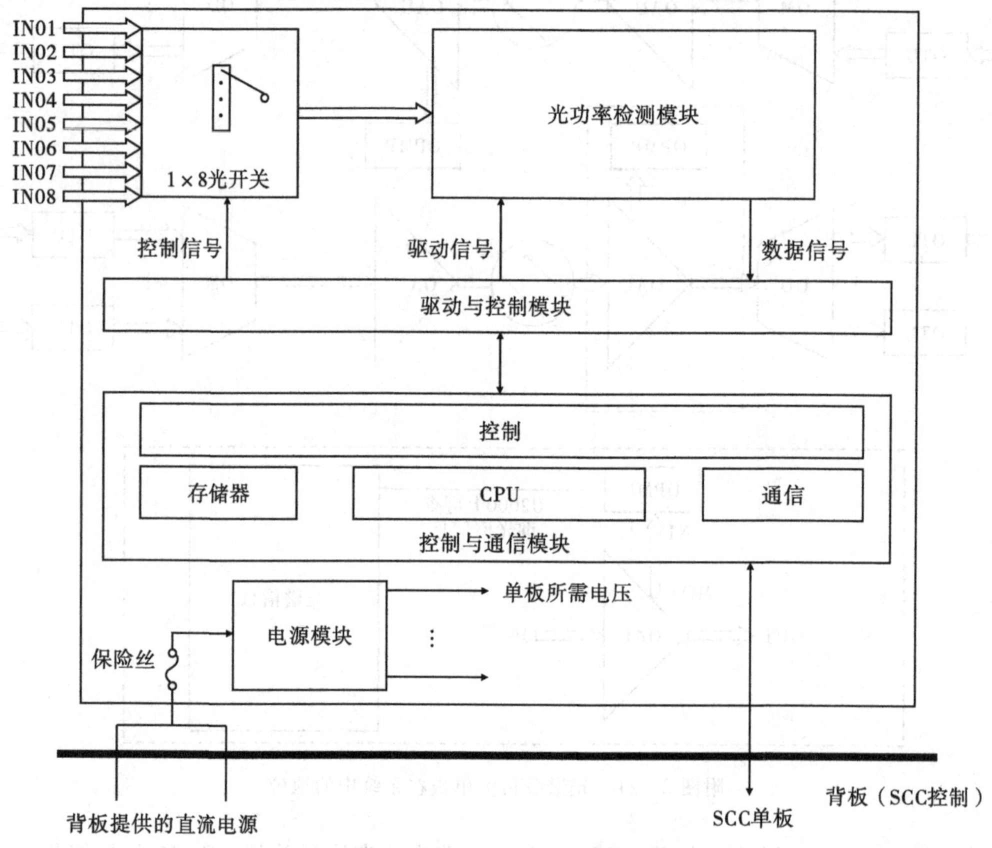

附图 2-22　OPM8 单板功能框图

同一时间 1×8 光开关选择 1 路光信号送入光功率检测模块进行光功率检测。经过分析和转换的光功率值通过数据接口被发送至控制与通信模块。控制与通信模块进一步将参数结果上报给 SCC 单板和网管系统。最终的光功率检测结果呈现在网管系统的界面上。OPM8 单板各接口类型和用途如附表 2-28 所示。

附表 2-28　OPM8 单板各接口类型和用途

接口丝印	接口类型	用途描述
IN1～IN8	LC	连接其他单板的“MON”光口进行性能监控，可同时连接 8 个“MON”光口

(十二)其他辅助类单板

其他辅助类单板主要包括 UPM 外接电源转换盒和 PIU 电源接口板，UPM 为外置式不间断电源模块(Uninterruptible Power Modules)，可以将 110V/220V 交流市电转换为传输设备需要的－48 V 直流电压，主要应用于无法提供－48 V 直流供电系统或要求带蓄电池的电信运营商。PIU 电源接口板主要为子架提供直流电源；OptiX OSN 8800 T64/OptiX OSN 8800 T32 支持 TN16PIU 和 TN51PIU；OptiX OSN 8800 T16 支持 TN16PIU。PIU 电源接口板是电源分配到子架各单板之间的电源接口转接单元。一般系统中采用 2 块 PIU 单板，采取 1+1 备份供电方式。

下面以 PIU 电源接口板为例进行介绍，PIU 电源接口板，主要功能是为系统接入－40～－72 V DC的电源，并对接入电源进行防雷保护、滤波。TN16PIU 还支持智能电表功能，即检测整个子架功耗，将检测值上报主控模块。PIU 有 TN51PIU、TN16PIU 和 TN15PIU 三种版本，面板外观图如附图 2－23 所示。

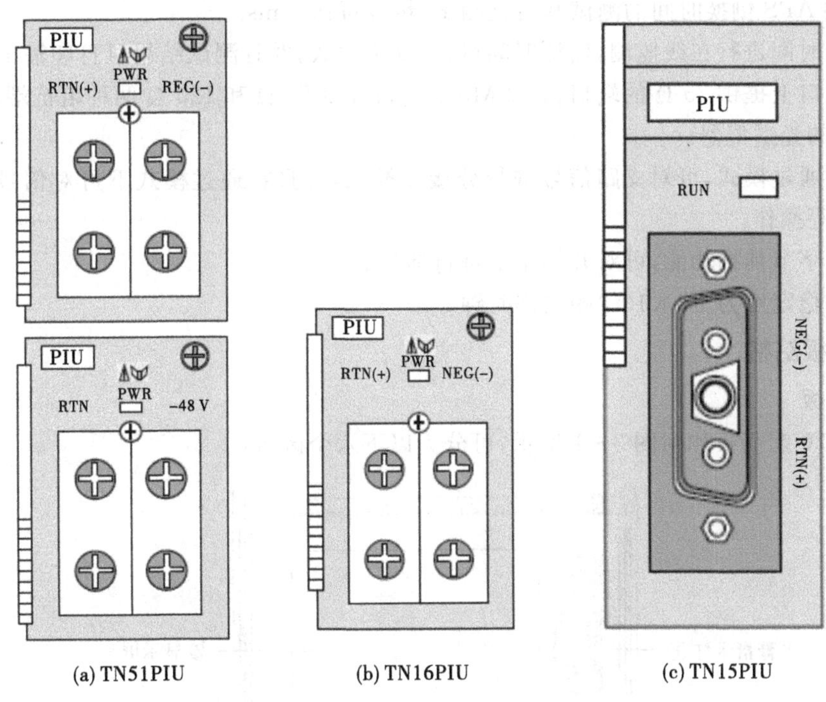

附图 2－23　PIU 面板外观图

PIU 电源接口板主要由滤波单元、防护单元、电源检测、时钟防护四个部分组成，各部分功能如下。

①滤波单元：采用电磁干扰(ElectroMagnetic Interference，EMI)滤波器，对电磁干扰信号进行滤波，以保证设备运行稳定。

②防护单元：用于过流保护和防止雷击。

③电源检测：检测输入电源是否失效，并通过指示灯指示输入电源状态。

④时钟防护：对输入的时钟信号进行保护。

附录三　测试仪表

一、ANT－20高级网络测试仪

ANT－20是WWG公司生产的SDH网络综合分析仪，它采用先进的模块化设计，功能先进，操作方便，是进行光网络性能测试的常用仪表之一。

(一)主要功能

① 支持多速率的接口。SDH接口：STM－1(电口)，STM－1(光口)，STM－4(光口)，STM－16(光口)。PDH接口：2 Mb/s，8 Mb/s，34 Mb/s，140 Mb/s。

② 提供远程控制和远程操作功能，可通过V.24或GPIB进行远程控制和操作。

③ 提供APS倒换时间的测试和时延测试，精度可达1 ms。

④ 可长时间进行在线监测，监测时间可达99天之久，并且测试结果可打印输出。

⑤ 在电口上提供75 Ω的端口，在2 Mb/s电口提供75 Ω和120 Ω两种阻抗端口，在光口上提供通用的光适配器。

⑥ 提供通过模式，可对支路信号进行分接和插入，并且在通过模式下可对信号进行加抖动和加误码等操作。

⑦ 提供字节捕捉功能，可对开销字节进行捕捉。

⑧ 提供稳定度为$\pm 2\times 10^{-6}$的内部时钟。

(二)面板结构

1. 前面板

ANT－20前面板如附图3－1所示，可分为以下六个区域：

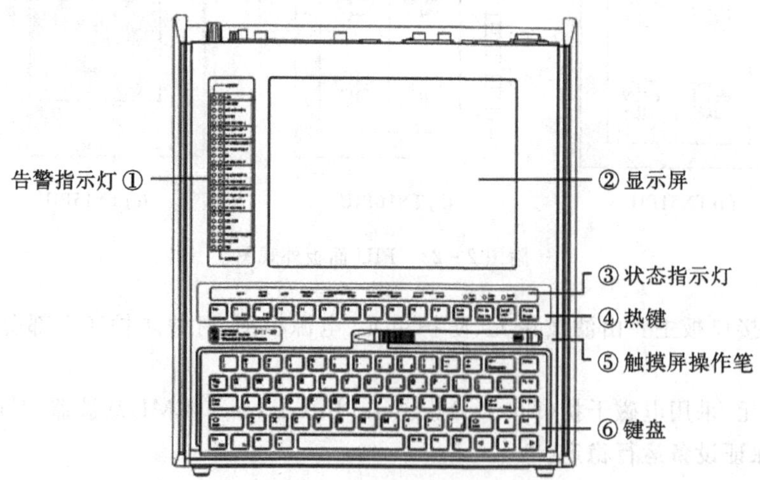

附图3－1　ANT－20前面板

①两排告警指示灯，左面为历史告警，右面为当前告警；

②大显示屏，根据用户要求可配置成触摸式；

③热键功能指示和键盘状态指示；

④热键；

⑤触摸屏操作笔；

⑥嵌入式键盘。

2. 连接器面板

ANT－20 连接器面板如附图 3－2 所示，接口众多，可以根据需要增加接口模块，主要有：

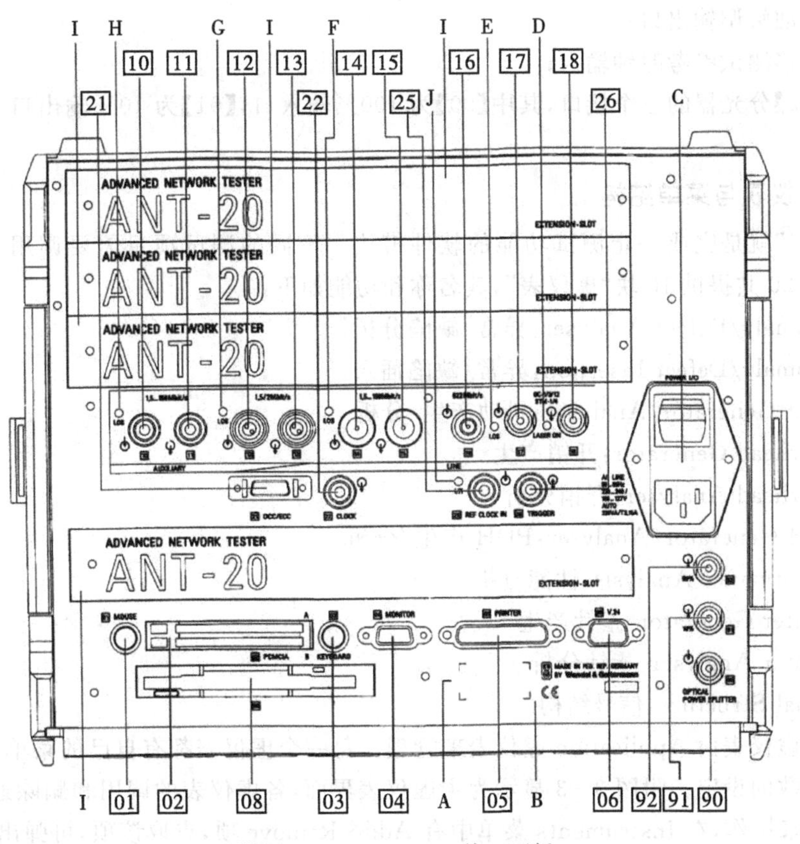

附图 3－2　ANT－20 接口面板

【01】外接鼠标接口；

【02】PCMCIA 接口；

【03】外接键盘接口；

【04】外接显示器接口；

【05】打印机接口；

【06】V. 24 接口；

【08】软盘驱动器；

【10】【11】75 Ω 阻抗支路口；

【12】【13】120 Ω 阻抗支路口；

【14】【15】155 Mb/s 线路电口，其中【14】为输入口，【15】为输出口，同时该两端口还可通过软件设置成任何速率的 PDH 端口(2 Mb/s、8 Mb/s、34 Mb/s、140 Mb/s)；

【17】【18】155 Mb/s 和 622 Mb/s 的光口；

【21】155 Mb/s 和 622 Mb/s 的数据通信通道输入、输出口；

【22】时钟输出口；

【25】外接参考时钟输入口；

【26】触发输入、输出端口；

【30】抖动外调制信号输入口；

【31】抖动解调输出口；

【35】漂移测试参考时钟输入；

【90～92】分光器的三个接口，其中【90】为 100%输入口，【91】为 10%输出口，【92】为 90%输出口。

(三)虚仪表与菜单结构

“虚仪表”就是完成一定测试功能的软件模块。不同的测试项目需要调用不同的“虚仪表”，ANT－20 共提供 10 块“虚仪表”，其名称和功能如下：

① Anomaly/Defect Analyser：异常/缺陷分析

② Anomaly/Defect Insertion：异常/缺陷插入

③ Jitter Generator/Analyser：抖动产生/分析

④ Overhead Generator：开销产生

⑤ Overhead Analyser：开销分析

⑥ PDH Generator/Analyser：PDH 产生/分析

⑦ Performance Analysis：性能分析

⑧ Pointer Generator：指针产生

⑨ Pointer Analyser：指针分析

⑩ Signal Structure：信号结构

所有的虚仪表由 Application 虚仪表来管理。每一个虚仪表都有自己的菜单，用于各对应测试项目参数的设定。附图 3－3 显示为主虚仪表界面，各虚仪表的调用和删除通过 Application 虚仪表来操作，在 Instruments 菜单中有 Add&Remove 项，点取该项，可弹出如附图 3－4 所示的对话框。选择左边框中的虚仪表，再按“Add”按钮，可进行虚仪表的添加，同时也可选右边的虚仪表，按“Remove”按钮，完成对虚仪表的删除。

其他各个虚仪表的菜单结构及其功能不一一介绍，使用时请参阅 ANT－20 帮助文档。

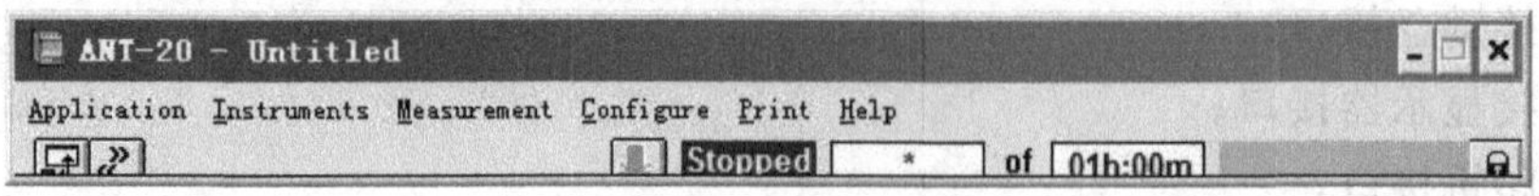

附图 3－3　主虚仪表

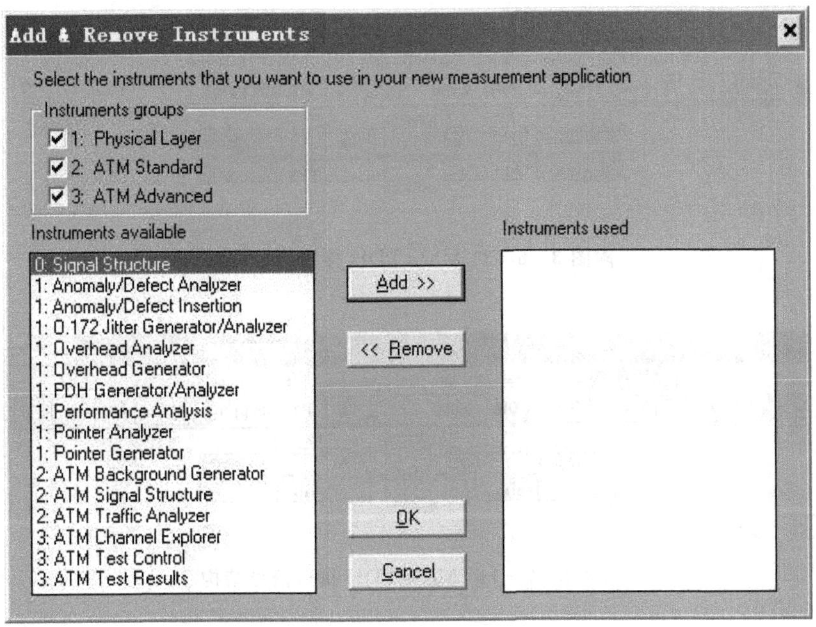

附图 3－4　添加/删除虚仪表

(四)信号结构

大多数测试中都要用测试仪表向 SDH 设备的支路口或线路口发送测试信号，且不同的测试项目要求发送的测试信号结构可能不同，一般情况下，送用伪随机序列填装的 SDH 成帧信号作为测试信号。

按照其传输体系的不同，SDH 设备的接口可分为 PDH 接口和 SDH 接口。在不同的接口进行误码测试所使用的信号结构是不一样的。

1. PDH 接口

按照我国光同步传输网技术体制规定，SDH 设备的 PDH 接口有三种速率。不同的速率所使用的伪随机序列长度不同，2048 kb/s 接口的伪随机序列长度为 $2^{15}-1$；34368 kb/s 接口的伪随机序列长度为 $2^{23}-1$；139264 kb/s 接口的伪随机序列长度为 $2^{23}-1$。

PDH 接口的测试信号结构如附图 3－5、附图 3－6、附图 3－7 所示。

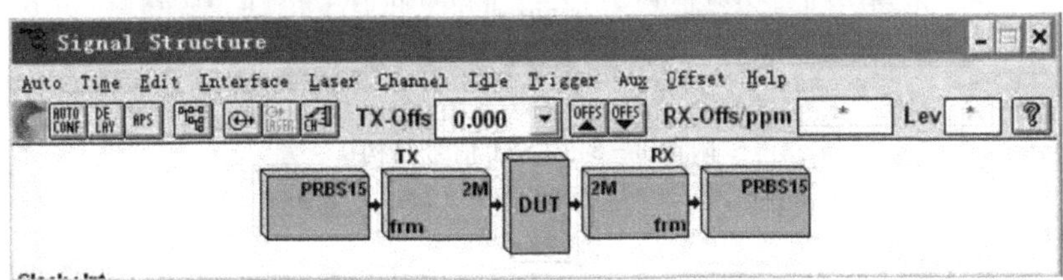

附图 3－5　2 Mb/s PDH 接口信号结构

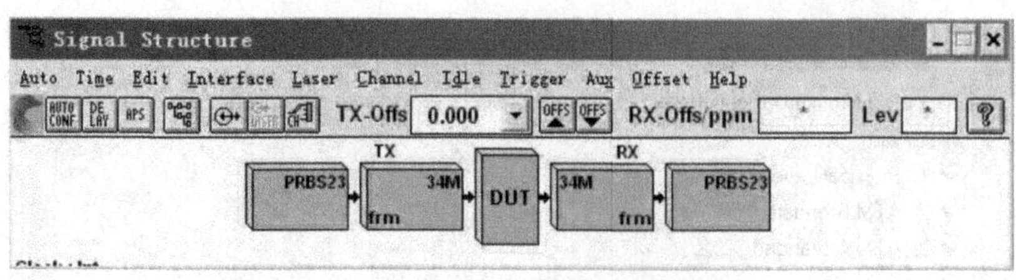

附图 3-6　34 Mb/s PDH 接口信号结构

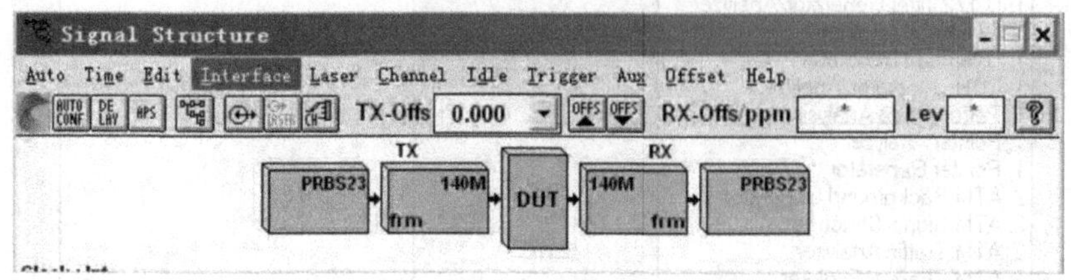

附图 3-7　140 Mb/s PDH 接口信号结构

2. SDH 接口

当信号输入口为 SDH 口时，如果为通道的误码测试，根据所测通道级别选择测试信号结构。当测试 VC-4、VC-3、VC-12 通道时，选择 TSS1、TSS3、TSS4 信号结构；测试 140 Mb/s、34 Mb/s、2 Mb/s 通道时，选择 TSS5、TSS7、TSS8 信号结构；在 SDH 支路口观察误码时，一般采用 TSS1 信号结构(使信号净荷最大限度地填充 PRBS)；当需要在支路观察误码，且设备具有一种以上速率接口时，通常选择最高速率接口进行测试；如果设备具有同种速率接口时，可将所有支路串接起来观察误码。

(1)TSS1

TSS1 是适用于 C-4 高阶容器的所有字节的测试信号结构，其长度为 $2^{23}-1$ 比特的 PRBS 序列。其测试信号结构如附图 3-8 所示。

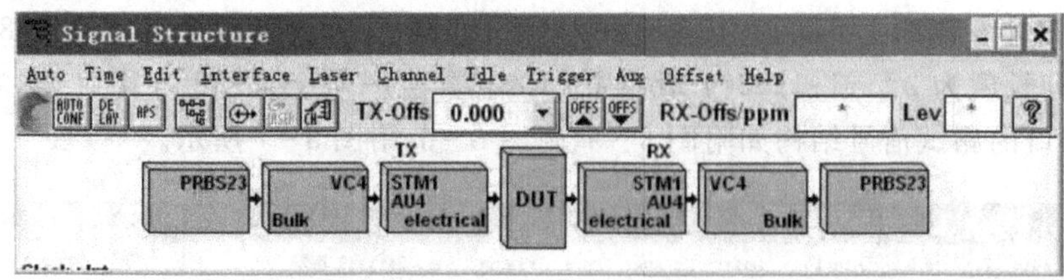

附图 3-8　TSS1 信号结构

(2)TSS3

TSS3 是适用于 C-3 低阶容器的所有字节的测试信号结构，其长度为 $2^{23}-1$ 比特的 PRBS 序列。其测试信号结构如附图 3-9 所示。

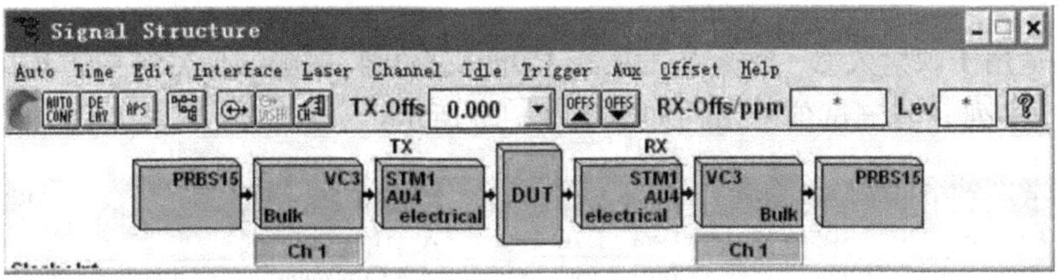

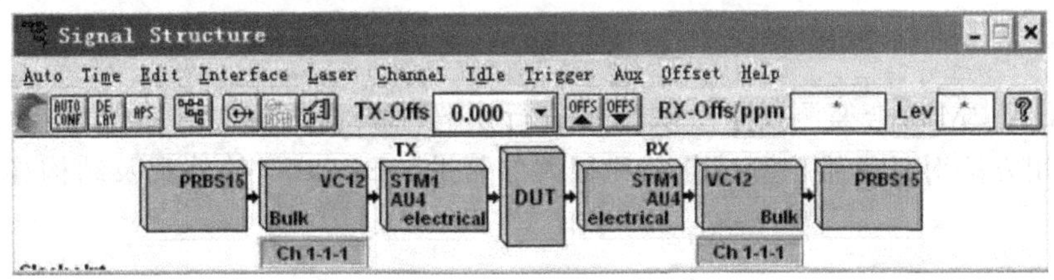

附图 3-9　TSS3 信号结构

(3)TSS4

TSS4 是适用于 C-12 低阶容器的所有字节的测试信号结构，其长度为 $2^{14}-1$ 比特的 PRBS 序列。其测试信号结构如附图 3-10 所示。

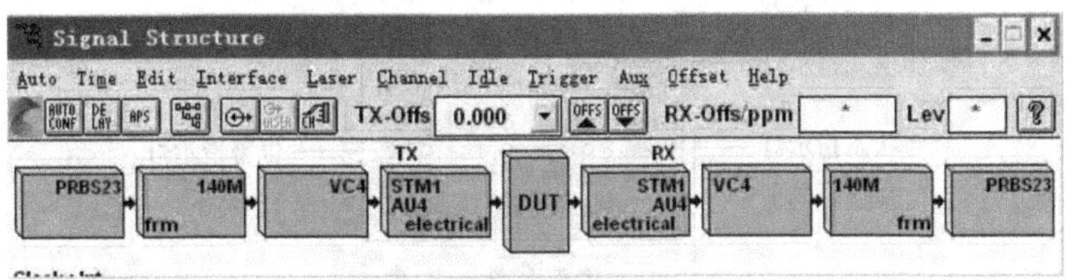

附图 3-10　TSS4 信号结构

(4)TSS5

TSS5 是适用于映射入 C-4 容器的所有 PDH 支路比特的测试信号结构。其长度为 $2^{23}-1$ 比特的 PRBS 序列。其测试信号结构如附图 3-11 所示。

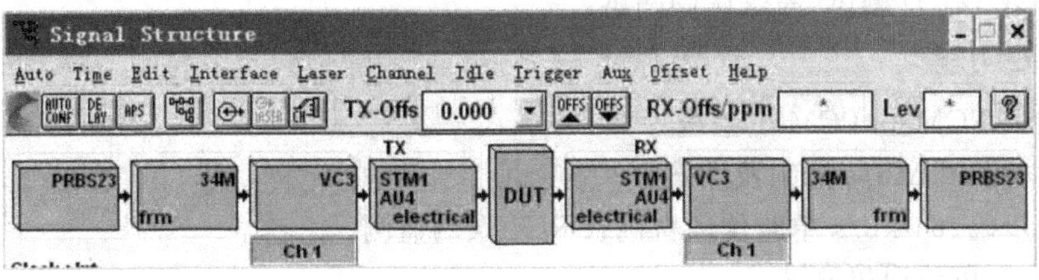

附图 3-11　TSS5 信号结构

(5)TSS7

TSS7 是适用于映射入 C-3 容器的所有 PDH 支路比特的测试信号结构。其长度为 $2^{23}-1$ 比特的 PRBS 序列。其测试信号结构如附图 3-12 所示。

附图 3-12　TSS7 信号结构

(6)TSS8

TSS8 是适用于映射入 C－12 容器的所有 PDH 支路比特的测试信号结构。其长度为 $2^{14}-1$ 比特的 PRBS 序列。其测试信号结构如附图 3－13 所示。

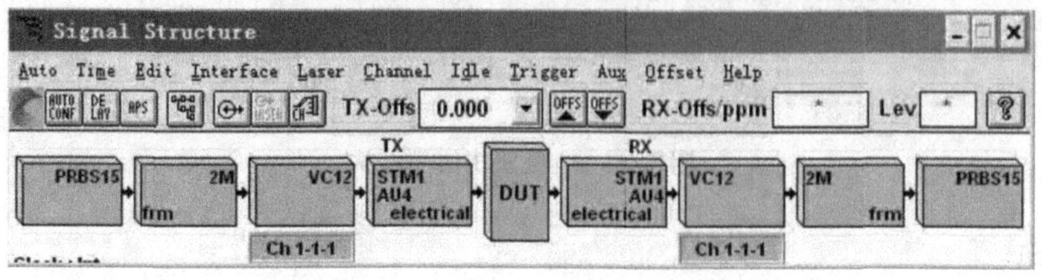

附图 3－13 TSS8 信号结构

二、DD942C 型 2M 综合监测仪

DD942C 型 2M 综合监测仪是一块用来进行误码性能测试的便携式仪表，学会 DD942C 的操作与使用方法对日常维护测试会起到很大的帮助。DD942C 的外观及结构如附图 3－14 所示。

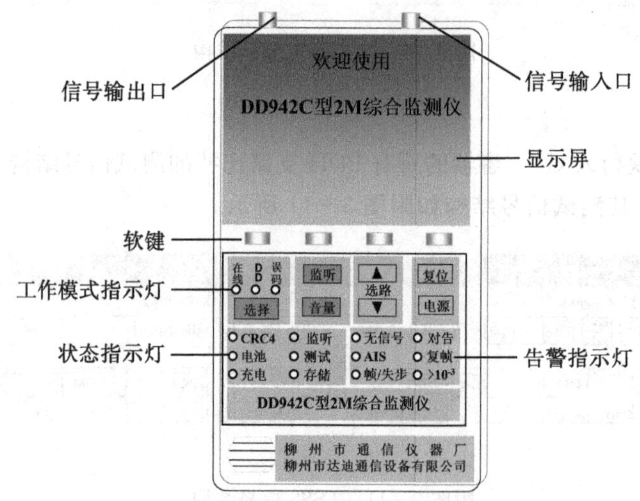

附图 3－14 DD942C 型 2M 综合监测仪外观及结构

DD942C 型 2M 综合监测仪是一种手持式、电池供电、汉字显示的数字通信测试仪表。可生成和分析成帧、不成帧的 2 Mb/s 信号，可进行 2 Mb/s 口在线误码监测、单路 64 kb/s 伪随机码监测、离线 D－D 测试、离线误码测试。

(一)主要功能

① 可测试 PCM30/PCM31 系统。

② 自动检测 2 Mb/s 的帧及图案。

③ 帧同步码、64 kb/s 单路伪随机码、CRC4 误码监测。

④ 2 Mb/s 离线误码测试。

⑤ 单个误码插入、按比例插误码功能。

⑥ 测试 2 Mb/s 信号任意一路电平。

⑦ 显示 30 路忙闲状态。

⑧ 可发送“abcd”信令；显示“abcd”信令码。

⑨ 在线测试 2 Mb/s 系统时钟频偏。

⑩ 监听任一路话音，音量可调。

(二)面板结构

1. 接口

①信号输入、输出口(符合 G.703 建议)。

②外电源输入口(DC10V，0.5A)。

③RS232 接口(可通过 RS232C 口与微机进行通信)。

④打印机接口。

2. 按键

(1)软定义功能按键(4 个)

按键上没有印字符，即按键随显示内容的不同而具有不同的定义。

(2)硬键(7 个)

“电源”键：该键为复用键，轻按该键不放手，持续 2 s 后电源开，此时放手；再轻按该键不放手，持续 2 s 后电源关。

“复位”键：任何时候按该键可回到复位状态。

“选择”键：完成在线、DD 方式和离线误码三种工作状态的切换，且上面相应的指示灯亮。

监听“开关”键：在线状态时，按此键可以对 30 个话路中的任一路进行话音监听，再按则关。

监听“音量”键：改变监听时内置扬声器的音量。该键为复用键，轻按该键不放手，音量持续增加，放手即停止增加，再轻按该键不放手，音量持续降低，放手即停止，如此反复，且液晶屏上有音量大小显示。

选路“▲”“▼”：监听状态时按选路“▲”键可选择上一路监听，按选路“▼”键可选择下一路监听。

3. 指示灯

指示灯分为工作模式指示灯、状态指示灯和告警指示灯。

(1)工作模式指示灯

在线：表示在线测试状态。

DD：表示 D-D 测试状态。

误码：表示离线误码测试状态。

(2)状态指示灯

CRC4：表示在线时按 CRC4 方式测试。

电池：绿灯亮表示充满电；橙灯亮表示电量中等；红灯亮表示电量不足。

充电：表示有外接电源。

监听：处于在线监听状态。

测试：表示仪器处于测试工作状态。

存储：表示仪器存有测试数据。

(3)告警指示灯

无信号:仪器的输入端没有接收到信号

AIS:仪器的输入端接收到的信号是AIS信号。

帧/失步:在线时帧失步;离线误码测试时误码失步。

对告:在线时对告告警。

复帧:在线时复帧失步。

$>10^{-3}$:在线时出现大于$>10^{-3}$误码。

三、OPM－900光功率计

现行的光功率计都具有体积小、重量轻、操作简单、读数方便等优点。它是光纤通信领域必不可少的测试仪表之一,主要用于平均发送光功率、接收机灵敏度、光纤损耗等的测量,光功率计的型号很多,但其工作原理和操作大致相同。下面以OPM－900光功率计为代表介绍光功率计的功能和使用,其面板如附图3－15所示。

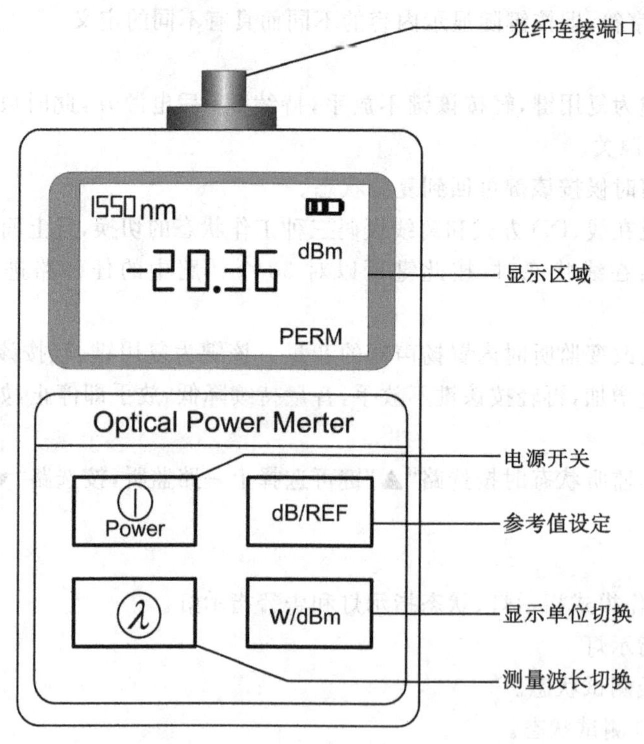

附图3－15　OPM－900光功率计面板

(1)电源开关

短按“电源开关”按键可打开或关闭设备,此时设备默认为节电模式,即在最后操作结束后10 min自动关闭设备。如果不希望自动关机,则可在开机时长按“电源开关”按键2 s左右,屏幕将显示“PERM”以屏蔽自动关机功能。

(2)参考值设定

参考值设定可以同光源配合使用,直接测量光缆损耗。当光源与光功率计用短接线相连接时长按此键，直到屏幕出现“REF”即保存当前功率值为参考，然后将光源和光功率计连接实际测量线路的两端，此时功率计显示的 dB 相对功率值即是实际光缆衰减值。短按此键将先显示前一次存储的参考值，2 s 后显示按上一次存储的参考值计算出的衰减值。

(3)测量波长切换

测量波长切换按键可选择当前需要测量的激光波长。校准波长为 850 nm、1300 nm、1310 nm、1490 nm、1550 nm。每按一次转换到下一校准波长。

(4)显示单位切换

显示单位切换按键可转换以瓦特或 dBm 为单位的当前测量值。

四、ELS－230 光源

光纤通信工程中有光纤衰减、光纤连接损耗、光部件的插入损耗等，因此损耗测量非常重要，稳定化光源是测量光损耗不可缺少的仪表。目前稳定化光源的种类很多，仪表功能完善、操作简单、使用方便；适用于野外现场作业及实验室条件下的高精度测量，被广泛地应用于光纤测量技术领域。光源的型号很多，下面以 ELS－230 激光光源为代表介绍光源的功能和使用，其面板如附图 3－16 所示。

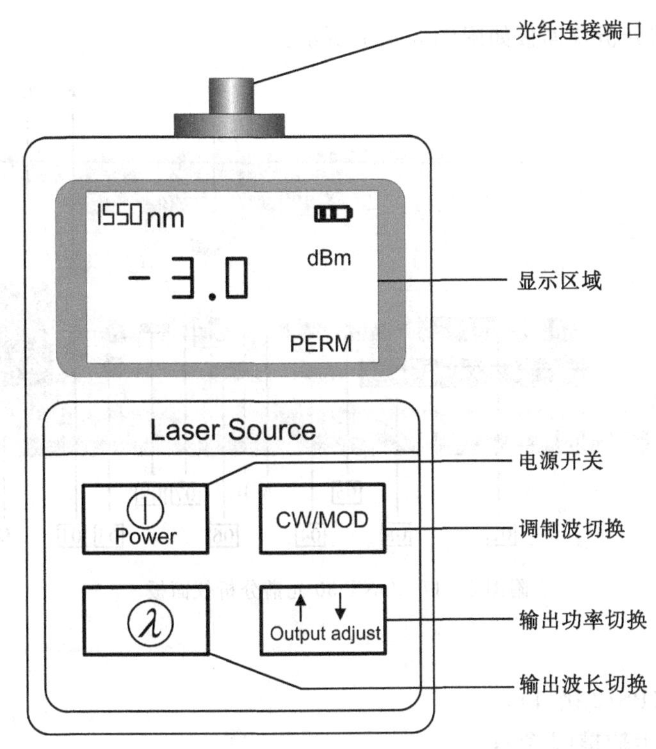

附图 3－16 ELS－230 激光光源面板

(1)电源开关

短按“电源开关”按键可打开或关闭设备，此时设备默认为节电模式，即在最后操作结束后 10 min 自动关闭设备。如果不希望自动关机，则可在开机时长按“电源开关”按键 2 s 左右，屏幕将显示“PERM”以屏蔽自动关机功能。

(2)调制波切换

调制波切换按键可切换输出调制波频率，输出频率为 270 Hz、1 kHz、2 kHz 和稳定光。调制光输出是在输出的光信号里加载一个固定波长的频率，一般用于检测光纤连通情况。

(3)输出波长切换

输出波长切换按键可选择当前需要输出的激光波长。根据不同需要输出波长为 850 nm、1310 nm 和 1550 nm。每按一次转换到下一输出波长。

(4)输出功率切换

输出功率切换键可切换输出光功率，功率有 2 级，分别为－3 dBm 和－10 dBm。

五、ONT - 30 光谱分析仪

ONT - 30 是用于纯光测试的通用测试平台，精巧、重量轻的主机上带有专门用于光测试应用的两个模块插槽，提供三种不同类型的光谱分析仪（OSA）以及一台光 Q 因子测量仪模块，测量覆盖 C、L 与 S 波段，可以提供无可比拟的速度以及独特的双端口 OSA 功能，测试结果显示在一个大的 12.1 英寸的 TFT 彩色触摸屏上。

(一)面板介绍

ONT - 30 光谱分析仪面板如附图 3 - 17 所示。

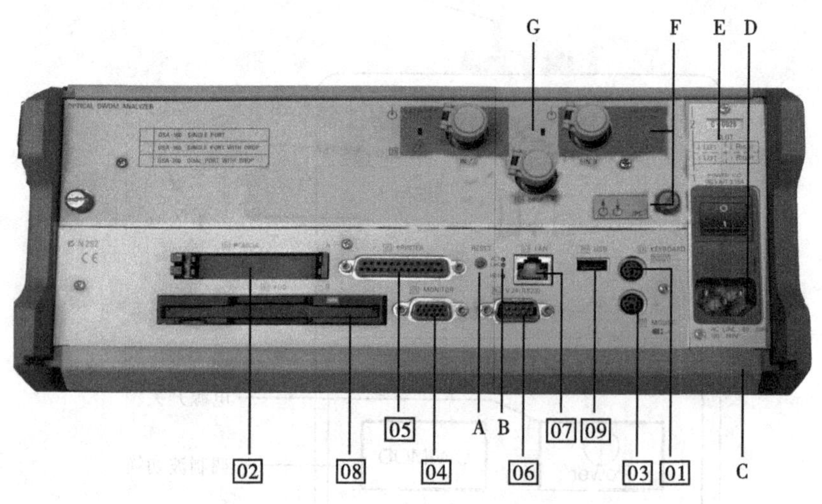

附图 3 - 17　ONT 30 光谱分析仪面板

上图标注如下：

【01】【03】鼠标(PS/2 接口)；

【02】PCMCIA 卡插槽(2 个)；

【04】视频输出口 VGA；

【05】并口：打印机接口；

【06】串口：V. 24/RS - 232；

【07】以太网接口：RJ45；

【08】软驱：IBM 兼容；

【09】USB 接口。

【A】热启动按键；

【B】状态灯(包括 ACT—以太网接口激活；LNK—与计算机建立了连接；HD1—硬盘或软驱工作)；

【C】显示器；

【D】电源及保险；

【E】串号；

【F】插槽；

【G】测试模块。

(二)仪表通用测试步骤

1. 开机

打开 ONT－30 的电源开关，ONT－30 会自动进行初始化，1 min 左右会出现主界面，如附图 3－18 所示。

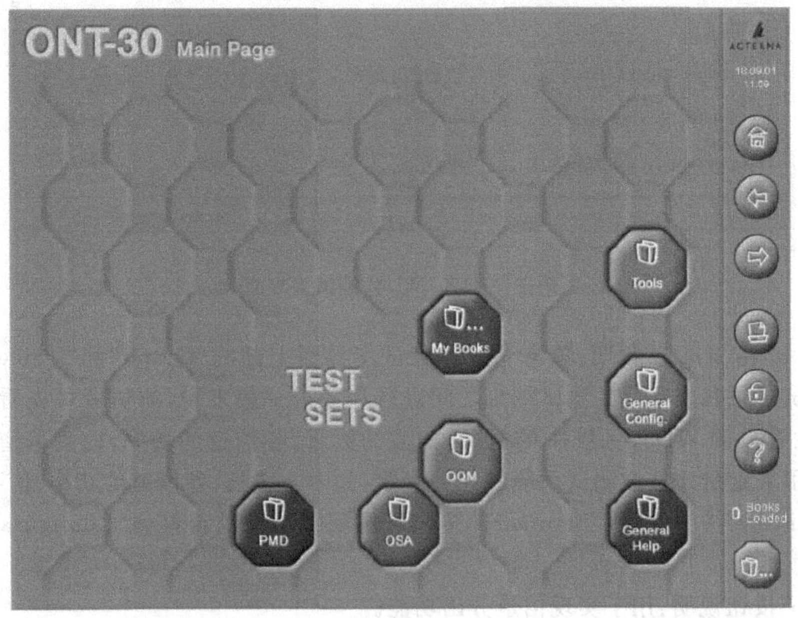

附图 3－18　ONT－30 主界面

ONT－30 主界面采用浏览器风格的 ONT 界面，测试项目以“Book”方式出现：每一个测试功能对应一个“Book”，直接单击相应的“Book”，仪表可直接调出相应测试功能的界面，ONT－30 可同时调用 3 个“Book”，在同一时间完成多个测试项目。

ONT－30 有三种操作方式：

①触摸屏幕，用户可直接用触摸笔操作，该方法尤其适合现场测试；

②用鼠标进行操作；

③使用外部 PC 进行远程控制和操作。

2. 调出光谱分析仪表的测试模块

用鼠标单击“OSA Book”，启动 WDM 测试模块，WDM 测试主界面如附图 3－19 所示。

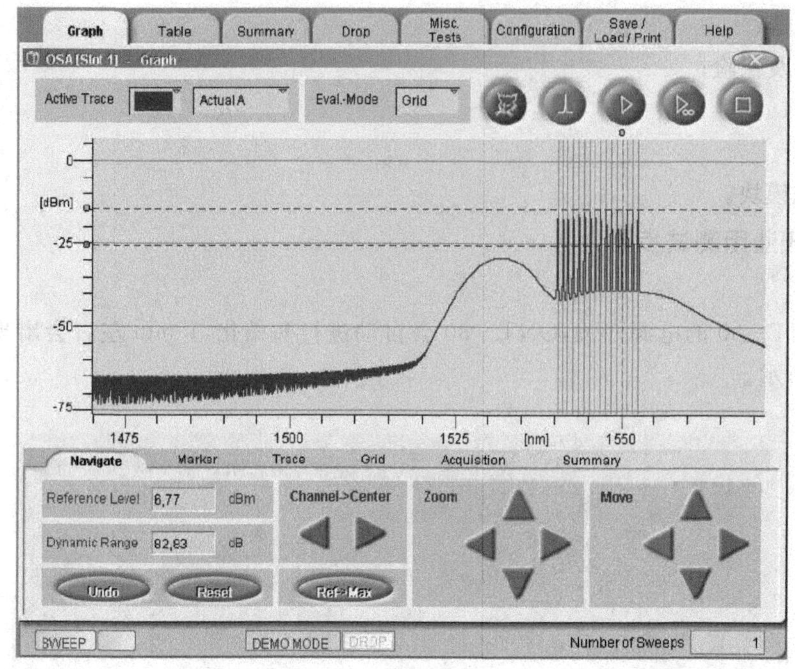

附图 3－19　WDM 测试主界面

①“Graph”和“Table”说明：单击 WDM 测试主界面上部的“Graph”和“Table”按钮，可在图形化的测试结果和表格化的测试结果之间进行切换。一般来说，测试者可先看图形化的测试结果，定性看被测 WDM 系统中的情况，如波的数目、各信道的功率，监测信道等。表格化的测试结果用来定量评估被测试系统的相关参数，如中心波长、各信道的功率、信噪比等。

②“Summary”按钮说明：“Summary”按钮可看测试结果是否符合“Configuration”设置下的条件。

③“Drop”按钮说明：用于实现信道分出功能。

④“Configuration”按钮说明：用于测试之前对仪表进行设置。

⑤“Save/Load”按钮说明：光谱分析仪表上的可存储测试的设置和测试的结果两种存储方式。

⑥“Active Trace”和“Active A(B)”按钮说明：由于 OSA－200 测试模块可双端口输入，可通过“Active Trace”按钮选定 A (B)端口测试谱线的颜色，A(B)端口测试的曲线可以有不同的颜色显示。

⑦“扫描测试按钮”按钮说明：详见附表 3－1。

⑧“Navigate”按钮说明：用户对图形界面进行控制，可测试的光谱进行缩放、平移，使图形处于屏幕的中央位置，并可调节参考电平和动态范围。

⑨“Marker”按钮说明：用户可对不同的测试谱线进行计算，既可找到测试 A 端口的测试曲线和 B 端口的测试谱线，也可调用历史谱线，可自动找到各谱线的最大值和最小值，并可进行差值运算。

附表 3-1　扫描测试按钮说明

OSA Book 上的按钮	按钮的操作说明
	该按钮为自动测试功能，系统可实现对被测试的波分系统进行自动配置，自动给出测试的结果，使用起来十分方便
	分波，可从多路波中分出一路波接入到 SDH 仪表中进一步分析
	单次扫描，通常用于一般维护性测试
	多次扫描，多用于排除故障时使用
	扫描停止

⑩"Acquisition"按钮说明：可设定光谱测试的频段，可选"Auto(自动)""C 波段""C 波段+L 波段"以及整个测试范围(1280～1650 nm)。一般来说选"自动"即可，但某些特殊场合，如被测试系统使用了监测通道(非 DWDM 系统工作波长)，使用者可用"Acquisition"功能去除监测通道。

⑪"Summary"按钮说明：对测试结果进行判决。

⑫"Configuration"说明："Configuration"设置包含"Acquisition"和"Evaluation"的设置，测试者可以根据需要改变相应的设置。

Configuration 设置界面如附图 3-20 所示。

"Measurement Range"(测试范围)。根据光纤传输的特征，可以将光纤的传输波段分为 5 个波段，它们分别是：O 波段(Original band)，波长范围为 1260～1360 nm；E 波段(Extended band)，波长范围为 1360～1460 nm；S 波段(Short band)波长范围为 1460～1530 nm；C 波段(Conventional band)，波长范围为 1530～1565 nm；L 波段(Long band)，波长范围为 1565～1625 nm。现在开通的光纤系统一般开通在 C 波段，然后用 L 波段、E 波段和 O 波段，用户若已经知道自己所用波分系统的波长范围，则可在"Measurement Range"测试窗口中人为设定中心波长、测试的起始波长和末端波长，仪表只监测测试者所设定的波长范围，提高测试的效率。

"Level Threshold"(阈值)。其为用于隔离噪声与故障波和正常波的一种手段。对于有光放大器的系统，光放大器在放大了信号的同时也放大了噪声。我们可以把"Level Threshold"设置置为高于噪声平台的值，用于隔离噪声。

"Channel Detection Range"(信道检测范围)。现在开通的 WDM 系统波长间隔为 1.6 nm、0.8 nm、0.4 nm 或更低，对应约 200 GHz、100 GHz、50 GHz 或更低。该值设定应高于测试系统实际波长间隔，例如，0.4 nm 系统可设置该值为 50 GHz。

"Sweep Settings"(扫描设置)。其能设置每次测试扫描的次数，设置扫描的模式为正常模式或平均模式。

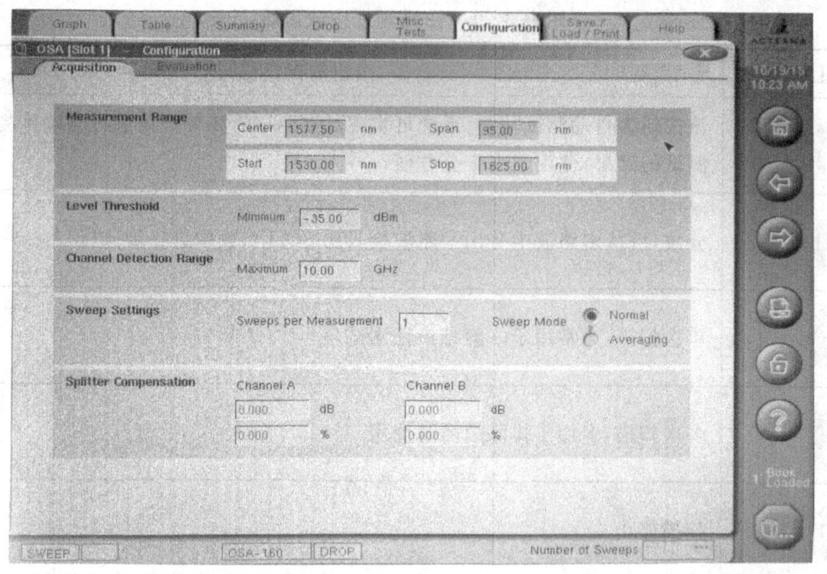

附图 3-20 Configuration 设置界面

"Splitter Compensation"(分光补偿)。波分系统测试和普通 SDH 系统在测试上的重要区别,是波分系统不能因波分系统中的某一路光出现故障而中断系统进行测试。一般来说,系统分光为 5%左右,此时应输入补偿因子。如分光器输出的为主光通道的 10%光,则应输入"10 dB"和"10%";如光放大器监控输出的为主光通道的 1%光,则应输入"20 dB"和"1%";

Evaluation 设置界面如附图 3-21 所示。

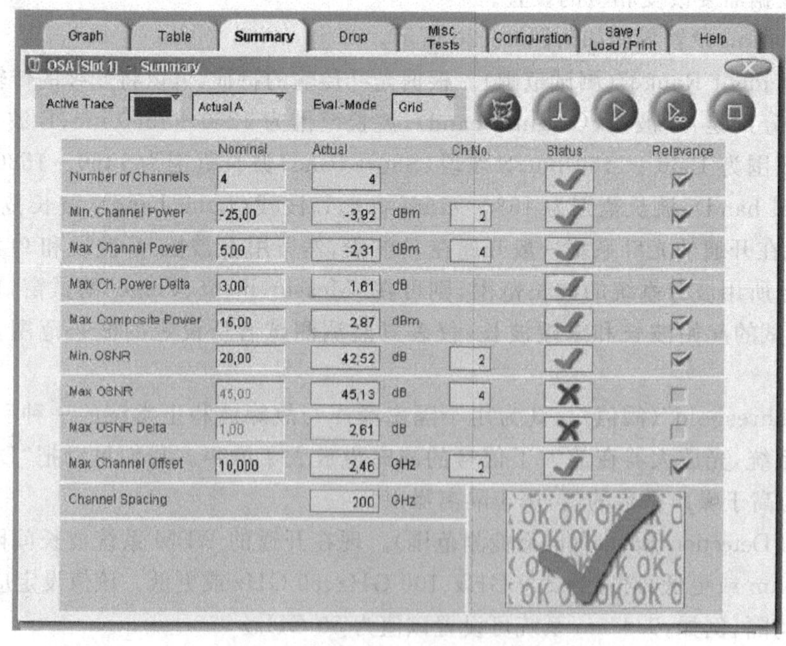

附图 3-21 Evaluation 设置界面

"Left"或"Right"以及"Aver"(光信噪比模式)。由于工作波长左、右噪声平台不同,不同的信噪比定义会得到不同的光信噪比数值。用户可根据实际情况自行选择。

"Evaluation Limits"(评估条件)。测试者可根据测试系统的实际情况来自行设定条件,用于对被测试系统是否通过测试给出判决。

"Number of Channels"(信道个数)。测试者可根据实际开通的波数来设定该条件。举例来说,实际 WDM 系统最多开通 32 个波,但目前只开通了 8 个波,测试人员可在"Number of Channels"后面的数字框里输入"8"。

"Display Unit"(显示单位)。单位可在 THz 和 nm 之间切换。

"OSNR Settings""Noise Aqcu. B W"(噪声捕获带宽)。该值应选 0.1 nm。

"Min Channel Power"(最小通道功率)。测试者可根据系统对每个波长的最小功率的规定来输入最小的值,系统会自动给出判决。"Min Channel Power Delta"为最小信道功率差;"Min OSNR"为信道最小光信噪比;"Max OSNR Delta"为最大光信噪比差;"Max Channel Offset"为最大中心波长偏移。

"Evaluation Grid"(判决栅格)。系统各信道的分配符合 ITU－T G.692 建议的中心波长,测试仪表已经内置了 IUT－T G 692 的模板,测试人员调用即可,但对研发厂家可能需要使用非 IUT－T 建议的中心波长,测试者可选择手动测试的方法自己定义中心波长参考模板。选择"Manual"可自己设置。

3. 常见测试项目及自动测试

WDM 系统要求测试的指标较多,且不同器件如(OTU、OFA)要求测试的项目各有不同,详细的测试要求参见相关的国家标准,但常见的测试项目如附图 3－22 所示。

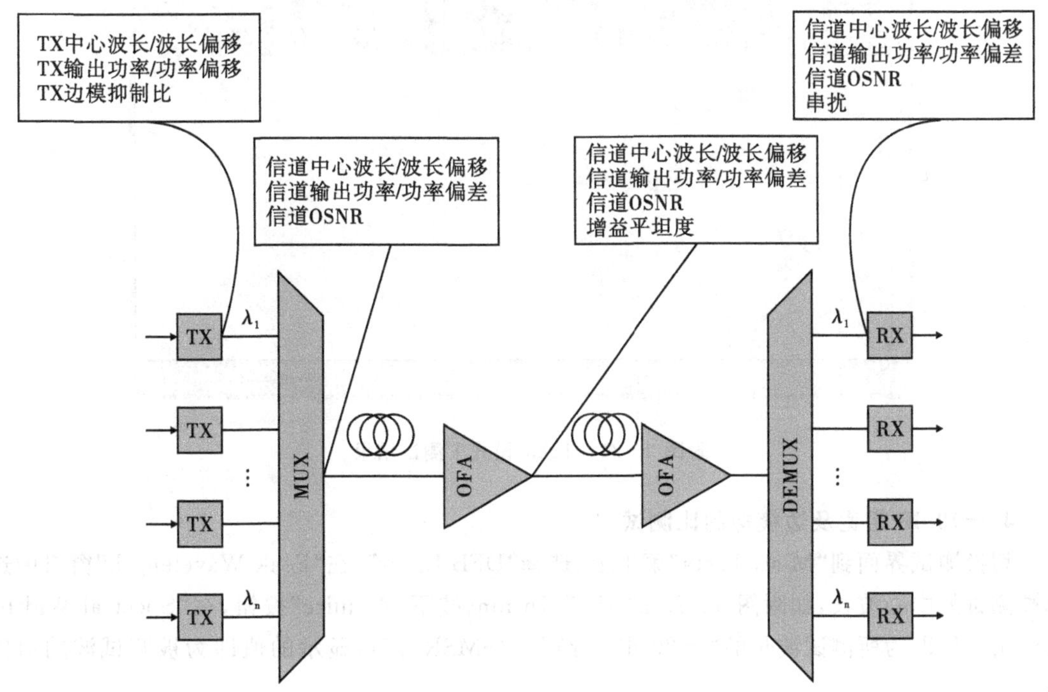

附图 3－22　WDM 常见测试项目

ONT－30 自动测试功能快速方便，测试者可不必对“Configuration”菜单逐项设置，系统会自动检测系统的频率间隔，并调用 ITU－T 相应的模板，如附图 3－23 所示。单击“Table”按钮，Table 模式下测试结果如附图 3－24 所示。

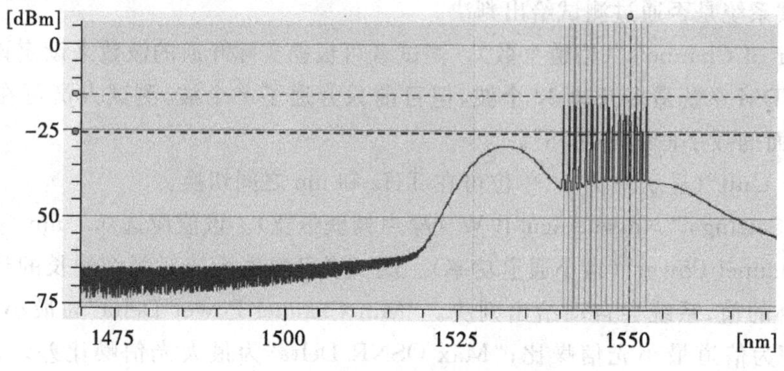

附图 3－23　图形模式下测试结果

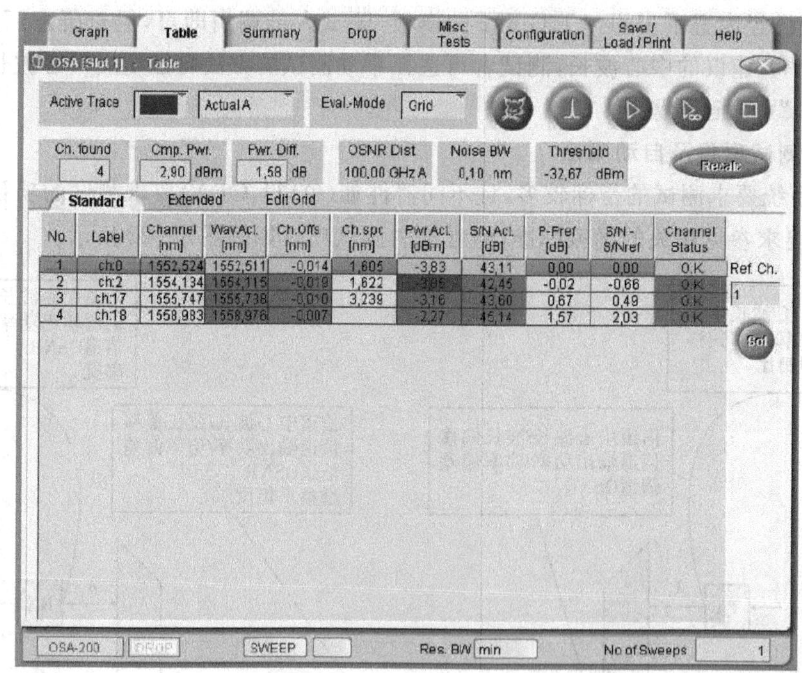

附图 3－24　Table 模式下测试结果

4. －20 dB 带宽及边模抑制比测试

切换测试界面到“Misc. Tests”菜单上，选择“DFB Laser”，在“Peak Wavelength”窗口中选择被测试的中心波长，如附图 3－25 的 1555.76 nm，按下“Acquire”按钮，在“Spectral Width”内读出的值即为所测试波长的“－20 dB”带宽。“SMSR”窗口显示的值即为被测试波的边模抑制比。

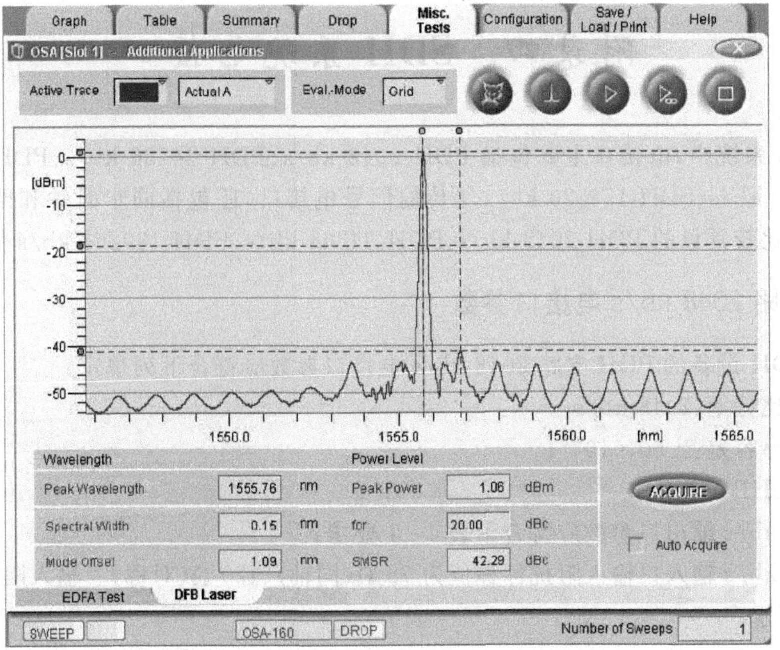

附图 3 - 25　－20 dB 带宽和边模抑制比的测试

附录四　SDH 系统电接口

在 SDH 系统中，电接口主要包括 PDH 2048 kb/s、PDH 44736 kb/s、PDH 34368 kb/s、PDH 139264 kb/s、SDH 155520 kb/s 等传输信号电接口，还包括同步时钟和网管的电接口。这里仅介绍比较常见的 PDH 2048 kb/s、PDH 34368 kb/s、PDH 139264 kb/s 信号电接口。

一、PDH 支路 2048 kb/s 电接口参数

采用 SDH 设备的 PDH 支路 2048 kb/s 电接口参数应符合下列规定：

①标称比特率：2048 kb/s；

②比特率容差：$\pm 50\times 10^{-6}$；

③码型：HDB3；

④2048 kb/s 输出口参数应符合附表 4－1 要求；

⑤2048 kb/s 输入口输入阻抗标称值为 75 Ω(同轴)、120 Ω(对称)。输入阻抗特性应符合附表 4－2 要求。

附表 4－1　2048 kb/s 输出口参数

脉冲形状	符合 G.703 建议	
每个传输方向的线对数	一个同轴线对	一个对称线对
测试负载阻抗	75 Ω 电阻性	120 Ω 电阻性
脉冲(传号)的标称峰值电压	2.37 V	3 V
无脉冲(空号)的峰值电压	0 V±0.237 V	0 V±0.3 V
标称脉冲宽度	244 ns	
脉冲宽度中点处正负脉冲幅度比	应优于 0.95～1.05	
标称脉冲半幅度处正负脉冲宽度比	应优于 0.95～1.05	

附表 4－2　2048 kb/s 输入口输入阻抗特性

相应于标称比特率频率(2048 kHz)的百分数	回波损耗
2.5%～5%(51.2 kHz～102.4 kHz)	≥12 dB
5%～100%(102.4 kHz～2048 kHz)	≥18 dB
100%～150%(2048 kHz～3072 kHz)	≥14 dB

二、PDH 支路 34368 kb/s 的电接口参数

PDH 支路 34368 kb/s 的电接口参数，应符合下列规定：

①标称比特率：34368 kb/s；

②比特率容差：$\pm 20\times 10^{-6}$；

③码型：HDB3；

④34368 kb/s 输出口参数应符合附表 4－3 要求。

⑤34368 kb/s 输入口输入阻抗标称值为 75 Ω(同轴)。输入阻抗特性应符合附表 4－4 要求。

附表 4－3　34368 kb/s 输出口参数

脉冲形状	矩形
每个传输方向的线对数	一个同轴线对
测试负载阻抗	75 Ω 电阻性
脉冲(传号)的标称峰值电压	1.0 V
无脉冲(空号)的峰值电压	0 V±0.1 V
标称脉冲宽度	14.55 ns
脉冲宽度中点处正负脉冲幅度比	应优于 0.95～1.05
标称脉冲半幅度处正负脉冲宽度比	应优于 0.95～1.05

附表 4－4　34368 kb/s 输入口输入阻抗特性

相应于标称比特率频率(34368 kHz)的百分数	回波损耗
2.5%～5%(859.2 kHz～1718.4 kHz)	≥12 dB
5%～100%(1718.4 kHz～34368.0 kHz)	≥18 dB
100%～150%(34368.0 kHz～51552.0 kHz)	≥14 dB

三、PDH 支路 139264 kb/s 的电接口参数

PDH 支路 139264 kb/s 的电接口参数，应符合下列规定：

①标称比特率：139264 kb/s；

②比特率容差：$\pm 15\times 10^{-6}$；

③码型：CMI；

④139264 kb/s 输出口参数应符合附表 4－5 要求；

⑤139264 kb/s 输入口输入阻抗标称值为 75 Ω(同轴)。

附表 4－5　139264 kb/s 输出口参数

脉冲形状	矩形
每个传输方向的线对数	一个同轴线对
测试负载阻抗	75 Ω 电阻性
脉冲峰值电压	1 V±0.1 V
实测幅度 10%～90%的上升时间	≤2 ns
转换时刻容差(以负项转换平均半幅度点为准)	a)负项转换：±0.1 ns b)在单位码元间隔边界上的正项转换：±0.5 ns c)在单位码元间隔中心上的正项转换：±0.35 ns
回波损耗	≥15 dB(7 MHz～210 MHz)

四、交叉连接点

交叉连接点应满足下列要求：

①信号功率电平：宽带功率测量，使用功率电平探头及 3dB 滚降的低通滤波器，其工作频率范围在 300 MHz 时至少应在－2.5 dB～＋4.3 dB，在接口点上不允许有直流功率输出。

②终端：传输的每个方向使用一条同轴线对。

③阻抗：75(1±5%) Ω 的阻性测试负荷应用于接口点作为测试眼图和信号电性能参数之用。

④外导体的接地：在输入和输出口上，应把同轴电缆的外导体接到信号地上。

参 考 文 献

[1] 杨世平,张引发,邓大鹏. SDH光同步数字传输设备与工程应用[M]. 北京:人民邮电出版社,2001.

[2] 袁建国. 光网络信息传输技术[M]. 北京:电子工业出版社,2012.

[3] 武文彦. 智能光网络运行维护管理[M]. 北京:电子工业出版社,2012.

[4] 武文彦. 光波分复用系统与维护[M]. 北京:电子工业出版社,2010.

[5] 李允博. 光传送网(OTN)技术的原理与应用[M]. 北京:人民邮电出版社,2018.

[6] 王健. 光传送网(OTN)技术、设备及工程应用[M]. 北京:人民邮电出版社,2017.

[7] 孙新莉. 走近传送网[M]. 北京:人民邮电出版社,2017.

[8] ITU-T G.841. SDH网络保护结构的分类和特性[S]. 2002.

[9] ITU-T G.821. 构成ISDN一部分的并低于基群速率的国际数字连接的误码性能[S]. 1996.

[10] ITU-T G.709. 光传送网(OTN)接口[S]. 2009.

[11] 中华人民共和国国家质量监督检验检疫总局,中国国家标准化管理委员会. 自动交换光网络(ASON)技术要求第1部分:体系结构与总体要求:GB/T 21645.1—2008[S]. 北京:中国标准出版社,2008.

[12] 中华人民共和国信息产业部. 光波分复用系统(WDM)技术要求:YD/T 1143—2001[S]. 北京:人民邮电出版社,2001.

[13] 中华人民共和国工业和信息化部. 波分复用(WDM)光纤传输系统工程设计规范:YD 5092—2014[S]. 北京:人民邮电出版社,2014.

[14] 中华人民共和国工业和信息化部. 同步数字体系(SDH)光纤传输系统工程设计规范:YD 5095—2014[S]. 北京:人民邮电出版社,2014.

[15] 中华人民共和国工业和信息化部. 波分复用(WDM)光纤传输系统工程验收规范:YD 5122—2014[S]. 北京:人民邮电出版社,2014.

[16] 中华人民共和国工业和信息化部. 光传送网(OTN)工程设计暂行规定:YD 5208—2014[S]. 北京:人民邮电出版社,2014.

[17] 中华人民共和国工业和信息化部. 光传送网(OTN)工程验收暂行规定:YD 5209—2014[S]. 北京:人民邮电出版社,2014.

[18] 电力规划设计总院. 电力系统光传送网(OTN)设计规程:DLT 5524—2017[S]. 2017.

[19] 中国电信. 中国电信光传送网络(OTN)总体技术要求[S]. 2010.

[20] 中国移动通信. 光传送网(OTN)设备技术规范[S]. 2011.